ARM Cortex-M4微控制器原理与应用
——基于 Atmel SAM4 系列

毕　盛　钟汉如　董　敏　编著

北京航空航天大学出版社

内 容 简 介

本书以具有 ARM Cortex M4 内核的 Atmel 公司 SAM4E 微控制器为蓝本讲述嵌入式开发技术。内容包括 ARM Cortex-M4 内核、系统架构、电路设计、程序设计入门、标准外设库应用、通用输入输出口(GPIO)、通用异步/同步串行通信(UART/USART)、通用定时器/计数器(Timer/Counter)、实时定时器(RTT)、实时时钟(RTC)、看门狗定时器(WDT)、增强安全看门狗定时器(RSWDT)、PWM 模块、同步串行通信接口(SPI)、TWI 总线(I²C)、控制器局域网络(CAN)、以太网通信接口(GMAC)、USB 全速串行通信模块(UDP)、模拟前端控制器(AFEC)模块、数字/模拟转换控制器(DACC)模块、模拟比较控制器(ACC)模块、DMA、外设 DMA(PDC)、总线矩阵(MATRIX)、高速多媒体存储卡接口(HSMCI)、加密模块(AES)、SysTick 定时器、FPU 单元及浮点数运算和 DSP 指令与 DSP 库接口及应用。

本书中所有实例源代码可在北京航空航天大学出版社网站的"下载专区"免费下载。

本书可作为高等院校电子工程、自动化、计算机科学及技术和电气工程等专业的教材和参考书,也可供相关工程技术人员参考。

图书在版编目(CIP)数据

ARM Cortex-M4 微控制器原理与应用:基于 Atmel
SAM4 系列 / 毕盛,钟汉如,董敏编著. -- 北京 :北京
航空航天大学出版社,2014.10
    ISBN 978 - 7 - 5124 - 1395 - 5

Ⅰ. ①A… Ⅱ. ①毕… ②钟… ③董… Ⅲ. ①微处理
器—系统设计 Ⅳ. ①TP332

中国版本图书馆 CIP 数据核字(2014)第 205380 号

ARM Cortex-M4 微控制器原理与应用——基于 Atmel SAM4 系列
毕 盛 钟汉如 董 敏 编著
责任编辑 张军香 朱江芳 宋显民
*
北京航空航天大学出版社出版发行

北京市海淀区学院路 37 号(邮编 100191) http://www.buaapress.com.cn
发行部电话:(010)82317024 传真:(010)82328026
读者信箱:emsbook@gmail.com 邮购电话:(010)82316524
涿州市新华印刷有限公司印装 各地书店经销
*
开本:710×1 000 1/16 印张:30.25 字数:645 千字
2014 年 10 月第 1 版 2014 年 10 月第 1 次印刷 印数:3 000 册
ISBN 978 - 7 - 5124 - 1395 - 5 定价:69.00 元

前　　言

　　ARM Cortex-M4 处理器是由 ARM 公司开发的最新嵌入式处理器,用于有效且易于使用的控制和信号处理功能混合的数字信号控制场合,与 Cortex-M3 相比,增加了快速数字信号处理模块。

　　Atmel 公司 SAM4S/SAM4L/SAM4E 系列微处理器是家族成员式的高性能 32 位 ARM Cortex-M4 的 RISC 处理器。其最大工作频率为 120 MHz,并具有多达 2 048 KB 的闪存、可选双组实施和快取记忆体及高达 160 KB 的 SRAM。其外设集成了全速 USB 设备端口和高速 SDIO/SD/MMC 接口,提供连接到 SRAM,PSRAM 和 NOR FLASH 静态内存控制器的外部总线接口,具有液晶显示模块和 NAND 闪存、USART 接口、UART 接口、TWI 接口、SPI 接口、CAN 接口、GMAC 以太网接口、PWM 定时器、通用 16 位定时器(支持步进电机及正交解码器逻辑)、RTC、12 位 ADC、12 位 DAC 和模拟比较器等。

　　全书共 14 章,内容包括 ARM Cortex-M4 内核、系统架构、电路设计、程序设计入门、标准外设库应用、通用输入/输出口(GPIO)、通用异步/同步串行通信(UART/USART)、通用定时器/计数器(Timer/Counter)、实时定时器(RTT)、实时时钟(RTC)、看门狗定时器(WDT)、增强安全看门狗定时器(RSWDT)、PWM 模块、同步串行通信接口(SPI)、TWI 总线(I^2C)、控制器局域网络(CAN)、以太网通信接口(GMAC)、USB 全速串行通信模块(UDP)、模拟前端控制器(AFEC)、数字/模拟转换控制器(DACC)模块、模拟比较控制器(ACC)模块、DMA、外设 DMA(PDC)、总线矩阵(MATRIX)、高速多媒体存储卡接口(HSMCI)、加密模块(AES)、SysTick 定时器、FPU 单元及浮点数运算、DSP 指令、DSP 库接口及应用。

　　ARM 实例程序的编译环境是 Atmel Studio 6,配套资料包括书中所有的实例代码,读者可直接从北京航空航天大学出版社网站(www. buaapress. com. cn)"下载专区"免费下载使用。

　　本书主要由毕盛、董敏和钟汉如编写,其中第 1、2 章由钟汉如编写,第 3～14 章由毕盛和董敏编写。黄铨雍、邱荣财、韦锐平、韦如明、曾潇、金泽豪、陈奇石、曹丹、黄鑫龙、钟建兴、陈德智等同学参与了翻译 Atmel 原著及实例验证工作。在编写本书过程中,还得到 Atmel 公司的支持和 Atmel 中国区微处理器应用支持团队的帮助,在此表示衷心的感谢。

　　由于编写时间比较仓促,编者水平有限,书中难免存在错误和疏漏之处,恳请读者批评指正!

编　者

2014 年 4 月

ARM Cortex-M4 微控制器原理与应用
——基于 Atmel SAM4 系列

2

目　录

ARM Cortex-M4 微控制器原理与应用——基于 Atmel SAM4 系列

## 第 1 章

ARM 系列及 Atmel Cortex-M4 芯片

本章主要讲解 ARM 系列,其中包括 ARM 芯片类别及 Cortex-M4 体系结构,并对 Atmel 公司的 Cortex-M4 芯片 3 种主要系列 SAM4S、SAM4L 和 SAM4E 芯片的配置作介绍。

1.1　ARM 芯片类别及体系结构

　　ARM 公司在 32 位精简指令集微处理器(RISC,Reduced Instruction Set Computer)领域不断取得突破,其结构已经从 V3 发展到 V8。ARM 公司自成立以来一直以 IP(Intelligence Property)提供者的身份向各大半导体制造商出售知识产权,从不介入芯片的生产销售,加上其设计的芯片内核具有低功耗、低成本等显著优点,因此获得众多的半导体厂家和整机厂商的大力支持,在 32 位嵌入式应用领域获得了巨大的成功,目前已经占有 75% 以上的 32 位 RISC 嵌入式产品市场,在低功耗、低成本的嵌入式应用领域确立了市场地位。使用 ARM 公司芯核包装外围接口电路设计,生产 ARM 芯片的国际大公司已经超过 70 多家,国内中兴通信股份有限公司和华为通信股份有限公司也已经购买 ARM 公司的芯核技术用于通信专用芯片的设计。

1.1.1　ARM 芯片主要类别

　　主流 ARM 芯片从十几年前进入中国,已从最初的 ARM7、ARM9、ARM11 等系列芯片发展到目前的 ARM Cortex 系列芯片。

　　在 ARM7～ARM11 阶段,ARM 芯片主要被用于嵌入式微处理的功能(MPU)。由于 ARM7 芯片结构中没有内存管理单元(MMU),所以当时人们在编写逻辑程序时,主要使用一些不需要做内存地址映射的操作系统,例如 μCos 和 $\mu Clinux$ 等操作系统,所以也较好地推动了当时这种类型操作系统在嵌入式芯片上的发展。ARM9 芯片有了内存管理单元,所以人们更喜欢在此系统上直接运行 Linux 系统,所以也推动了当时 ARM Linux 操作系统的发展。ARM11 对 ARM9 的功能进行了进一步的加强,添加了多媒体协处理器,所以有更好的人机交互功能。其中苹果 1 就是针对 ARM11 开发出来的一款嵌入式应用芯片。

从 ARM11 芯片继续发展进入 ARM Cortex 系列芯片时代,包括 Cortex-A、Cortex-R 和 Cortex-M 三个系列。Cortex-A 和 Cortex-R 系列芯片还保持嵌入式微处理的功能(MPU),通过扩展存储器可以运行 Linux、Android、IOS 等多种复杂的操作系统。ARM 公司为了占据单片机市场,把 Cortex-M 系列芯片用于一种 32 位单片机,所以,Cortex-M 系列芯片具有丰富的外设接口,但没有运行如 Linux、Android、IOS 等多种复杂操作系统的内存管理单元。

根据 ARM 系列单片机的发展,把 ARM 芯片分为三大类。第一类为经典 ARM 处理器,其中包括 ARM7～ARM11 系列处理器;第二类为嵌入式 Cortex 处理器,其中包括 ARM Cortex-M 系列处理器,如图 1-1 所示 ARM 处理器类别图中的 Cortex-M0、Cortex-M0＋、Cortex-M1、Cortex-M3、Cortex-M4 和 Cortex-R4、Cortex-R5、Cortex-R6 等处理器;第三类为应用类的 Cortex 处理器,其中包括 Cortex-A5、Cortex-A7、Cortex-A8、Cortex-A9 和 Cortex-A15 系列处理器。

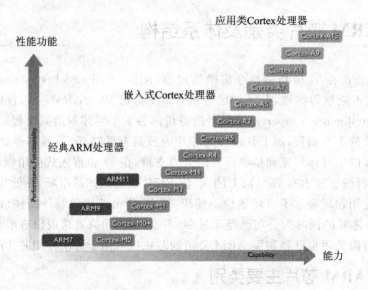

图 1-1　ARM 处理器类别

1. 经典 ARM 处理器

ARM 经典处理器包括 ARM7、ARM9、ARM11,在中国市场以韩国三星 ARM9 最为突出,飞利浦 ARM7 走低端应用。在新应用中应使用其技术经过市场验证的组织的处理器,这些处理器提供了众多的特性、卓越的功效和范围广泛的适应能力,适用于低成本解决方案。其中:

ARM7 系列——基于 ARMv4T 架构面向普通应用的经典处理器,例如飞利浦 LPC21XX ARM7 系列芯片。

ARM9 系列——基于 ARMv5 架构的常用处理器,例如韩国三星的 S3C24XX ARM9 系列芯片。

ARM11 系列——基于 ARMv6 架构的高性能处理器,例如韩国三星的 S3C6410 芯片。

2. ARM 处理器 Cortex-M 系列

Cortex-M 系列面向成本敏感的微控制器解决方案。Cortex-M 系列处理器主要是针对微控制器领域开发的,在该领域中,既需进行快速且具有高确定性的中断管理,又需将门数和功耗控制在最低。应用包括:混合信号设备、智能传感器、汽车电子等广泛的微控制器方案应用领域。

Cortex-M0 处理器是市场上现有的体积最小、能耗最低、最节能的 ARM 处理器。Cortex-M0 基于 ARMv6M 架构,该处理器能耗非常低,门数量少,代码占用空间小,使得 MCU 开发人员能够以 8 位处理器的价位,获得 32 位处理器的性能。超低门数还使其能够用于模拟信号设备和混合信号设备及 MCU 应用中,可望明显降低系统成本。现在已有多家公司获得 Cortex-M0 处理器授权,如 STMicroelectronics STM32 F0 系列和 NXP LPC11xx、LPC12xx 系列等。

Cortex-M3 处理器具有较高的性能和较低的动态功耗,能够提供领先的能效。Cortex-M3 基于 ARMv7M 架构,将集成的睡眠模式与可选的状态保留功能相结合,确保在同时需要低能耗和出色性能的应用中不存在折衷。该处理器执行包括硬件除法、单周期乘法和位字段操作在内的 Thumb-2 指令集,可获取最佳性能和代码大小。Cortex-M3 NVIC 在设计时是高度可配置的,最多可提供 240 个具有单独优先级、动态重设优先级功能和集成系统时钟的系统中断。

Cortex-M4 处理器是由 ARM 专门开发的最新嵌入式处理器,用来满足需要有效且易于使用的控制和信号处理功能混合的数字信号控制市场,针对 Cortex-M3 添加了快速数字信号处理模块,具有高性能的数字信号控制。它采用扩展的单周期乘法累加(MAC)指令、优化的 SIMD 运算、饱和运算指令和一个可选的单精度浮点单元(FPU),具备最佳的数字信号控制操作所需的所有功能,还结合了深受市场认可的 Cortex-M 系列处理器的低功耗特点。常见的 Cortex-M4 系列,有 Atmel 公司推出的 SAM4 系列、ST 公司的 STM32F4 系列、飞思卡尔的 Kinetis 系列及 NXP 公司的 LPC4300 系列。

3. ARM 处理器 Cortex-A、Cortex-R 系列

ARM 处理器 Cortex-A 是以 Cortex-A5、Cortex-A7、Cortex-A8、Cortex-A9、Cortex-A15 为代表的应用类 Cortex 处理器。这些开放式处理器有高性能的兼容操作系统软件支持。应用类 Cortex 处理器在制作工艺中可实现高达 2 GHz+的标准工作频率,其性能卓越,可支持下一代移动 Internet 设备。这些处理器具有单核和多核种类,最多提供 4 个具有可选 NEON 多媒体处理模块和高级浮点执行单元的处理单元。其应用包括智能手机、智能本和上网本、电子书阅读器、数字电视、家用网关及各种其他产品。

Cortex-A5、Cortex-A7、Cortex-A8、Cortex-A9 和 Cortex-A15 处理器适用于各种不同的性能应用领域。Cortex-A 处理器比较如表 1-1 所列。

表 1-1　Cortex-A 处理器比较

内　核	Cortex-A5	Cortex-A5 MPCore	Cortex-A8	Cortex-A9	Cortex-A9 MPCore	Cortex-A9 硬件	Cortex-A15 MPCore	Cortex-A7 MPCore
架　构	ARMv7	ARMv7 +MP	ARMv7	ARMv7	ARMv7 +MP	ARMv7 +MP	ARMv7+ MP+LPAE	ARMv7+ MP+LPAE
中断控制器	GIC-390	已集成 -GIC	GIC-390	GIC-390	已集成 -GIC	已集成 -GIC	已集成 -GIC	GIC-400
L2 高速缓存控制器	L2C-310	L2C-310	已集成	L2C-310	L2C-310	L2C-310	已集成	已集成
主频/ MHz	300~800	300~800	600~1 000	600~1 000	600~1 000	800~2 000	1 000~ 2 500	800~1 500
DMIPS/ MHz	1.6	1.6(每个 CPU)	2.0	2.5	2.5 (每个 CPU)	5.0 (双核)	TBC	1.9 (每个 CPU)

　　所有 Cortex-A 处理器都共享共同的架构和功能集,在开放式平台之间软件具有兼容性和可移植性。ARMv7-A 架构支持如下操作系统:Linux 全部分发版本——Android、Chrome、Ubuntu 和 Debian;Linux 第三方——Monta Vista、QNX、Wind RiverVxworks 和 Symbian;Windows CE,以及包括需要使用内存管理单元的其他操作系统。其指令集支持 ARM、Thumb-2、Thumb、Jazelle、DSP。另外,还具有 TrustZone 安全扩展、高级单精度和双精度浮点支持及 NEON 媒体处理引擎等特点。

　　ARM 公司通过提供所需高性能特点和可伸缩性,提供所需能效和低成本,同时维持完整的软件兼容性,各种 Cortex-A 处理器可共同提供设计的灵活性。

　　Cortex-A5 处理器隶属于 Cortex-A 系列,基于 ARMv7-A 架构,是能效最高、成本最低的处理器。Cortex-A5 处理器可为现有 ARM9 和 ARM11 处理器设计提供很有价值的迁移途径,可获得比 ARM1176JZ-S 更好的性能,比 ARM926EJ-S 更好的功效和能效。另外,Cortex-A5 处理器不仅在指令及功能方面与更高性能的 Cortex-A8、Cortex-A9 和 Cortex-A15 处理器完全兼容,同时还保持与经典 ARM 处理器(包括 ARM926EJ-S、ARM1176JZ-S 和 ARM7TDMI)的向后应用程序兼容性。

　　Cortex-A7 处理器隶属于 Cortex-A 系列,基于 ARMv7-A 架构,其特点是在保证性能的基础上提供出色的低功耗表现。Cortex-A7 处理器的体系结构和功能集与 Cortex-A15 处理器完全相同,不同之处在于 Cortex-A7 处理器的微体系结构侧重于提供最佳能效,因此这两种处理器可在各种芯核处理器结构(big. LITTLE 处理设计)配置中协同工作,从而提供高性能与超低功耗的最终组合芯片。单个 Cortex-A7 处理器的能源效率是 ARM Cortex-A8 处理器的 5 倍,性能提升 50%,尺寸仅为后者的 1/5。作为独立处理器,Cortex-A7 可以使 2013—2014 年期间低于 100 美元价格点的入门级智能手机与 2010 年 500 美元的高端智能手机相媲美。这些入门级智能手机在发展中可重新定义和互联网的连接。

Cortex-A8 处理器隶属于 Cortex-A 系列,基于 ARMv7 - A 架构,是目前使用的单核手机中最常见的产品。ARM Cortex-A8 处理器是首款基于 ARMv7 体系结构的产品,能够将速度从 600 MHz 提高到 1 GHz 以上。Cortex-A8 处理器可以满足功耗在 300 mW 以下运行的移动设备的功率优化要求;也可以满足需要 2 000 Dhrystone MIPS 的消费类应用领域的性能优化要求。Cortex-A8 高性能处理器目前已经非常成熟,从高端特色手机到上网本、DTV、打印机和汽车信息娱乐,Cortex-A8 处理器都提供了可靠的高性能解决方案。

Cortex-A9 处理器隶属于 Cortex-A 系列,基于 ARMv7 - A 架构,目前能见到的四核处理器大多属于 Cortex-A9 系列。Cortex-A9 处理器的设计旨在打造最先进、高效率、长度动态可变、多指令执行的超标量体系结构,提供采用乱序猜测方式执行的 8 段管道处理器。凭借范围广泛的消费类、网络、企业和移动应用中的前沿产品所需的功能,可以提供史无前例的高性能和高能效。Cortex-A9 微体系结构既可用于可伸缩的多核处理器(Cortex-A9 MPCore 多核处理器),也可用于更传统的处理器(Cortex-A9 单核处理器)。可伸缩的多核处理器和单核处理器支持 16 KB、32 KB 或 64 KB 4 路关联的 L1 高速缓存配置,对于可选的 L2 高速缓存控制器,最多支持 8 MB 的 L2 高速缓存配置,具有极高的灵活性,均适用于特定应用领域和市场。

Cortex-A15 处理器隶属于 Cortex-A 系列,基于 ARMv7 - A 架构,是业界迄今为止性能最高且可授予生产许可的处理器。Cortex-A15 MPCore 处理器具有无序超标量管道,带有紧密耦合的低延迟 2 级高速缓存,该高速缓存的容量最高可达 4 MB。浮点和 NEON 媒体性能方面的其他改进使设备能够为消费者提供下一代用户体验,并为 Web 基础结构应用提供高性能计算。Cortex-A15 处理器可以应用在智能手机、平板电脑、移动计算、高端数字家电、服务器和无线基础结构等设备上。总之,Cortex-A15 MPCore 处理器的移动配置所能提供的性能是当前的高级智能手机性能的 5 倍还多。在高级基础结构应用中,Cortex-A15 的运行速度最高可达 2.5 GHz,这将支持在不断降低功耗、散热和成本预算方面实现高度可伸缩的解决方案。

ARM Cortex-R 实时处理器为高可靠性、高可用性,具容错功能、可维护性和实时响应的嵌入式系统提供高性能的计算解决方案。Cortex-R 系列具有满足许多应用的关键特性,即:高性能——与高时钟频率相结合的快速处理能力;实时性——处理能力在所有场合都符合硬实时限制;安全性——具有高容错能力的可靠且可信的系统;经济实惠——可实现最佳性能、功耗和面积的功能。Cortex-R 系列包括

Cortex-R4、Cortex-R5 和 Cortex-R7 处理器,其发展的基础是深层嵌入式市场和实时市场(如汽车安全或无线基带)所要求的主要性能,即高性能、实时性、安全性和经济实惠。

Cortex-R4 处理器是为实现高级芯片工艺而设计的,其设计重点是更高的能效、实时的响应速度、高级功能和简单的系统设计。该处理器提供高度灵活且有效的双周期本地内存接口,使 SoC 设计者可以最大限度地降低系统成本和功耗。

Cortex-R5 处理器集成了许多高级系统级功能,以帮助设计者进行软件开发,提高安全性和整个系统的可靠性。这些功能中包括低延迟外设端口(LLPP),这是一个一致性接口,用于实现并保持 Cortex-R5 Cache 与智能外设传输的数据完全同步,支持能够扩展至所有处理器接口的增强型错误检查和纠正(Error Checking and Correcting,ECC)。

Cortex-R7 处理器为范围广泛的深层嵌入式应用提供了高性能的双核、实时解决方案。Cortex-R7 处理器通过引入新技术(包括乱序指令执行和动态寄存器重命名),并与改进的分支预测、超标量执行功能和用于除法、DSP 和浮点函数的更快的硬件支持相结合,提供了比其他 Cortex-R 系列处理器高得多的性能级别。

1.1.2　ARM 处理器体系结构

1. ARM 处理器体系结构概述

ARM 处理器体系结构如图 1-2 所示,可划分为三大类别,分属于不同的颜色系列:

① 经典 ARM 处理器,属于蓝色芯核,包括 ARMv4T 的 SC100 和 ARM7TDM1,ARMv5TJ 的 ARM926、ARM968、ARM946,ARMv6 的 ARM11MP、ARM176JZ、ARM1136J 和 ARM1156T2。

② 应用类 Cortex 处理器,属于黄色芯核,包括 ARMv7A/R 的 Cortex-A15、Cortex-A9。

③ 嵌入式 Cortex 处理器,属于绿色芯核,包括 ARMv7A/R 的 Cortex-R7、Cortex-R5、Cortex-R4,ARMv7M/ME 的 SC300、Cortex-M3、Cortex-M4,ARMv6M 的 SC000、Cortex-M1、Cortex-M0+、Cortex-M0。

图中横轴芯片体系结构 ARMv4~ARMv7 包含了 ARM7~ARM11、Cortex-A、Cortex-R、Cortex-M 处理器芯片,这些嵌入式芯核采用 ARM 32-Bit ISA 和 Thumb 16-Bit ISA 指令集,不同的 ARM 芯核指令集向下兼容。有些芯核采用 VFP 浮点指令体系结构、NVIC 嵌套向量中断控制器指令结构,这些指令集提供 TrustZone 安全扩展、可信计算指令功能、WIC(Wake-Up Interrupt Controller)唤醒中断控制器指令功能和 NVIC 低功耗睡眠的模式。

ARM 处理器体系指令集功能结构解析如下:

ARM 32-Bit ISA:基于 RISC 原理的 32 位 ARM 指令集。

Thumb 16-Bit ISA:Thumb 技术是对 32 位 ARM 体系结构的扩展。Thumb

指令集是已压缩至 16 位宽操作码的、最常用 32 位 ARM 指令集的子集。在执行时，这些 16 位指令实时、透明地解压缩为完整 32 位 ARM 指令，且无性能损失。其卓越的代码密度，可尽量减小系统内存大小和降低成本。

Thumb－2 指令集提供最佳代码大小和性能，以 ARM Cortex 体系结构为基础，提升了众多嵌入式应用的性能、能效和代码密度。以获得成功的 Thumb（ARM 微处理器内核的创新型高代码密度指令集）为基础进行构建，增强 ARM 微处理器内核的功能，使开发人员能够开发出低成本且高性能的系统。

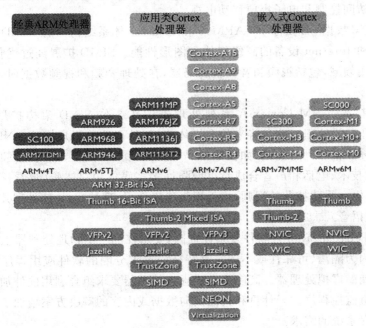

图 1－2　ARM 处理器体系结构分类

浮点体系结构（VFP，Vector Floating Point）：为半精度、单精度和双精度浮点运算中的浮点操作提供硬件支持。为汽车动力系统、车身控制应用和图像应用（如打印中的缩放、转换和字体生成及图形中的 3D 转换、FFT 和过滤）中使用的浮点运算提供增强的性能。

Jazelle 技术：提高执行环境（如 Java、.Net、MSIL、Python 和 Perl）运行速度的技术，是 ARM 提供的组合型硬件和软件解决方案。ARM Jazelle 技术软件是功能丰富的多任务 Java 虚拟机（JVM），经过高度优化，可利用许多 ARM 处理器内核中提供的 Jazelle 技术体系结构扩展，还包括功能丰富的多任务虚拟机（MVM）。领先的手机供应商和 Java 平台软件供应商提供的许多 Java 平台中均集成了此类虚拟机。通过利用基础 Jazelle 技术体系结构扩展，ARM MVM 软件解决方案可提供高性能应用程序和游戏，快速启动和应用程序切换，并且使用的内存和功耗预算非常低。

TrustZone 安全扩展：提供可信计算，是系统范围的安全方法，大量应用于高性能计算平台，包括安全支付、数字版权管理（DRM）和基于 Web 的服务。TrustZone 技术与 Cortex-A 处理器紧密集成，并通过 AMBA AXI 总线和特定 TrustZone 系统 IP 块在系统中进行扩展。此系统方法意味着，可实时保护外设（包括处理器旁边的键盘和屏幕），以确保恶意软件无法记录安全域中的个人数据、安全密钥或应用程序，或与其进行交互。用例包括：实现安全 PIN 输入，在移动支付和银行业务中加强用户身份验证，实现安全 NFC 通信通道、数字版权管理以及基于忠诚度的应用、基于云的文档的访问控制和电子售票移动电视。

单指令、多数据 SIMD 扩展：ARMv6 和 ARMv7 体系结构中的 SIMD 扩展改进了智能手机和 Internet 设备的高级媒体和图形性能。SIMD 扩展经过优化，适用于众多软件应用领域，包括视频和音频编解码器，在处理音频和视频数据时，其性能提高了将近 75%。

NEON 技术：ARM Cortex-A 系列处理器的 128 位 SIND 架构扩展，其通用 SIMD 引擎可有效处理当前和将来的多媒体格式，从而改善用户体验。NEON 技术可加速多媒体和信号处理算法（如视频编码/解码、2D/3D 图形、游戏、音频和语音处理、图像处理技术、电话和声音合成）；可增强许多多媒体用户体验（观看任意格式的任意视频，编辑和强化捕获的视频，增强视频稳定性，处理游戏，快速处理几百万像素的照片，识别语音）。

虚拟化（Virtualization）：软件复杂性提高，要求在同一个物理处理器上提供多种软件环境。因为隔离、可靠性或不同实时特征而要求分隔的软件应用程序需要一个具备所需功能的虚拟处理器。高能效方式虚拟处理器要求组合利用硬件加速和高效的软件虚拟机监控程序。云计算和其他面向数据或内容的解决方案增加了每个虚拟机的物理内存系统的需求。

NVIC 的嵌套向量中断控制器（Nested Vectored Interrupt Controller）是 Cortex-M 系列处理器在内核上搭载的一个嵌套向量中断控制器，与内核有紧密的耦合。NVIC 提供可嵌套中断支持、向量中断支持、动态优先级调整支持、大大缩短的中断延迟、中断可屏蔽等功能。

唤醒中断控制器（Wake - Up Interrupt Controller，WIC），可以使处理器和 NVIC 处于一个低功耗睡眠的模式。

2. ARM 处理器体系结构关系

ARM 架构各个实现之间保持了很高的兼容性，ARMv4～ARMv8 向下兼容。如图 1-3 所示为 ARMv5～ARMv8 处理器芯核架构。从 ARMv4T 架构开始引进了 16 位 Thumb 指令集和 32 位 ARM 指令集，目的是在同一个架构中同时提供高性能和领先的代码密度。16 位 Thumb 指令集相对于 32 位 ARM 指令集可缩减高达 35% 的代码大小，同时保持 32 位架构的优点，示例处理器如 ARM7TDMI。

ARMv5TEJ 架构引入了对数字信号处理（DSP）算法（如饱和算术）及 Jazelle

Java字节代码引擎的算术支持,以实现Java字节代码的硬件执行,从而改善用Java编写的应用程序的性能。与非Java加速的内核相比,Jazelle将Java执行速度提高8倍,并且将功耗降低80%。许多基于ARM处理器的便携式设备都已采用此架构,以便在游戏和多媒体应用程序的性能方面提供显著改进的用户体验,示例处理器如ARM926EJ-S和ARM968E-S。

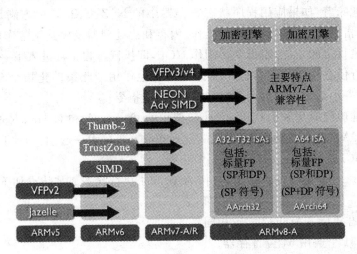

图1-3　ARMv5~ARMv8处理器芯核架构

ARMv6架构引进了包括单指令多数据(SIMD)运算在内的一系列新功能。SIMD扩展已针对多种软件应用程序(包括视频编解码器和音频编解码器)进行优化,对于这些软件应用程序,SIMD扩展最多可将性能提升4倍。此外,还引进了作为ARMv6架构变体的Thumb-2和TrustZone技术,示例处理器如ARM1156(F)-S。

ARMv6M及ARMv7M架构针对低成本、高性能设备而设计,为以前由8位单片机占主导地位的市场提供功能强大的32位单片机解决方案。通过其16位Thumb-2指令集架构,设计人员能够设计出门数极少但又经济实用的设备。一致的中断处理结构和程序员模型为所有Cortex-M系列处理器(Cortex-M0~Cortex-M3处理器)提供了一个完全向上兼容的途径,示例处理器如Cortex-M0、Cortex-M1、Cortex-M3和Cortex-M4。

ARMv7架构向目标应用提供一组自定义配置文件,所有Cortex处理器都实现了ARMv7架构(实现ARMv6M的Cortex-M系列处理器除外)。所有ARMv7架构配置都实现了Thumb-2技术(经过优化的16/32位混合指令集),在保留与现有ARM解决方案的代码完全兼容的同时,既具有32位ARM ISA的性能优点,又具有16位Thumb ISA的代码大小优点。ARMv7架构还包括NEON技术扩展,可将DSP和媒体处理吞吐量提升高达400%,并提供改进的浮点支持以满足下一代3D图形和游戏物理学及传统嵌入式控制应用程序的需要。

ARMv8 架构包括 A32 和 A64：

A32 是一种固定长度（32 位）指令集，通过不同架构变体增强部分 32 位架构执行环境，现在称为 AArch32。ARM 指令的长度为 32 位，需要 4 字节边界对齐，是 ARMv4T、ARMv5TEJ 和 ARMv6 架构中使用的基础 32 位 ISA 总线。

可对大多数 ARM 指令进行"条件化"，使其仅在通过指令设置了特定条件代码时执行。这意味着，如果应用程序状态寄存器中的 N、Z、C 和 V 标志满足指令中指定的条件，则指令仅对程序员的模型操作、内存和协处理器发挥其正常作用。如果这些标记不满足指定的条件，则指令会用作 NOP，即执行过程正常进入下一指令（包括将对异常进行任意相关检查），但不发挥任何其他作用。此条件化指令允许对 if 和 while 语句的一小部分进行编码，而无需使用跳转指令。

对于关键功能应用和旧代码，Cortex 架构的 Cortex-A 和 Cortex-R 配置文件也支持 ARM ISA。其多数功能都包括在与 Thumb – 2 技术一起引入的 Thumb 指令集中，Thumb（T32）从改进的代码密度中获益。

A64 是 32 位固定长度指令集，支持 AArch64 执行状态。其特点如下：

- 具有 5 位状态寄存器符号的解码表；
- 指令语义与 AArch32 大致相同；
- 具有 31 个通用 64 位寄存器；
- 具有无符号 GP 寄存器；
- 具有程序计数器（PC）和堆栈指针（SP）通用寄存器；
- 具有可用于大多数指令的专用零寄存器。

A64 提供了 3 个主要的增强功能：

- 128 位寄存器：32×128 位宽的寄存器，可以看作是 64 位宽的寄存器；
- 高级 SIMD 支持双精度浮点（DP）的执行；
- 高级 SIMD 支持完整的 IEEE754 执行标准，采用四舍五入的模式。

A64 相对于 A32 的主要区别是：

- 新的指令集，支持 64 位操作数，大部分指令可以有 32 位或 64 位的参数；
- 地址假定为 64 位大小，LP64 和 LLP64 是主要的对象数据模型；
- 少得多的条件指令；
- 无任意长度的加载/存储多个指令，LD/ ST 处理对寄存器增加了 64 位操作数。

1.1.3 安全内核 SecurCore 处理器与 FPGA 可编程逻辑门阵列

安全内核 SecurCore 与可编程逻辑门阵列（FPGA）是 ARM 处理器架构在满足特定安全要求场合的苛刻应用。例如 SIM 卡和指纹识别场合，集成了多种既可为用户提供低功耗检测性能，又能避免安全攻击的技术。

ARM 还开发面向 FPGA 构造的处理器,在保持与传统 ARM 设备兼容的同时,方便二次开发产品快速上市。此外,这些处理器具有独立于构造的特性,开发人员可以根据应用选择相应的目标设备,而不会受制于特定供应商。

SecurCore 是面向高安全性应用的处理器,采用面向 FPGA 的 FPGA Cores 处理器。

SecurCore 处理器系列是基于行业领先的 ARM 架构,可提供功能强大的 32 位安全内核方案。通过用各种安全功能来加强已十分成功的 ARM 处理器,SecurCore 推出了智能卡,从而安全类的 IC 开发人员可方便地利用 ARM32 位技术的优点(例如,晶片尺寸小,能效高,成本低,代码密度优异且低功耗性能十分突出)。SecurCore 处理器可广泛应用于安全领域,其性能超越了旧的 8 位或 16 位安全处理器。

图 1-4 所示 SecurCore 是注册的 ARM 内核,SecurCore000、SecurCore100 和 SecurCore300 这 3 款芯片拥有这种内核,其中 SecurCore100 把 FPGA 功能嵌入进去。安全内核 ARM 与 FPGA 的 Cortex 处理器应用类别如图 1-4 所示,Cortex-M1 处理器应用了 FPGA。

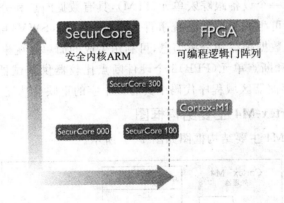

图 1-4　安全内核 ARM 与可编程逻辑门阵列的 Cortex 处理器应用类别

SecurCore 系列包括 SC000、SC100 和 SC300 处理器。SecurCore 应用包括 SIM、智能卡、高级支付系统、电子护照、电子票务和运输系统。

SC100 处理器基于常用的 ARM7TDMI 处理器。SC300 基于现代 Cortex-M3 处理器,适用于由中断驱动的应用及对功耗敏感的应用。

ARM FPGA 目标处理器应用范围广。对于那些希望 FPGA 设备能够与 ARM 架构兼容但又要求具有系统可编程性的开发人员,ARM 可提供 Cortex-M1 处理器。此处理器完全兼容 Cortex-M0 处理器,并允许用户灵活地选择 FPGA 供应商。

1.2　ARM Cortex-M4

1.2.1　Cortex-M4 功能说明

Cortex-M4 处理器系统提供了多个复用接口,采用 AMBA 技术提供高速、低延迟内存访问,支持不对齐的数据存取和位操作,能够加速外设的控制,具有系统输出锁存和线程安全布尔数据处理。

Cortex-M4 处理器有内存储器保护单元(MPU),可提供精确操作的内存控制,使应用程序能利用多个特权级别,分离和保护在逐个任务的基础上的代码、数据和堆栈。这样的要求在许多嵌入式应用中变得越来越重要,例如汽车中嵌入式芯片等。

Cortex-M4 处理器实现了完整的硬件集成可配置调试模式。通过传统的 JTAG 端口或 2 线引脚串口线调试(SWD)端口,提高处理器和内存的可视性,这对于微控制器和其他小设备是很理想的内存配置调试模式。

处理器集成了一个设备跟踪宏单元(ITM),具有数据断点和分析单元,可进行在程序跟踪调试。并可生成简单的系统事件。串行观测器(SWV)可通过一个单引脚的流程序导出软件数据跟踪和分析信息,可利用生成的简单系统事件进行数据分析。

FLASH 补丁和断点单元(FPB)8 个硬件断点比较器供调试器使用。FPB 中的比较器在 CODE 存储器区域程序代码中具有 8 个字的重映射功能。

1. ARM Cortex-M4 主要结构框图

ARM Cortex-M4 主要结构框图如图 1-5 所示。

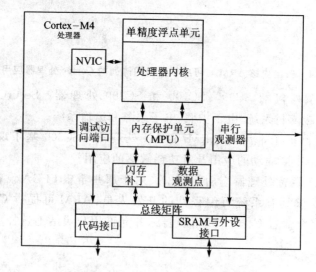

图 1-5　ARM Cortex-M4 结构框图

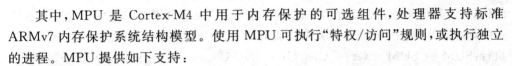

其中,MPU 是 Cortex-M4 中用于内存保护的可选组件,处理器支持标准 ARMv7 内存保护系统结构模型。使用 MPU 可执行"特权/访问"规则,或执行独立的进程。MPU 提供如下支持:

- 保护区;
- 重叠保护区域,提升区域优先级(7＝最高优先级,0＝最低优先级);
- 访问权限;
- 将存储器属性输出至系统。

2. ARM Cortex-M4 处理器特点

Cortex-M4 处理器已设计为具有适用于数字信号控制市场的多种高效信号处理功能。Cortex-M4 处理器采用扩展的单周期乘法累加(MAC)指令、优化的 SIMD 运算、饱和运算指令和一个可选的单精度浮点单元(FPU)。这些功能以表现 ARM Cortex-M 系列处理器特征的创新技术为基础。主要特点如表 1－2 所列。

表 1－2　ARM Cortex-M4 处理器特点

体系结构	ARMv7E－M(Harvard)
ISA	支持 Thumb/Thumb－2
DSP	扩展单周期 16 位、32 位 MAC,单周期双 16 位 MAC,8 位、16 位 SIMD 运算,硬件除法(2～12 个周期)
浮点单元	单精度浮点单元,符合 IEEE754
流水线	三级指令流水线,实现同时加载/存储数据指令分支预测
内存保护	带有子区域和后台区域的可选 8 区域 MPU
中　断	不可屏蔽的中断(NMI)＋1～240 个物理中断,中断延迟 12 个周期,中断间延迟 6 个周期,中断优先级 8～256 个优先级,唤醒中断控制器产生最多 240 个唤醒中断
睡眠模式	集成的 WFI 和 WFE 指令和"退出时睡眠"功能,睡眠和深度睡眠信号,随 ARM 电源管理工具包提供的可选保留模式
位操作	集成的指令和位段
调　试	可选 JTAG 和串行线调试端口。最多 8 个断点和 4 个检测点
跟　踪	可选指令跟踪(ETM)、数据跟踪(DWT)和测量跟踪(ITM)

(1) Cortex-M4 扩展单周期 16 位、32 位乘法累加指令

32 位乘法累加指令(MAC)包括新的指令集和针对 Cortex-M4 硬件执行单元的优化,是能够在单周期内完成一个 $32\times 32+64 \longrightarrow 64$ 的操作或两个 16×16 的操作。

(2) Cortex-M4 的 SIMD 指令集

Cortex-M4 支持 SIMD 指令集,使所有 SIMD 指令都能在单个周期内执行。受益于 SIMD 指令的支持,Cortex-M4 处理器能在单周期完成高达 $32\times 32+64 \longrightarrow 64$

的运算,为其他任务释放处理器带宽,而不被乘法和加法消耗运算资源。考虑以下复杂的算术运算,其中两个 16×16 乘法加上一个 32 位加法,被编译成由一条单一指令执行:SUM = SUM + (A * C) + (B * D)。Cortex-M4 指令 SIMD 的编译运算如图 1-6 所示。

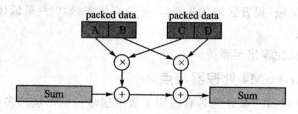

图 1-6　Cortex-M4 指令 SIMD 的编译运算

(3) Cortex-M4 浮点运算

FPU 是 Cortex-M4 浮点运算的可选单元,是一个专用于浮点任务的单元。这个单元通过硬件提升性能,能处理单精度浮点运算,并与 IEEE754 标准兼容,完成了 ARMv7-M 架构单精度变量的浮点扩展。FPU 扩展了寄存器的程序模型与包含 32 个单精度寄存器的寄存器文件。使得寄存器可被看作:

- 16 个 64 位双字寄存器,D0~D15。
- 32 个 32 位单字寄存器,S0~S31。FPU 提供了 3 种模式运作,以适应各种应用。
- 全兼容模式(在全兼容模式,FPU 处理所有的操作都遵循 IEEE754 的硬件标准)。
- Flush-to-Zero 模式:可置位浮点状态 FZ 位和控制寄存器 FPSCR [24] 到 Flush-to-Zero 模式。在此模式下,FPU 在运算中将所有不正常的输入操作数的算术 CDP 操作都当作 0。除了当作零操作数的结果是合适的情况,VABS、VNEG、VMOV 不会被当作算术 CDP 的运算,而且不受 Flush-to-Zero 模式影响。结果是微小的,就像在 IEEE 754 标准描述的那样,目标精度增加的幅度小于四舍五入后最低正常值,被零取代。IDC 的标志位 FPSCR [7],表示当输入 Flush 时变化。UFC 标志位 FPSCR [3],表示当 Flush 结束时变化。
- 默认的 NaN 模式:可设置 DN 位 FPSCR [25],进入 NaN 的默认模式。在这种模式下,对任何算术数据处理操作的结果,如涉及一个输入 NaN,或产生一个 NaN 结果,会返回默认的 NaN。仅当 VABS、VNEG、VMOV 运算时,分数位增加保持。所有其他的 CDP 运算会忽略所有输入 NaN 的小数位的信息。

(4) DSP 能力

图 1-7 所示为在相同的运行速度下,Cortex-M3 和 Cortex-M4 处理器在数字信

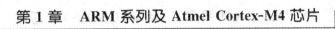

号处理能力方面的相对性能比较。Y 轴数字表示执行给计算所用的相对周期数。因此,周期数越小,性能越好。以 Cortex-M3 作为参考,计算 Cortex-M4 的性能,性能比大概为其周期计数的倒数。举例说明,PID 功能,Cortex-M4 的周期数与 Cortex-M3 的比约 0.7 倍,因此相对性能是 1/0.7,即 1.4 倍。

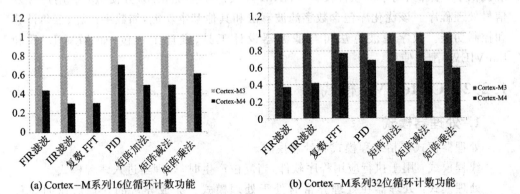

图 1-7　Cortex-M3 与 Cortex-M4 计算性能比较

(5) 功耗优于 Cortex-M3

Cortex-M4 的功率、效率性能大大优于 Cortex-M3,如表 1-3 所列。

表 1-3　Cortex-M4 与 Cortex-M3 功耗比较

处理器	Cortex-M3		Cortex-M4	
流　程	台积电 90 纳米 G		65 纳米低功耗工艺	
优化类型	Speed 优化	面积优化	Speed 优化	面积优化
标准单元库	ARM 的 SC9	ARM 的 SC9	ARM 的 SC12	ARM 的 SC9
整数性能 (总 DMIPS)/MIPS	344	63	375	188
频率/MHz	275	50	300	150
电源效率/DMIPS/mW	有待完善	12.15	24	38
面积/mm^2	0.083	0.047	0.21	0.11
FPU 面积/mm^2	不适用	不适用	0.08	0.06

(6) 电源管理

Cortex-M4 的电源管理分为 4 种模式,包括电源关闭模式、待机模式、休眠模式、主动模式,其特征如表 1-4 所列。

表 1-4　Cortex-M4 电源管理模式特征

电源模式	功耗管理	特　征
主动模式	泄漏电流 + 动态	运行的 Dhrystone 2.1 Benchmark
休眠模式	泄漏电流 + 一些动态	CM4Core 时钟门控,NVIC 的唤醒
待机模式	只有泄漏电流	电源依然开启,所有时钟关闭
电源关闭模式	零功耗	关闭电源

(7) Cortex 微控制器软件接口标准

Cortex-M4 处理器得到 Cortex 微控制器软件接口标准(CMSIS)的完全支持。CMSIS 是独立于供应商的 Cortex-M 处理器系列硬件抽象层,为外设和实时操作系统提供了一致的、简单的软件接口。ARM 开发出一个优化库,方便 MCU 用户开发信号处理程序。该优化库包含数字滤波算法和其他基本功能,如数字计算、三角计算和控制功能。数字滤波算法可与滤波器设计工具、设计工具包(如 MATLAB 和 LabVIEW)配套使用。

1.2.2　Cortex-M4 模式

1. 处理器模式

处理器模式包括线程模式和处理模式。

线程模式:用于执行应用程序软件,当复位产生时,处理器进入线程模式。

处理模式:处理器在处理异常时处于处理模式。完成异常的处理后返回线程模式。

2. 软件特权级别与非特权级别

软件非特权级别:非特权模式下,软件执行非特权级别。

①具有有限的访问 MSR 和 MRS 指令,并且不能使用 CPS 指令。

②可以访问系统定时器、NVIC 或者系统控制块。

③可能有对存储器或外设的限制访问。

软件特权级别:非特权状态可以使用 SVC 指令来产生一个系统调用把控制权转移到特权状态。只有特权状态可以在线程模式下写控制寄存器来改变状态执行的特权级别。

①软件特权可以使用所有指令和访问所有资源。特权软件在特权级别上执行。

②在线程模式下,控制寄存器控制软件执行是特权级别或者非特权级别。

③在处理模式下,软件执行总是特权级别。

3. 栈

该处理器使用全递减堆栈,这意味着堆栈指针保存的是内存中最后入栈项目的地址。当处理器向堆栈推入一个新的项目时,堆栈指针递减,然后写入项目到新的内存位置。处理器实现主栈和进程堆栈两个堆栈,指针分别存放在独立的寄存器中。

在线程模式下,控制寄存器控制处理器是否使用主堆栈或进程堆栈。在处理模式下,处理器总是使用主堆栈。

4. 主要寄存器

ARM Cortex-M4 有 7 种 32 位主要寄存器。

(1) 32 位通用寄存器 R0～R12

Cortex-M4 有 13 个 32 位通用寄存器 R0～R12。其中,R0～R7 为低组寄存器,

可被所有访问通用寄存器的指令访问,R8~R12 为高组寄存器,可被所有 32 位通用寄存器指令访问,不能被所有 16 位指令访问。

(2) 堆栈指针(SP)

堆栈指针(SP)即寄存器 R13,用于访问堆栈。

在线程模式下,控制寄存器的位[0](SPSEL 位)表示活动堆栈指针类型。0 表示主堆栈指针(MSP),是复位后的默认值。1 表示进程堆栈指针(PSP)。复位时,处理器把地址 0x00000000 的值载入到 MSP。

(3) 链接寄存器 R14

链接寄存器(LR)即寄存器 R14,用于存储子程序、函数调用和异常的返回信息。复位时,处理器装载 LR 寄存器的值为 0xFFFFFFFF。

(4) 程序计数寄存器 R15

程序计数寄存器(PC)即寄存器 R15,包含当前程序的地址。复位时,处理器用地址 0x00000004 的复位向量值加载 PC,此值的位[0]加载到运行程序状态寄存器的 EPSRT 位并且必须为 1。

(5) 程序状态寄存器

32 位程序状态寄存器(PSR)包括应用程序状态寄存器(APSR)、中断程序状态寄存器(IPSR)和运行程序状态寄存器(EPSR)。

PSR 寄存器有相互独立的位域可以单独访问,或者任意两个或三个组合访问这些寄存器,可以使用寄存器名作为 MSR 或 MRS 指令的参数。

应用程序状态寄存器(APSR)用于保存指令执行的特征标志的当前状态,具体的特征标志如表 1-5 所列。

表 1-5　应用状态寄存器的特征标志

特征标志	0 状态	1 状态
N:负标志	运算结果是正数,零,大于或等于	运算的结果是负数或小于
Z:零标志	运算结果不为零	运算结果为零
C:进位或借位标志	加法运算没有导致进位或减法运算导致借位	加法运算导致进位或减法运算没有产生借位
V:溢出标志	运算没导致溢出	运算导致溢出
Q:DSP 溢出和饱和标志	表示自从复位或自从该位上次清零没有发生过饱和	表示 SSAT 或 USAT 指令导致饱和

中断程序状态寄存器(IPSR):当前中断服务程序(ISR)的异常类型号由 ISR_NUMBER 表示,如表 1-6 所列。

表 1-6　中断程序状态寄存器(IPSR)

0	1	2	3	4	5	6
线程模式	保留	NMI	硬故障	存储器管理故障	总线故障	使用故障
7~10	11	12	13	14	15	16~50
保留	SVCall	保留用于调试	保留	PendSV	系统定时器	IRQ0~ IRQ47

运行程序状态寄存器(EPSR),保存 Thumb 状态位及 IF-THEN(IT)指令、中断加载或存储多指令的可中断-可连续指令(ICI)域的执行状态位,如表 1-7 所列。

表 1-7　运行程序状态寄存器(EPSR)

0~9	10~15	16~23	24	25~26	27~31
保留	ICI/IT	保留	T	ICI/IT	保留

ICI:可中断或可继续指令,当中断发生在 LDM、STM、PUSH、POP、VLDM、VSTM、VPUSH 或 VPOP 指令执行时,处理器:①暂时停止加载或存储多指令操作;②存储多重操作中下一个寄存器操作数到 EPSR 的位[15:12]。

中断完成后,处理器:①返回 EPSR 的位[15:12]指向的寄存器;②恢复多个加载或存储指令的执行。当执行程序状态寄存器(EPSR)时,EPSR 保持 ICI 执行状态位[26:25,11:10]均为零。

IT:IF-THEN 指令,指示 IT 指令的执行状态位。IF-THEN 模块最多包含 4 条 IT 指令,指令块中的每条指令是有条件的。

T:Thumb 状态,Cortex-M4 只支持在 Thumb 状态的指令执行。可清除 T 位为 0 的操作,包括:BLX、BX 和 POP {PC}指令;异常返回过程中恢复堆栈中 xPSR(xPSR 表示 CPSR 或 SPSR)的值;异常进入或复位矢量值的位[0]。当 T 位为 0 时,尝试执行指令将导致出错或锁定。

(6) 异常屏蔽寄存器

处理器通过异常屏蔽寄存器禁用异常处理。当异常可能影响时序关键任务时,禁用异常处理。使用 MSR、MRS 或 CPS 指令可访问异常屏蔽寄存器。

优先级屏蔽寄存器(PRIMASK):阻止所有可配置优先级异常的激活。0:无影响。1:阻止所有可配置优先级异常的激活。

故障屏蔽寄存器(FAULTMASK):阻止了所有异常,非可屏蔽中断(NMI)除外。0:无影响。1:禁止除 NMI 外的所有异常。该处理器从任何异常处理程序退出时将 FAULTMASK 位清零,NMI 处理程序除外。

基本优先级屏蔽寄存器(BASEPRI):定义了异常处理的最小优先级,当 BASEPRI 被设置为非零值,将阻止与 BASEPRI 值相同或低优先级的所有异常的激活。

(7) 控制寄存器

控制寄存器(CONTROL)定义使用中的堆栈和处理器处于线程模式下软件执行

的特权级别,并表明 FPU 状态,如表 1-8 所列。

表 1-8　控制寄存器(CONTROL)

0	1	2	3～31
nPRIV	SPSEL	FPCA	保留

FPCA 位:指示浮点模式当前是否为活跃的。0:浮点模式不活跃。1:浮点模式活跃。当处理异常时,Cortex-M4 使用该位以确定是否要保留浮点状态。

SPSEL 位:定义活动堆栈指针。0:MSP 是当前堆栈指针。1:PSP 是当前堆栈指针。处理器模式下,该位读出为零并且忽略写,异常返回时 Cortex-M4 自动更新该位为 1。

nPRIV 位:定义线程模式特权级别。0:特权。1:非特权。

处理模式总是使用 MSP,所以处理器模式下,处理器不会直接配置控制寄存器的活动堆栈指针位,而是根据 EXC_RETURN 值,通过异常进入和返回机制更新控制寄存器。

在 OS 环境中,ARM 推荐线程在线程模式下运行使用进程堆栈,内核和异常处理程序使用主堆栈。

在线程模式默认下使用 MSP 将堆栈指针切换到 PSP 的操作为:①使用 MSR 指令设置活动堆栈指针 SPSEL 位为 1;②执行异常返回到线程模式,并返回合适的 EXC_RETURN 值。

5. 异常和中断

Cortex-M4 处理器支持中断和系统异常处理。处理器和嵌套向量中断控制器(NVIC)优先考虑和处理所有异常。异常改变了软件控制正常流程,处理器使用处理模式处理除了复位以外的所有异常。NVIC 寄存器控制中断处理。

6. 数据类型

Cortex-M4 处理器支持的数据类型包括 32 位字、16 位半字和 8 位字节数据。

1.2.3　内存映射

Cortex-M4 处理器有一个固定的内存映射,提供高达 4 GB 的可寻址内存。SRAM 和外设区域,包括位带区域。位带区域为位数据提供位操作。

处理器保留为核心外设寄存器范围寻址的专用外设总线(PPB)的区域,这种内存映射对 ARM Cortex-M4 系列是通用的,如图 1-8 所示。

1. 内存基址映射

总线矩阵为每个 AHB 主控设备接口提供一个解码器,解码器为每个 AHB 主控设备提供若干存储空间映射。每个存储空间可被分配给多个从控设备,使用不同的 AHB 从控设备(例如外部 RAM、内部 ROM 和内部 FLASH 等),有相同的地址存储空间。

总线矩阵用户接口提供一个主控矩阵重映射配置寄存器(Master Remap Con-

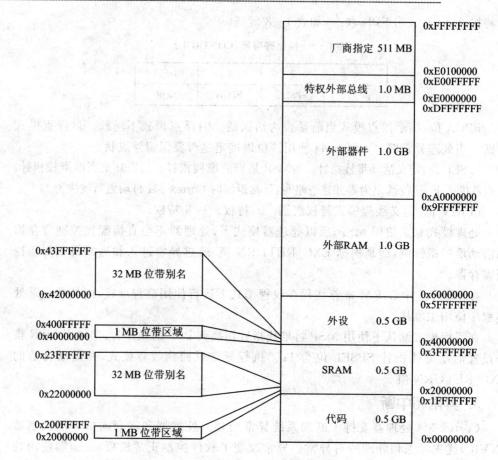

图 1-8　内存映射图

trol Register，MATRIX_MRCR），以便对每个主控设备执行重映射操作。整个芯片的各模块基址映射关系如图 1-9 所示。

(1) 内存访问的顺序

内存访问的存储系统顺序描述了存储系统保证内存访问顺序的情况。另一方面，如果内存访问的顺序是非常重要的，软件必须包含内存屏障指令来强制顺序。处理器提供 3 个内存屏障指令。

数据内存屏障(DMB)指令：确保在后续内存事务之前出色地完成内存事务。

数据同步屏障(DSB)指令：确保后续指令执行之前出色地完成内存事务。

指令同步屏障(ISB)指令：确保所有完成的后续指令识别的内存事务的效果。

在 ISB 指令或异常返回之后使用 DSB，以确保后续指令使用新的 MPU 配置。

(2) 位　域

位域(bit-band)是 Cortex-M4 内核中针对某一段区域进行位和字映射的机制，对于位操作，如 I/O 控制 LED，比传统 C 语言的位操作更加方便。存储器(bit-band

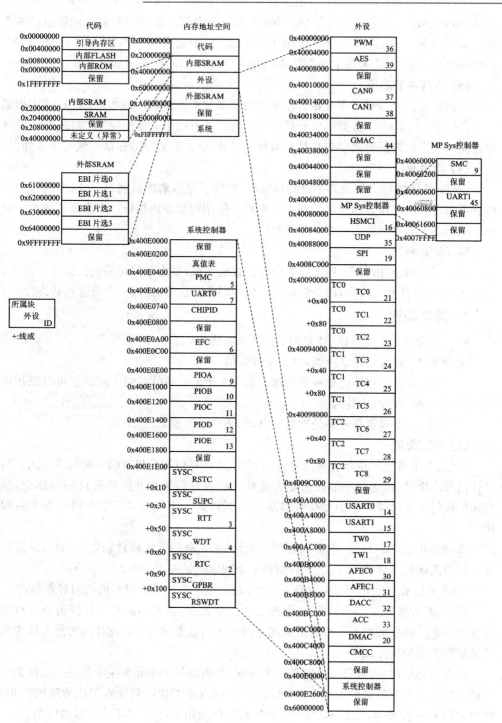

图 1 - 9 SAM4E 内存映射

alias region)的一个字可映射为 bit - band 区的一个位。处理器映射存储器包括两个 bit - band 区域,寻址分别为 SRAM 和外设存储区域中最低的 1 MB。Cortex-ぁ耤 P⚡M4 存储器映射有 2 个 32 MB 寻址范围,被映射为两个 1 MB 的 bit - band 区。

(3) 内存字节顺序

处理器把内存看成从零开始升序排列的字节数线性集合。例如,字节 0～3 占据第一个存储字,字节 4～7 占据第二个存储字。处理器采用小端格式,在小端格式中,处理器存储一个字的最低有效字节在最低编号字节处,最大有效字节在最高编号字节处。

(4) 同步原语

Cortex-M4 的指令集包含 1 对同步原语,提供了非阻塞的机制,一个线程或进程可以获得对某一内存位置的单独访问。软件可以使用同步原语执行一个有保证的读—修改—写内存更新序列或者一个信号量机制。

同步原语包括:

- 一个加载专用指令,用于读取内存位置的加载,要求单独访问该位置。
- 一个保存专用指令,用于尝试写入到相同内存位置,返回一个寄存器状态位。

2. 异常模式

每种异常都处于非活跃、挂起和活跃 3 种状态之一。

- 非活跃:异常不是活跃的,也不是挂起的。
- 挂起:异常正在等待处理器处理。来自一个外设或软件的中断请求可以把相应的中断状态改为挂起。
- 活跃:一个异常正在被处理器处理,但还没有完成。

(1) 异常类型

复位:上电或热复位都会调用复位,异常模式将复位视为异常的一种特殊形式。当复位信号产生时,在指令中的任何地方处理器的操作将被中止。当复位信号结束(拉高)时,执行将从向量表中的复位入口地址重新开始。线程模式下重新启动作为特权执行。

非屏蔽中断(NMI):非屏蔽中断(NMI)能够通过外设或由软件触发标志位,是复位之外的最高优先级异常,永久启用并拥有一个固定的优先级——2。

NMI 不能被其他任何异常屏蔽或阻止激活,也不能被复位以外的任何异常抢占。

硬故障:硬故障是一个异常,是处理器件发生错误,或者不能被其他任何异常机制管理的异常。硬故障拥有一个固定的优先级——1,这意味着它们比任何可配置优先级的异常有更高的优先级。

内存管理故障:内存管理故障是一个异常,是内存保护单元发生了相关的故障而产生的。对于指令和数据事务内存,MPU 或固定的内存保护限制导致了该故障的发生。此故障用来取消 Execute Neve(XN)内存区域访问的指令,即使 MPU 是被禁用的。

总线故障:总线故障是一个异常,是内存系统总线上检测到的错误,由于指令或数据事务内存发生了与内存相关的错误而产生的。

使用故障：使用故障是一个异常，由于指令执行故障而产生的。包括：指令未定义、非法的未对齐访问、指令执行时的无效状态、异常返回出错，核心配置要报告这些故障时，以下操作也会导致使用故障：内存访问字和半字的未对齐地址、除以零。

SVCall：是一种异常，由 SVC 指令触发。在 OS 环境中，应用程序可以使用 SVC 指令来访问 OS 内核函数和设备驱动程序。

PendSV：PendSV 是系统级服务的中断驱动请求。在 OS 环境中，当没有其他异常活跃时，可使用 PendSV 进行模式切换。

系统定时器：系统定时器异常是当系统定时器到达零时产生的，软件可生成系统定时器异常。在 OS 环境中，处理器可以使用该异常作为系统时钟。

中断（IRQ）：中断或中断请求 IRQ，由外围设备或者通过软件请求产生的异常。在系统中，所有中断与指令执行是异步的外设使用中断与处理器通信。

（2）异常处理流程

处理器处理异常通过使用以下程序进行：

① 异常中断服务程序（ISRs）：中断 IRQ0～IRQ47 是由 ISRs 处理的异常中断服务程序。

② 故障处理程序：硬故障、内存管理故障、使用故障、总线故障都由故障处理程序处理故障异常。

③ 系统处理程序：NMI、PendSV、SVCall、系统定时器和故障异常等系统异常均由系统处理程序处理。

1.2.4　电源管理的睡眠模式

Cortex-M4 处理器电源管理功能中的睡眠模式可减少耗电量。睡眠模式可停止处理器时钟和系统时钟，关闭 PLL 和闪存，使系统进入深度睡眠模式。

Cortex-M4 处理器睡眠模式包括进入睡眠和从睡眠模式唤醒两种模式。

1. 进入睡眠

系统可以产生伪造的唤醒事件，如调试操作可唤醒处理器。因此，软件必须能够处理这样的事件后将处理器返回到睡眠模式。一个程序可能有一个闲置的循环将处理器返回到睡眠模式。

（1）等待中断

等待中断指令（WFI，Wait for Interrupt）会导致立即进入睡眠模式。当处理器执行一条 WFI 指令时，将停止执行指令并进入睡眠模式。

（2）等待事件

等待事件指令（WFE，Wait for Event），置位事件寄存器的值可能导致系统进入睡眠模式。当处理器执行一条 WFE 指令时，会检查该寄存器：如果寄存器为 0，则处理器停止执行指令并进入睡眠模式；如果寄存器为 1，则处理器清除寄存器为 0，并继续执行指令而不进入睡眠模式。

(3) Sleep - on - exit

当处理器完成一个异常处理程序的执行时,如果系统控制寄存器 SCR 的 SLEEP-ON EXIT 位被设置为 1,将返回到线程模式并立即进入睡眠模式。应用程序中,需要在处理器运行发生异常时使用此机制。

2. 从睡眠模式唤醒

处理器醒来的条件依赖于导致其进入睡眠模式的机制。

(1) 从 WFI 或 Sleep - on - exit 唤醒

通常情况下,只有当处理器检测到能够引起异常进入的具有足够优先级的异常时才会被唤醒。有些嵌入式系统必须在处理器唤醒之后,执行一个中断处理程序之前,使执行系统恢复任务。要做到这一点,设置 PRIMASK 位为 1 和 FAULTMASK 位为 0。如果到达的中断已启用,并具有比当前异常更高的优先级,处理器被唤醒,但不执行中断处理程序,直到处理器将 PRIMASK 设置为零。

(2) 从 WFE 唤醒

引起处理器从 WFE 被唤醒的事件包括:当检测到能够引起异常进入的具有足够优先级的异常;检测外部事件信号;在一个多处理器系统中,系统的另一个处理器执行 SEV 指令。此外,如果 SCR 的 SEVONPEND 位被设置为 1,则任何新的待处理的中断将触发一个事件并唤醒处理器,即使中断被禁用或没有足够的优先级引起异常进入。

(3) 外部事件输入

处理器提供了一个外部事件输入信号。外设可以驱动这个信号,从 WFE 唤醒处理器,或设置内部 WFE 事件寄存器为 1,表示后面的 WFE 指令处理器不能进入睡眠模式。

1.2.5　Cortex-M4 核心外设

1. 嵌套向量中断控制器

嵌套向量中断控制器(NVIC)是一个嵌入的中断控制器,支持低延迟中断处理。

2. 系统控制模块

系统控制模块(SCB)是处理器的编程模型接口可使系统实现信息和系统控制,包括配置系统、控制和报告系统异常。

3. 系统定时器

系统定时器(SysTick)是一个 24 位的倒计时定时器,可用作实时操作系统(RTOS)的节拍定时器或简单的计数器。

4. 存储器保护单元

存储器保护单元(MPU)为不同的内存区域定义不同的内存属性,提高系统的可靠性。MPU 具有高达 8 个不同区域和 1 个可选的预定义的背景区域。

5. 浮点单元

浮点单元(FPU)提供了 32 位单精度浮点值的 IEEE754 兼容操作。

1.3　Atmel 公司的 SAM4S/SAM4L/SAM4E 系列 ARM 芯片配置

Atmel 公司 SAM4S/SAM4L/SAM4E 系列微处理器是家族成员式的高性能 32 位 ARM Cortex-M4 RISC 处理器。其最大工作频率为 120 MHz,具有 2 048 KB 的闪存, 可选双组实施和快取记忆体,160 KB 的 SRAM。外设集成全速 USB 设备端口的高速 SDIO/SD/MMC 接口,及连接到 SRAM、PSRAM、NOR FLASH 静态内存控制器的外 部总线接口、液晶显示模块和 NAND 闪存、USART 接口、UART 接口、TWI 接口、SPI 接口、IIS,以及 PWM 定时器、通用 16 位定时器(支持步进电机及正交解码器逻辑)、 RTC、12 位 ADC、12 位 DAC 和模拟比较器等。

1.3.1　SAM4S 系列配置

基于功能强大的 ARM Cortex-M4 处理器,Atmel SAM4S 系列进一步扩展了 At- mel Cortex-M 产品组合。该系列具有以下特性:

- 增强的性能和功效。
- 更高的存储器密度:高达 2 MB 的闪存和 128 KB 的 SRAM。
- 用于实现连接、系统控制和模拟接口的丰富外设。

SAM4S 系列器件与当前基于 SAM3 系列 Cortex-M3 处理器的微控制器是引脚对 引脚和软件兼容的,可非常平稳地向上迁移,以实现更高的性能和更大的存储容量。

SAM4S 系列关键特性如下:

- 改进的性能水平——SAM4S 是基于 ARM Cortex-M4 处理器构建的,其工 作频率高达 120 MHz,并集成了 Atmel 的闪存,读取加速器和可选缓存存储 器,进一步增强了系统性能。SAM4S 具有多层总线矩阵、多通道直接存储器 存取 (DMA)及分布式存储器,用于支持高数据速率通信。
- 低功耗——SAM4S 系列在低工作频率时的动态模式下,可达 200 μA/MHz; 120 MHz 时为 30 mA;在有实时时钟 (RTC)运行的备用模式下,1.8 V 时为 3 μA。借助待机模式下市场上最佳的功耗/性能比率,SAM4S16 的工作频率 可达 120 MHz,同时 RAM 维持低于 25 μA 的保留模式。
- 安全性——集成了最佳硬件代码保护:防止存取片上存储器,以保护知识产权 (IP);支持安全器件翻新(芯片擦除),以便重复编程;独特的 128 位 ID 和扰 频外部总线接口,可在硬件循环冗余校验 (CRC)检查存储器完整性时确保软 件的机密性。

SAM4S 系列器件的内存大小、封装和功能如表 1-9 所列。

25

表 1-9　SAM4S 系列芯片配置

特　征	SAM4SD 32C	SAM4SD 32B	SAM4SD 16C	SAM4SD 16B	SAM4SA 16C	SAM4SA 16B	SAM4S 16C	SAM4S 16B	SAM4S 8C	SAM4S 8B
FLASH/KB	2×1 024	2×1 024	2×512	2×512	1 024	1 024	1 024	1 024	512	512
SRAM/KB	160	160	160	160	160	160	128	128	128	128
HCACHE/KB	2	2	2	2	2	2	—	—	—	—
封　装	LQFP100 TFBGA100 VFBGA100	LQFP64 QFN64	LQFP100 TFBGA100 VFBGA100	LQFP64 QFN64	LQFP100 TFBGA100 VFBGA100	LQFP64 QFN64	LQFP100 TFBGA100 VFBGA100	LQFP64 QFN64	LQFP100 TFBGA100 VFBGA100	LQFP64 QFN64
引脚数	79	47	79	47	79	47	79	47	79	47
外部总线接口	8 位数据,4 个芯片选择,24 位地址	—	8 位数据,4 个芯片选择,24 位地址	—	8 位数据,4 个芯片选择,24 位地址	—	8 位数据,4 个芯片选择,24 位地址	—	8 位数据,4 个芯片选择,24 位地址	—
12 位 ADC 通道	16	11	16	11	16	11	16	11	16	11
12 位 DAC 通道	2	2	2	2	2	2	2	2	2	2
定时器/计数器	6	3	6	3	6	3	6	3	6	3
PDC 通道	22	22	22	22	22	22	22	22	22	22
USART/UART	2/2	2/2	2/2	2/2	2/2	2/2	2/2	2/2	2/2	2/2
HSMCI	1 端口 4 位	1 端口 4 位	1 端口 4 位	1 端口 4 位	1 端口 4 位	1 端口 4 位	1 端口 4 位	1 端口 4 位	1 端口 4 位	1 端口 4 位

1.3.2　SAM4L 系列配置

Atmel-SAM4L 微控制器（MCU）为基于 Cortex-M4 处理器的器件,树立了新的功耗基准,能够实现活动模式下的最低功耗（低至 90 μA/MHz）、睡眠模式下的完全 RAM 保留（1.5 μA）和最短唤醒时间（短至 1.5 μs）。SAM4L 系列通过嵌入 Atmel picoPower 技术,能够提供高效的信号处理、易用性和高速通信外设,是工业、医疗和消费品应用领域各种功耗敏感设计的理想之选。

SAM4L 系列关键特性:

- Atmel picoPower 技术——确保设备从根本上都是专门针对最低功耗开发的,从而实现较长的电池寿命。
- Atmel QTouch 电容式触摸支持——包括基于 QTouch 技术的硬件集成电容

式触摸模块,实现了触摸和近距离功能及超低功耗的快速开发。

- 高效信号处理——得益于 Cortex-M4 架构,SAM4L 微控制器具有扩展型单周期乘积指令,以及实现高效信号处理的优化 SIMD 算法及饱和算法指令。
- 易用性——其软件工具生态系统和对 Atmel Studio 6 集成式开发环境的支持提高了设计效率,缩短了产品面市时间。

SAM4L 系列器件的内存大小、封装和功能如表 1-10 所列。

表 1-10　SAM4L 系列芯片配置

特　征	ATSAM4LxxC	ATSAM4LxxB	ATSAM4LxxA
引脚数	100	64	48
最大频率/MHz	48		
FLASH/KB	256/128		
SRAM/KB	32		
段式 LCD	4×40	4×23	4×13
GPIO	75	43	27
High-dive 引脚	6	3	1
外部中断	8+1NMI		
TWI	2 主＋2 主/从		1 主＋1 主/从
USART	4		3
PICOUART	1		
DMA 外设通道	16		
AESA	1		
外设事件系统	1		
SPI	1		
异步计时器	1		
定时器/计数器	6	3	
并行捕获输入	8		
频率仪器	1		
看门狗计时器	1		
电源管理器	1		
Glue Logic LUT	2		1
振荡器	数字频率锁环 20～150 MHz(DFLL);相位锁环 48～240 MHz(PII);晶振器 0.6～30 MHz(OSC0);晶振器 32 kHz(OSC32);RC 振荡器 80 MHz(RC80M);RC 振荡器 4/8/12 MHz(RCFAST);RC 振荡器 115 kHz(RCSYS);RC 振荡器 32 kHz(RC32K)		

续表 1-10

特 征	ATSAM4LxxC	ATSAM4LxxB	ATSAM4LxxA
ADC 通道	15	7	3
DAC 通道	1		
模拟比较器	4	2	1
CATB 传感器	32	32	26
USB	1		
声道位流 DAC	1		
IIS 控制器	1		
封 装	TQFP/VFBGA	TQFP/QFN	TQFP/QFN

1.3.3 SAM4E 系列配置

Atmel-SAM4E 系列闪存微控制器(MCU)是基于带浮点运算单元(FPU)的高性能 32 位 ARM Cortex-M4 RISC 处理器设计的。最高运行速度可达 120 MHz,具有高达 1 024 KB 的闪存、2 KB 缓存存储器及高达 128 KB 的 SRAM。

SAM4E 系列提供了一套丰富的高级连接外设,其中包括支持 IEEE 1588 的 10/100 Mbps 以太网 MAC 及双 CAN。SAM4E MCU 具有单精度 FPU、高级模拟功能及全套定时和控制功能,堪称是工业自动化和建筑控制应用的理想之选。

SAM4E 系列关键特性如下:

- 高性能——基于 ARM Cortex-M4 内核的 MCU 以 120 MHz 的频率运行,集成了 FPU 及 2 KB 缓存存储器。
- 连接性——支持 IEEE 1588 的 10/100 Mbps 以太网 MAC、双 CAN、全速 USB 器件及全套高速串行外设,帮助实现快速的数据传输。
- 高级模拟——包含多达 24 通道的 16 位双 1 Msps ADC,带有模拟前端,能提供偏移错误校正和增益控制。还包括 2 通道、1 Msps 的 12 位 DAC。
- 设计支持——采用 Atmel Studio 集成开发平台(包含 Atmel Software Framework,这是一个由源代码、项目示例、驱动程序和堆栈构成的完整库),既缩短了开发时间,又降低了开发成本。

SAM4E 系列器件的内存大小、封装和功能如表 1-11 所列。

表 1-11 SAM4E 系列芯片配置

特 征	SAM4E16E	SAM4E8E	SAM4E16C	SAM4E8C
FLASH/KB	1 024	512	1 024	512
SRAM/KB	128		128	
CMCC/KB	2		2	
封 装	LFBGA144,LQEP144		TFBGA100,LQFP100	

续表 1－11

特　征	SAM4E16E	SAM4E8E	SAM4E16C	SAM4E8C
引脚数	117		79	
外部总线接口	8 位数据, 4 个芯片选择, 24 位地址		—	
模拟前端 AFE	最大为 16 位, 16\8 通道		最大为 16 位, 16\14 通道	
EMAC	是		是	
CAN	2		1	
12 位 DAC 通道	2		2	
定时器/计数器 TC	9		3	
PDC 通道	24＋9		21＋9	
USART/UART	2/2		2/2	
USB	全速		全速	
HSMCI	1 个端口,4 位		1 个端口,4 位	

说明:(1) ADC 是 12 位的,通过平均运算可达 16 位。

(2) AFE0 是 16 个通道,AFE1 是 8 个通道。AFE 通道的总数为 24。一个通道被保留用于
内部温度传感器。

(3) AFE0 是 6 个通道,AFE1 是 4 个通道。AFE 通道的总数是 10。一个通道被保留用于
内部温度传感器。

(4) 支持完全调制解调器模式的 USART1。

ARM Cortex-M4 微控制器原理与应用
——基于 Atmel SAM 4 系列

29

第2章

SAM4E 系列 MCU 芯片及 Atmel SAM4E－EK 开发板

本章主要讲解 Atmel SAM4E 系列芯片内部结构及系统模块。首先介绍 SAM4E 系列芯片的引脚；其次介绍 Atmel 公司提供的一款 Atmel SAM4E－EK 开发板电路；最后介绍 SAM4E 总线及主要模块。

Atmel 公司推出的 SAM4E 系列微控制器是基于带浮点运算单元(FPU)的高性能 32 位 ARM Cortex-M4 RISC 处理器。最高运行速度可达 120 MHz，具有高达 1 024 KB 的闪存、2 KB 缓存存储器及高达 128 KB 的 SRAM。SAM4E 系列提供了一套丰富的高级连接外设，其中包括支持 IEEE 1588 的 10/100 Mbps 以太网 MAC 及 CAN 等。

2.1　SAM4E 系列 MCU 引脚

2.1.1　SAM4E MCU 内部结构图

图 2-1 所示为 SAM4E MCU 处理器内部结构图。SAM4E MCU 内部结构体主要由 Cortex-M4 处理器、系统控制器、A/B/C 三组 24 位系统定时器/计数器、FLASH、SRAM、ROM、APB、AHB 总线连接外部桥 0 和外部桥 1 构成。SAM4E 处理器内嵌了两个独立的 APB/AHB 总线桥，一个低速，一个高速，可实现在两个总线桥上同时存取数据。SAM4E 系统控制器控制产生锁相环时钟 PLL 和 3～20 MHz 分频时钟，以及通信所需的标准时钟和 RTC、SM、WDT 等控制器需要的信号。处理器还包括两组多功能 12 位 ADC 和一组 12 位 DAC，由 APB、AHB 高速通道控制器控制 DMA 总线，全速 USB 2.0 收发器，控制 PWM、AES、FIFO、MAC 以太网和 NAND FLASH 静态存储控制器，高速 MCI、SPI、USART 串行通信接口。

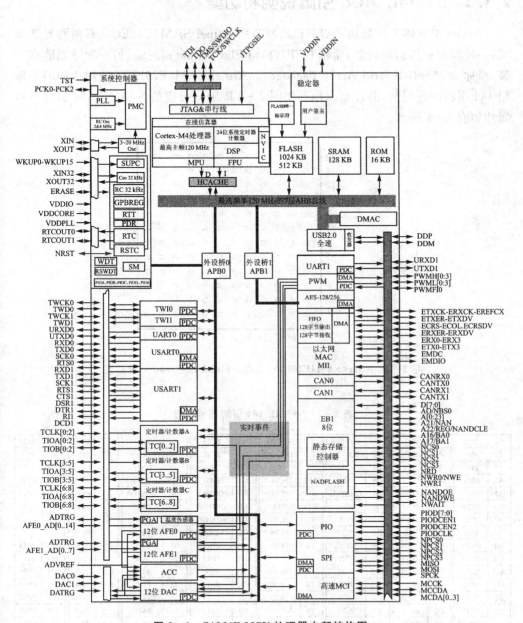

图 2-1　SAM4E MCU 处理器内部结构图

2.1.2　SAM4E MCU 引脚说明和功能

　　Atmel 半导体芯片公司 SAM4E 系列芯片 Atmel SAM4E16ECU 有两种封装形式：一种四侧引脚扁平封装，简称 QFP(Quad Flat Package)封装；另一种球栅阵列封装，简称 BGA (Ball Grid Array Package)。Atmel SAM4E16ECU 采用 VFBGA 球栅 144 引脚阵列封装，芯片引脚排列如图 2－2 所示。对应的 SAM4E 144 引脚符号属性如表 2－1 所列。

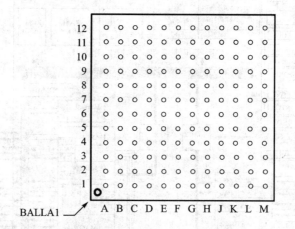

图 2 - 2　Atmel SAM4E16ECU 采用 VFBGA 球栅 144 引脚封装

表 2 - 1　SAM4E 144 引脚符号属性

A1	PE1	B7	PD3	D1	ADVREF	E7	VDDIO	G1	PC15	H7	VDDIO	K1	PE4	L7	PA24
A2	PB9	B8	PD7	D2	GNDANA	E8	VDDCORE	G2	PC13	H8	VDDCORE	K2	PA21	L8	PC5
A3	PB8	B9	PA6	D3	PD31	E9	PD8	G3	PB1	H9	PD21	K3	PA22	L9	PA10
A4	PB11	B10	PC18	D4	PD0	E10	PC14	G4	GNDIO	H10	PD14	K4	PC2	L10	PA12
A5	PD2	B11	JTAGSEL	D5	GNDPLL	E11	PD11	G5	GNDIO	H11	TEST	K5	PA16	L11	PD17
A6	PA29	B12	PC17	D6	PD4	E12	PA2	G6	GNDIO8	H12	NRST	K6	PA14	L12	PC28
A7	PC21	C1	VDDIN	D7	PD5	F1	PC30	G7	GNDCORE	J1	PA17	K7	PC6	M1	PD30
A8	PD6	C2	PE0	D8	PC19	F2	PC26	G8	VDDIO	J2	PB2	K8	PA25	M1	PA8
A9	PC20	C3	VDDOUT	D9	PD9	F3	PC29	G9	PD13	J3	PB3	K9	PD20	M3	PA13
A10	PA30	C4	PB14	D10	PD29	F4	PC12	G10	PD12	J4	PC1	K10	PD28	M4	PC7
A11	PD15	C5	PC25	D11	PC16	F5	GNDIO	G11	PC9	J5	PC4	K11	PD16	M5	PD25
A12	PB4	C6	PC23	D12	PA1	F6	GNDIO	G12	PB12	J6	PD27	K12	PA4	M6	PD24
B1	PE2	C7	PC22	E1	PC31	F7	GNDCORE	H1	PA19	J7	VDDCORE	L1	PE5	M7	PD23
B2	PB13	C8	PA31	E2	PC27	F8	VDDIO	H2	PA18	J8	PA28	L2	PA7	M8	PD22
B3	VDDPLL	C9	PA28	E3	PE3	F9	PB7	H3	PA20	J9	PA11	L3	PC3	M9	PD19
B4	PB10	C10	PB5	E4	PC0	F10	PC10	H4	PB0	J10	PA27	L4	PA23	M10	PD18
B5	PD1	C11	PA0	E5	GNDCORE	F11	PC11	H5	VDDCORE	J11	PB6	L5	PA15	M11	PA5
B6	PC24	C12	PD10	E6	GNDCORE	F12	PA3	H6	VDDIO	J12	PC8	L6	PD26	M12	PA9

2.2　SAM4E 开发板说明

图 2‐3 所示为 ATSAM4E16ECU 处理器芯片组合其他接口电路的开发板。开发板外设包括一个全速 USB 设备端口的嵌入式收发器,支持 IEEE 1588 的 10/100 Mbps 以太网 MAC,一个高速 MCI 的 SDIO/ SD/ MMC 卡,具有静态内存控制器将外部总线接口连接到 SRAM、PSRAM、NOR 快闪记忆体,液晶显示模块和 NAND 闪存,一个并行 I/O 捕获模式,两个摄像头接口,硬件加密 AES256 和全双工通用同步/异步串行收发器 USART,两个 UART,两个 TWIS,3 个 SPI 接口,以及一个 4 通道 PWM,9 路通用 16 位定时器(支持步进电机和正交解码器逻辑),一个实时时钟,两个模拟前端接口(16 位 ADC、DAC、MUX 和 PGA),2 通道 12 位的 DAC 和一通道模拟比较器。Atmel SAM4E 处理器开发板电路示意图如图 2‐4 所示。

图 2‐3　Atmel SAM4E‐EK 芯片开发板实物图

2.2.1　SAM4E‐EK 开发板主要功能及特点

SAME4E 开发板主要特点及功能如下:

- 采用 VFBGA144 封装的 SAM4E 芯片,有 144 引脚,球栅阵列连接扩展插座。
- 12 MHz 晶振。
- 32.768 MHz 晶振。
- 可选的 SMB 连接器可允许外部系统时钟输入。

- NAND FLASH。
- 2.8 英寸 TFT 彩色液晶显示器和触摸屏,可调背光。
- RS232 驱动的 UART 端口。
- USART 端口通过驱动函数实现 RS485、RS232 多路复用。
- 具有 CAN 端口驱动程序。
- 具有单声道/立体声耳机输出。
- 具有 SD/MMC 接口。
- 具有复位按钮:NRST。
- 具有用户按钮:WAKU、TAMP、Scroll - up、Scroll - down。
- 具有触摸按钮(Atmel 专利 QTouch):左、右和滚动翻转。
- 具有全速 USB 设备端口。
- 具有 JTAG/ICE 端口。
- 具有开发板在线功率调节功能。
- 具有三个独立 LED 指示灯。
- 具有电源 LED 指示。
- 具有 BNC 接口的 ADC 输入。
- 具有 BNC 接口的 DAC 输出。
- 具有外接电位器调节模拟量输入接口(电位器 ADC 输入)。
- 具有 ZigBee 连接器。
- PIO 接口扩展连接(PIOA、PIOB、PIOC、PIOD 和 PIOE 接口)。

内置存储单元(SAM4E16 芯片)包括:

- -1 024 KB 内置 FLASH。
- -128 KB 内置 SRAM。
- -16 KB 内置 ROM 引导加载程序(UART,USB)和在线应用例程(IAP)功能。

SAM4E - EK 开发板上配备了 NAND 闪存 FLASH 记忆体 MT29F2G08ABAEA。

2.2.2　开发板电路介绍

图 2 - 4 所示为以 SAM4E MCU 处理器为核心配备外部电路接口组成的实验开发板示意图。

图 2 - 5 所示为 Atmel 公司 SAM4E - EK 开发板电路框图。

MCU 芯片采用 Atmel Cortex-M4 的 ARM 处理器 SAM4E。SAM4E 芯片用球栅阵列连接 VFBGA144 封装,有 144 引脚,该芯片属于中高档处理器,主要性能有:最高时钟频率 120 MHz,闪存容量高达 1 024 KB,可选双组实施和快取记忆体,SRAM 高达 160 KB。该处理器总线结构中采用了双 APB/AHB 总线桥和 AHB 总线矩阵,使 SAM4E 有了丰富的外设接口,APB 总线嵌入两个外设总线桥 APB0 和

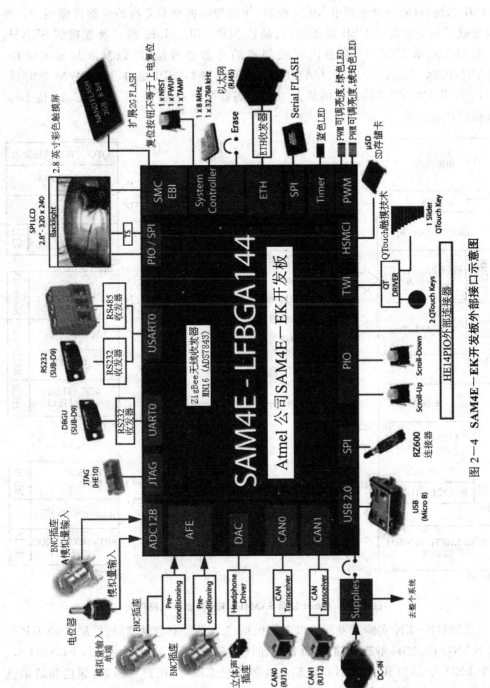

图 2－4　SAM4E－EK 开发板外部接口示意图

APB1 总线,桥的外设主频由 MCK 控制,使处理器拥有非常高的数据传输能力。外设集成了一个全高速 USB 设备端口、高速 SDIO/SD/MMC 接口及连接到 SRAM、PSRAM、NOR FLASH 静态内存控制器的外部总线接口,以及液晶显示模块、NAND 闪存、USART 接口、UART 接口、TWI 接口、SPI 接口、IIS、PWM 定时器、通用 16 位定时器(支持步进电机及正交解码器逻辑)、RTC、12 位 ADC、12 位 DAC 和模拟比较器等。

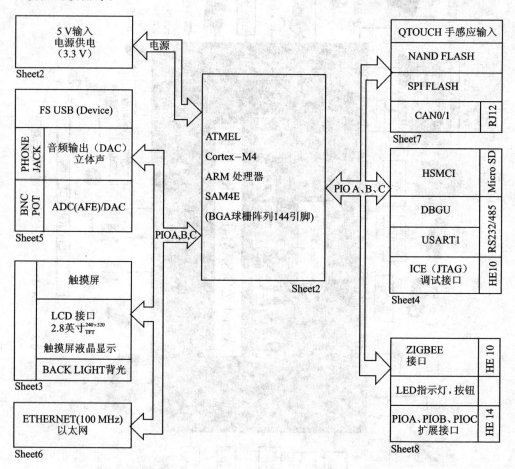

图 2－5　Atmel 公司 SAM4E－EK 开发板电路框图

　　SAM4E－EK 实验开发板接口电路包括:2.8 英寸彩色触摸屏、扩展 2～8 GB 外部 NAND FLASH 静态存储卡、外部按钮控制系统时钟、以太网、SPI 口 FLASH 卡、4 个 LED 指示灯(其中、蓝、绿、琥珀色 3 种颜色 LED 灯用户可控制,绿色和琥珀色可实现 PWM 亮度控制)、SD 存储卡、QTouch 电容感应手触摸输入技术、SPI 连接 ZigBee 连接器的 RZ600 接口电路、还有丰富的 PIO、SPI、USB、CAN、ADC、DAC 和 RS232、RS485 等电路接口,以及支持单声道/立体声音频 Audio 输出的立体声插座。

用户可利用这些接口学习 SAM4E MCU 处理器。本书提供了一系列学习实例。

SAM4E‐EK 开发板电路原理如下：

1. SAM4E16 芯片工作基本电路

针对各种嵌入式芯片包括 SAM4E16 芯片，能正常工作的最小系统条件是：有供电电路、时钟电路和上电 Reset 电路。

(1) 电源电路

SAM4E‐EK 开发板输入电压为 5 V，外部 5 V DC 模块通过 J1 接口输入。输入电压经保护二极管（MN2）和 LC 过滤器（MN3）成为较稳定的 5 V 电压。可调稳压器 MN4 产生 3.3 V 电压。

开发板电源供电引脚为：

VDDIN 引脚：电源内部电压调节器、ADC、DAC、模拟比较器的电源，电压范围为 1.6～3.6 V。

VDDIO 引脚：外设 I/O 口电源，电压范围为 1.62～3.6 V。

VDDOUT 引脚：内部电压调节器的输出。

VDDCORE 引脚：电源核心，为处理器、嵌入式存储器和外设供电。电压范围为 1.08～1.32 V。

VDDPLL 引脚：PLL 锁相环 A 和 B 及 12 MHz 的振荡器电源。电压范围为 1.08～1.32 V。电源电路如图 2‐6 所示。

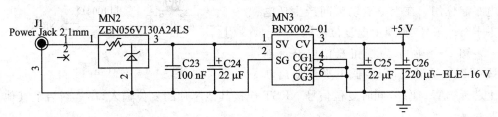

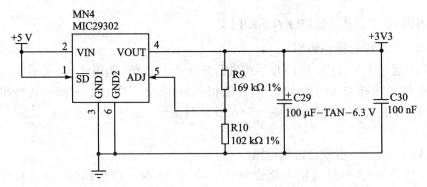

图 2‐6　电源管理模块

(2) 时钟电路

SAM4E16 微控制器的时钟发生器由下列方式组成：

① 低功耗 32.768 Hz 慢时钟振荡器旁路模式。

② 3～20 MHz 晶体振荡器,可被旁路(12 MHz 频率需要 USB 模式)。

③ 可编程快速内部集成 RC 振荡器,可选择 3 种输出频率:4 MHz(默认值)、8 MHz 或 12 MHz。

④ 80～240 MHz 锁相环 PLL(PLLB)时钟为 USB 全速控制器提供时钟。

⑤ 80～240 MHz 可编程 PLL(PLLA),为处理器和外设提供主时钟 MCK。PLLA 输入频率为 3～32 MHz。

SAM4E - EK 开发板可连接外部 12 MHz 晶振电路和 32.768 kHz 晶振电路。作为外部时钟输入,具体电路如图 2 - 7 所示。

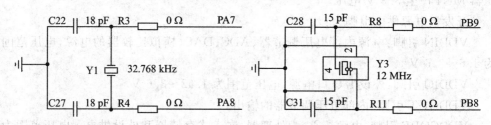

图 2 - 7　外部晶振电路

(3) Reset 电路

SAM4E16 芯片的 Reset 引脚是低电平起作用。在上电启动瞬间产生低电平 Reset 信号,实现上电复位功能。

图 2 - 8 所示为按钮复位电路。当按钮 BP1 按下时,产生低电平重新启动

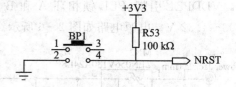

图 2 - 8　Reset 电路

主芯片 SAM4E16,同时复位信号 NRST 连接其他芯片的复位输入口,重新启动其他芯片。

2. 通用异步收发器(UART /USART)

(1) UART 异步串行通信电路

SAM4E16 通过 URXD 和 UTXD 引脚进行异步串行通信,如图 2 - 9 所示。图中 ADM3202 芯片功能与 MAX232 芯片功能相似,可实现 TTL(0～5 V)电平和 RS232 标准电平(逻辑 1 的电平范围是 -5～-15 V;逻辑 0 的电平范围是 5～15 V)的相互转换。

(2) USART 异步 /同步串行通信电路

USART 异步/同步串行通信电路提供了全模式 Modem 通信结构,除了利用 TXD 和 RXD 进行数据通信外,还利用 CTS 和 RTS 信号实现硬件流量控制。具体电路图如图 2 - 10 所示。图中 ADM3312 芯片可实现 TTL 电平与 RS232 标准电平的相互转换。

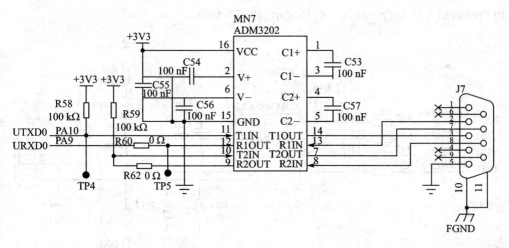

图 2 - 9　UART 异步串行通信电路

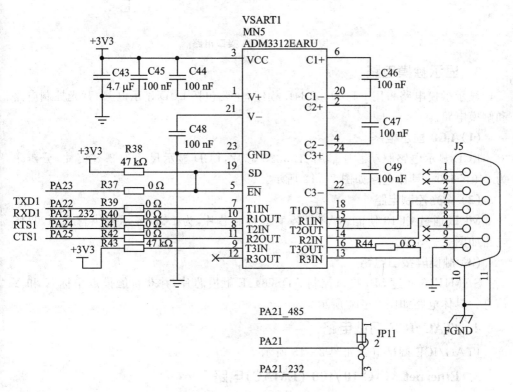

图 2 - 10　USART 异步/同步串行通信电路

（3）RS485 接口电路

SAM4E - EK 开发板上可通过改变跳线选择使用 RS485 总线或 RS232 总线。RS485 总线电路如图 2 - 11 所示。图中，ADM3485 芯片起电平转换作用，实现 TTL 电平与 RS485 标准电平（逻辑"1"以两线间的电压差为＋(0.2～6) V 表示；逻辑"0"

以两线间的电压差为 $-(0.2 \sim 6)$V 表示)的相互转换。

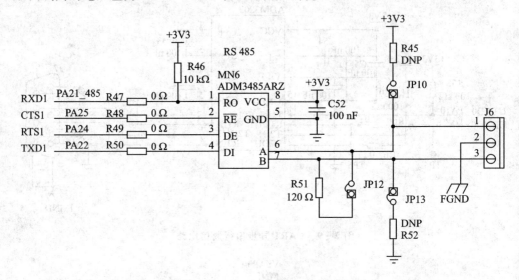

图 2 – 11　RS485 接口电路

3. 显示触摸电路

显示触摸电路采用 FTM280C34D 模组,主要包括 LCD 显示电路、背光控制电路和触摸电路。

(1) LCD 显示电路

LCD 显示电路驱动芯片采用 ILI9325 芯片,LCD 显示尺寸为 2.8 英寸,分辨率为 240×320。具体电路如图 2 – 12 所示。

(2) 背光控制电路

MCU 通过 PC13 使能 AAT3155 背光控制芯片,为 LCD 显示提供背光源,具体电路如图 2 – 13 所示。

(3) 触摸屏接口电路

SAM4E16 通过 SPI 接口控制 ADS7843E 触摸芯片,并获得触摸点坐标 X 和 Y 信息。具体电路如图 2 – 14 所示。

4. JTAC/ICE 调试电路

JTAG/ICE 调试电路如图 2 – 15 所示。

5. Ethernet MAC 10 /100 (EMAC)电路

以太网接口电路如图 2 – 16 所示。SAM4E 开发板利用 KSZ8051MNL 10/100M 快速网络物理层发送器实现网络数据通信。介质无关接口（MII，Media Independent Interface）或称为媒体独立接口,是 IEEE–802.3 定义的以太网行业标准。SAM4E 开发板网络接口可根据 IEEE 802.3u 描述标准满足 10 Mbps 和 100 Mbps 两种数据速率。以太网接口用内置变压器连接 RJ45,带有两个状态指示灯。

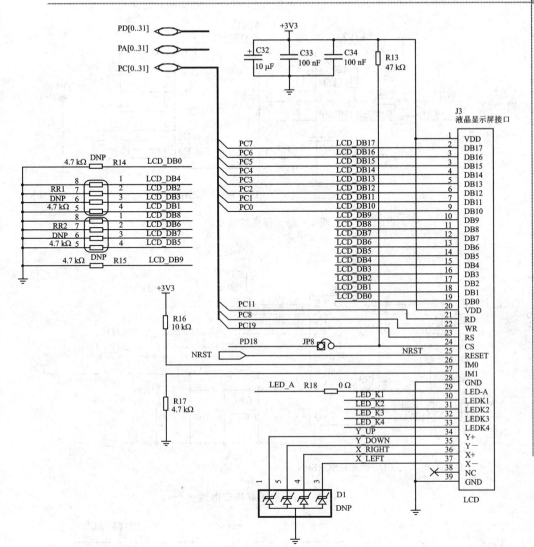

图 2 - 12　LCD 显示电路

6. CAN 总线接口

SAM4E 开发板 CAN 控制器实现 ISO/11898A 高速 CAN 标准串行通信协议。CAN 控制器能够处理所有的帧类型(数据、远程、错误和过载),波特率为 1 Mbps。SAM4E 有两个具有 8 个邮箱的 CAN 控制器。其中,SAM4E - EK 的 CAN0 和 CAN1 总线连接到 CAN 收发器 SN65HVD234(MN11 和 MN12)。具体电路如图 2 -17 所示。

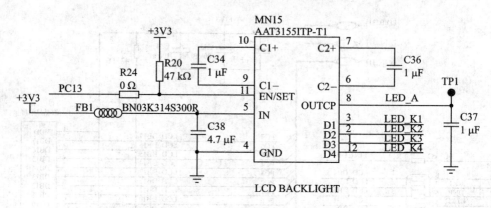

图 2－13　背光控制电路

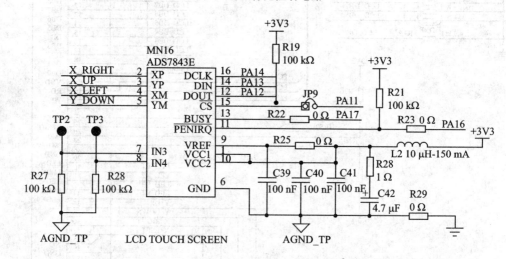

图 2－14　触摸屏接口电路

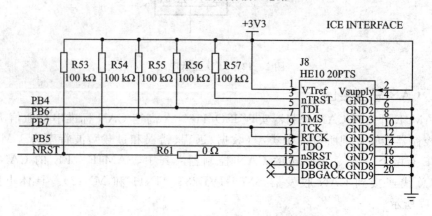

图 2－15　JTAG/ICE 调试电路

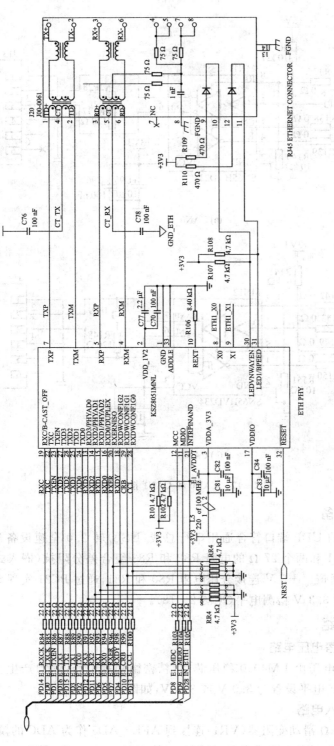

图 2-16　网络接口电路

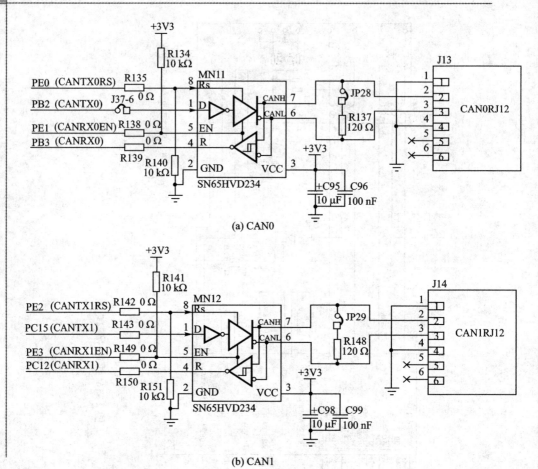

(a) CAN0

(b) CAN1

图 2 – 17　CAN0 和 CAN1 接口电路

7. USB 设备

SAM4E16 的 UDP 端口符合通用串行总线(USB)转 2.0 全速设备规格。USB 设备微型插座 J11 和两个 27 Ω 的电阻 R82 和 R83 组合差分阻抗(嵌入式 6 Ω 输出阻抗)组成全速通道。+5 V 连接分压电阻 R80 和 R81,通过 PC21 实现 5 V 电平降低到 PIO 兼容的 3.3 V 检测电平(见图 2 – 18)。

8. 模数电路

(1) 模拟参考电压电路

3.0 V 基准电压由 LM4040 稳压芯片(精密微功耗电压参考)产生。通过跳线 JP3,将 ADVREF 电平设置为 3.0 V 或 3.3 V,如图 2 – 19 所示。

(2) 模拟输入电路

① 一个 10 kΩ 滑动变阻器(VR1)连接到 AFE0_AD5 作为 ADC 的模拟输入,用于编程和调试实现显示亮度或者音量控制,具体电路如图 2 – 20 所示。

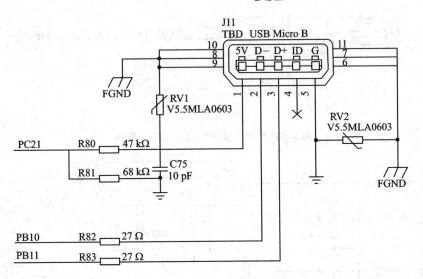

图 2－18　USB 接口电路

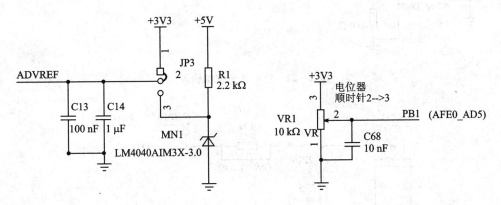

图 2－19　模拟参考电压电路　　　　　图 2－20　滑阻模拟电压输入电路

② 外部模拟输入通过 CN2 连接 AEF0_AD4 或 AFE1_AD0（JP40 选择）作为 SAM4E 芯片的外部单端模拟输入，如图 2－21 所示。

③ 外部差分模拟输入通过 CN3、CN4 连接的 AFE0_AD10 和 AFE0_AD11 作为外部差分模拟输入，如图 2－22 所示，在电路中包括一个低通滤波器电路（由 JP21、JP22、JP24、JP25 控制其是否起作用）。

(3) 模拟输出

模拟量由 DAC 端口 PB14 连接到 R74 和 C69 组成的滤波电路，通过 CN1 输出，如图 2－23 所示。

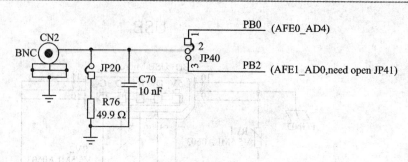

图 2 - 21　外部单端模拟电压输入电路

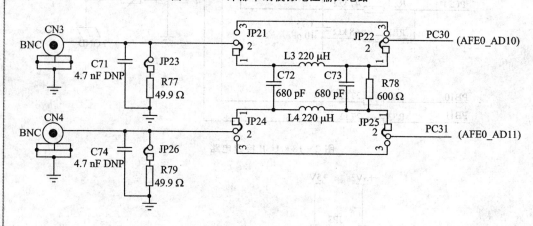

图 2 - 22　外部差分模拟输入

46

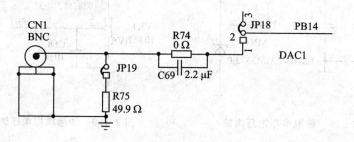

图 2 - 23　模拟输出电路

9. QTouch 电容感应输入

　　QTouch 电容输入键是由铜区域关联电容效应所形成的一系列感应器。SAM4E 开发板提供 2 个电容触摸键和 1 个电容触摸滑块,具体接口电路如图 2 - 24 所示。

10. 音频接口

　　SAM4E 开发板支持单声道/立体声音频 Audio 输出,由 TPA0223 音频放大器连接到两个 DAC 通道的驱动电路,具体如图 2 - 25 所示。

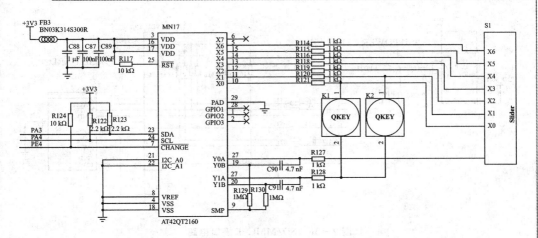

图 2 - 24　QTouch 电容感应输入电路

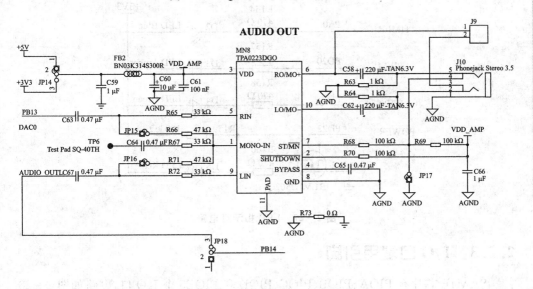

图 2 - 25　音频接口电路

11. SD /MMC 卡接口电路

SAM4E 开发板上高速 4 线多媒体 MMC 接口是连接到一个 4 位 SD/MMC 的微卡插槽,如图 2 - 26 所示。

12. 发光二极管电路

SAM4E 开发板有 4 个 LED 指示灯,其中 3 个是用户可通过 GPIO 控制的指示灯:蓝色 LED(D2)、琥珀色 LED(D3)和绿色的 LED(D4)。另外一个红色 LED(D5)是 3.3 V 电源 LED 指示灯。具体电路如图 2 - 27 所示。

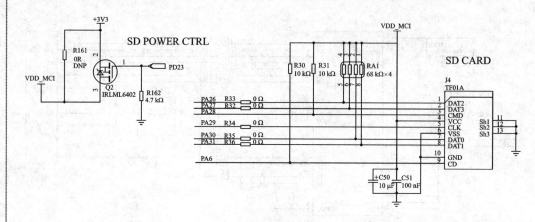

图 2 – 26　SD/MMC 卡接口电路

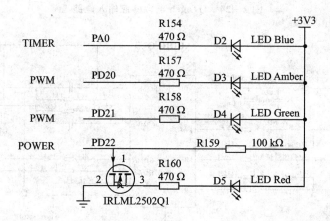

图 2 – 27　LED 指示灯电路

2.2.3　I/O 口复用引脚

SAM4E 芯片有 PIOA、PIOB、PIOC、PIOD 和 PIOE5 个 I/O 口,电路如图 2 – 28 所示。

每个口的每一个引脚都是可配置,也可以定义为一个通用的 I/O 口或作为一个或两个外设 I/O 口复用。以 PIOA 口为例说明引脚复用,PIOA 口有 32 个引脚,分别为 PA0～PA31,例如 PIOA 口的引脚 PA0 可为"外设 A"的 PWMH0,"外设 B"的 TIOA0,"外设 C"的 A17,或者"外设 D"的 WKUP0。表 2 – 2 所列为 PIOA 口复用控制器一览表,其他 PIOB、PIOC、PIOD、PIOE 口引脚的复用如表 2 – 3、表 2 – 4、表 2 – 5 和表 2 – 6 所列,PIOE 无口复用。

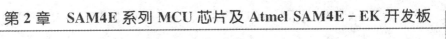

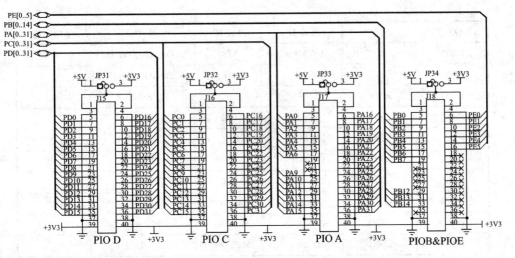

图2-28　PIOA、PIOB、PIOC、PIOD、PIOE口引脚

表2-2　PIOA口复用控制寄存器表(PIOA)

I/O线路	外设A	外设B	外设C	外设D	系统功能
PA0	PWMH0	TIOA0	A17	WKUP0	
PA1	PWMH1	TIOB0	A18	WKUP1	
PA2	PWMH2		DATRG	WKUP2	
PA3	TWD0	NPCS3			
PA4	TWCK0	TCLK0		WKUP3	
PA5		NPCS3	URXD1	WKUP4	
PA6		PCK0	UTXD1		
PA7		PWMH3			XIN32
PA8		AFE0_ADTRG		WKUP5	XOUT32
PA9	URXD0	NPCS1	PWMFI0	WKUP6	
PA10	UTXD0	NPCS2			
PA11	NPCS0	PWMH0		WKUP7	
PA12	MISO	PWMH1			
PA13	MOSI	PWMH2			
PA14	SPCK	PWMH3		WKUP8	
PA15		TIOA1	PWML3	WKUP14/PIODCEN1	
PA16		TIOB1	PWML2	WKUP15/PIODCEN2	
PA17		PCK1	PWMH3	AFE0_AD0	
PA18		PCK2	A14	AFE0_AD1	

I/O 线路	外设 A	外设 B	外设 C	外设 D	系统功能
PA19		PWML0	A15	AFE0_AD3/WKUP9	
PA20		PWML1	A16	AFE0_AD3/WKUP10	
PA21	RXD1	PCK1		AFE1_AD2	
PA22	TXD1	NPCS3	NCS2	AFE1_AD3	
PA23	SCK1	PWMH0	A19	PIODCCLK	
PA24	RTS1	PWMH1	A20	PIODC0	
PA25	CTS1	PWMH2	A23	PIODC1	
PA26	DCD1	TIOA2	MCDA2	PIODC2	
PA27	DTR1	TIOB2	MCDA3	PIODC3	
PA28	DSR1	TCLK1	MCCDA	PIODC4	
PA29	R11	TCLK2	MCCK	PIODC5	
PA30	PWML2	NPCS2	MCDA0	WKUP11/PIODC6	
PA31	NPCS1	PCK2	MCDA1	PIODC7	

表 2 – 3   PIOB 口复用控制器表(PIOB)

I/O 线路	外设 A	外设 B	外设 C	外设 D	系统功能
PB0	PWMH0		RXD0	AFE0_AD4/RTCOUT0	
PB1	PWMH1		TXD0	AFE0_AD5/TRCOUT1	
PB2	CANTX0	NPCS2	CTS0	AFE1_AD0/WKUP12	
PB3	CANRX0	PCK2	RTS0	AFE1_AD1	
PB4	TWD1	PWMH2			TDI
PB5	TWCK1	PWML0		WKUP13	TD0/TRACESWO
PB6					TMW/SWDIO
PB7					TCK/SWCLK
PB8					XOUT
PB9					XIN
PB10					DDM
PB11					DDP
PB12	PWML1				ERASE
PB13	PWML2	PCK0	SCK0	DAC0	
PB14	NPCS1	PWMH3		DAC1	

表 2 – 4　PIOC 口复用控制器表（PIOC）

I/O 线路	外设 A	外设 B	外设 C	外设 D	系统功能
PC0	D0	PWML0		AFE0_AD14	
PC1	D1	PWML1		AFE1_AD4	
PC2	D2	PWML2		AFE1_AD5	
PC3	D3	PWML3		AFE1_AD6	
PC4	D4	NPCS1		AFE1_AD7	
PC5	D5	TIOA6			
PC6	D6	TIOB6			
PC7	D7	TCLK6			
PC8	NEW	TIOA7			
PC9	NANDOE	TIOB7			
PC10	NANDWE	TCLK7			
PC11	NRD	TIOA8			
PC12	NCS3	TIOB8	CANRX1	AFE0_AD8	
PC13	NWAIT	PWML0		AFE0_AD6	
PC14	NCS0	TCLK8			
PC15	NCS1	PWML1	CANTX1	AFE0_AD7	
PC16	A21/NANDALE				
PC17	A22/NANDCLE				
PC18	A0	PWMH0			
PC19	A1	PWMH1			
PC20	A2	PWMH2			
PC21	A3	PWMH3			
PC22	A4	PWML3			
PC23	A5	TIOA3			
PC24	A6	TIOB3			
PC25	A7	TCLK3			
PC26	A8	TIOA4		AFE0_AD12	
PC27	A9	TIOB4		AFE0_AD13	
PC28	A10	TCLK4			
PC29	A11	TIOA5		AFE0_AD10	
PC30	A12	TIOB5		AFE0_AD10	
PC31	A13	TCLK5		AFE0_AD11	

表 2 - 5　PIOD 口复用控制器表 (PIOD)

I/O 线路	外设 A	外设 B	外设 C	外设 D	系统功能
PD0	GTXCK_GREFCK				
PD1	GTXEN				
PD2	GTX0				
PD3	GTX1				
PD4	GCRSDV/GRXDV				
PD5	GRX0				
PD6	GRX1				
PD7	GRXER				
PD8	GMDC				
PD9	GMDIO				
PD10	GCRS				
PD11	GRX2				
PD12	GRX3				
PD13	GCOL				
PD14	GRXCK				
PD15	GTX2				
PD16	GTX3				
PD17	GTXER				
PD18	NCS1				
PD19	NCS3				
PD20	PWMH0				
PD21	PWMH1				
PD22	PWMH				
PD23	PWMH3				
PD24	PWML0				
PD25	PWML1				
PD26	PWML2				
PD27	PWML3				
PD28					
PD29					
PD30					
PD31					

表 2－6　PIOE 口复用控制器表（PIOE）

I/O 线路	外设 A	外设 B	外设 C	外设 D	系统功能
PE0					
PE1					
PE2					
PE3					
PE4					
PE5					

2.3　SAM4E 总线 APB／AHB 桥

2.3.1　总线 APB／AHB 桥

　　SAM4E 处理器内部的系统总线结构如图 2－1 所示，该处理器总线采用双 APB／AHB 总线桥和 32 位多层 AHB 总线矩阵。AHB 为高速总线，APB 为低速总线，这种总线桥结构可以实现在两个总线上同时进行数据存取。APB 嵌入 APB0 总线和 APB1 总线两个外设桥。桥的外设主频由 MCK 控制，使处理器数据传输能力非常强。

　　AHB 总线管理 FLASH、SRAM、ROM、DMAC 和 USB 接口等设备。APB 总线上分为 APB0 总线和 APB1 总线，APB0 总线管理 PIO、SPI、HSMCI、UART、US-ART、TWI、ADC、DAC 等。APB1 总线管理 UART、PWM、CAN、EMAC、AES 等外部设备。其中 USART 和 PWM 设备都有专用的外设 DMA 通道（PDC），这些外设可用内部 FIFO 作为 DMA 通道缓冲。

　　AHB（Advanced High Performance Bus）为高时钟工作频率模块，为高性能处理器、片上内存和片外内存提供接口，同时桥接慢速外设。

　　APB（Advanced Peripheral Bus）用于为慢速外设提供总线支持，是一种优化的、低功耗的精简接口总线，可支持多种不同慢速外设。由于 APB 是 ARM 公司最早提出的总线接口，可以桥接 ARM 体系下每一种系统总线。

　　典型的基于 ARM 总线结构的微控制器通常包含 AHB 和 APB 总线。AHB 总线为各种设备提供了高带宽接口用于数据的传输和控制，可支持 CPU、内存和 DMA 等设备，并通过桥接方式将 APB 总线上的慢速设备连接起来，与慢速设备进行数据传输和控制。APB／AHB 总线结构框图如图 2－29 所示。

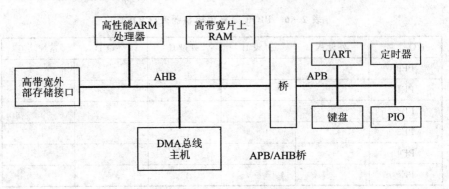

图 2 - 29　APB/AHB 总线结构框图

2.3.2　总线矩阵

SAM4E 总线结构中有一个 7 层 AHB 总线矩阵(Bus Matrix)总线,总线频率 120 MHz。7 层 AHB 总线矩阵(参见图 2 - 1)可管理 7 个主机设备和 6 个从机设备,每个主机设备都可以和其他主机设备同时访问可用的从机设备。7 个主机模块设备如表 2 - 7 所列。6 个从机模块设备如表 2 - 8 所列。

表 2 - 7　总线矩阵主机模块列表

主模块 0	Cortex-M4 指令/数据
主模块 1	System 总线(S - bus)
主模块 2	外设 DMA 控制器 PDC0
主模块 3	外设 DMA 控制器 PDC1
主模块 4	DMA 控制器
主模块 5	保留
主模块 6	网络控制器(EMAC)

表 2 - 8　总线矩阵从模块列表

从模块 0	内部 SRAM
从模块 1	内部 ROM
从模块 2	内部 FLASH
从模块 3	外设桥 0
从模块 4	外设桥 1
从模块 5	外部总线接口

总线 APB/AHB 桥实现了一个基于 AHB - Life 协议的多层次的 AHB,可实现系统中多个 AHB 主机设备和从机设备之间的并行访问,此方式可增加总带宽。总线矩阵互联了 7 个 AHB 主机设备和 6 个 AHB 从机设备。除了默认的主机设备与从机设备直接连接(无延迟)之外,主机设备到从机设备连接的正常延迟是一个周期。

总线矩阵用户接口与 ARM 的 APB 总线兼容,并且提供了一个芯片配置用户接口寄存器,这些寄存器允许总线矩阵支持一些特定功能的应用。

总线矩阵(MATRIX)特性:

- 可配置的主机设备的数量多达 7 个;
- 可配置的从机设备的数量多达 6 个;
- 每个主机设备都有一个译码器;
- 在重映射前(Remap),每个主机设备可有几个引导内存(Boot Memories);

54

- 每个主机设备都有一个重映射函数(Remap)；
- 支持 32、64、128 位长 Bursts,最大可以支持的 AHB 总线上限,其 Burst 可达 256 位字；
- 支持循环仲裁和固定优先级仲裁,增强模块可编程混合仲裁；
- 针对每个从机设备有一个特定寄存器。

2.4　SAM4E 主要模块

2.4.1　DMA 控制器概述

　　DMA 控制器(DMAC)是一个以 AHB 为中心的 DMA 控制器核,使用一个或多个 AMBA 总线结构,将数据从源外设传输到目标外设。在最基本的配置中,DMAC 有一个主控接口和一个通道。主控接口从源外设读取数据,并写入目标外设中。一次 DMAC 数据传输需要用到 2 次 AMBA 传输,这也被称为双访问传输。通过 APB 接口对 DMAC 进行编程。

　　SAM4E 芯片 DMA 控制器有如下特性:

- 1 个 AHB - Lite Master 接口。
- DMA 模块支持的传输模式:外设到内存、内存到外设、外设到外设和内存到内存。
- 源和目的传输单位可为字节、半字和字,两者相独立,无直接关系。
- 支持硬件和软件传输初始化。
- 支持多个缓冲区链操作。
- 支持源和目的目标独立采用递增/递减/固定寻址模式。
- 可编程仲裁策略,可修改仲裁和固定仲裁优先级。
- 支持指定长度和未定长度的 AMBA AHB Burst 访问数据寻址范围最大化。
- 通过 AMBA 的 APB 接口可对 DMA 控制器进行编程。
- 4 个 DMA 通道。
- 16 个外部请求。
- 内嵌 FIFO。
- 通道和总线锁定功能。

　　DMA 控制器可处理外设和内存间的传输,因此可接收来自外设的触发信号,如表 2 - 9 所列。

表 2 – 9　DMA 控制器外设接口

外设接口	通道 T/R	DMA 通道硬件接口号
HSMCI	发送/接收	0
SPI	发送	1
SPI	接收	2
USART0	发送	3
USART0	接收	4
USART1	发送	5
USART1	接收	6
AES	发送	11
AES	接收	12
PWM	发送	13

2.4.2　外设 DMA 控制器概述

外设 DMA 控制器(PDC)用于片上串行外设(如 UART、USART、SSC、SPI 等)和片上或片外存储器之间的数据传输。使用外设 DMA 控制器可避免处理器对外设的干预,大大减轻处理器的中断处理开销,明显减少数据传输所需要的时钟周期,从而改善处理器的性能,并使处理器更加节能。

PDC 通道具体框图如图 2 – 30 所示。

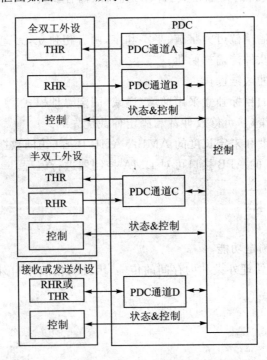

图 2 – 30　PDC 框图

PDC 通道用户接口集成在每一个外设的内存空间中。

单通道半双工用户接口,有 4 个寄存器:1 个 32 位的存储指针寄存器、1 个 16 位的传输计数寄存器、1 个 32 位的下一存储指针寄存器和 1 个 16 位的下一传输计数寄存器。

双通道全双工的发送和接收用户接口寄存器为 2 个 32 位的存储指针寄存器、2 个 16 位的传输计数寄存器、2 个 32 位的下一存储指针寄存器和 2 个 16 位的下一传输计数寄存器。

根据由低到高优先级,外设 DMA 控制器(PDC)处理来自通道的传输请求,外设 DMA 控制器有 2 个:PDC0 和 PDC1。

2.4.3　SAM4E 处理器核心模块概述

SAM4 芯片内核是 Cortex-M4,其核心外设主要包括:嵌套向量中断控制器(NVIC)、系统控制模块(SCB)、系统定时器(SysTick)、存储器保护单元(MPU)和浮点单元(FPU)。

1. 嵌套向量中断控制器 (NVIC)

ARM 内核本身只有快速中断 FIQ 和普通中断 IRQ 这 2 条中断输入信号线,只能接受 2 个中断。通过嵌套向量中断控制器(NVIC)使 SAM4E 系列 ARM 具有正确快速处理多个外部中断事件的能力。

嵌套向量中断控制器(NVIC)支持:

- 1～48 个中断。
- 每个中断 0～15 的可编程优先级。高级别代表低优先级,所以 0 级别有最高中断优先级。
- 中断信号级别检测。
- 中断动态重调优先级。
- 优先级值的分组包括组优先级和子优先级两种。
- 中断尾部链接。
- 外部不可屏蔽中断(NMI)。

处理器不需要命令的指引自动在异常到来时将状态入栈,当异常离开时将这个状态出栈,提供了处理异常的低延迟特性。

2. 系统控制模块

系统控制块(SCB)提供系统实现信息及完成系统控制,包含配置、控制和报告系统异常,确保软件利用正确大小的对齐访问去访问系统控制块寄存器:

除了 SCB_CFSR 和 SCB_SHPR1～SCB_SHPR3 寄存器外,其他寄存器必须按字对齐访问。SCB_CFSR 和 SCB_SHPR1～SCB_SHPR3 寄存器可以用字节或半字对齐或字对齐的访问方式。处理器不支持对系统控制块非对齐的访问方式。

在错误处理时,要决定一个真实的错误地址:

① 读取和保存存储器管理故障地址寄存器(SCB_MMFAR)或总线故障地址寄存器(SCB_BFAR)值。

② 读取 MMFSR 子寄存器的 MMARVALID 位或者 BFSR 子寄存器的 BFSRVALID 位。如果这个位是 1,那么 SCB_MMFAR 或 SCB_BFAR 地址是有效的。

软件必须遵循这个顺序,因为其他高优先级的异常可能修改 SCB_MMFAR 或 SCB_BFAR 值。比如,如果一个高优先级处理强占了当前的错误处理,其他错误也许会修改 SCB_MMFAR 或 SCB_BFAR 值。

3. 系统定时器

处理器有一个 24 位的系统定时器(SysTick),SysTick 定时器运行基于处理器时钟,如果处理器时钟信号由于低功率模式停止运行,Systick 定时器也会停止。SysTick 定时器重载和初始化顺序设置为:(1)程序重载值;(2)清除当前值;(3)设置控制寄存器和读取状态寄存器。

4. 存储器保护单元

存储器保护单元(MPU)将存储器分割并映射到一系列区域中,定义位置、大小、访问权限及每个区域的存储器属性,支持每个区域的独立属性设置、区域重叠、将存储器属性输出到系统。

存储器属性会影响系统访问区域的行为,Cortex-M4 MPU 定义了 8 个独立存储器区域(0~7)和 1 个后台区域。

当存储器区域重叠时,存储器访问会受最高编码区域属性的影响。例如,区域 7 的属性比任何与其重叠的区域都优先。

后台区域与默认的存储器映射一样,都具有相同的存储器访问属性,但它仅能通过具有特权的程序来访问。

Cortex-M4 MPU 存储器映射是统一的,指令访问和数据访问具有相同的区域设置。如果程序访问一个被 MPU 禁止的存储器地址,处理器产生存储器管理错误。这会引发一个故障异常,也会导致 OS 环境中进程的中止。

在 OS 环境中,存储器能够动态升级 MPU 区域设置,这取决于要执行的程序。典型的是一个嵌入式 OS 用 MPU 来做存储器保护。MPU 区域的配置基于存储器类型。

5. 浮点单元(FPU)

FPU(Float Point Unit,浮点运算单元)是专门用于浮点运算的处理器,Cortex-M4 FPU 单元的核心使用了 ARM 的向量浮点(VFP,Vector Floating Point,或称"协处理器")体系结构,提供高性能的浮点解决方案,极大地提高了处理器的整型和浮点型运算性能。ARM 浮点架构(VFP)为半精度、单精度和双精度浮点型运算中的浮点操作提供硬件支持,完全符合 IEEE 754 标准,并提供完全软件库支持。

第3章

SAM4 GPIO 及程序开发

本章主要讲解 SAM4E 芯片通用输入/输出(GPIO),并结合 GPIO 控制 LED 灯实例讲解如何使用 Atmel Studio 6.1 平台开发程序,其中包括如何开发最基本的 SAM4 芯片程序,如何利用 Atmel 软件框架(ASF)及 Cortex 微控制器软件接口标准(CMSIS)开发程序。

3.1 SAM4 GPIO

3.1.1 GPIO 结构与特点

GPIO(General Purpose I/O)是通用输入/输出接口的简称,其引脚可以供使用者自由使用,引脚可配置为通用输入(GPI)、通用输出(GPO)或通用输入与输出(GPIO)。

SAM4E 芯片的 GPIO 口由并行输入/输出控制器(PIO 控制器)管理。所有GPIO 口模式包括上拉、下拉、施密特触发器输入、与开漏 I/O 口类似的多路驱动能力、干扰滤波器、去抖动滤波器和输入中断。这些模式可通过编程每个 I/O 口的 PIO 寄存器进行设定。

SAM4E 芯片有 5 个 PIO 控制器:PIOA、PIOB、PIOC、PIOD 和 PIOE,可控制多达 117 个 I/O 口。

通用输入/输出(GPIO)的 PIO 系统模块如图 3-1 所示。

PIO 控制器可控制 I/O 口实现如下功能:

① 使 I/O 对电平变化进行检测产生输入中断;

② 对 I/O 进行上升沿、下降沿、低电平或高电平检测;

③ 带干扰滤波器,能过滤持续时间小于半个系统时钟周期的脉冲;

④ 带去抖动滤波器,能过滤按键和按钮操作中的多余脉冲;

⑤ 具有与开漏 I/O 口类似的多路驱动能力;

⑥ 可控制 I/O 引脚上拉和下拉;

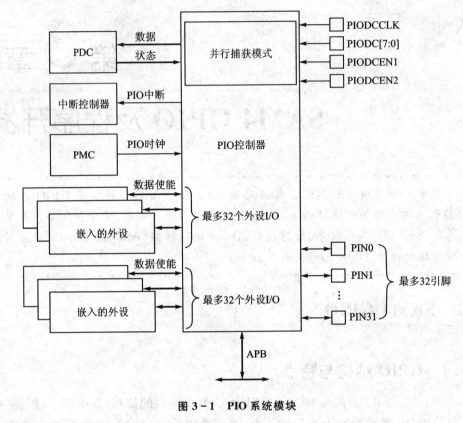

图 3 - 1   PIO 系统模块

⑦ 输入可见,输出可控;

⑧ PIO 控制器一次写操作就可同步输出多达 32 位的数据。

8 位并行捕获模式可用于接入 CMOS 数字图像传感器、ADC 和同步模式下的 DSP 同步端口等;数据包括 1 个 Clock 信号、8 位并行数据和 2 个数据使能线;支持一个外设 DMA 控制器(PDC)通道连接,提供缓冲接收,无需处理器干预。

I/O 口引脚复用、外部中断、功耗管理介绍如下。

(1) 引脚复用

每个引脚都是可配置的,根据产品定义,引脚可只用于通用 I/O 或复用于 1～2 个外设 I/O。由于复用是硬件定义的,开发工程师必须根据应用需求确定 PIO 控制器的配置。当一个 I/O 引脚只作为通用 I/O,即不与任何外设 I/O 复用时,对 PIO 控制器进行编程,将引脚分配给某外设将是无效的,此时只有 PIO 控制器才能控制引脚。

(2) 外部中断

PIO 控制器对输入没有影响并且中断口(FIQ 或 IRQ)只用作输入,所以,不需要专门给中断功能分配 I/O 口。中断信号 FIQ 与 IRQ0～IRQn 一般通过 PIO 控制器复用通用 I/O 口。中断处理时,PIO 控制器被当作用户外设接口,即 PIO 控制器中断连接相应的中断源,并根据 PIO 控制器外设标识符确定 PIO 控制器相应的中断源。采用 PIO 控制器处理中断时,中断控制器必须是可编程的。同时,PIO 控制器中断只有在 PIO 控制器时钟有效时产生。

(3) 功耗管理

功耗管理控制器(PMC)通过控制 PIO 控制器的时钟来节省能耗。设置用户接口的任何寄存器,配置 I/O 引脚时,都不需要允许 PIO 控制器时钟。这意味着当 PIO 控制器时钟被禁止时,并非所有的 PIO 控制器功能都可用,比如干扰滤波。注意:输入跳变中断、可编程事件中断模式和读取引脚电平都需要启动 PIO 控制器时钟。硬件复位后,PIO 控制器时钟默认为被禁止,因此在获取输入引脚信息之前,用户必须配置功耗管理控制器(PMC)来启动时钟。

(4) GPIO 寄存器

每个 I/O 口由 PIO 控制寄存器的每一个位配置,每个寄存器是 32 位宽。如果该控制器没有启用并行 I/O 口功能,则写入到相关功能的位没有作用,未定义位读为零。如果 I/O 口没有锁定任何外设,I/O 口由 PIO 控制器控制并且 PIO_PSR 返回状态值。GPIO 寄存器说明如表 3 - 1 所列。

表 3 - 1　通用输入/输出口(GPIO)寄存器

偏移量	名　称	寄存器	权　限	复位值
0x0000	PIO 允许寄存器	PIO_PER	只写	—
0x0004	PIO 禁止寄存器	PIO_PDR	只写	—
0x0008	PIO 状态寄存器	PIO_PSR	只读	—
0x0010	输出允许寄存器	PIO_OER	只写	—
0x0014	输出禁止寄存器	PIO_ODR	只写	—
0x0018	输出状态寄存器	PIO_OSR	只读	0x00000000
0x0020	抗干扰输入滤波器允许寄存器	PIO_IFER	只写	—
0x0024	抗干扰输入滤波器禁止寄存器	PIO_IFDR	只写	—
0x0028	抗干扰输入滤波器状态寄存器	PIO_IFSR	只读	0x00000000
0x0030	置位输出数据寄存器	PIO_SODR	只写	—
0x0034	清零输出数据寄存器	PIO_CODR	只写	—
0x0038	输出数据状态寄存器	PIO_ODSR	读/写	—
0x003C	引脚数据状态寄存器	PIO_PDSR	只读	—
0x0040	中断允许寄存器	PIO_IER	只写	—
0x0044	中断禁止寄存器	PIO_IDR	只写	—
0x0048	中断屏蔽寄存器	PIO_IMR	只读	0x00000000
0x004C	中断状态寄存器	PIO_ISR	只读	0x00000000
0x0050	多路驱动允许寄存器	PIO_MDER	只写	—

ARM Cortex-M4 微控制器原理与应用——基于 Atmel SAM4 系列

62

偏移量	名　称	寄存器	权　限	复位值
0x0054	多路驱动禁止寄存器	PIO_MDDR	只写	—
0x0058	多路驱动状态寄存器	PIO_MDSR	读/写	0x00000000
0x0060	上拉禁止寄存器	PIO_PUDR	只写	—
0x0064	上拉允许寄存器	PIO_PUER	只写	—
0x0068	上拉状态寄存器	PIO_PUSR	只读	—
0x0070	外设选择寄存器 1	PIO_ABCDSR1	读/写	0x00000000
0x0074	外设选择寄存器 2	PIO_ABCDSR2	读/写	0x00000000
0x0080	慢时钟输入滤波器禁止寄存器	PIO_IFSCDR	只写	—
0x0084	慢时钟输入滤波器允许寄存器	PIO_IFSCER	只写	—
0x0088	慢时钟输入滤波器状态寄存器	PIO_IFSCSR	只读	0x00000000
0x008C	慢时钟分频器去抖寄存器	PIO_SCDR	读/写	0x00000000
0x0090	下拉禁止寄存器	PIO_PPDDR	只写	—
0x0094	下拉允许寄存器	PIO_PPDER	只写	—
0x0098	下拉状态寄存器	PIO_PPDSR	只读	—
0x00A0	输出写允许寄存器	PIO_OWER	只写	—
0x00A4	输出写禁止寄存器	PIO_OWDR	只写	—
0x00A8	输出写状态寄存器	PIO_OWSR	只读	0x00000000
0x00B0	其他中断模式允许寄存器	PIO_AIMER	只写	—
0x00B4	其他中断模式禁止寄存器	PIO_AIMDR	只写	—
0x00B8	其他中断模式屏蔽寄存器	PIO_AIMMR	只读	0x00000000
0x00C0	边沿选择寄存器	PIO_ESR	只写	—
0x00C4	电平选择寄存器	PIO_LSR	只写	—
0x00C8	边沿/电平状态寄存器	PIO_ELSR	只读	0x00000000
0x00D0	下降沿/低电平选择寄存器	PIO_FELLSR	只写	—
0x00D4	上升沿/高电平选择寄存器	PIO_REHLSR	只写	—
0x00D8	下降/上升—低/高状态寄存器	PIO_FRLHSR	只读	0x00000000
0x00E0	锁定状态寄存器	PIO_LOCKSR	只读	0x00000000
0x00E4	写保护模式寄存器	PIO_WPMR	读/写	0x00000000
0x00E8	写保护状态寄存器	PIO_WPSR	只读	0x00000000
0x0100	施密特触发器寄存器	PIO_SCHMITT	读/写	0x00000000
0x0110	I/O 延迟寄存器	PIO_DELAYR	读/写	0x00000000
0x150	并行捕获模式寄存器	PIO_PCMR	读/写	0x00000000
0x154	并行捕获中断允许寄存器	PIO_PCIER	只写	—
0x158	并行捕获中断禁止寄存器	PIO_PCIDR	只写	—
0x15C	并行捕获中断屏蔽寄存器	PIO_PCIMR	只读	0x00000000
0x160	并行捕获中断状态寄存器	PIO_PCISR	只读	0x00000000
0x164	并行捕获接收保持寄存器	PIO_PCRHR	只读	0x00000000

3.1.2 GPIO 功能描述

1. I/O 上拉和下拉电阻控制

每个 I/O 口嵌入一个上拉电阻和一个下拉电阻。

针对上拉电阻,可以分别设置上拉允许寄存器(PIO_PUER)和上拉禁止寄存器(PIO_PUDR)相应的位为 1 使上拉被允许或禁止,并置位或复位上拉状态寄存器(PIO_PUSR)中相应的位。读取 PIO_PUSR 寄存器时,返回 1 表示相应的上拉电阻被禁用,返回 0 表示相应上拉电阻被允许。

针对下拉电阻,可以分别设置下拉允许寄存器(PIO_PPDER)和下拉禁止寄存器(PIO_PPDDR)相应的位为 1 使下拉被允许或禁止,并置位或复位下拉状态寄存器(PIO_PPDSR)中相应的位。读取 PIO_PPDSR 寄存器时,返回 1 表示相应的下拉电阻被禁用,返回 0 表示相应下拉电阻被允许。

复位后,所有的上拉被允许,即 PIO_PUSR 寄存器复位值为 0x0;所有的下拉被禁止,即 PIO_PPDSR 寄存器复位值为 0xffffffff。

例如: PIO_PUER = 0xffffffff; //所有的 I/O 口上拉电阻被允许
        PIO_PUDR = 0xffffffff; //所有的 I/O 口上拉电阻被禁止

2. I/O 模式或外设功能模式选择

当一个引脚与一个或两个外设功能复用时,通过 PIO 允许寄存器(PIO_PER)及 PIO 禁止寄存器(PIO_PDR)可以进行选择控制。当设置 PIO_PER 寄存器相应位为 1 时允许相应引脚 I/O 模式;当设置 PIO_PDR 寄存器相应位为 1 时禁止相应引脚 I/O 模式,允许相应引脚外设功能模式。PIO 状态寄存器(PIO_PSR)反应设置和清除相关寄存器的结果,指示引脚是由相应的外设控制还是由 PIO 控制器控制。0 表示引脚由 PIO_ABCDSR1 和 PIO_ABCDSR2(ABCD 选择寄存器)选择的相应片上外设控制;1 表示引脚由 PIO 控制器控制。

如果一个引脚只用做通用 I/O 口(不与片上外设复用),则 PIO_PER 和 PIO_PDR 不起作用,读取 PIO_PSR 相应位将返回 1。

复位后,绝大多数情况下,I/O 引脚由 PIO 控制器控制,即 PIO_PSR 复位值为 1。但在某些情况下,PIO 口必须由外设控制(比如,存储器片选信号在复位后必须为不活动状态;为从外部存储器启动,地址线必须为低)。因此,PIO_PSR 的复位值要根据设备复用情况,在产品级进行定义。

3. 外设 A、B、C、D 和 E 模式选择

PIO 控制器可在单个引脚上提供高达 4 个外设功能的复用,通过 ABCD 选择寄存器 PIO_ABCDSR1 和 PIO_ABCDSR2)进行选择控制。针对具体引脚 A、B、C 和 D 4 种外设模式的具体内容,可参见表 2-2～表 2-6。

对于每个引脚:

- PIO_ABCDSR1 相应的位为 0 且 PIO_ABCDSR2 相应的位为 0 选择外设 A；
- PIO_ABCDSR1 相应的位为 1 且 PIO_ABCDSR2 相应的位为 0 选择外设 B；
- PIO_ABCDSR1 相应的位为 0 且 PIO_ABCDSR2 相应的位为 1 选择外设 C；
- PIO_ABCDSR1 相应的位为 1 且 PIO_ABCDSR2 相应的位为 1 选择外设 D。

需注意外设 A、B、C 和 D 的复用只影响输出口，外设输入口总是连接到 I/O 引脚输入。

通过写 PIO_ABCDSR1 和 PIO_ABCDSR2 寄存器管理复用功能，与引脚配置无关。因此当一个引脚分配外设功能，除了写 PIO_PDR 寄存器之外，还需要对 PIO_ABCDSR1 和 PIO_ABCDSR2 进行写操作。

复位后，PIO_ABCDSR1 和 PIO_ABCDSR2 寄存器默认为 0，表示所有 PIO 口被配置外设 A。但是，当复位在 PIO 控制器控制 I/O 口模式时，外设 A 通常不会驱动引脚。

4．输出控制

当引脚设置为某个外设功能时，即 PIO_PSR 相应位为 0 时，I/O 引脚的驱动由外设控制，外设 A、B、C 或 D 根据 PIO_ABCDSR1 和 PIO_ABCDSR2 寄存器的值，决定是否驱动引脚。

当 I/O 引脚由 PIO 控制器控制时，引脚可以配置成被 PIO 控制器驱动，通过设置输出允许寄存器(PIO_OER)和输出禁止寄存器(PIO_ODR)来实现。输出状态寄存器(PIO_OSR)反映设置结果，当寄存器的某一位为 0 时，相应的 I/O 引脚只用做输入；为 1 时，相应的 I/O 引脚由 PIO 控制器驱动。

通过置位或清零输出数据寄存器(PIO_SODR)可设置相应 I/O 口的驱动电平。对 PIO_SODR 的写操作将置位或清零输出数据状态寄存器(PIO_ODSR)，PIO_ODSR 的值表示 I/O 引脚上的驱动数据。

无论引脚配置为由 PIO 控制器控制还是分配给外设，都可以通过设置 PIO_OER 和 PIO_ODR 寄存器管理 PIO_OSR 寄存器，使得在设置引脚由 PIO 控制器控制之前，可先配置 I/O 引脚。

类似的，设置 PIO_SODR 和 PIO_CODR 寄存器能够影响 PIO_ODSR 寄存器。这一点很重要，因为它定义了 I/O 引脚上的第一个驱动电平。

5．同步数据输出

不能使用 PIO_SODR 和 PIO_CODR 寄存器实现在清零一个(多个)PIO 引脚的同时设置另外一个(多个)PIO 引脚。这样的同步操作需要对这两个寄存器进行两次连续的写操作。为了克服这个缺点，PIO 控制器提供了只需写一次输出数据状态寄存器(PIO_ODSR)就可以直接控制 PIO 输出的方法，未被输出写状态寄存器(PIO_OWSR)屏蔽的位可被修改。通过设置输出写允许寄存器(PIO_OWER)和输出写禁止寄存器(PIO_OWDR)可设置和清除 PIO_OWSR 的屏蔽位。复位后，PIO_OWSR

寄存器复位为 0x0,所有 I/O 引脚上的同步数据输出都被禁止。

6. 多路驱动控制

使用多路驱动特性(开漏),每个 I/O 都能够独立地被编程为开漏模式,这一特性允许在 I/O 引脚上连接若干个驱动器,同时,I/O 引脚只可以被每个设备驱动为低电平。为了保证引脚上的高电平,需要外接上拉电阻(或者允许内部的上拉电阻)。

多路驱动特性由多路驱动允许寄存器(PIO_MDER)和多路驱动禁止寄存器(PIO_MDDR)控制。无论 I/O 引脚由 PIO 控制器控制还是分配给外设,都可以选择多路驱动。多路驱动状态寄存器(PIO_MDSR)指示被配置为支持外部驱动器的引脚。

复位后,所有引脚的多路驱动特性均被禁止,即 PIO_MDSR 寄存器复位值为 0x0。

7. 输出口时序

图 3-2 所示为当设置 PIO_SODR 或 PIO_CODR 时,或直接设置 PIO_ODSR 时,输出口时序。只有 PIO_OWSR 中的相应位被置位时,PIO_DDSR 才会有效。图 3-2 也示意出了引脚数据状态寄存器(PIO_PDSR)反馈在完成 APB 访问后延迟 2 个时钟周期生效。

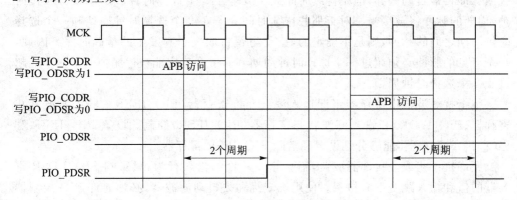

图 3-2　输出口时序

8. 输　入

通过读取引脚数据状态寄存器(PIO_PDSR)可获得每个 I/O 引脚上的电平。无论 I/O 线路的配置如何(只做输入、由 PIO 控制器驱动、由外设驱动),PIO_PDSR 寄存器都能够指示出 I/O 引脚上的电平。

读取 I/O 引脚上的电平必须允许 PIO 控制器的时钟。否则,读取到的将是时钟被禁止时 I/O 引脚上的电平。

9. 输入抗干扰和去抖动滤波

输入抗干扰和去抖动滤波器是可选的,且在每个 I/O 引脚上都可以独立编程。

65

抗干扰滤波器能过滤持续时间少于 1/2 个主控时钟(MCK)周期的干扰,去抖动滤波器能够过滤持续时间少于 1/2 个可编程分频慢时钟周期的脉冲。

通过设置慢时钟输入滤波器禁用寄存器(PIO_IFSCDR)和慢时钟输入滤波器允许寄存器(PIO_IFSCER),可选择抗干扰滤波和去抖动滤波。通过设置 PIO_IFSCDR 和 PIO_IFSCER 寄存器,可分别设置和清除慢时钟输入滤波器状态寄存器(PIO_IFSCSR)中的位。

通过读取 PIO_IFSCSR 寄存器,可确认当前的选择状态。

- 如果 PIO_IFSCSR $[i]$= 0,则抗干扰滤波器能够过滤持续时间短于 1/2 个主控时钟周期的干扰脉冲。
- 如果 PIO_IFDGSR $[i]$ =1,则去抖动滤波器能够过滤持续时间短于 1/2 个可编程分频慢时钟周期的脉冲。

对于去抖动滤波器,分频慢时钟的周期由慢时钟分频器去抖寄存器(PIO_SCDR)的 DIV 域设置。

$$T_{\text{div\_slclk}} = [(DIV+1)\times 2]\times T_{\text{slow\_clock}}$$

当抗干扰或去抖动滤波器被允许时,持续时间少于 1/2 个选择时钟周期(根据 PIO_IFSCDR 和 PIO_IFSCER 的设置,可选择 MCK 或分频慢时钟作为时钟)的干扰或脉冲将被自动丢弃,但是持续时间大于或等于一个选择时钟(MCK 或分频慢时钟)周期的脉冲将被接受。对于那些持续时间介于 1/2 个选择时钟周期和一个选择时钟周期之间的脉冲,则是不确定的,接受与否将取决于其发生的精确时序。因此,一个可见的脉冲必须超过一个选择时钟周期。而一个确定能被过滤掉的干扰不能超过 1/2 个选择时钟周期。

抗干扰滤波器由寄存器组即输入滤波允许寄存器(PIO_IFER)、输入滤波禁止寄存器(PIO_IFDR)和输入滤波状态寄存器(PIO_IFSR)控制。设置 PIO_IFER 和 PIO_IFDR 寄存器,能够分别设置和清除 PIO_IFSR 寄存器。

允许抗干扰或去抖动滤波器,不会修改外设的输入行为,只影响 PIO_PDSR 寄存器的值和输入跳变中断检测。使用抗干扰和去抖动滤波器,必须允许 PIO 控制器时钟。

10. 输入边沿 /电平中断

PIO 控制器可以编程为在 I/O 引脚上检测到边沿或者电平时产生中断。通过设置和清除中断允许寄存器(PIO_IER)和中断禁止寄存器(PIO_IDR)可控制输入边沿/电平时产生中断。通过设置中断屏蔽寄存器(PIO_IMR)中的相应位,可以允许和禁止输入跳变中断。因为输入跳变检测需要对 I/O 引脚上的输入进行两次连续采样,所以必须允许 PIO 控制器时钟。无论 I/O 引脚如何配置,无论配置为只输入,还是由 PIO 控制器控制或分配给一个功能外设,输入跳变中断都可以使用。

默认情况下,任何时候只要在输入上检测到一个边沿,就可以产生一个中断。

通过设置其他中断模式允许寄存器(PIO_AIMER)和其他中断模式禁止寄存器

(PIO_AIMDR)可以允许/禁止其他中断模式。从其他中断模式屏蔽寄存器(PIO_AIMMR)可以读取当前选择状态。

其他模式包括:上升沿检测、下降沿检测、低电平检测、高电平检测。

要选择其他中断模式:

- 必须通过设置一系列寄存器来选择事件检测的类型(边沿或电平)。边沿选择寄存器(PIO_ESR)和电平选择寄存器(PIO_LSR)分别用于允许边沿和电平检测。由边沿/电平状态寄存器(PIO_ELSR)可以获知当前选择的状态。
- 必须通过设置一系列寄存器来选择事件检测的极性(上升沿/下降沿或高电平/低电平)。通过下降沿/低电平选择寄存器(PIO_FELLSR)和上升沿/高电平选择寄存器(PIO_REHLSR)可以选择下降沿/上升沿(如果在 PIO_ELSR 中选择了边沿)或高电平/低电平(如果在 PIO_ELSR 中选择了电平)。由上升/下降 − 高/低状态寄存器(PIO_FRLHSR)可以获知当前选择的状态。

当在 I/O 引脚上检测到输入边沿或者电平时,中断状态寄存器(PIO_ISR)的相应位将被置位。如果 PIO_IMR 中的相应位被置位,PIO 控制器的中断通道将发出一个中断信号。32 个中断信号通道"线或"在一起向嵌套向量中断控制器(NVIC)产生一个中断信号。

当软件读取 PIO_ISR 时,所有中断都将自动清除。这意味着读取 PIO_ISR 时,必须处理所有的挂起中断。当中断为电平触发时,只要中断源未被清除,中断就会一直产生,即使对 PIO_ISR 进行了读操作。

示例:

如果需产生如下中断:PIO 引脚 0 上升沿、PIO 引脚 1 下降沿、PIO 引脚 2 上升沿、PIO 引脚 3 低电平、PIO 引脚 4 高电平、PIO 引脚 5 高电平、PIO 引脚 6 下降沿、PIO 引脚 7 上升沿和其他引脚上任何边沿,则需进行如下配置。

① 中断模式配置

将 PIO_IER 设置为 0xFFFF_FFFF,允许所有中断源。

设置 PIO_AIMER 为 0x0000_00FF,允许引脚 0~7 的其他中断模式。

② 边沿或电平检测配置

设置 PIO_LSR 为 0x0000_0038,将引脚 3、4、5 配置为电平检测。

如果之前没有配置过其他引脚,则其默认配置为边沿检测。否则,必须设置 PIO_ESR 为 0x0000_00C7,将引脚 0、1、2、6、7 配置为边沿检测。

③ 下降/上升边沿或低/高电平检测配置

设置 PIO_REHLSR 为 0x0000_00B5,将引脚 0、2、4、5、7 配置为上升沿或高电平检测。如果之前没有配置过其他引脚,则其默认配置为下降沿或低电平检测。否则,必须设置 PIO_FELLSR 为 0x0000_004A,将引脚 1、3、6 配置为下降沿或低电平检测。

11. I/O 口锁定

当 I/O 引脚由外设(特别是脉宽调制控制器 PWM)控制时,外设可以通过 PIO 控制器的输入锁定某个 I/O 引脚。当某个 I/O 引脚被锁定时,I/O 的配置被锁定,对 PIO_PER、PIO_PDR、PIO_MDER、PIO_MDDR、PIO_PUDR、PIO_PUER 和 PIO_ABSR 寄存器相应位的写操作将被丢弃。通过读取 PIO 锁定状态寄存器 PIO_LOCKSR,用户可以随时了解哪个 I/O 引脚被锁定。一旦 I/O 引脚被锁定,唯一的解锁方法是硬件复位 PIO 控制器。

12. 可编程 I/O 延迟

PIO 接口控制包括由外围设备或直接由软件驱动的一系列信号,同步开关在这些总线上的输出可能会导致内部和外部电源线的电流峰值。

在这种情况下,为了降低电流峰值,可通过填补缓冲区间额外的传输延迟来实现,具体可通过配置 I/O 延迟寄存器(PIO_DELAYR)来调节。

每个额外的可编程延迟为 0 至纳秒级的延迟时间,延迟设定针对 I/O 不同功能而不同,延迟可通过对每个 I/O 口编程修改,编程的最少额外延迟是最大可编程延迟的 1/16。

当对位域编程写入 0x0 时,没有加入任何延迟(是原复位值),此时引脚上的延迟值是引脚本身固有的延迟值。当对位域编程写入 0xF 时,对应的传播延迟最大。

13. 可编程施密特触发器

每个输入可以配置为施密特触发器。默认情况下,施密特触发器是启用的。使用 QTouch 库时,需要禁用施密特触发。

14. 并行捕获模式

PIO 控制器在同步模式下集成了一个能够读取 CMOS 数字图像数据的传感器、高速并行 ADC、DSP 同步端口等的接口,为并行捕捉模式。为了更好地理解并行捕获模式,下面使用一个 CMOS 数字图像传感器的例子进行说明。

(1) CMOS 数字图像传感器功能描述

CMOS 数字图像传感器提供传感器时钟 PCLK、8 位数据 DATA[7:0]、两个使能信号 PIODCEN1 和 PIODCEN2。PIO 控制器连接 CMOS 数字图像传感器如图 3 - 3 所示。

通过把并行捕获模式寄存器(PIO_PCMR)的 PCEN 位设置为 1,开启并行捕获模式。连接到 SAM4E 芯片 I/O 口的传感器时钟(PIODCCLK)、传感器数据(PIODC[7:0])和传感器数据使能信号(PIODCEN1 和 PIODCEN2)作为输入。其中 PIODCCLK 引脚连接 CMOS 传感器像素时钟 PCLK,PIODC[7:0]连接 CMOS 传感器数据 DATA[7:0],PIODCEN1 引脚连接 CMOS 传感器场频同步信号 VSYNC,PIODCEN2 引脚连接 CMOS 传感器行频同步信号 HSYNC。

并行捕获模式一旦启用,在传感器时钟 PCLK 与 PIO 时钟同步的上升沿开始采

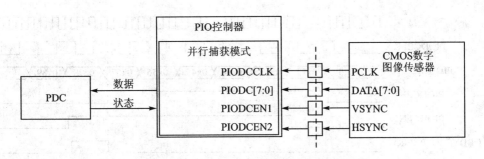

图 3-3 PIO 控制器连接 CMOS 数字图像传感器

样传感器数据。可从并行捕获接收保持寄存器（PIO_PCRHR）中读取数据，数据大小由 PIO_PCMR 中 DSIZE 位域设置。如果数据大小大于 8 位，那么并行捕获模式采集多个传感器的采集值形成一连串数据，大小由 DSIZE 位域定义，这些数据都存储在 PIO_PCRHR 寄存器中，并且并行捕获中断状态寄存器（PIO_PCISR）中的标志 DRDY 设置为 1。

并行捕获模式可与外设 DMA 控制器（PDC）的接收通道相结合，使得并行捕获模式接收转移到内存缓冲区执行接收而对 CPU 没有任何干预。通过并行捕获中断状态寄存器（PIO_PCISR）的 ENDRX 和 RXBUFF 标志指示 PDC 传输数据是否有效。

并行捕获模式可以将传感器的数据使能信号列入考虑或不列入考虑。如果 PIO_PCMR 寄存器 ALWYS 位被设为 0，并行捕获模式仅在这两个数据使能信号 PIODCEN1 和 PIODCEN2 有效（为 1）时，在传感器时钟的上升沿采集传感器数据。如果 ALWYS 位被设为 1，则并行捕获模式在无论哪个数据使能信号有效时均在传感器的时钟上升沿采集传感器数据。

并行捕捉模式可以采集两个数据中的一个，即间隔一个数据采样一次。当用户只需采集一个输出 YUV422 格式数据流的 CMOS 数字图像的亮度信号 Y 时，这种功能是十分有用的。如果 PIO_PCMR 寄存器的 HALFS 位被设置为 0，则并行捕获模式采集所有传感器数据；如果 PIO_PCMR 寄存器的 HALFS 位被设置为 1，则并行捕获模式采集两次传感器数据的一次。根据 PIO_PCMR 寄存器的 FRSTS 位，传感器可以采集偶数位或奇数位的传感器数据。假设传感器的数据是按照收到的顺序从 0 到 n 进行编号的，如果 FRSTS=0，则仅有偶数索引的数据被采集；如果 FRSTS=1，则仅有奇数索引的数据采集。

如果数据在 PIO_PCRHR 寄存器准备好且在一个新数据存储在 PIO_PCRHR 之前没读，则会发生溢出错误。以前的数据会丢失并且 PIO_PCISR 寄存器的 OVRE 标志被设置为 1，此标志在 PIO_PCISR 寄存器读取后自动复位。标志位 DRDY、OVRE、ENDRX 和 RXBUFF 可以是 PIO 中断源。

并行捕获模式的捕获过程，如图 3-4～图 3-7 所示。

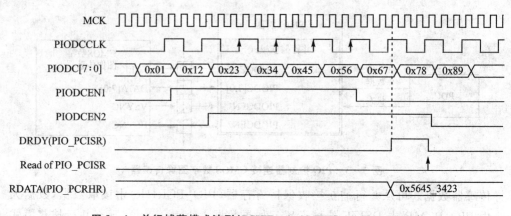

图 3-4　并行捕获模式波形（DSIZE＝2，ALWYS＝0，HALFS＝0）

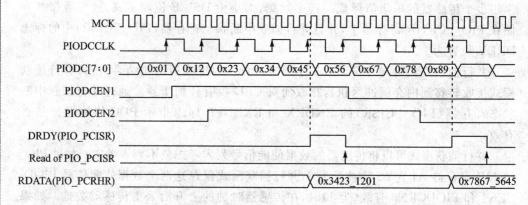

图 3-5　并行捕获模式波形（DSIZE＝2，ALWYS＝1，HALFS＝0）

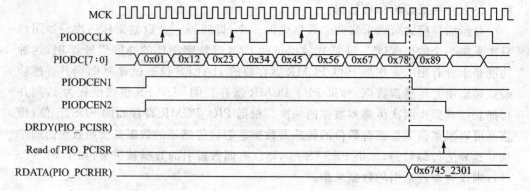

图 3-6　并行捕获模式波形（DSIZE＝2，ALWYS＝0，HALFS＝1，FRSTS＝0）

（2）约束条件

① 只有当并行捕获模式禁用时（即 PIO_PCMR 中 PCEN ＝ 0），PIO_PCMR 寄存器中的 DSIZE、ALWYS、HALFS 和 FRSTS 位才可以被配置。

② PIO 控制器时钟频率必须严格高于并行数据设备时钟频率的 2 倍。

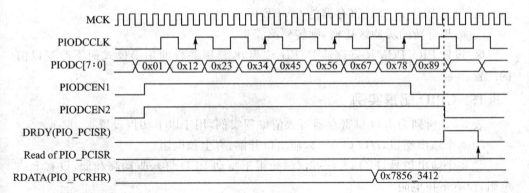

图 3-7　并行捕获模式波形（DSIZE=2,ALWYS=0,HALFS=1,FRSTS=1）

（3）编程序列

没有使用 PDC 情况下：

① 配置 PIO_PCIDR 寄存器和 PIO_PCIER 寄存器，用于配置并行捕获模式的中断屏蔽。

② 配置 PIO_PCMR 寄存器中的 DSIZE、ALWYS、HALFS 和 FRSTS 位，配置并行捕获模式，而不启用并行捕获模式。

③ 设置 PIO_PCMR 寄存器的 PCEN 位为 1,启用并行捕获模式而不改变以前的配置。

④ 轮询 PIO_PCISR 寄存器中的 DRDY 标志，等待数据就绪，或等待相应的中断。

⑤ 检测 PIO_PCISR 寄存器的 OVRE 标志。

⑥ 读 PIO_PCRHR 寄存器的数据。

⑦ 如果有更多新的数据，则转到第④步。

⑧ 设置 PIO_PCMR 寄存器 PCEN 位为 0,禁用并行的拍摄模式而不改变以前的配置。

使用 PDC 情况下：

① 配置 PIO_PCIDR 寄存器和 PIO_PCIER 寄存器，用于配置并行捕捉模式的中断屏蔽。

② 配置 PDC 寄存器的 PDC 转换。

③ 配置 PIO_PCMR 寄存器的 DSIZE、ALWYS、HALFS 和 FRSTS 位，配置并行捕获模式，而不启用并行捕获模式。

④ 设置 PIO_PCMR 寄存器的 PCEN 位为 1,启用并行捕获模式而不改变以前的配置。

⑤ 通过等待相应的 PIO_PCISR 寄存器中 ENDRX 位表示的中断，等待传输结束。

⑥ 检测 PIO_PCISR 寄存器的 OVRE 标志。

⑦ 如果有新的缓冲区传输，则转到第⑤步。

⑧ 设置 PIO_PCMR 寄存器 PCEN 位为 0，禁用并行的拍摄模式而不改变以前的配置。

15. GPIO 配置实例

表 3-2 所列为 I/O 口寄存器写入值编程实例，用于以下实例设置：

① 4 个输出端口，I/O 口 0～3，输出口开漏，有上拉电阻。

② 4 个输出信号，I/O 口 4～7，（例如用于驱动 LED 灯），驱动高和低，没有上拉电阻，没有下拉电阻。

③ 4 个输入信号，I/O 口 8～11（例如读取按键状态），上拉电阻，干扰过滤，输入改变中断。

④ 4 个输入信号，I/O 口 12～15，读取外部设备的状态（用查询方式，因此没有中断），没有上拉电阻，没有干扰过滤。

⑤ I/O 口 16～19 被分配用于外围设备 A 的功能，带上拉电阻。

⑥ I/O 口 20～23 被分配用于外围设备 B 的功能，带下拉电阻。

⑦ I/O 口 24～27 被分配用于外围设备 C 的功能，输入电平变化中断，没有上拉电阻，没有下拉电阻。

⑧ I/O 口 28～31 被分配用于外围设备 D 的功能，没有上拉电阻，没有下拉电阻。

表 3-2　I/O 口寄存器写入值编程实例

寄存器	写入值	寄存器	写入值
PIO_PER	0x0000_FFFF	PIO_MDER	0x0000_000F
PIO_PDR	0xFFFF_0000	PIO_MDDR	0xFFFF_FFF0
PIO_OER	0x0000_00FF	PIO_PUDR	0xFFF0_FFFF
PIO_ODR	0xFFFF_FF00	PIO_PPDDR	0xFF0F_FFFF
PIO_IFER	0x0000_0F00	PIO_PPDER	0x00F0_0000
PIO_IFDR	0xFFFF_F0FF	PIO_ABCDSR1	0xF0F0_0000
PIO_SODR	0x0000_0000	PIO_ABCDSR1	0xFF00_0000
PIO_CODR	0x0FFF_FFFF	PIO_OWER	0x0000_000F
PIO_IER	0x0F00_0F00	PIO_OWDR	0x0FFF_FFF0
PIO_IDR	0xF0FF_F0FF		

3.2　Atmel Studio 开发环境介绍

Atmel Studio 开发环境是 Atmel ARM Cortex-M 系列和 Atmel AVR 系列单片机的开发调试集成开发平台（IDP），目前最新的版本是 6.1。Atmel Studio 开发平台构建和调试应用程序向用户提供良好的人机开发环境,在此平台上应用 C/C++和汇编语言。开发环境界面如图 3-8 所示。

Atmel Studio6 开发环境支持所有的 8 位和 32 位 AVR 系列芯片、SAM3、SMA4 和 SAM D20 微控制器等,可和 Atmel 公司调试器及开发套件工具连接。配有 Atmel 软件框架(称为 ASF,Atmel Software Framework),提供创建工程设计的窗口。利用 Atmel 软件框架,设计人员可获得经验证的大型免费源代码库,包括 1 600 个设计样例代码。利用这些代码,设计工程师能够为其项目减少大量的底层源代码的编写工作,缩短软件设计时间并保持高质量解决方案。这种软件框架包括一整套用于片上外设和外部器件的驱动程序、有线和无线通信协议栈、音频解码、图形演示,以及定点和浮点数学库。针对 Atmel-ARM 处理器的微控制器产品,软件库为 Cortex 微控制器软件接口标准(CMSIS)提供全面支持。Atmel Studio 6 可支持超过 300 种 Atmel 微控制器,同时支持所有最新的 Atmel 调试工具,其中包括:AVR ONE! JTAGICE mkII、JTAGICE3、STK500、STK600、QT600、AVRISP mkII、AVR Dragon 和 SAMICE。

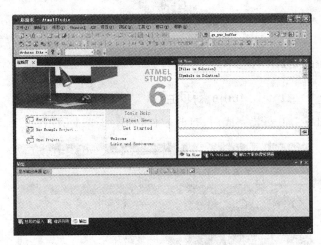

图 3-8　Atmel Studio 开发环境

3.2.1　Atmel Studio 6 开发环境安装

可从网站 http://www.atmel.com/tools/atmelstudio.aspx 上下载 Atmel Studio 6.1,此软件可以运行的操作系统包括:Windows XP (x86) SP3、Windows Vista (x86 & x64) SP1、Windows 7 (x86 and x64)、Windows 8 (x86 and x64)和 Windows Server 2003/2008。

Atmel Studio 6.1 对开发硬件要求:快于 1.6 GHz 处理器,1 GB RAM(X86)/2 GB RAM(X64),至少 4 GB 硬盘空间,显示器分辨率推荐 1 024×768 或者更高。

在运行安装文件后,显示如图 3-9 所示。

安装 Atmel Studio 6.1 过程中，如果未安装. NET Framework 4.0，则安装包会首先开始安装. NET Framework；如果未安装 Visual Studio Isolated shell 2010，则安装包也会首先安装此模块，Atmel USB Driver 为 USB 接口调试工具提供驱动。在安装了上述模块后，软件开始执行安装，按照安装提示，最终成功安装好程序，如图 3-10 所示。

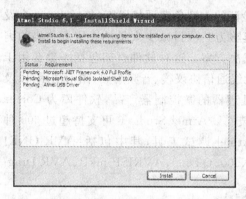

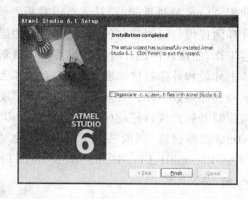

图 3-9　Atmel Studio 6.1 安装　　　　图 3-10　Atmel Studio 6.1 安装成功

3.2.2　Atmel Studio 环境下第一个 SAM4E 程序

1. 创建一个 Atmel Studio 新项目

Atmel Studio 6.1 安装完成后，打开软件，如图 3-11 所示。

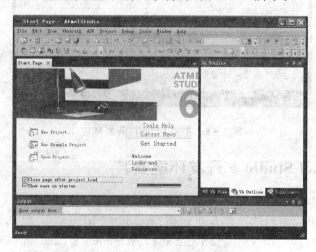

图 3-11　打开 Atmel Studio 6.1

选择 File→New→Project 菜单项创建新项目，将文件命名为 FirstExample，如图 3-12 所示。

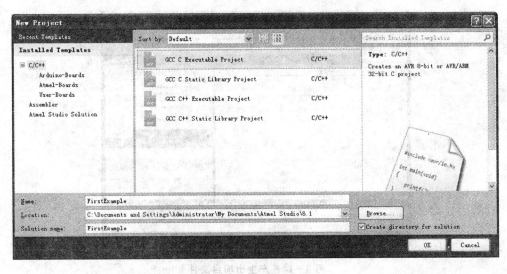

图 3-12　创建新项目

　　在创建项目界面中,左侧为 C/C++、汇编和 Atmel Studio Solution 的选择项,其中 Atmel Studio Solution 选项为创建一个空项目。使用 C 语言编写程序,可选择 C/C++。在 C/C++选项下有 3 个子项,其中 Arduino-Boards 针对 Arduino 开发板,Atmel-Boards 针对 Atmel 公司推出的开发板(如 SAM4E-EK 开发板),User-Boards 针对用户自己设计的开发板。选择这三个子项之一后,系统将会自动向用户提供一些头文件和库文件,方便系统的开发。本书为了展示如何创建一个最初始的程序,这三个子项都不选择,而直接选择 GCC C Executable Project,软件界面跳转到 CPU 类型选择,选择 SAM4E16E,如图 3-13 所示。单击 OK 后,弹出我们命名的项目文件 FirstExample,如图 3-14 所示。

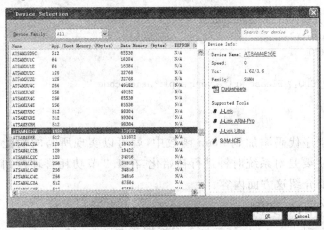

图 3-13　CPU 类型选择

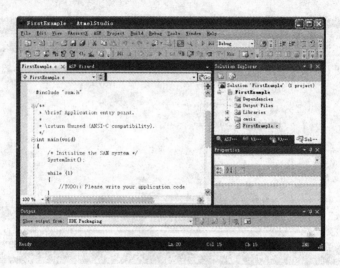

图 3-14　产生出项目文件

系统自动产生 FirstExample.c 文件,文件中已产生基本的程序结构,如下:

```
/*
 * FirstExample.c
 * Created: 2014-2-8 17:06:50
 *    Author: Administrator
 */
#include "sam.h"
/**
 * \brief Application entry point.
 * \return Unused (ANSI-C compatibility).
 */
int main(void)
{
    /* Initialize the SAM system */
    SystemInit();
    while (1)
    {
        //TODO:: Please write your application code
    }
}
```

只需要把程序代码添加到 main 函数中,就可以实现所需的功能。程序中 SystemInit()函数主要是对系统时钟进行初始化,在 4.2 节功耗管理控制器(PMC)及时钟配置中会主要介绍这方面内容。

2. LED 灯闪烁实例

本节通过实现一个 LED 灯亮灯灭闪烁例子来说明如何在 Atmel Studio 环境下进行开发的过程。

(1) 硬件电路

LED 灯连接到 SAM4E 芯片 PA0 接口,如图 3-15 所示。可通过改变 PA0 输出的电平实现 LED 灯的闪烁。输出控制 PA0 口高电平,则 LED 灯灭;输出控制 PA0 口低电平,则 LED 灯亮。

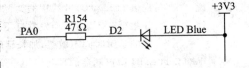

图 3-15　LED 灯硬件电路图

(2) 实现思路

对单片机的操作需要通过对相关寄存器的访问来实现。

为调节 PA0 口引脚上的电平,首先需要设置 PIO 允许寄存器(PIO_PER)来允许 PIOA 控制 PA0 引脚。PIO_PER 是 32 位寄存器,每一位对应一个引脚,设置相应的位为 1 表示使能相应的引脚,因此要使能 PA0 就是要对 PIO_PER 寄存器的 0 位设置 1,即 PIO_PER 写入 0x01。

通过芯片手册可以查到 PIOA 的 PIO_PER 被映射到地址 0x400E0E00 上了,通过如下代码就可以达到目的:

```
/* 指定寄存器对应地址 */
unsigned int * PIOA_PER_p = (unsigned int *)0x400E0E00u;
(* PIOA_PER_p) = 0x01;
```

但这样做非常繁琐,什么都需要我们自己指定,不方便编程。

Atmel Studio 附带的库中,名为"sam. h"的头文件可以简化我们的开发工作。只需做如下工作:

```
# include <sam. h>
PIOA -> PIO_PER = (uint32_t)0x01;
```

在以后的程序代码中也将使用这个头文件。

同理,设定输出允许寄存器(PIO_OER)和输出写允许寄存器(PIO_OWER)为 0x01。

直接使用 PIO 控制器控制引脚的电平,通过向置位输出数据寄存器(PIO_SODR)和清零输出数据寄存器 PIO_CODR(寄存器)写入相应的值来直接控制引脚电平。通过让程序执行一个次数较长的空循环可实现延时功能。

(3) 软件实现

实例编号:3-01　　内容:简单 I/O 及程序框架　　路径:\Example\Ex3_01
---   * 文件名:FirstExample. cproj　　　　　　　　　　　　　　*   * 硬件连接:PA0 连接 LED 蓝色指示灯　　　　　　　　　　*   * 程序描述:指示灯 D2 闪烁　　　　　　　　　　　　　　*   * 目　的:第一个 AtmelSAM4E 系列 MCU 程序框架　　　*

```
*  说    明:提供 Atmel MCU 的编程框架,供入门学习使用                    *
*  注    意:如果延时不够长,会发觉灯不会闪烁,而是一直亮,这是由于人的视觉暂留对
           短的延时时间不敏感,加长延时时间可以实现闪烁                    *
* 《ARM Cortex-M4 微控制器原理与应用——基于 Atmel SAM4 系列》教学实例 *
/ * [头文件] * /
# include"sam. h"
/ * [延时子函数声明] * /
void Delay(int num)
{     for (volatile int i = 0; i < 1024 * 1024 * num; + + i);
}
/ * [主程序] * /
int main(void)
{   SystemInit();                              / *初始化 * /
    PIOA -> PIO_PER = (uint32_t)0x01;          / *让 PIO 控制器直接控制 PA0 引脚 PIO
                                               / *使能 * /
    PIOA -> PIO_OER = (uint32_t)0x01;          / * PIO 输出使能 * /
    PIOA -> PIO_OWER = (uint32_t)0x01;         / * PIO 输出写使能 * /
    while (1)
    {   Delay(2);                              / *延迟 * /
      PIOA -> PIO_SODR = (uint32_t)0x01;       / * 设置 PA0 引脚为高电平,灯灭 * /
      Delay(2);                                / *延迟 * /
      PIOA -> PIO_CODR = (uint32_t)0x01;       / * 设置 PA0 引脚为低电平,灯亮 * /
    }
}
```

3. 编译程序及产生下载目标文件

① 程序编写完成后,运行 Build→Complie 对程序进行编译,编译不成功,则须修改错误的程序,如图 3-16 所示。

图 3-16　编译项目文件

② 也可以利用 Build→Build Solution 对所有项目文件进行编译及链接最终产生目标文件,或利用 Build→Build FirstExample 对本项目进行编译及链接最终产生

目标文件。如果在主界面只打开一个项目文件,例如 FirstExample,则 Build Solu-tion 和 Build FirstExample 所产生的结果是一样的。产生的目标文件在项目文件夹 Debug 或 Release 目录下,如本例是在 Debug 状态下编译,产生的目标文件在 Debug 文件夹,文件名称是 FirstExample.elf,这个文件可以直接通过下载工具下载到单片机中。若在 Release 状态下编译,则文件会产生在 Release 目录下。

③ 在写程序时需要注意编译器自动优化问题,这是其他种类单片机及编译器需要注意的地方。

上面的示例代码 Delay 子函数若写成如下形式:

```
void Delay(int num)
{
for (int i = 0; i < 1024 * 1024 * num; ++i);
}
```

则在编译和运行程序时发现 LED 会一直亮着,而不会闪烁。这是由于即使是在 De-bug 模式下,编译器也会把这个函数调用给优化掉,所以延迟函数没有了。这给程序的调试造成一定的不便。

使用宏来实现这个"函数",例如:

```
#defineDelay(num) \
do{ \
for (int i = 0; i < 1024 * 1024 * (num); ++i); \
}while(0)
```

再编译和运行,在 Debug 模式下 LED 又开始闪烁了。但当在 Release 模式下编译,Atmel Studio 使用的 gcc 编译器会自动把 while(0)这个空循环语句直接优化掉,从而在 Release 模式下仍然无法闪烁。

可使用如下语句阻止编译器的优化来解决以上问题。

```
for (int i = 0; i < 1024 * 1024 * num; ++i)
asm ("");
```

或者使用 volatile 关键字,如 3-01 实例程序:

```
for (volatile int i = 0; i < 1024 * 1024 * num; ++i);
```

4. 调试和下载程序

当程序编译成功后,就需要把程序下载到芯片中。

首先,需要把开发板、仿真器和电脑连接,如图 3-17 所示。

本文中采用 Atmel 公司提供的 SAM4E-EK 开发板,具体电路已在第 2 章 2.2 节介绍过。仿真器使用 Atmel 公司的 SAM-ICE 调试工具,当连接好电脑后,由于在安装 Atmel Studio 软件时已经安装好了调试工具的 USB 接口驱动,所以仿真工具会自动安装成功驱动。

(1) 调　试

若对程序进行调试,则第一次常常需要单击 No Tool 设定调试工具,如图 3 - 18 所示。若已设定过调试工具,会自动在 No Tool 处出现调试工具型号。

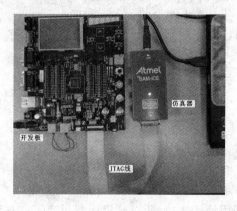

图 3 - 17　调试连接图

图 3 - 18　单击 No Tool 选项

设定调试工具界面如图 3 - 19 所示,选择调试工具 SAM - ICE 及接口 JTAG。

图 3 - 19　设定调试工具界面

设置完成后,在主界面以前 No Tools 位置上显示调试工具名,表示调试工具设定成功,如图 3 - 20 所示。

图 3 - 20　显示调试工具名

运行主界面的 Debug→Start Debugging and Break,系统进入调试状态。按下 Start Debugging 按钮后,程序开始运行,如图 3 - 21 所示。在调试中,具有添加断点、Step Into、Step Over、运行到指针处等功能,可方便开发者调试程序。

调试完成后,程序也已经下载到芯片中,重新上电后程序会自动运行。

(2) 下　载

若直接把程序下载到目标芯片中,不调试则运行 Tools→Device Programming 进入下载界面,如图 3 - 22 所示。

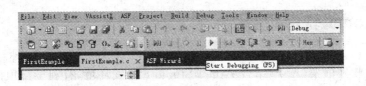

图 3-21　调试界面

在 Tools 下拉框中选择 SAM - ICE,Device 下拉框选择 ATSAM4E16E 型号,Interface 下拉框选择 JTAG,最后单击 Apply 按钮设定完成。选择左侧的 Memories 进入下载目标文件界面,如图 3 - 23 所示,选择目标文件 FirstExample. elf,单击 program 按钮,把文件下载到芯片中。

单击 Close 按钮,退出此界面回到主界面,重新上电后,芯片自动运行下载的程序。

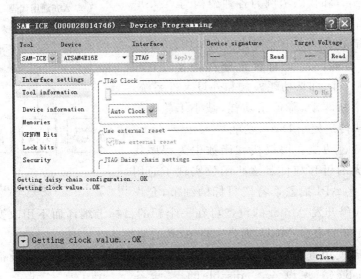

图 3-22　器件选择界面设置

图 3-23　下载目标文件

3.3　Atmel 软件框架

　　Atmel 软件框架（ASF）结合 Atmel Studio 6 开发环境,有利于自顶向下的设计过程。Atmel Studio 6 开发环境和 ASF 使嵌入式系统的开发过程,避免因为不同 MCU 的变体或架构的不同而需要重写每个端口及模块代码。ASF 的结构意味着,开发人员可以集中时间在设计应用上,而不是开发环境上,如图 3-24 所示。

　　ASF 已经从底层组织提供给用户应用程序和软件堆栈一个简洁通用的界面,使应用程序可运行在各种 MCU 上。同时 ASF 提供了应用程序和硬件设计的一切需求。

　　ASF 的函数和代码示例为各种架构与 ANSI-C 编译器工作,可用来优化代码大小和效率。ASF 库函数代码是被 Atmel 专家优化了的架构,可确保高性能和低功耗。这些函数充分利用了 Ateml MCU 的各种性能,如低功耗模式和外设事件系统。很多驱动是中断驱动,降低了功耗,减小了轮询的延迟。数据块传送使用 DMA 功能。

　　芯片的特定功能在协议栈和函数中为程序代码提供了最大的可移植性。这些函数实现了通用 API 封装,这些 API 抽象了特定目标的细节,允许

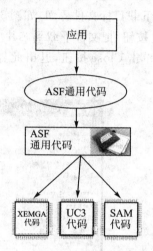

图 3-24　一个通用的 ASF 程序设计

开发者使用代码开发 Atmel 的设备可在一个新的目标上编译而不用改变代码。这种移植性不是来自各种 MCU,而是来自 ASF 的架构。

　　例如,API 使用直观的格式,其函数调用遵循一致的命名约定,如<设备>_init()、<设备>_enable()、<设备>_disable()、<设备>_start()、<设备>_stop()、<设备>_read()、<device>_write()。

3.3.1　ASF 架构

　　ASF 模块以层次结构方式管理,使应用程序代码可以为任务调用最合适的函数。此结构也使其更容易地向产品中增加复杂协议的支持,如 USB 协议。

　　共有 4 种 ASF 模块,分别为:组件、服务、外部设备和开发板芯片级,如图 3-25 所示。

　　组件和服务可以被应用程序直接调用,除非其需要使用外设和板级层提供的底层功能。

　　服务层次为用户提供面向应用的软件协议栈,如 USB 类驱动程式、文件系统、数字信号处理功能和图形类库。此层次也可以直接利用 MCU 的硬件特性。

　　组件为高层驱动,其提供对 MCU 和板级外设直观的和直接的控制,如 Atmel

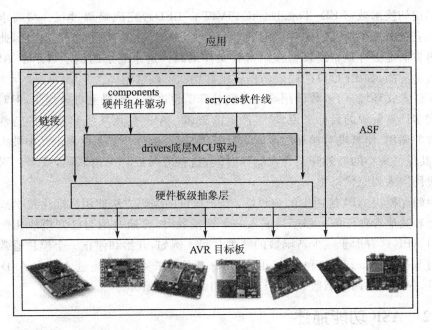

图 3 - 25 ASF 架构图

DataFLASH、显示、传感器和无线接口。组件层级的代码在编写时,注重为用户提供每一个片上外设都需要的功能。如果一个应用需要使用组件层级不支持的外设功能,可修改已存在的代码或增加一个新的功能 API。

组件和服务模块在外设层次与底层设备交互,通过硬件接口提供寄存器级的控制。应用程序也可以直接调用这些驱动来调用硬件,在方便开发应用程序的同时,使 Atmel MCU 系列芯片程序的可移植性最大。

板级模块提供了目标环境下 MCU 的硬件开发方法和资源。板级代码使组件和服务模块从关于 I/O 口和外设硬件平台的初始函数中抽象出来,板级代码识别了哪些板级属性可用于高层的软件栈协议,从而便于分配板级的数字 I/O 口和模拟外设。例如,一个实现 PC 的音频接口的应用程序也许会分配 USB 接口、ADC 和 DAC 通道、SPI 口和若干连接按钮和 LED 灯的通用数字 I/O 口。板级定义使其更容易提供可供应用程序和驱动代码使用的、有用的、可描述的 I/O 通道名。例如,用于显示 MCU 为睡眠或活动状态的 LED 可用 GPIO3 定义,开发者可以指派更具逻辑性的名称 ACTIVITY_LED 到位掩码,用于访问在实际 I/O 口寄存器用于控制 LED 状态的特定位。此常量一旦定义,可用于在应用程序调用访问 LED 的 I/O 函数中。

再举另一个例子,当 MCU 准备睡眠时,在调用 sleepmgr_enter_sleep( )函数前(在 AVR UC3 和 Atmel SAM 系列中有相同的函数代码),应用程序可以先调用 LED_Off(ACTIVITY_LED)或 LED_Toggle(ACTIVITY_LED)函数。

当设备从睡眠中唤醒时,程序可通过调用 LED_On(ACTIVITY_LED)函数,或再次调用切换函数(LED_Toggle(ACTIVITY_LED))完成唤醒过程。与要求程序在查找完数据表中所需要的位后为匿名通用 I/O 口产生位掩码的方法相比,此种开发编码方法能更好地帮助设备控制自我文件编码。这个底层的例子展示了 ASF 中逻辑名的应用,如 LED 口的底层访问在组件层次上经常编码。

在嵌入式环境下,函数调用导致的额外开销也许在高端机上可被接受,但对于没有那么多计算资源的目标来说,这是严重的破坏。ASF 使用某些 C 语言的特性来提供函数的调用,使其没有额外的时间运行开销,如宏函数。宏在板级定义中被大量使用,使其保证最小的额外开销。在编译时间,这些宏被处理为内联码,或产生同等作用的代码嵌入到原代码中。

为确保模块 API 使用中的一致性,ASF 提供的编码方法使用标准化技术来完成初始化和其他管理任务。程序员嵌入一个新函数时,可通过用与已知模块相似的方法调用 API,这有助于减少新函数的熟悉时间。例如,开始和停止一个模块通常是通过调用 module_start(…)和 module_stop(…)函数来实现的;当进入一个 A/D 转换模块时,程序员可调用函数 adc_start(…)和函数 adc_stop(…)。

3.3.2 ASF 功能描述

ASF 支持 Atmel 公司出品的多种 MCU,其中包括:megaAVR、AVR XMEGA、AVR UC3 和 SAM 系列。本书所讲解的 SAM4E 系列芯片属于 SAM 系列,可以利用 ASF 库函数进行编程。

1. ASF 支持的协议、接口及服务

ASF-Boards 支持 Atmel 公司出品的开发板,其中包括 Xmega 系列和 SAM 系列的开发板等,也包括本书使用的 SAM4E-EK 开发板。

ASF-CAN/LIN 为 AVR UC3C 系列芯片提供 CAN(Controller Area Network)总线和 LIN(Local Interconnect Network)总线协议栈。

ASF-Components 为 Atmel 生产的开发板外部设备提供驱动程序,其中包括:MMA7341L 加速度传感器、AAT31XX 背光控制器、ADS7843 触摸屏控制器、HX8347A LCD 控制器、ILI9223LCD 控制器、EEPROM AT24CXX、maXTouch mXT143E 控制器等。

ASF-Drivers 为 Atmel 公司芯片的各种内部模块和接口提供支持。其中包括:模拟比较控制器(ACC)、模/数转换器(ADC)、芯片 ID 读取(CHIPID)、数/模转换(DAC)、增强嵌入式 FLASH 控制器(EEFC)、通用备份寄存器(GPBR)、高速多媒体卡接口、总线矩阵(MATRIX)、非易失存储访问(NVM)、外设 DMA 控制器(PDC)、并行 I/O 口控制器(PIO)、功耗管理控制器(PMC)、PWM、Reset 控制器、实时时钟(RTC)、实时定时器(RTT)、静态存储器控制器(SMC)、SPI 接口、同步串行控制器(SSC)、供电控制器(SUPC)、定时器/计数器、TWI 总线(即 I^2C 总线)、UART、USART、看门狗定时器(WDT)、DMA 控制器(DMAC)、CAN 控制器和以太网控制器等。

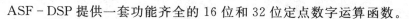

ASF－DSP 提供一套功能齐全的 16 位和 32 位定点数字运算函数。

ASF－FS 针对 Atmel AVR UC3 单片机提供 FAT 12/16/32 文件系统。

ASF－GFX 为 Atmel 单片机提供丰富的图形库，其中针对 HX8347A LCD 控制器、ILI9325 LCD 控制器等提供了图形库。

ASF－Sensors 为 Atmel 单片机提供了传感器信息处理函数库，主要是针对 ATAVRSBIN1、ATAVRSBIN2、ATAVRSBLP1 和 ATAVRSBPR1 传感器采集板。

ASF－Services 软件服务独立于硬件，提供了 CAN 总线协议函数、延时函数、显示触屏函数、DSP 处理函数库、FAT 文件管理函数、FIFO 先入先出缓冲区、SAM FLASH 接口函数、I/O 控制函数、电源管理函数、时钟管理函数、多种通信协议函数等。

ASF－USB 提供 Atmel 单片机的 USB 主机和 USB 设备协议栈，并致力于为客户提供最快捷和最容易的方法来构建一个 USB 应用程序。

ASF 还支持第三方公司的软件接口，支持 QTouch、FreeRTOS、蓝牙服务和以太网协议栈等应用。

同时 ASF 还支持 Cortex 微控制器软件接口标准（CMSIS）2.10.0 版本，其中包括：外设寄存器和中断定义、核心外设功能和 DSP 库。CMSIS 层包含在 Atmel Studio ARM 工具链中并且作为一个单独的包。

2. 下载 ASF

获取 ASF 的方法有两种：从 Atmel 官网上下载 ASF 包，主要可用于 IAR 和 AVR32 开发环境；直接下载 Atmel Studio 6，Atmel Studio 6 已经包括了 ASF 库，安装 Atmel Studio 6，不需要再单独安装 ASF。

ASF 可以从 http://www.atmel.com/zh/cn/tools/avrsoftwareframework.aspx? tab＝overview 网站上下载，如图 3－26 所示。进入 ASF 的官网，页面的上方包含有 ASF 的基本介绍，中间部分是目前能提供的最新版本的 ASF，可以看到，当前最新版本为 3.14.0。

页面上方的器件栏给出了目前 ASF 所支持的所有器件的型号与种类，随着 ASF 版本的不断更新与完善，后续的器件肯定会越来越多。如果要深入学习 ASF，那么一定要看看文档栏目中所给出的资料，在文档栏目中包含有 User Guide、Reference Manual 等各种文档。

3. ASF 文件夹组织结构

从 Atmel 网站上下载的 ASF 独立安装包是一个 ZIP 压缩文件，解压到硬盘目录中就得到了完整的 ASF 软件。根目录下包含有 releasenote 和 readme 文件，是当前版本的 ASF 相对于以前版本所作改动及如何能找到 ASF 相关文档、资源的说明文档。根目录中还包含 8 个文件夹，分别是 avr32、common、common2、mega、sam、sam0、thirdparty 和 xmega。这些是 ATMEL 公司推出的主流嵌入式处理器。每个目录中包含 applications、boards、components、drivers、services 和 utils 这 6 个子文件夹。

图 3-26　ASF 网站

　　这些文件夹有什么用呢？里面都包含哪些东西呢？ASF 为什么要这样区分？要回答这些问题，就要分析整个 ASF 的整体架构。ASF 架构内容中，基本硬件平台之上为 boards 目录支持范围，包含针对于不同硬件板卡，实现对 I/O 寄存器进行了设置参数，使用户无需了解底层细节即可很好地完成对底层硬件的操作。

　　在 board 层之上是 drivers 层。drivers 层有一个特点：针对不同的外设驱动（如 ADC 驱动、RTC 驱动），给出了 XXX.c 和 XXX.h 文件。drivers 层向下调用了 board 层给出的函数接口定义，向上为 components 层和 service 层提供接口。

　　components 层为组件层。组件层是 ASF 中抽象级别比较高的驱动层，提供一系列驱动用来使处理器完成对外围组件的操作，例如 clocks、display、ethernet 和 memory。如果组件是多个架构共享，那么这些驱动将被归纳到 common 目录中。

　　services 层为服务层。服务层是另一个架构在 drivers 层之上的高级层，其中包含 USB 协议栈、FAT 文件系统、DSP 库和图形库等。和组件层一样，如果多个架构的 MCU 都包含同样的 services 层，那么该 services 也将会被归纳到 common 目录中。简言之，services 层包含的就是各种协议栈和软件库。

utils 层为工具层。在 utils 中包含多个链接脚本文件,这些脚本为不同编译器条件下提供了统一的接口。

application 层为多用层。主要是一些应用实例程序,如针对 SAM 系列芯片有 sam4e_ek_demo、sam_low_power、starter_kit_bootloader_demo 等应用实例。

3.3.3　利用 ASF 实现第一个 SAM4E 程序

1. 创建一个 Atmel Studio ASF 项目

选择主菜单中 New→Example Project from ASF,如图 3 - 27 所示。

系统弹出工程选择界面。用户可根据开发板的类型、目录或技术选择对应的基于 ASF 的工程。本书使用 SAM4E - EK 开发板。本节利用 ASF 实现灯闪烁的例子,所以选择 Common IOPORT Service Example 1 - SAM4E - EK 工程,填写

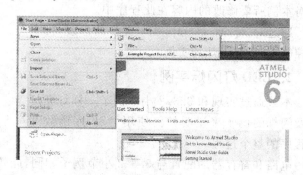

图 3 - 27　创建一个新 ASF 项目

好工程名、工程目录后,单击 OK 按钮,软件将自动创建工程,如图 3 - 28 所示。在工程中会自动创建出应用实例程序,其功能为控制 PA0 连接的灯闪烁,同时检测按钮的状态。删除检测按钮部分的程序,就可以收到和实例 3 - 01 一样的效果。

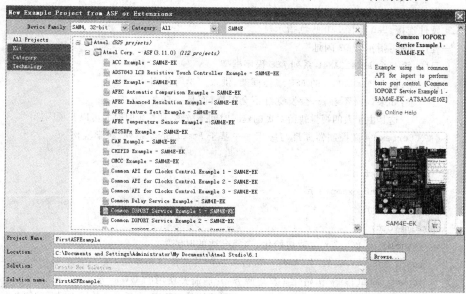

图 3 - 28　建立 I/O 控制例程

自动产生项目源代码 SRC 中主要包括 ASF 文件夹、config 文件夹和主文件,如图 3 - 29 所示。

ASF 文件夹包括 common、sam 和 thirdparty 3 个文件夹,分别提供相应的 board 层、drivers 层 services 层和 utils 层支持。config 文件夹包括对开发板、时钟及应用实例的一些参数和函数定义的头文件。主要应用程序是 ioport_exmple1.c,所以针对本例所要修改的内容在此程序中。

通过对 ioport_example1.c 文件的修改,可实现控制 LED 灯闪烁的实例。

2. LED 灯闪烁实例

本节通过实现和 3.3.2 小节例子一样灯亮灯灭及闪烁的例子来说明如何使用 ASF 库函数开发程序的整个过程。

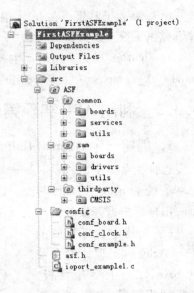

图 3 - 29　自动产生的项目文件

电路和寄存器的配置与 3.3.2 小节例子相同,此处直接利用 ASF 库函数来实现配置。

实例编号:3 - 02	内容:3 - 02 简单 I/O 及 ASF 程序框架	路径:\Example\Ex3_02

```
* ------------------------------------------------------------- *
* 文件名:FirstASFExample.cproj                                    *
* 硬件连接:PA0 连接 LED 蓝色指示灯                                  *
* 程序描述:指示灯 D2 闪烁                                          *
* 目的:第一个 AtmelSAM4E 系列 ASF 程序框架                         *
* 说　明:提供 Atmel MCU 的 ASF 编程框架,供入门学习使用             *
* 注　意:如果延时不够长,会发觉灯不会闪烁,而是一直亮,              *
*        这是由于人的视觉暂留对短的延时时间不敏感,加长延时时间可以实现闪烁 *
*《ARM Cortex-M4 微控制器原理与应用——基于 Atmel SAM4 系列》教学实例 *
/ * [头文件] * /
# include <asf.h>
# include "conf_example.h"
/ * [主程序] * /
int main(void)
{    sysclk_init();/ * 时钟初始化,选择合适的时钟 * /
    board_init();/ * 针对 SAM4E - EK 开发板的外部接口初始化 * /
    ioport_init();/ * 初始化 I/O 口服务,开启需要使用的 I/O 服务 * /
    delay_init(sysclk_get_cpu_hz());/ * 获得系统时钟频率,为延迟函数提供时间间隔 * /
```

```
    ioport_set_port_dir(EXAMPLE_LED_PORT, EXAMPLE_LED_MASK,IOPORT_DIR_OUTPUT);
    /* 设定 PA0 引脚输出,其中
    EXAMPLE_LED_PORT 在 conf_example.h 中被定义为 PA0 */
    ioport_set_port_level(EXAMPLE_LED_PORT, EXAMPLE_LED_MASK,
        IOPORT_PIN_LEVEL_HIGH);/* 设定 PA0 引脚高电平 */
    while (true)
{   ioport_toggle_port_level(EXAMPLE_LED_PORT, EXAMPLE_LED_MASK);
                    /* 控制 PA0 引脚每 500 ms 改变高低电平实现闪烁功能 */
        delay_ms(500);  /* ASF 中的延迟函数,延迟 500 ms */
        }
}
```

程序的编译、调试和下载按照 3.3.2 小节所述完成,最终实现灯的闪烁功能。

3.4　Cortex 微控制器软件接口标准

ARM Cortex 微控制器软件接口标准（CMSIS）是 Cortex-M 系列 MCU 与供应商无关的硬件抽象层。使用 CMSIS 可以为接口外设、实时操作系统和中间件实现一致且简单的处理器软件接口,简化软件的重用,缩短新微控制器开发人员的学习过程,缩短新设备的上市时间。软件的创建被嵌入式行业公认为主要成本增值率系数。通过在所有 Cortex-M 芯片供应商产品中标准化软件接口,可明显降低成本,尤其是在创建新项目或将现有软件迁移到新设备时。最新版本的 CMSIS 为 3.0。

Atmel 公司 ASF 支持 Cortex 微控制器软件接口标准（CMSIS）2.10.0 版本,其中包括:外设寄存器和中断定义、核心外设功能、DSP 库。CMSIS 层包含在 Atmel Studio ARM 工具链中,并且作为一个单独的包。

3.4.1　CMSIS 架构

CMSIS 是 ARM 公司与多家不同芯片和软件供应商一起紧密合作定义的,提供了内核与外设、实时操作系统和中间设备之间的通用接口。该标准完全可扩展,可确保其适合于所有 Cortex-M 处理器系列微控制器,从最小的 8 KB 设备到具有复杂通信外设（如以太网或 USB‐OTG）的设备,内核外设访问层的 CMSIS 内存要求少于 1 KB 代码,少于 10 字节 RAM。CMSIS 的架构如图 3‐30 所示。

CMSIS 为基于 Cortex-M 系列处理器的系统定义了标准软件接口,提供了以下功能:

(1) CMSIS‐CORE 为整个系统定义了 API 并支持所有 Cortex-M 系列处理器（Cortex-M0、Cortex-M3、Cortex-M4、SC000 和 SC300）。提供了用于访问特定处理器功能和内核外设的系统启动方法与函数。包含用于通过 CoreSight 调试单元进行

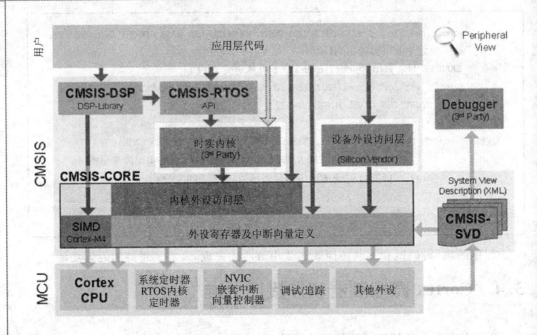

图 3 - 30　CMSIS 架构图

打印式输出的帮助程序函数,并为 RTOS 内核识别定义了调试通道。每个外设都具有一致的结构,用于符合 CMSIS 的设备一致地定义设备的外围寄存器和所有中断。

(2) CMSIS - DSP 库包括向量运算、矩阵计算、复杂运算、筛选函数、控制函数、PID 控制器、傅里叶变换和很多其他常用的 DSP 算法,包含以定点(分数 q7、q15、q31)和单精度浮点(32 位)实现的 60 多种函数的 DSP 库。大多数算法都可用于浮点格式和各种定点格式,并已针对 Cortex-M 系列处理器进行优化。Cortex-M4 处理器采用 ARM DSP SIMD(单指令多数据)指令集和浮点硬件,全面支持用于信号处理算法的 Cortex-M4 处理器的功能。CMSIS - DSP 库完全用 C 语言编写,并提供有源代码,允许软件程序员根据特定应用需求对算法进行修改。

(3) CMSIS - RTOS API 用于线程控制、资源和时间管理的实时操作系统的标准化编程接口,对与实时操作系统之间的接口进行标准化,体现了需要 RTOS 功能的软件组件在 CMSIS 方面的优点。CMSIS - RTOS API 的统一功能集简化了需要实时操作系统的软件组件的共享。使用 CMSIS - RTOS API 的中间件、库和其他软件组件不受 RTOS 限制,更易于组合和调整。

(4) CMSIS - SVD 系统视图描述 XML 规范描述了微控制器系统(包括外围寄存器)的程序员视图。SVD 文件可创建包含外围寄存器和中断定义的 CMSIS - CORE 头文件。另一个用例创建调试器的外设识别对话。CMSIS - SVD 选项卡上提供了许多可供下载的设备 SVD 文件。

3.4.2　Atmel Studio 6 利用 CMSIS 应用实例

此实例也是通过 PA0 引脚控制 LED 灯每 1 s 闪烁一下,1 s 的延时利用 CMSIS 中的标准系统时钟实现,这个例子也在 Atmel Studio 6.1 平台 ASF 的 CMSIS 实例中。

电路和寄存器配置与前例相同,直接利用 CMSIS 库函数配置寄存器。

实例编号:3-03	内容:　简单 I/O 及 CMSIS 程序框架	路径:\Example\Ex3_03

```
 *------------------------------------------------------------- *
 * 文件名:FirstCMSISExample.cproj                                *
 * 硬件连接:PA0 连接 LED 蓝色指示灯                                 *
 * 程序描述:指示灯 D2 闪烁                                          *
 * 目的:第一个 AtmelSAM4E 系列 CMSIS 程序框架                        *
 * 说明:提供 Atmel MCU 的 CMSIS 编程框架,供入门学习使用               *
 *                                                              *
 *《ARM Cortex-M4 微控制器原理与应用——基于 Atmel SAM4 系列》教学实例  *
/ *[头文件]* /
# include"asf.h"
# include"conf_board.h"
static volatile uint32_t g_ul_ms_ticks = 0U;
/ *[全局变量声明]* /
/ *[中断处理函数]* /
void SysTick_Handler(void)/ * 每 1 ms 发生系统定时器 SysTick Timer 中断处理函数 * /
{    g_ul_ms_ticks ++ ;/ * delay()函数中的增计数 * /
}
/ *[主程序]* /
int main(void)
{    sysclk_init();/ * SAM4 初始化 * /
     board_init();
/ * 设置系统定时器 SysTick Timer 每 1 ms 发生中断,其中 SysTick_Config 是 CMSIS 函数 * /
     if (SysTick_Config(sysclk_get_cpu_hz() / (uint32_t) 1000)) {
         while (1) {
         }    }
     while (1) / * 控制 LED 闪烁 * /
     {        LED_On(LED0);/ * 通过 PA0 控制 LED 灯亮 * /
         delay_ms((uint32_t) 1000);/ * 延迟 1 000 ms * /
         LED_Off(LED0);/ * 通过 PA0 控制 LED 灯灭 * /
         delay_ms((uint32_t) 1000);/ * 延迟 1 000 ms * /
     }
}
```

第 4 章

SAM4 供电和时钟管理

芯片开始工作需要电源和时钟。本章主要讲解 SAM4 如何管理这两部分。电源管理由单电源供电,通过电源调整器产生内核和外设的供电电源;时钟管理通过功耗管理控制器(PMC)产生各种时钟,满足内核、外设及低功耗的各种需求。

4.1 SAM4 电源管理

4.1.1 内部供电结构

SAM4E 芯片需 1.62～3.6 V 单电源供电,由芯片内部的电源调节器产生其他各种电压,满足整个芯片内部各个模块的供电要求。由于只需要单电源供电,所以简化了外部电路设计。当用户不希望使用电压调节器时,可以通过设置 SUPC 模块禁用。

整个电源管理示意如图 4-1 所示,包括:

VDDIO 引脚:为外设 I/O(输入/输出)口、备份部分、USB 收发器、32 kHz 晶体振荡器供电,电压范围为 1.62～3.6 V。

VDDIN 引脚:给电压调节器、DAC 和模拟比较器供电,电压范围为 1.62～3.6 V。

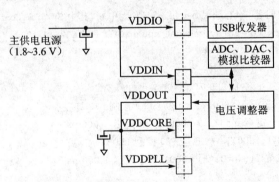

图 4-1　单电源供电模块示意图

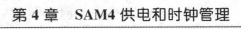

VDDCORE 引脚:给内核供电,包括处理器、嵌入式存储器和外设,电压范围为 1.08~1.32 V。

VDDPLL 引脚:为 PLL、快速 RC 和 3~20 MHz 振荡器供电,电压范围为 1.08~1.32 V。

4.1.2　供电管理模式

整个电源管理模式包括:激活(Active)模式和低功耗模式。

1. 激活模式

激活模式(Active mode)指内核使用快速 RC 振荡器、主晶振或 PLLA 作为时钟的普通运行模式。激活模式下,功耗管理控制器可以调整频率和禁止外设时钟。

2. 低功耗模式

SAM4E 有备份模式、等待模式和休眠模式 3 种低功耗模式。

(1) 备份模式

备份模式(Backup mode)的目的是尽可能地让处理器功耗达到最低,备份模式下可执行周期性唤醒,但不能实现快速启动。

供电控制器(SUPC)、上电复位控制器(RSTC)、实时定时器(RTT)、实时时钟(RTC)、备份寄存器(GPBR)和 32 kHz 振荡器(其中 RC 或晶体振荡器可以通过 SUPC 控制器选择)运行,稳压器和核电源关闭。

备份模式是基于 Cortex-M4 的深度睡眠模式,这种模式下电压调节器被禁止。SAM4E 系列处理器可以通过 WUP0 - 15 引脚、电源监视器(SM)、RTT 或 RTC 唤醒备份模式。

通过把供电控制寄存器(SUPC_CR)的 VROFF 位和 Cortex-M4 系统控制寄存器(SCB_SCR)的 SLEEPDEEP 位设置为 1,可让系统进入备份模式。

如果发生下列唤醒事件:WKUPEN0 - 15 引脚电平变化或可选抖动消除,供电监控报警,RTC 报警和 RTT 报警,系统将退出备份模式。

(2) 等待模式

等待模式(Wait mode)的目的是让设备均处于有电状态时功耗达到最低,等待模式可以实现几百 μs 以内的快速启动。如果使用内部电压调节器,等待模式下的电流消耗通常是几 μA(总电流消耗)。

在这种模式下,内核、外设和存储器的时钟会被停止,但内核、外设和存储器的电源仍然启动着。该模式支持快速启动。

可通过设置主振荡器寄存器(CKGR_MOR)的等待模式位 WAITMODE 为 1 和设置快速启动模式寄存器(PMC_FSMR)低功耗模式位 LPM 为 1 进入等待模式。Cortex-M4 可通过配置外部线路 WUP0 - 15 为快速启动唤醒引脚、RTC 或 RTT 报警和 USB 唤醒事件来唤醒 CPU。

进入等待模式过程:

① 选择 4/8/12 MHz 的快速 RC 振荡器作为主时钟。

② 设置 PMC 快速启动模式寄存器(PMC_FSMR)的 LPM 位。

③ 设置 PMC_FSMR 寄存器的 FLPM 位域。

④ 设置 EEFC FLASH 模式寄存器(EEFC_FMR)的 FLASH Wait State (FWS)位域为 0。

⑤ 设置 PMC 主振荡器寄存器(CKGR_MOR)的 WAITMODE 位为 1。

⑥ 等待主时钟就绪 PMC 状态寄存器(PMC_SR)的 MCKRDY 为 1。

注意:在写 MOSCRCEN 位和有效进入等待模式之间需要内部主时钟重同步周期,根据用户应用程序的需求,可建议先清除 MOSCRCEN 位,这是为了确保内核不执行非期望的指令。

根据 PMC_FSMR 寄存器位域 FLPM 的值,FLASH 有 3 种不同的模式:FLPM[0X00]为待机模式,FLPM[0X01]为深度节电模式,FLPM[0X10]为空闲模式。根据 FLASH 模式选择,等待模式下的消耗将减少。在深度节电模式下,FLASH 在等待模式下的恢复时间小于上电延迟时间。

(3) 休眠模式

休眠模式(Sleep mode)的目的是为优化设备功耗和响应时间之比,该模式中处理器时钟停止运行,外设时钟可被允许。通过等待中断(WFI)并设置 PMC_FSMR 寄存器 LPM 为 0 可以进入休眠模式。中断(如果用了 WFI 指令)可唤醒处理器。

3. 低功耗模式一览表

以上描述的 3 种模式是常见的低功耗模式。每一种模式都能被单独地开启或关闭,并可单独配置唤醒输入源,表 4-1 所列为几种低功耗模式的配置。

4. 唤醒源

唤醒事件可使处理器退出备份模式。当检测到唤醒事件时,唤醒事件允许设备退出备份模式。当唤醒事件被检测到时,如果内核电源和 SRAM 电源未启用,则供电控制器(SUPC)将执行一序列事件,包括自动重新启用内核电源和 SRAM 电源。

5. 快速启动

当处理器处于等待模式或休眠模式,SAM4E 允许处理器在几微秒内重新启动。只要检测到 19 个唤醒输入(WKUP0~15/RTC/RTT/USB)中有一个为低电平,就会发生快速启动。

快速重新启动电路是完全异步的,并且为功耗管理控制器(PMC)提供快速启动信号。当快速启动信号有效时,PMC 自动重启嵌入的 4/8/12 MHz 快速 RC 振荡器,将主时钟转换到 4 MHz 并重新允许处理器时钟。

表4-1 低功耗模式配置一览表

模 式	SUPC, 32 kHz 振荡器, RTC,RTT 备份寄存器,POR (备份区)	电压调节器	内核存储器外设	进入模式的方式	可能的唤醒源	唤醒时内核的状态	低功耗模式下PIO的状态	唤醒时PIO的状态	电流消耗②③/μA	唤醒时间①/μs
备份模式	开启	关闭	关闭(不供电)	VROFF=1 +SLEEPDEEP =1	WUP0-15 引脚 供电监控报警、RTC 报警、RTT 报警	复位	保存先前状态	PIOA & PIOB & PIOC & PIOD & PIOE 输入上拉	1 typ④	<1 000
等待模式在待机模式	开启	开启	供电(不提供时钟)	WAITMODE =1 +SLEEPDEEP =0 +LPM=1 FLPM0=0 FLPM1=0	WUP0-15 引脚 供电监控报警、RTC 报警、RTT 报警和 USB 唤醒	时钟停止	保存先前状态	不变	56⑤	10
等待模式在深度掉电模式	开启	开启	供电(不提供时钟)	WAITMODE =1 +SLEEPDEEP =0 +LPM=1 FLPM0=1 FLPM1=0	WUP0-15 引脚 供电监控报警、RTC 报警、RTT 报警和 USB 唤醒	时钟停止	保存先前状态	不变	46.6	<100
休眠模式	开启	开启	供电⑦(不提供时钟)	WFI +SLEEPDEEP =0 +LPM=0	任何中断或任何事件(有 WFI 发生)	时钟停止	保存先前状态	不变	⑥	⑥

注:①计算唤醒时间时,启动PLL的时间不用考虑。设备启动后,工作在4/8/12 MHz快速RC振荡器下。如果系统需要PLL的启动时间,用户就需要增加。唤醒时间定义为从唤醒开始到取第一条指令所用的时间。②不考虑计算时PIO上的外部负载。③不包括电源电流消耗。④消耗1 μA,VDDIO 1.8 V。⑤在VDDCORE上电源消耗。⑥取决于主控时钟频率。⑦在这种模式下,内核被供电但无时钟,不过一些外设可以有时钟。

4.1.3　供电控制器

供电控制器(SUPC)控制系统内核的供电电压,管理备份低功耗模式。在备份低功耗模式下,电流消耗减少到几微安,仅保留用来保持备份模式的电源。有多种唤醒源用于退出这种模式,包括 FWUP 或 WKUP 引脚上的事件,或者时钟报警。SUPC 可通过选择低功耗 RC 振荡器或者低功耗晶体振荡器产生慢时钟。

SUPC 有如下特性:

① 电源管理提供内核供电(Core Power Supply)VDDCORE 和通过控制嵌入式电压调节器来管理备份低功率模式。

② 备份供电(Backup voltage)VDDIO 监控检测或 VDDCORE 欠压检测能触发芯片内核复位。

③ 通过选择 22~42 kHz 的低功率 RC 振荡器或者 32 kHz 的低功率晶振可以产生慢时钟 SLCK。

④ 支持多种唤醒源以退出备份低功率模式:强制唤醒引脚,可编程去抖动;16 个唤醒输入(包括防干扰输入),可编程去抖动;RTC 报警;RTT 报警;VDDIO 供电监控检测的扫描周期和电压阈值是可编程的。

SUPC 框图如图 4-2 所示。

1. SUPC 概述

设备分为两个供电区域。

① 备份电源 VDDIO 供电区域:包括 SUPC、复位控制器的一部分、慢时钟切换、通用备份寄存器、电源监视器、实时定时器 RTT 和实时时钟单元 RTC。

② 核电源 VDDCORE 供电区域:包括复位控制器的另一部分、低电压检测器、处理器、SRAM 存储器、FLASH 存储器和外设。

当 VDDIO 上电(系统启动时)或者进入备份低功耗模式时,供电控制器(SUPC)将起作用,同时 SUPC 控制内核电压(VDDCORE)的供电。

当 VDDIO 电压有效时,SUPC 和 VDDIO 供电的零功耗上电复位单元的复位电路上电复位,允许 SUPC 正常启动。

在系统启动时,一旦备份 VDDIO 有效和内嵌 32 kHz RC 振荡器稳定,SUPC 将先启用内部稳压器以启动内核,等待内核电压 VDDCORE 有效,然后发出内核电源 vddcore_nreset 信号。

一旦系统启动,用户可对供电监测器和(或)低电压检测器进行编程设置。如果供电监测器发现电压 VDDIO 过低,SUPC 将维持内核电源的 vddcore_nreset 复位信号,直到 VDDIO 有效。同样,如果低电压检测器发现内核电压 VDDCORE 过低,SUPC 也需维持内核的"vddcore_nreset"复位信号直到 VDDCORE 有效。

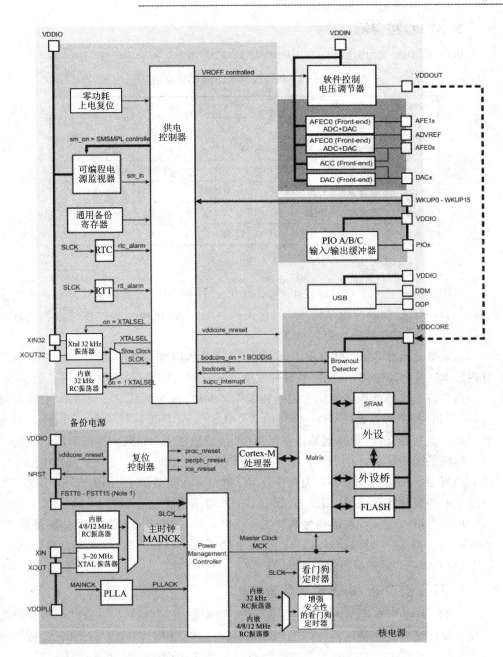

图 4－2　SUPC 框图

　　当进入备份低功耗模式时,SUPC 依次执行:发出内核电源 vddcore_nreset 复位信号,禁用稳压器,仅提供 VDDIO 电源。这种模式下,电流消耗减小到几微安,仅保留用于备份的电源。退出备份低功耗模式有多种唤醒源,包括 FWUP 或 WKUP 引脚的事件,时钟报警等。SUPC 用与系统启动相同的操作退出备份低功耗模式。

2. SUPC 寄存器

供电控制器(SUPC)寄存器说明如表 4-2 所列。

表 4-2 供电控制器(SUPC)寄存器

偏移量	名　称	寄存器	权　限	复位值
0x00	控制寄存器	SUPC_CR	只写	N/A
0x04	供电监视模式寄存器	SUPC_SMMR	读/写	0x0000_0000
0x08	模式寄存器	SUPC_MR	读/写	0x0000_5A00
0x0C	唤醒模式寄存器	SUPC_WUMR	读/写	0x0000_0000
0x10	唤醒输入寄存器	SUPC_WUIR	读/写	0x0000_0000
0x14	状态寄存器	SUPC_SR	只读	0x0000_0000

3. 慢时钟发生器

SUPC 集成了一个慢时钟发生器,是基于一个 32 kHz 的晶体振荡器和一个内嵌的 32 kHz RC 振荡器。默认由 RC 振荡器提供慢时钟,但可以通过软件编程允许晶体振荡器工作,并选择其为慢时钟源。

一旦备份电源 VDDIO 提供电源,晶体振荡器和内置 RC 振荡器均被上电,但只有内置 RC 振荡器启用,并允许慢时钟发生器在很短的时间(约 100 μs)内有效。

用户可选择晶体振荡器作为慢时钟发生器的源,因为其具有更精确的频率,可通过将 SUPC 控制寄存器(SUPC_CR)的 XTALSEL 位置 1 进行设置。设置后,首先启动晶体振荡器,然后切换到晶体振荡器输出,最后禁用 RC 振荡器以节能。慢时钟资源切换是无干扰的,当切换序列完成时,SUPC 状态寄存器(SUPC_SR)的 OSC-SEL 位置位。仅通过切断备份电源 VDDIO 供电才可能返回到使用 RC 振荡器。如果用户不需要晶体振荡器,XIN 和 XOUT 引脚可不用连接。

用户也可以通过设置晶体振荡器工作于旁路模式,则不需要连接晶体振荡器,须给 XIN 引脚提供一个外部时钟信号。使用旁路模式,须将 SUPC 模式寄存器(SUPC_MR)的 OSCBYPASS 位设置为 1。

4. 稳压器控制/备份低功耗模式

SUPC 可以用来控制内嵌的稳压器,稳压器根据所需负载电流,自动调整其静态电流。程序员可关闭稳压器,将 SUPC 控制寄存器(SUPC_CR)的 VROFF 位置 1 使设备处于备份模式。最多在最后的指令被同步写入的两个时钟周期后,vddcore_nreset 信号有效。一旦 vddcore_nreset 复位信号有效,在内核电源关闭之前的一个慢时钟周期之内,处理器和外设便停止工作。

若不使用内部电压调节器,而使用外部电源为内核电源 VDDCORE 供电,则须设置供电控制器模式寄存器(SUPC_MR)的 ONREG 位禁用电压调节器。

5. 供电监视器

在 VDDIO 供电电源中 SUPC 内嵌一个供电监视器,用于监视 VDDIO 电源。如果主电源低于某一水平,供电监视器能够阻止处理器进入不可预知的状态。

供电监视器的阈值是可编程的,范围为 1.9~3.4 V,通过 SUPC 供电监视器模式寄存器(SUPC_SMMR)的 SMTH 域编程来设置,设置步进值为 100 mV。

通过对 SUPC_SMMR 寄存器的 SMSMPL 域编程,用户可以选择在每 32、256 或 2 048 个慢时钟周期内有一个慢时钟周期供电监视器是有效的。如果用户没有必要连续监视 VDDIO 电压,则可增大允许供电监视器的分频值,典型的供电监视器参数为 32、256、2 048。

供电监视器检测事件可产生一个对内核电源的复位或对内核电源的唤醒。若 SUPC_SMMR 寄存器的 SMRSTEN 位为 1,则当发生供电监视器检测事件时将产生内核复位。如果 SUPC 唤醒模式寄存器(SUPC_WUMR)的 SMEN 位置 1,则当电源监视器检测事件发生时将产生对内核电源的唤醒。

SUPC 为电源监视器在供电控制状态寄存器(SUPC_SR)中提供了 2 个状态位,用于检查上一次的唤醒是否由电源监视器的检测事件所致:

- 如果连续测量,SMOS 位提供实时信息,该位在每个测量周期或者慢时钟周期更新。
- SMS 位提供保存的信息,并且显示自从上次读 SUPC_SR 寄存器以来电源监视器检测事件是否发生过。

如果 SUPC 电源监视模式寄存器(SUPC_SMMR)的 SMIEN 位为 1,则置位 SMS 位会产生中断。

6. 备份电源复位

一旦备份电压 VDDIO 上升,则 RC 振荡器上电,只要 VDDIO 没有达到目标电压,则零功耗上电复位单元维持输出为低。在这段时间内,SUPC 完全复位。若备份电压 VDDIO 变为有效且零功耗上电复位信号释放,则开始计数 5 个慢时钟周期,这段时间 32 kHz RC 振荡器稳定。

随后,稳压器被使能、内核电压上升,且当内核电压 VDDCORE 有效时,低电压检测器提供 bodcore_in 信号。bodcore_in 信号有效至少一个慢时钟周期后,释放复位控制器的 vddcore_nreset 复位信号。

7. 内核电源复位

如前面"备份电源复位"所介绍的,SUPC 管理提供复位控制器的 vddcore_nreset 复位信号。正常情况下,在关闭内核电源之前 vddcore_nreset 复位信号有效,一旦内核电源正常,便释放 vddcore_nreset 复位信号。

通过编程还可设置其他 2 个源来激活 vddcore_nreset 复位:电源监视器检测事件和低电压检测事件。

(1) 供电监视器复位

通过对 SUPC 电源监视模式寄存器(SUPC_SMMR)的 SMRSTEN 位置位,可允许供电监视器产生系统复位。

若 SMRSTEN 位置位,如果供电监视器检测事件发生,则 vddcore_nreset 复位信号立即激活,且持续有效至少一个慢时钟周期。

(2) 低电压检测复位

低电压检测器为 SUPC 提供 bodcore_in 信号,以指示稳压器运作是否正常。稳压器工作时,如果 bodcore_in 丢失超过 1 个慢时钟周期,SUPC 将发出 vddcore_nreset 复位信号。可通过对 SUPC 模式寄存器(SUPC_MR)的 BODRSTEN(低电压检测器复位使能)位写 1 允许低电压检测复位功能。

如果 BODRSTEN 位置位时稳压器丢失(稳压器输出电压太低),将发出 vddcore_nreset 复位信号,并至少维持一个慢时钟周期;如果 bodcore_in 信号重新有效,则信号释放。通过 SUPC 状态寄存器(SUPC_SR)的 BODRSTS 位被置位,用户可知道上次的复位源,vddcore_nreset 复位保持有效直到 bodcore_in 信号重新有效。

8. 唤醒源

唤醒事件允许设备退出备份模式。当检测到一个唤醒事件时,SUPC 自动执行重新使能内核电源的操作。

(1) 强制唤醒

通过写 SUPC 唤醒模式寄存器(SUPC_WUMR)的 FWUPEN 位为 1,可将 FWUP 引脚设置为唤醒源。SUPC_WUMR 寄存器中的 FWUPDBC 域选择去抖周期,可选择 3 个、32 个、512 个、4 096 个或者 32768 个慢时钟周期,相当于 100 μs、1 ms、16 ms、128 ms 和 1 s(典型的慢时钟频率是 32 kHz)。设置 FWUPDBC 为 0x0,则选择立即唤醒,即 FWUP 必须持续有效一个慢时钟周期来唤醒内核电源供电。

如果 FWUP 引脚持续有效时间超过去抖周期,则启动对内核电源的唤醒,供电控制器状态寄存器(SUPC_SR)的 FWUP 位被置位,并且保持为高直到该寄存器被读。

(2) 唤醒输入

唤醒输入 WKUP0~WKUP15,均可通过编程设置为一个产生对内核供电单元的唤醒源。每一个唤醒输入的使能通过对供电控制器唤醒模式输入模式寄存器(SUPC_WUIR)中相应位 WKUPEN0~WKUPEN15 写 1 完成。唤醒电平极性通过设置 SUPC_WUIR 寄存器中相应的极性位 WKUPPL0~WKUPPL15 完成。

由此产生的所有信号去触发一个去抖计数器,通过对供电控制器唤醒模式寄存器(SUPC_WUMR)的 WKUPDBC 域编程设置去抖计数器周期,可为 3 个、32 个、512 个、4 096 个、32 768 个慢时钟周期,相当于 100 μs、1 ms、16 ms、128 ms 和 1 s(典型的慢时钟频率是 32 kHz)。设置 WKUPDBC 为 0x0,则选择立即唤醒,即根据其有效极性,WKUP 引脚必须有效并且持续至少一个慢时钟周期来唤醒内核电源供电。

　　如果一个被允许的 WKUP 引脚发出有效信号的持续时间超过选择的去抖周期,则启动对内核电源的唤醒,且信号 WKUP0～WKUP15 的状态被锁存在供电控制器状态寄存器(SUPC_SR)中。允许用户识别唤醒源,但如果一个新的唤醒条件发生,则最初的信息将丢失。若新的唤醒未被检测到,则最初的唤醒条件已经丢失。

(3) 低功耗消抖输入

　　对 WKUP0 和 WKUP1 嵌入了两个独立的消抖器。WKUP0 和 WKUP1 输入可被编程为通过消抖操作的 RTC 输出(RTCOUT0)唤醒供电内核电源,也可用于 VDDCORE 启动并通过低功耗消抖后进行干扰检测。设置 SUPC 唤醒模式寄存器(SUPC_WUMR)的 LPDBC0 位和 LPDBC1 位可启用抖动消除模式。在该操作模式下,WKUP0 和 WKUP1 禁止被配置,但可以作为 WKUPDBC 计数器(WKUPEN0 和 WKUPEN1 必须在 SUPC_WUIR 寄存器中清除)的消抖源。为了创建这两个消抖器的输入采集点,该操作模式需要配置 RTC 输出(RTCOUT0)来产生一个周期性的可编程脉冲(例如,RTC 模式寄存器(RTC_MR)的 OUT0 = 0x7,这个采样点是 RTCOUT0 波形的下降沿)。

　　消抖参数可被调整并且可被两个消抖器共享(除了唤醒输入的极性),用于唤醒内核的消抖周期可被配置为 2～8 个 RTCOUT0 周期数,由 SUPC 唤醒模式寄存器(SUPC_WUMR)的 LPDBC 域设置。RTCOUT0 的周期能通过 RTC 模式寄存器(RTC_MR)的 TPERIOD 域修改,高脉冲持续时间可以通过 RTC_MR 寄存器的 THIGH 域设置。向 SUPC_WUMR 的 WKUPT0 和 WKUPT1 域写 1 可独立配置唤醒输入电平。为了确定哪个唤醒引脚触发了内核的唤醒或者哪个消抖器触发了一个事件(即使 VDDCORE 启用时没有唤醒事件),2 个低功耗消抖器都关联状态标记,这 2 个标记能从 SUPC 状态寄存器(SUPC_SR)中读取。消抖事件可在通用备份寄存器(GPBR)的前半部分执行快速清除(0 延迟),但 SUPC_MR 寄存器的 LPDBC-CLR 位必须设置为 1。

　　注意:在备份模式或者任何其他模式使用 WKUP0/WKUP1 引脚作为防干扰输入时,RTCOUT0 引脚不是强制使用的。RTCOUT0 引脚提供了一个"采样模式"用于进一步在低功耗模式下降低功耗,RTC 必须配置成与 RTCOUT0 被用来建立消抖逻辑的采样点时的行为相同。

(4) 低功耗下输入干扰检测

　　WKUP0 和 WKUP1 可被用来对输入干扰进行检测。在备份模式下,也能用来唤醒内核。如果检测到了干扰,就会在通用备份寄存器(GPBR)的前半部分执行快速清除。

(5) 时钟报警

　　RTC 和 RTT 报警能够引起内核供电的唤醒。通过分别向供电控制器模式寄存器(SUPC_WUMR)的 RTCEN 和 RTTEN 位写 1 可完成唤醒功能的启用。SUPC

不提供任何状态指示，状态信息可通过 RTC 和 RTT 的用户接口获得。

（6）供电监视器检测

供电监视器的检测事件可引起供电内核的唤醒。

9. 通用备份寄存器

系统控制器嵌入了 20 个通用备份寄存器（GPBR）。如果在唤醒引脚 WKUP0 或 WKUP1 上检测到低功耗去抖事件，在通用备份寄存器 0～9（前半部分）上根据 SUPC_WUMR 寄存器 LPDBCCLR 位的设定立即进行内容清除。通用备份寄存器中其他部分（后半部分）的内容保留原样。

为了进入这个操作模式，供电控制器（SUPC）模块必须相应地进行编程。在 SUPC 的 SUPC_WUMR 寄存器中，LPDBCCLR、LPDBCEN0 或 LPDBCEN1 位必须设置为 1，且 LPDBC 必须非 0 值。

如果检测到干扰事件，将不可能在 LPDBCS0 或 LPDBCS1 标记位未通过供电状态寄存器 SUPC_SR 清除时写入通用备份寄存器。

GPBR 寄存器如表 4-3 所列。

表 4-3　GPBR 寄存器

偏移量	寄存器	权　限	复位值
0x00	通用备份寄存器 0(SYS_GPBR0)	读/写	—
…	…	…	…
0x64	通用备份寄存器 19(SYS_GPBR19)	读/写	—

4.2　功耗管理控制器及时钟配置

功耗管理控制器（PMC）通过控制系统和外设时钟实现对功耗的优化。PMC 可允许和禁止 Cortex-M4 处理器及大部分外设的时钟输入，通过配置相应的寄存器对时钟进行管理和控制，主要包括时钟发生器和时钟管理 2 个部分。

功耗管理控制器（PMC）寄存器说明如表 4-4 所列。

表 4-4　功耗管理控制（PMC）寄存器

偏移量	名　称	寄存器	权　限	复位值
0x00	系统时钟允许寄存器	PMC_SCER	只写	—
0x04	系统时钟禁止寄存器	PMC_SCDR	只写	—
0x08	系统时钟状态寄存器	PMC_SCSR	只读	0x0000_0001
0x10	外设时钟允许寄存器 0	PMC_PCER0	只写	—
0x14	外设时钟禁止寄存器 0	PMC_PCDR0	只写	—

偏移量	名　称	寄存器	权　限	复位值
0x18	外设时钟状态寄存器 0	PMC_PCSR0	只读	0x0000_0000
0x20	主振荡器寄存器	CKGR_MOR	读/写	0x0000_0008
0x24	主时钟频率寄存器	CKGR_MCFR	读/写	0x0000_0000
0x28	PLLA 寄存器	CKGR_PLLAR	读/写	0x0000_3f00
0x30	主控时钟寄存器	PMC_MCKR	读/写	0x0000_0001
0x38	USB 时钟寄存器	PMC_USB	读/写	0x0000_0000
0x40	可编程时钟 0 寄存器	PMC_PCK0	读/写	0x0000_0000
0x44	可编程时钟 1 寄存器	PMC_PCK1	读/写	0x0000_0000
0x48	可编程时钟 2 寄存器	PMC_PCK2	读/写	0x0000_0000
0x60	中断允许寄存器	PMC_IER	只写	—
0x64	中断禁止寄存器	PMC_IDR	只写	—
0x68	状态寄存器	PMC_SR	只读	0x0001_0008
0x6c	中断屏蔽寄存器	PMC_IMR	只读	0x0000_0000
0x70	快速启动模式寄存器	PMC_FSMR	读/写	0x0000_0000
0x74	快速启动极性寄存器	PMC_FSPR	读/写	0x0000_0000
0x78	故障输出清零寄存器	PMC_FOCR	只写	—
0xe4	写保护模式寄存器	PMC_WPMR	读/写	0x0
0xe8	写保护状态寄存器	PMC_WPSR	只读	0x0
0x0100	外设时钟允许寄存器 1	PMC_PCER1	只写	—
0x0104	外设时钟禁止寄存器 1	PMC_PCDR1	只写	—
0x0108	外设时钟状态寄存器 1	PMC_PCSR1	只读	0x0000_0000
0x0110	振荡器校准寄存器	PMC_OCR	读/写	0x0040_4040

4.2.1　时钟发生器

　　时钟发生器用户接口嵌入到功耗管理控制器中,提供芯片工作所需的时钟源,时钟发生器寄存器名称为 CKGR_(虽然时钟发生器的 UI 接口在 PMC 中,但其名称的前缀为"CKGR_",而不是"PMC_")。

　　时钟发生器的组成如图 4 - 3 所示,包括:

- 一个旁路模式低功耗 32 768 Hz 慢时钟振荡器。
- 一个低功耗 RC 振荡器。
- 一个 3~20 MHz 的晶体或者陶瓷谐振振荡器。
- 一个可编程的快速 RC 振荡器,3 个可选择的输出频率为 4/8/12 MHz,默认选择 4 MHz;一个 80~230 MHz 的可编程 PLL(输入频率范围为 3~32 MHz),可为处理器和外设提供主控时钟（MCK）。

时钟发生器提供以下时钟源。

① 慢时钟 SLCK，为系统中唯一不变的时钟。

② 主时钟振荡器（Main Clock Oscillator selection）MAINCK，可选振荡器包括晶体振荡器、陶瓷谐振振荡器和 4/8/12 MHz 快速 RC 振荡器。

③ 由分频器和 80～240 MHz 的可编程 PLL（PLLA）产生的 PLLACK。

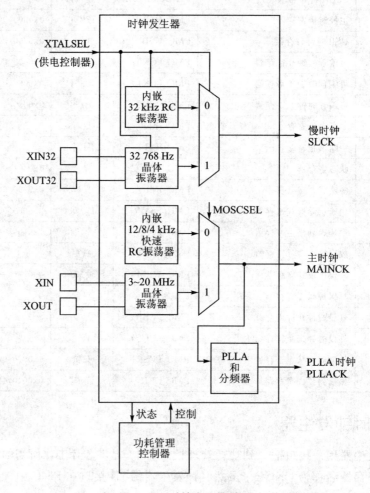

图 4-3　时钟发生器框图

1. 慢时钟

电源控制器嵌入了一个慢时钟（SLCK）产生器，由 VDDIO 提供电源。一旦 VDDIO 供电，外部晶体振荡器和芯片内嵌 RC 振荡器就会工作，但只有内嵌 RC 振荡器可用，并让慢时钟在短时间内变为有效（大约 100 μs）。

(1) 芯片内嵌 RC 振荡器

默认情况下,芯片启用会选择内嵌 RC 振荡器。用户考虑到 RC 振荡器可能出现的漂移,为了获取高精度的时钟,可选择其他种类振荡器作为慢时钟。因此可通过对 SUPC 控制寄存器(SUPC_CR)中 XTALSE 位的设置禁用芯片内嵌慢时钟 RC 振荡器。

(2) 外部晶体振荡器

用户可选择晶体振荡器作为慢时钟源,提供更准确的频率。将 SUPC_CR 寄存器的 XTALSEL 位设置为 1,则采用晶体振荡器为源。配置步骤为:配置 PIO,使相应的引脚复用为 XIN32 和 XOUT32 引脚驱动振荡器;使晶体振荡器有效;使内嵌 RC 振荡器无效以节省功耗。

(3) 旁路模式晶体振荡器

通过设置 SUPC 模式寄存器(SUPC_MR)的 OSCBYPASS 位和 SUPC 控制寄存器(SUPC_CR)的 XTALSEL 位为 1,可进入旁路模式晶体振荡器。在这种模式下,XIN32 引脚直接连接到外部时钟信号,不需连接晶体振荡器。

2. 主时钟(MAINCK)

主时钟(MAINCK)有两个时钟源:

① 内嵌 4/8/12 MHz 快速 RC 振荡器,启动速度快,通常被用于系统启动过程;

② 3~20 MHz 晶体或陶瓷谐振振荡器用于旁路模式。

用户可以选择 4/8/12 MHz 快速 RC 振荡器或者 3~20 MHz 晶体或陶瓷谐振振荡器作为主时钟的源。

4/8/12 MHz 快速 RC 振荡器的优势是提供很短的启动时间,被选为默认项和进入等待模式时使用。

3~20 MHz 晶体或陶瓷谐振振荡器的优势是其频率的精确性。

(1) 内嵌快速 RC 振荡器

重启后,4/8/12 MHz 内嵌快速 RC 振荡器(Fast RC Oscillator)使能,默认 4 MHz 作为主时钟源。主时钟(MAINCK)是默认的用来启动系统的时钟。

通过设置 PMC 主振荡器寄存器(CKGR_MOR)的 MOSCREN 位使内嵌 4/8/12 MHz 快速 RC 振荡器有效或无效。

用户可设置 CKGR_MOR 寄存器的 MOSCRCF 位设定快速 RC 振荡器的输出频率。当改变所选频率时,SUPC 状态寄存器(PMC_SR)的 MOSCRCS 位自动清零,主时钟停止活动,直到振荡器稳定。一旦振荡器稳定,主时钟(MAINCK)重新开始并置位 MOSCRCS。

对 CKGR_MOR 寄存器的 MOSCRCEN 位清零使主时钟无效时,PMC 状态寄存器(PMC_SR)中的 MOSCRCS 位自动被清零,说明主时钟已关闭。

设置 PMC 中断允许寄存器(PMC_IER)中的 MOSCRCS 位时,会在处理程序中产生一个中断。

PMC 振荡校准寄存器（PMC_OCR）的 CAL4、CAL8、CAL12 位域默认值是 Atmel 公司在生产过程中设定好的。PMC_OCR 寄存器 SEL4/8/12 位为 0 时使用默认值。当用户设置 SEL4/8/12 位为 1 时，可以通过 PMC_OCR 寄存器设置 CAL4、CAL8、CAL12 位域，从而调整 4/8/12 MHz 晶振，得到更精确的频率（如补偿温度、电压等一些扰动因素）。

当振荡器正在对某个频率操作时，不允许调整该振荡器频率。任何时候，都可通过设置主时钟频率寄存器（CKGR_MCFR）的 RCMEAS 位重新对主时钟（MAINCK）频率进行测量。当 CKGR_MCFR 寄存器的 MAINFRDY 位标记为 1 时，可以通过 MAINF 位域获得主时钟频率。软件可通过测量频率并校正 CAL4 域（或 CAL8/CAL12）的偏差，可弥补因如温度或电压等因素所造成频率漂移。

（2）外部 3～20 MHz 晶体或陶瓷谐振振荡器

重启之后，3～20 MHz 晶体或陶瓷谐振振荡器无效，未被选为主时钟（MAINCK）源。使用 3～20 MHz 晶体或陶瓷谐振振荡器可获得更准确的频率。软件通过对主振荡器寄存器（CKGR_MOR）的 MOSCXTEN 位清零可使主振荡器有效或无效，从而减少能耗。当 MOSCXTEN 位清零使主振荡器无效时，PMC 状态寄存器（PMC_SR）的 MOSCXTS 位自动被清零，说明主时钟已关闭。

当启用主振荡器时，用户必须根据振荡器的启动时间，用一个值初始化 CKGR_MOR 寄存器启动时间（MOSCXTST 位域）。这个启动时间依赖于连接到振荡器的晶体频率。当写入 CKGR_MOR 寄存器的 MOSCXTEN 位和 MOSCXTCNT 位使主振荡器有效时，XIN 和 XOUT 引脚自动转变到振荡器模式，并且 PMC 状态寄存器（PMC_SR）的 MOSCXTS 位被清零，计数器开始以慢时钟 8 分频的速率从 OSCOUNT 值开始向下计数。由于 OSCOUNT 值为 8 位，所以最大的启动时间约为 62 ms。计数器计数到 0，PMC 中断屏蔽寄存器（PMC_IMR）的 MOSCS 位置位，表示主时钟有效。设置 PMC 中断屏蔽寄存器中的 MOSCS 位可触发该中断事件。

（3）主时钟振荡器选择

用户可选择内嵌 4/8/12 MHz 快速 RC 振荡器或者外部 3～20 MHz 晶体或陶瓷谐振振荡器作为主时钟（MAINCK）源。

内嵌 4/8/12 MHz 快速 RC 振荡器的优势是其提供了快速的启动时间，这是其被选为默认项和进入 Wait 模式时使用的等待结果。外部 3～20MHz 晶体或陶瓷谐振振荡器的优势就是其精确性。

通过设置主振荡器寄存器（CKGR_MOR）的 MOSCEL 位可选择振荡器，置 1 选择 3～20 MHz 晶体或陶瓷谐振振荡器，置 0 选择 4/8/12 MHz 快速 RC 振荡器。

通过 PMC 状态寄存器（PMC_SR）中的 MOSCSELS 位可以知道转换操作是否进行。通过设置 PMC_IMR 寄存器的 MOSCSELS 位可触发该中断事件。启用快速 RC 振荡器（MOSCRCEN ＝ 1）和改变快速 RC 振荡器的频率（MOSCCRF）是不允许同时进行的，必须首先启用快速 RC 振荡器，再改变其频率。

（4）探测是否存在外接谐振晶体振荡器

主时钟频率寄存器（CKGR_MCFR）的频率测量在所选择的主时钟上进行，而不是晶体时钟或快速 RC 振荡器时钟。因此，在检测谐振晶体过程中，需要让主时钟由谐振晶体时钟驱动，必须执行以下的软件命令序列：

① MCK 选择慢时钟（PLL_MCKR 寄存器 CSS 清 0）。

② 等待 PLL_SR 寄存器中的 MCKRDY 标记为 1。

③ 通过将 CKGR_MOR 寄存器的 MOSCXTEN 位设置为 1，并将 MOSCXTST 设置为合适的值，使晶体谐振时钟有效。

④ 等待 PLL_SR 寄存器的 MOSCXTS 标记为 1，以确定快速晶体振荡器的启动周期结束。

⑤ CKGR_MOR 寄存器的 MOSCSEL 必须设置为 1，主时钟选择外部快速晶体谐振振荡器。

⑥ 一直读取 MOSCSEL 值，直到其为 1。

⑦ 检测 PLL_SR 寄存器中 MOSCSELS 状态标记的值。

存在 MOSCSELS = 0 或 MOSCSELS = 1 两种情况：

如果 MOSCSELS=1，则存在一个有效且已连接的外部晶体振荡器，并通过设置 CKGR_MCFR 寄存器的 RCMEAS 位启动频率测量确定其频率。

如果 MOSCSELS = 0，在设定 MOSCSELS 为 0 禁用快速时钟之前，主时钟必须选回内嵌 4/8/12 MHz RC 振荡器。当 MOSCSELS = 0 时，外部晶体振荡器被禁用（CKGR_MOR 寄存器中 MOSCXTEN=0）。

（5）主时钟频率计数器

芯片带有一个可提供主时钟频率的主时钟频率计数器，在下列情况慢时钟的上升沿之后，主时钟频率计数器复位并开始以主时钟频率为计数源增加：

① 当 4/8/12 MHz 快速 RC 振荡器时钟作为主时钟源，并且该振荡器稳定时（即 PMC_SR 寄存器 MOSCRCS 位被设置）。

② 当 3～20 MHz 晶体或陶瓷谐振振荡器作为主时钟源，并且该振荡器稳定时（即 PMC_SR 寄存器 MOSCXTS 位被设置）。

③ 当主时钟振荡器选择改变时。

④ 当将 CKGR_MFCR 寄存器中 RCMEAS 位设置为 1 时。

接着在慢时钟第 16 个下降沿处，主时钟频率寄存器（CKGR_MCFR）的 MAINRDY 位置位，计数器停止计数。其值可在 CKGR_MCFR 寄存器的 MAINF 域读出，并给出在 16 个慢时钟周期中的主时钟周期数，可得到与主振荡器连接的晶体振荡器的频率。

3. 分频器与 PLL 模块

带有分频器与 PLL 模块的设备允许主控时钟（MCK）、处理器时钟或可编程时钟输出宽频率范围。另外，不管主时钟（MAINCK）的频率如何，此模块均可产生一个 48 MHz 时钟输出用于 USB 设备端口,如图 4 - 4 所示。

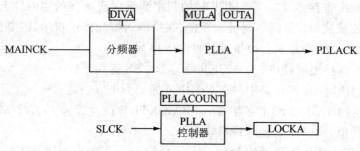

图 4 - 4　分频器和锁相环框图

分频器可在 1～255 之间设置,步长为 1。当 DIV 域设置为 0 时,分频器及 PLL 输出为连续的 0 信号。复位时,DIV 域置为 0,因此相应 PLL 输入时钟置为 0。

PLL 允许分频器输出相乘,PLL 时钟信号频率由各自源信号频率及参数 DIV (DIVA)与 MUL (MULA)确定,源信号频率乘法系数为 (MUL＋1)/DIV。当 MUL 写入 0 时,相应的 PLL 禁用,可降低功耗。在 MUL 域写入大于 0 的值将重新使能 PLL。

当 PLL 重新使能或某个参数改变时,PMC_SR 寄存器 LOCK 位自动清零。PL-LA 寄存器(CKGR_PLLAR)中 PLLACOUNT 域值载入 PLL 计数器。PLL 计数器以慢时钟速率开始递减直到其值为 0,此时,LOCK 位置位并能触发处理器中断。用户须在 PLLACOUNT 域载入所需慢时钟周期数来设定 PLL 过渡时间。

对 PMC 主控时钟寄存器(PMC_MCKR)中的 PLLADIV2 位写入 1,PLL 时钟可被 2 分频。当主控时钟(MasterClock)源为 PLL 且 PLL 参考时钟为快速 RC 振荡器时,禁止改变快速 4/8/12MHz RC 振荡器的频率或 CKGR_MOR 寄存器中的主控时钟选择。

当用户需要配置 PLL 时,按以下步骤进行:①将 1 写入 PMC_MCKR 寄存器的 CSS 域,选择主时钟(MAINCK);②通过设置 CKGR_MOR 寄存器的 MOSCRCF 和 MOSCSEL 可分别改变频率或振荡器选择;③等待 PMC_IER 寄存器的 MOSCRCS (频率改变)或 MOSCSELS(振荡器选择改变)位;④关闭再启用 PLL(锁定 PMC_IDR 寄存器和 PMC_IER 寄存器);⑤等待 PLLRDY;⑥转回到 PLL。

4.2.2　时钟管理

功耗管理控制器(PMC)通过控制所有系统和用户外设的时钟来优化功耗,PMC 可启用或禁用许多外设和 Cortex-M4 处理器的时钟输入。PMC 控制器在 32 kHz RC 振荡器和晶体振荡器间选择,不使用的振荡器自动无效从而优化功耗。

默认芯片启动时,运行的主时钟使用内部快速 RC 振荡器并运行在 4 MHz,用户可通过软件设置 8 MHz 和 12 MHz RC 振荡器频率。

通过 PMC 时钟管理单元可提供以下时钟：

① 主控时钟（Master Clock，MCK），可编程为从几百 Hz 到设备的最高运行频率，用于始终运行的模块，如增强内嵌 FLASH 控制器。

② 处理器时钟（HCLK），当处理器进入睡眠模式时必须关闭。

③ 自由运行处理器时钟（FCLK）。

④ Cortex-M4 系统时钟（SysTick）。

⑤ USB 设备高速时钟（UDPCK），用于 USB 设备工作。

⑥ 外设时钟，典型的有主控时钟 MCK，这些时钟提供给内嵌外设（USART、SSC、SPI、TWI、TC、HSMCI 等），可单独控制。为了减少在产品中所使用时钟的名称，在产品数据手册中将外设时钟命名为 MCK。

⑦ 可编程输出时钟，可从时钟发生器提供的时钟信号中选择时钟源，可输出到PCKx 引脚上。

功耗管理控制器（PMC）可进行主晶体振荡器时钟异常探测和主时钟频率计数器及可调整主 RC 振荡器频率操作。

1. 主控时钟

主控时钟控制器对主控时钟进行选择和分频。主控时钟是提供给所有外设和存储控制器使用的时钟。

主控时钟从时钟发生器产生的时钟信号中选择一个时钟源。选择慢时钟时整个设备都将工作在慢时钟下，选择主时钟（Main Clock）时将节省锁相环（PLL）部分的功耗。

主控时钟控制器由时钟选择器和预分频器组成。

通过设置主控时钟寄存器（PMC_MCKR）中的时钟源选择（CSS）域可以选择主控时钟的时钟源。预分频器可对时钟源进行 2 的幂分频（分频参数范围为 1～64）和3 分频。通过 PMC_MCKR 寄存器中的 PRES 域可对预分频系数进行编程设置。

设置 PMC_MCKR 寄存器定义新的主控时钟时，PMC_SR 寄存器的 MCKRDY位会被清零。在主控时钟稳定之前，读取 MCKRDY 位总是返回 0；当主控时钟稳定之后，该位被置位为 1 并触发一个到处理器的中断。进行时钟切换时，可在软件中利用 MCKRDY 位的特点判断主控时钟切换是否完成。

2. 处理器时钟

PMC 中的处理器时钟（HCLK）在处理器睡眠模式时被禁用，通过执行 WFI（WaitForInterrupt）处理器指令使处理器时钟无效。

处理器时钟（HCLK）在复位后被使能，也可自动地被任何允许中断重新使能。禁止处理器时钟可使处理器进入睡眠模式，任何允许的快速/普通中断及处理器复位都可自动重新使能处理器时钟。

当处理器进入睡眠模式时，时钟在当前指令执行结束后停止，但不会阻止系统总线上其他主控设备的数据传输。

3. 系统 SysTick 时钟

SysTick 时钟校准值固定为 15 000，SysTick 时钟在最大输入频率（MCK/8）时可产生 1 ms 的时基。

4. USB 时钟

通过设置 USB 时钟寄存器（PMC_USB）中的 USBS 位，用户可选择 PLLA 作为 USB 源时钟。如果要使用 USB，则用户必须对 PLL 编程以产生合适的频率，此频率依赖于 PMC_USB 寄存器的 USBDIV 位域的值。

当 PLL 输出稳定时，锁定位被置位：通过在 PMC_SCER 的 UDP 位写 1 使能 USB 设备时钟；为了节省外设能耗，在 PMC_SCDR 的 UDP 位写 1 将禁用 USB 设备时钟，PMC_SCSR 的 UDP 位给出了此时钟的状态。USB 设备端口需要有 48 MHz 信号和主控时钟。

5. 外设时钟

功耗管理控制器（PMC）通过外设时钟控制器控制着每个内嵌外设的时钟。用户可通过设置外设时钟允许寄存器 0（PMC_PCER0）、外设时钟禁止寄存器 0（PMC_PCDR0）、外设时钟允许寄存器 1（PMC_PCER1）和外设时钟禁止寄存器 1（PMC_PCDR1）来允许或禁止某个外设的主时钟。可通过读取外设时钟状态寄存器 0（PMC_PCSR0）和外设时钟状态寄存器 1（PMC_PCSR1）获取外设时钟的活动状态。

当某外设时钟被禁止时，其外设时钟信号将立即停止。外设时钟在复位后自动被禁止。

建议系统软件等到某外设已经执行完最后的程序操作后再禁止其时钟，停用外设，避免破坏数据或使系统错误操作。

外设时钟控制寄存器（PMC_PCER0~1、PMC_PCDR0~1 和 PMC_PCSR0~1）中的位编号定义与外设标识符编号相对应，也与该外设相关的中断源编号相对应。

6. 自由运行处理器时钟

自由运行处理器时钟（FCLK）用于检测中断及为调试模式提供时钟，以确保当处理器处于睡眠模式时，可以检测中断、跟踪睡眠事件。自由运行处理器时钟（FCLK）连接到主控时钟（MCK）上。

7. 可编程时钟输出

PMC 控制输出到外部引脚上有 3 个信号：PCKx，其中 x 为 0,1,2。通过可编程时钟寄存器（PMC_PCKx）可对每个信号独立编程。每个 PCKx 都可以独立选择时钟源，通过设置 PMC_PCKx 寄存器中的 CSS 域，可选择为慢时钟（SLCK）、主时钟（MAINCK）、PLLA 时钟（PLLACK）、UTMI PLL 时钟（UPLLCK）和主控时钟（MCK）之一。通过设置 PMC_PCKx 寄存器中的 PRES 域，每个输出信号还可以进行 2 的幂分频（分频参数范围为 1～64）。

可以通过对 PMC 系统时钟允许寄存器（PMC_SCER）或 PMC 系统时钟禁止寄存器（PMC_SCDR）的相应位（PCKx）写 1，来允许或禁止每个输出信号。通过读取系统时钟状态寄存器（PMC_SCSR）中的 PCKx 位，可获取可编程输出时钟的活动状态。

与 PMC_SCSR 寄存器中的 PCKx 位功能类似，PMC 状态寄存器（PMC_SR）中的一个状态位指示可编程时钟寄存器所对应的可编程时钟的实际状态。

由于可编程时钟控制器在时钟切换时不进行故障预防，因此强烈建议先禁止可编程时钟，然后再修改其配置，配置生效后再重新允许可编程时钟。

8．快速启动

当设备处于等待模式时，允许处理器在 10 ms 内重新启动。

将 PMC 的时钟发生器的主振荡器寄存器（CKGR_MOR）的 WAITMODE 位置 1 将使系统进入待机模式；当 PMC 快速启动模式寄存器（PMC_FSMR）的 LPM 位为 0 时，执行 WFE 处理器指令也可以使系统进入待机模式。

当唤醒（WKUP）输入（可以是 16 个唤醒输入的任何之一）检测到设置的电平时，或者接收到来自 RTC、RTT 和 USB 全速设备控制器的激活报警时，将允许快速启动。通过 PMC 快速启动极性寄存器（SUPC_FSPR）可以设置 16 个唤醒输入的极性。

如图 4-5 所示，快速重启电路是完全异步的，可向功耗管理控制器（PMC）提供快速启动信号。一旦发出快速启动信号，将自动重启内嵌的 4/8/12 MHz 快速 RC 振荡器。

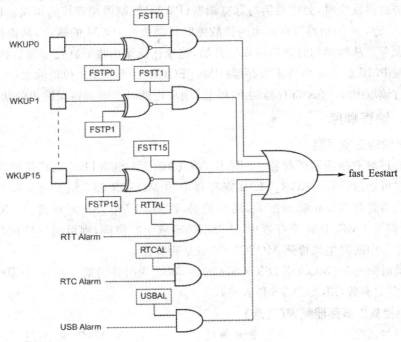

图 4-5　快速启动电路

通过对快速启动模式寄存器(SUPC_FSMR)中相应的位置 1,可允许相应的唤醒输入引脚和警报产生快速启动事件。

用户接口不提供快速启动的任何状态信息,但可通过读取 PIO 控制器、RTC、RTT 和 USB 高速设备控制器的状态寄存器,很容易地获得该信息。

9. 时钟故障检测器

时钟故障检测器对 3～20 MHz 的晶振进行监视,并检测该振荡器故障(比如晶振断开)。通过设置 PMC 时钟发生器的主振荡器寄存器(CKGR_MOR)中的 CFDEN 位可允许和禁止时钟故障检测器。复位后,检测器被禁止;如果 3～20 MHz 晶体振荡器被禁止,则时钟故障检测器也会被禁止。

如果检测到 3～20 MHz 晶体振荡器时钟发生故障,PMC 状态寄存器(PMC_SR)的 CFDEV 标识位将被置位,若该位未被屏蔽,则产生一个中断。对 PMC_SR 寄存器进行读操作前,该中断将一直处于激活状态。通过读取 PMC_SR 寄存器的 CFDS 位,用户可随时了解时钟故障检测器的状态。

当 3～20 MHz 晶体振荡器被选为主时钟源 MAINCK(MOSCSEL = 1),且主控时钟是 PLLACK 或 UPLLCK(CSS = 2)时,若探测到时钟故障,则主控时钟将自动切换到主时钟源 MAINCK 上。

无论 PMC 如何配置,检测到时钟故障时都会自动将主时钟源 MAINCK 切换到 4/8/12 MHz 快速 RC 振荡器时钟。

时钟故障发生时,会将激活与脉宽调制(PWM)控制器相连接的错误输出。通过这个连接,PWM 控制器可在发生时钟故障时强制改变 PWM 的输出,从而保护由其驱动的设备。从检测到时钟错误发生开始,这个错误输出将一直处于激活状态,直到通过设置 PMC 故障输出清零寄存器(PMC_FOCR)的 FOCLR 位清除之。

通过读取 PMC_SR 寄存器的 FOS 位,用户可随时了解到错误输出的状态。

10. 编程顺序

(1) 使能主振荡器

可通过对主振荡器寄存器(CKGR_MOR)的 MOSCXTEN 域置位使能主振荡器。用户可通过设置 CKGR_MOR 寄存器中的 MOSCXTST 域定义启动时间。一旦主振荡器寄存器被正确地配置,用户就必须等待 PMC_SR 寄存器的 MOSCXTS 域置位,如果 PMC_IER 寄存器中 MOSCXTS 域中断使能,则可通过轮询状态寄存器或者等待中断发生来检测 MOSCXTS 域是否置位。

启动时间 = 8×MOSCXTST / SLCK = 56 个慢时钟周期。在 56 个慢时钟周期后,主振荡器有效(MOSCXTS 位置位)。

(2) 检测主振荡器频率(可选)

在有些情况下,用户需要精确地测量主时钟(MAINCK)频率,通过主时钟频率寄存器(CKGR_MCFR)可以测量主时钟频率。

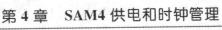

一旦 CKGR_MCFR 寄存器的 MAINFRDY 域置位，用户便可读取 CKGR_MC-FR 寄存器的 MAINF 域，MAINF 域给出在 16 个慢时钟周期内发生的主时钟周期的个数。

(3) 配置 PLL 和分频器

配置 PLL 和分频器所需的全部参数都在 PLLA 寄存器（CKGR_PLLAR）中。

其中，DIV 域用于控制分频器本身，当使用 PLL 时，DIV 域必须被设置为 1。默认情况下，DIV 参数置 0，即分频器处于关闭状态。

MUL 域则是 PLL 的倍频因子，该参数可编程为 0～2 047。如果 MUL 参数置 0，PLL 将被关闭。否则，PLL 输出频率为其输入频率的（MUL＋1）倍。

PLLCOUNT 域用于指定在设置 CKGR_PLLAR 寄存器之后，经过多少个慢时钟周期之后 PMC_SR 寄存器的锁存位（LOCK）才会置位。

设置 PMC_PLLAR 寄存器时，用户必须等待 PMC_SR 寄存器的锁存位（LOCK）置位。通过轮询状态寄存器或等待发生中断（如果在 PMC_IER 寄存器中允许锁存中断）可以得知锁存位（LOCK）是否置位。CKGR_PLLAR 寄存器中的全部参数都可在单个写周期内设置。如果 MUL 或者 DIV 在某个阶段被修改了，则锁存位（LOCK）将变低，指示 PLL 还未就绪。当 PLL 被锁存后，锁存位（LOCK）将再次置位。因此用户必须等到锁存位（LOCK）置位后才能使用 PLL 输出时钟。

(4) 选择主控时钟和处理器时钟

通过 PMC_MCKR 寄存器可以配置主控时钟（Master Clock）和处理器时钟（Processor Clock）。

CSS 域用于选择主控时钟分频器的时钟源。默认情况下，选择主时钟（MA-INCK）为时钟源。

PRES 域用于控制主控时钟预分频器。用户可选择 1、2、4、8、16、32、64 之一为 PRES 域的值。主控时钟的输出为预分频器的输入除以预分频（PRES）参数。默认情况下，PRES 参数置 1，即主控时钟（Master Clock）与主时钟（MAINCK）相等。

一旦设置了 PMC_MCKR 寄存器，用户就必须等待 PMC_SR 寄存器的 MCKRDY 位置 1。用户可以通过轮询状态寄存器或者等待中断（如果在 PMC_IER 寄存器中允许了 MCKRDY 中断）确定 MCKRDY 位是否置位。

PMC_MCKR 寄存器不能在单个写周期内设置，不能同时改变时钟选择及预分频参数。当选择的时钟不同时，进行操作的顺序也不同。

PMC_MCKR 寄存器的最佳编程顺序如下：

如果 CSS 域的新值对应于 PLL 时钟：设置 PMC_MCKR 寄存器的 PRES 域；等待 PMC_SR 寄存器的 MCKRDY 位置位；设置 PMC_MCKR 寄存器的 CSS 域；等待 PMC_SR 寄存器的 MCKRDY 位置位。

如果 CSS 域的新值对应于主时钟（MAINCK）或慢时钟（SCLK）：设置 PMC_MCKR 寄存器的 CSS 域；等待 PMC_SR 寄存器的 MCKRDY 位置位；设置 PMC_

MCKR 寄存器的 PRES 域;等待 PMC_SR 寄存器的 MCKRDY 位置位。

如果 CSS 或 PRES 在某一阶段被修改了,MCKRDY 位将变低,说明主控时钟和处理器时钟还未就绪。用户必须等待 MCKRDY 位再次置位后才能使用主控时钟和处理器时钟。

注意:如果 PLLx 时钟被选为主控时钟,且用户要通过 CKGR_PLLAR 寄存器来修改 PLLx,那么在 PLL 被解锁后,MCKRDY 标识将变低。一旦 PLL 再次被锁存,锁存位(LOCK)将变高,且 MCKRDY 位将被置位。当 PLL 被解锁后,主控时钟的时钟源将自动切换到慢时钟。

主控时钟(Master Clock)由主时钟(MAINCK)源的 2 分频获得,处理器时钟与主控时钟一样。代码示例如下:

```
write_register(PMC_MCKR,0x00000001);
wait (MCKRDY = 1);
write_register(PMC_MCKR,0x00000011);
wait (MCKRDY = 1);
```

(5) 可编程时钟输出(可选)

通过 PMC_SCER、PMC_SCDR 和 PMC_SCSR 寄存器可以控制可编程时钟输出。

PMC_SCER 和 PMC_SCDR 寄存器用于允许和禁止 3 个可编程时钟输出。PMC_SCSR 寄存器指明哪个可编程时钟处于允许状态。默认情况下,所有可编程时钟都被禁止。

PMC_PCKx 寄存器用来配置相应的可编程时钟输出。其中,CSS 域用来选择可编程时钟分频器的时钟源。有 3 个时钟源可选,分别为:主时钟、慢时钟和 PLLCK。默认情况下,时钟源选为慢时钟。PRES 域为可编程时钟的预分频器,可选择 1、2、4、8、16、32 或 64 为 PRES 域的值。可编程输出时钟频率为预分频器输入时钟频率除以 PRES 参数。默认情况下,PRES 参数设置为 0,即主控时钟频率与慢时钟频率相等。一旦设置了 PMC_PCKx 寄存器,就必须允许相应的可编程时钟,且用户必须等待 PMC_SR 寄存器的 PCKRDYx 位被置位。通过轮询状态寄存器或等待中断(如果在 PMC_IER 寄存器中允许了 PCKRDYx 中断)可知 PCKRDYx 位是否被置位。PMC_PCKx 寄存器中的所有参数都可在单个写操作内完成设置。如果要修改 CSS 或 PRES 参数,则首先必须禁止相应的可编程时钟,然后才可修改参数。修改参数后,用户必须重新允许可编程时钟,并等待 PCKRDYx 位置位。

(6) 允许外设时钟(如果使用外设)

完成所有上述步骤后,就可通过 PMC_PCER0、PMC_PCER1、PMC_PCDR0 和 PMC_PCDR1 寄存器允许或禁止外设时钟了。

11. 时钟切换的细节

表 4-5 所列为主控时钟从一个时钟源切换到另一个时钟源的最差时序要求。

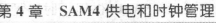

表中所列为预分频器处于无效状态时的情况。当预分频器被激活时,还需要额外增加 64 个新选时钟的时钟周期。

表 4-5　时钟切换时序(最差情况)

时钟源	主时钟(MAINCK)	慢时钟(SLCK)	PLL Clock
主时钟 (MAINCK)	—	4×SLCK + 2.5×Main Clock	3×PLL Clock + 4×SLCK + 1×Main Clock
慢时钟 (SLCK)	0.5×Main Clock + 4.5×SLCK	—	3×PLL Clock + 5×SLCK
PLL CLOCK	0.5×Main Clock + 4×SLCK + PLLCOUNT×SLCK + 2.5×PLLx Clock	2.5×PLL Clock + 5×SLCK + PLLCOUNT×SLCK	2.5×PLL Clock + 4×SLCK + PLLCOUNT×SLCK

注意:①PLL 代表 PLLA 或 UPLL 时钟。②PLLCOUNT 代表 PLLACOUNT 或 UPLLCOUNT。

4.2.3　主控时钟设置说明

主控时钟(MCK)可以在慢时钟(SLCK)、主时钟(MAINCK)及主时钟经锁相环升频后的时钟 PLLACK 三者中选择,并可对选择的时钟进行分频。重置时,默认 MCK 使用的时钟为 MAINCK,且不分频。

主时钟 MAINCK 可以选择使用一个内嵌快速 RC 振荡器,或者外部晶体振荡器产生时钟。RC 振荡器可以选择输出时钟的频率(4/8/12 MHz)。重置时,默认 MAINCK 使用 RC 振荡器,频率为 4 MHz。

由此可见,如果不对时钟进行配置,默认的主控时钟为 4MHz 的内部 RC 振荡器。

1. 主控时钟使用内嵌快速 RC 振荡器 12 MHz

在 PMC 时钟产生器主要振荡器寄存器(CKGR_MOR)中,可对主时钟 MAINCK 进行一系列设置。

注意:在修改该寄存器值时,需要同时向其 KEY 字段写入一个常量 0x37,否则写入不生效。

① 使能快速 RC 振荡器。

在设置 RC 振荡器的频率之前,须设置 CKGR_MOR 寄存器 MOSCRCEN 位为 1 使能 RC 振荡器,并检测 PMC_SR 状态寄存器 MOSCRCS 位是否为 1,确定 RC 振荡器是否运行稳定。

注意:不能同时使能 RC 振荡器和设置其频率。

/* 使能 RC 振荡器 */

```
PMC -> CKGR_MOR = CKGR_MOR_KEY_PASSWD          /* Key 值 0x37 */
                    | (PMC -> CKGR_MOR| CKGR_MOR_MOSCRCEN);/* MOSCRCEN 为 1 使能 RC 振荡器 */
/* 等待时钟稳定 */
while(! (PMC -> PMC_SR & PMC_SR_MOSCRCS));  /* MOSCRCS 为 1 表示 RC 振荡器已稳定 */
```

② 设置 RC 振荡器频率为 12 MHz。设置 CKGR_MOR 寄存器 MOSCRCF 域为 2,检测 MOSCRCS 位是否为 1,等待其运行稳定。

```
/* 设置快速 RC 振荡器频率为 12 MHz,OSCRCF 域 0 表示 4 MHz,1 表示 8 MHz,2 表示 12 MHz */
PMC -> CKGR_MOR = CKGR_MOR_KEY_PASSWD
                    | (PMC -> CKGR_MOR & ~CKGR_MOR_MOSCRCF_Msk)| CKGR_MOR_MOSCRCF_12_MHz;
/* 等待时钟稳定 */
while(! (PMC -> PMC_SR & PMC_SR_MOSCRCS));
```

③ 设置 MOSCSEL 位为 0,为 MAINCK 选择快速 RC 振荡器。检测状态寄存器 MOSCSELS 位是否为 1,确定选择过程是否完成。

```
/* 切换至 RC 振荡器,MOSCSEL 位 0 表示选择内部 RC 振荡器,1 表示选择外部晶体 */
PMC -> CKGR_MOR = CKGR_MOR_KEY_PASSWD
                    | (PMC -> CKGR_MOR & ~CKGR_MOR_MOSCSEL);
/* 等待切换完成,MOSCSELS 表示选择是否完成,1 表示完成,0 表示没有完成。 */
while (! (PMC -> PMC_SR & PMC_SR_MOSCSELS));
```

④ 将 MCK 切换至 MAINCK 时钟(重置后默认状态,一般不用操作)。

MCK 在选择时钟的同时,也可以对选择的时钟进行预分频。但是,不能同时改变时钟及预分频参数。而且在选择的时钟不同时,进行操作的顺序也不同。在切换至 MAINCK 或 SLCK 时,需要先进行时钟选择,然后再设置预分频参数;在切换至 PLLACK 时,则相反。

```
/* 将 MCK 选择为 MAINCK */
/* 当切换为 MAINCK 时,需先配置 CSS 域进行时钟源选择,再配置 PRES 域用来分频 */
PMC -> PMC_MCKR = (PMC -> PMC_MCKR & ~PMC_MCKR_CSS_Msk)
                    | PMC_MCKR_CSS_MAIN_CLK; /* CSS 域设置为 MAIN_CLK(值是 1),切换至
                                                MAINCK 时钟 */
while (! (PMC -> PMC_SR & PMC_SR_MCKRDY)); /* 判定 MCK 是否准备好,1 为准备好 */
PMC -> PMC_MCKR = (PMC -> PMC_MCKR & ~PMC_MCKR_PRES_Msk)
                    | PMC_MCKR_PRES_CLK_1;  /* 设置分频系数为 1 */
while (! (PMC -> PMC_SR & PMC_SR_MCKRDY));  /* 判定 MCK 是否准备好,1 为准备好 */
```

2. 主控时钟使用外部 3~20 MHz 晶振

使用一个外部 3~20 MHz 晶振以提供更精确的频率,但外部晶振的一个缺点是需要一定的启动时间,而且由于芯片不知道晶体具体信息,所以用户必须手动指定这

个启动时间。

SAM4E_EK 所携带晶振频率为 12 MHz，启动时间为 15 625 μs。

具体设置过程如下：

① 禁用 PB8 和 PB9 引脚输出。PB8 和 PB9 的系统功能分别是 XOUT 和 XIN，是连接到晶振作为输入引脚。由于 PIO 控制器中的配置对引脚的输入没有影响，所以无需配置引脚的复用，只需禁用输出即可。

```
/ * 禁用 PB8 和 PB9 引脚的输出 * /
Pio * xtal_pio = PIOB;
const uint32_t pio_mask = PIO_PB8 | PIO_PB9;
xtal_pio -> PIO_PER = pio_mask;
xtal_pio -> PIO_ODR = pio_mask;
```

② 计算晶振启动时间参数。需要设定一个 16 位的值（MOSCXTST）来表明晶振启动的时间，具体计算方法为：启动时间 = MOSCXTST×8 ×SLCK 周期。

```
uint32_t slowck_freq = CHIP_FREQ_SLCK_RC;
volatile uint32_t xt_start = (BOARD_OSC_STARTUP_US * slowck_freq / 8 / 1000000);
if (xt_start > 0xFF)
    xt_start = 0xFF;
```

③ 通过设置 MOSCXTEN 位为 1 使能外部晶振，并在 MOSCXTST 域中设定启动时间。在使能晶振时，必须同时设置 MOSCXTBY 位为 0 禁用旁路模式。最后检测 MOSCXTS 位是否为 1，等待晶振运行稳定。

```
PMC -> CKGR_MOR = CKGR_MOR_KEY_PASSWD              / * KEY 值 0x37 * /
                | (PMC -> CKGR_MOR & ~CKGR_MOR_MOSCXTBY) / * 禁用旁路模式 * /
                | CKGR_MOR_MOSCXTEN                 / * 使能外部晶振 * /
                | CKGR_MOR_MOSCXTST(xt_start);      / * 设定启动时间 * /
/ * 等待晶振运行稳定 * /
while (! (PMC -> PMC_SR & PMC_SR_MOSCXTS));
```

④ 设置 MOSCSEL 位为 1，使 MAINCK 切换为晶振时钟源。检测状态寄存器 MOSCSELS 位是否为 1 确定选择过程是否完成。

```
/ * 切换至晶振 * /
PMC -> CKGR_MOR | = CKGR_MOR_KEY_PASSWD
                  | CKGR_MOR_MOSCSEL ;
/ * 等待切换完成 MOSCSELS 表示选择是否完成,1 表示完成,0 表示没有完成。 * /
while (! (PMC -> PMC_SR & PMC_SR_MOSCSELS));
```

⑤ 将 MCK 切换至 MAINCK 时钟。

3. 主控时钟使用 PLL 设置说明

使用锁相环（PLL）可获得更高的外设时钟频率。锁相环可对输入的时钟进行分频、升频后输出。主控时钟（MCK）可使用锁相环 PLLA 作为时钟源,本节将 MCK 频率配置为 120 MHz。

(1) PLLA 约束

使用 PLLA 时需要考虑到约束条件。

① 对输入/输出时钟频率约束,如表 4-6 所列。

表 4-6 PLLA 的约束条件

符 号	参 数	条 件	最小值	典型值	最大值	单 位
f_{IN}	输入频率	—	3		32	MHz
f_{OUT}	输出频率	—	80		240	MHz
i_{PLL}	电流消耗	激活模式@80 MHz@1.2 V		0.94	1.2	mA
		激活模式@96 MHz@1.2 V		1.2	1.5	
		激活模式@160 MHz@1.2 V		2.1	2.5	
		激活模式@240 MHz@1.2 V		3.34	4	
t_{START}	稳定时间			60	150	μs

PLLA 的输入时钟范围为 3～32 MHz(PLLA 对输入时钟可以进行预分频),输出时钟范围为 80～240 MHz,最大启动时间为 150 μs。

② CPU 运行频率的限制。

由于 CPU 使用 MCK 时钟,所以将 MCK 切换至 PLLA 时钟时,需要考虑 CPU 运行频率的限制。重置时,VDDCORE 是自调节的,芯片可使用最高为 120 MHz 频率,如表 4-7 所列。

表 4-7 主时钟频率

符 号	参 数	条 件	最小值	最大值	单 位
$1/(t_{CPMCK})$	主时钟频率	VDDCORE@1.20 V		120	MHz
$1/(t_{CPMCK})$	主时钟频率	VDDCORE@1.08 V		100	MHz

(2) PLLA 配置

对 PLLA 的配置均在 PMC 的 PLLA 寄存器(CKGR_PLLAR)中进行。

注意:写入 CKGR_PLLAR 寄存器时需要将其第 29 位写入 1,否则写入不生效。在 CMSIS 中,相应的宏定义为 CKGR_PLLAR_ONE。

以下是配置过程,配置完成后,PLLA 将对 MAINCK 升频 10 倍后输出。

① 关闭 PLLA

配置 PLLA 时需要关闭它。虽然重置时 PLLA 是不启用的,但是配置 PLLA 前需关闭 PLLA 是个好习惯。通过将其 MULA 字段写入 0 关闭 PLLA:

```
/* 先关闭 PLLA */
PMC-> CKGR_PLLAR = CKGR_PLLAR_ONE | CKGR_PLLAR_MULA(0);
```

② PLLA 启动时间

向 PLLCOUNT 写入一个值,表明 PLL 启动时需要经过的慢时钟周期数。

芯片手册上写明的 PLLA 的最大启动时间为 150 μs,所以在慢时钟频率为 32 kHz 时,需要经过的慢时钟数为 4.8,向上取整则为 5。

```
const uint32_t pll_start_us = 150;
const uint32_t pll_count = (CHIP_FREQ_SLCK_RC * 150 / 1000000) + 1;
```

③ 启用 PLLA

PLLA 可对输入的时钟进行预分频,然后升频。不进行预分频,升频倍数为 10, 即输出时钟为 120 MHz。

注意:实际升频倍数为 MULA 字段的值加 1。设置完成后,需要等待 PLLA 锁定(即启动完成)。

```
const uint32_t mul = 10;
const uint32_t div = 1;
PMC -> CKGR_PLLAR = CKGR_PLLAR_ONE
                    | CKGR_PLLAR_MULA(mul - 1)
                    | CKGR_PLLAR_DIVA(div)
                    | CKGR_PLLAR_PLLACOUNT(pll_count);
/* 等待 PLLA 启动完成,通过检测 LOCKA 是否为 1 来确定是否锁定 */
while(! (PMC -> PMC_SR & PMC_SR_LOCKA));
```

④ 设置 FLASH 访问等待周期

由于 CPU 使用 MCK 时钟,所以在 MCK 切换至 PLLA 时钟后,CPU 也会在 120 MHz 这个高频率下运行。但访问 FLASH 需要的时间还是一定的,所以需要让 CPU 在访问 FLASH 时等待更多的周期。等待的周期与 CPU 电压和 I/O 口电压有关,可查阅芯片手册。这里,等待周期设为 6 即可正常访问 FLASH。

```
/* 在将 MCK 切换至 PLLACK 之前,先设置好 FLASH 访问等待周期 */
const uint32_t wait_clock = 6;
EFC -> EEFC_FMR = EEFC_FMR_FWS(wait_clock - 1);
```

⑤ 将 MCK 切换至 PLLA 时钟

MCK 在选择时钟的同时,也可以对选择的时钟进行预分频。但是,不能同时改变时钟及预分频参数。在选择的时钟不同时,进行操作的顺序也不同。在 MCK 切换至 PLLACK 时,需要先设置预分频参数,再在其运行稳定后进行时钟选择;在 MCK 切换至 MAINCK 或 SLCK 时,则相反。

```
/* 将 MCK 选择为 PLLA */
/* 当切换为 PLLA 时,需先配置 PRES 字段用来分频,再配置 CSS 字段进行时钟源选择 */
PMC -> PMC_MCKR = (PMC -> PMC_MCKR & ~PMC_MCKR_PRES_Msk)
```

```
                        | PMC_MCKR_PRES_CLK_1;        /* 分频系数为 1 */
    while (! (PMC -> PMC_SR & PMC_SR_MCKRDY));      /* 判定 MCK 是否准备好,1 为准备好 */
    PMC -> PMC_MCKR = (PMC -> PMC_MCKR & ~PMC_MCKR_CSS_Msk)
                        | PMC_MCKR_CSS_PLLA_CLK;      /* CSS 域设置为 PLLA_CLK(值是 2),切换
                                                      /* 至 PLL 时钟 */
    while (! (PMC -> PMC_SR & PMC_SR_MCKRDY));       /* 判定 MCK 是否准备好,1 为准备好 */
```

第 **5** 章

SAM4 中断 / DMAC /PDC /总线矩阵

本章主要讲解中断、DMAC、PDC 和总线矩阵 4 个 SAM4 的核心模块,通过使用这些模块可快速响应外部事件,并减少对处理器的占用。

5.1 SAM4 嵌套向量中断控制器

SAM4ARM 内核包含快速中断 FIQ 和普通中断 IRQ 这 2 条中断输入信号线,只能接受 2 个外部中断。SAM4 通过嵌套向量中断控制器使 SAM4E 系列的 ARM 具有正确快速处理多个外部中断事件的能力。嵌套向量中断控制器(NVIC)支持 1 ~48 个中断。每个中断有 0~15 可编程优先级,其中数字越大代表优先级越低,0 级别具有最高中断优先级。

处理器不需要命令指引自动在异常到来时将状态入栈,异常离开时将这个状态出栈,提供了处理异常的低延迟特性。

5.1.1 NVIC 功能描述

1. NVIC 控制寄存器

NVIC 控制寄存器说明如表 5-1 所列。

表 5-1　中断控制寄存器

偏移量	名　称	寄存器	权　限	复位值
0xE000E100	中断置位允许寄存器 0	NVIC_ISER0	读/写	0x00000000
…	…		…	…
0xE000E11C	中断置位允许寄存器 7	NVIC_ISER7	读/写	0x00000000
0XE000E180	中断清零允许寄存器 0	NVIC_ICER0	读/写	0x00000000
…	…		…	…
0xE000E19C	中断清零允许寄存器 7	NVIC_ICER7	读/写	0x00000000
0XE000E200	中断挂起置位寄存器 0	NVIC_ISPR0	读/写	0x00000000

偏移量	名　称	寄存器	权　限	复位值
…	…		…	…
0xE000E21C	中断挂起置位寄存器 7	NVIC_ISPR7	读/写	0x00000000
0XE000E280	中断挂起清零寄存器 0	NVIC_ICPR0	读/写	0x00000000
…	…		…	…
0xE000E29C	中断挂起清零寄存器 7	NVIC_ICPR7	读/写	0x00000000
0xE000E300	中断有效位寄存器 0	NVIC_IABR0	读/写	0x00000000
…	…		…	…
0xE000E31C	中断有效位寄存器 7	NVIC_IABR7	读/写	0x00000000
0xE000E400	中断优先级寄存器 0	NVIC_IPR0	读/写	0x00000000
…	…		…	…
0XE000E42C	中断优先级寄存器 12	NVIC_IPR12	读/写	0x00000000
0xE000EF00	软件触发中断寄存器	NVIC_STIR	只写	0x00000000

2. 电平触发中断

处理器支持电平触发中断。电平触发中断保持有效直到外设设置中断信号无效。典型地,这种情况发生在中断服务子程序 ISR 访问外设的过程中。

电平中断信号使处理器进入 ISR,自动移除中断挂起状态(参考"中断的硬件与软件控制")。若电平触发中断信号在处理器从 ISR 返回之前仍然有效,那么中断开始重新挂起,处理器必须重新执行 ISR。这意味着外设能够保持中断信号有效直到不再请求服务。

3. 中断的硬件与软件控制

Cortex-M4 锁存所有中断,外设中断由于下列原因会挂起:①NVIC 检测到中断信号有效,但这个中断未激活;②NVIC 检测到中断信号的上升沿;③软件通过配置中断挂起置位寄存器(NVIC_ISPRx)相应位或者软件触发中断寄存器(NVIC_STIR)使中断挂起。

一个挂起的中断保持挂起状态直到下列情况发生:

① 处理器响应中断进入 ISR。中断状态会从挂起到激活状态。对于电平敏感性中断,当处理器从 ISR 返回时,NVIC 对中断信号进行采样,如果信号有效,则中断状态就改为挂起,使处理器立即重新进入 ISR;否则,中断的状态改为未激活状态。

② 软件配置中断挂起清零寄存器(NVIC_ICPR)相应的位。对于电平敏感性中断,如果中断信号仍然有效,则中断状态不改变;否则,中断状态会变成未激活。

5.1.2　NVIC 程序说明及应用实例

本小节就如何定义中断向量编号以及中断处理程序的基本结构进行说明,并通过中断检测按钮的 GPIO 程序实例说明一个中断处理程序如何编写。

1. 中断控制向量编号定义

在 sam4e16e.h 文件中按照中断向量硬件特性对向量编号进行定义,同时也等同于对外设编号。

```
/ * * < 中断向量编号定义 * /
typedef enum IRQn
{
/ * * * * * *    Cortex-M4 Processor Exceptions Numbers * * * * * * * * * * * * * * * /
  NonMaskableInt_IRQn   = -14, / * * <   2 Non Maskable Interrupt * /
  MemoryManagement_IRQn = -12, / * * <   4 Cortex-M4 Memory Management Interrupt * /
  BusFault_IRQn         = -11, / * * <   5 Cortex-M4 Bus Fault Interrupt * /
  UsageFault_IRQn       = -10, / * * <   6 Cortex-M4 Usage Fault Interrupt * /
  SVCall_IRQn           = -5,  / * * < 11 Cortex-M4 SV Call Interrupt * /
  DebugMonitor_IRQn     = -4,  / * * < 12 Cortex-M4 Debug Monitor Interrupt * /
  PendSV_IRQn           = -2,  / * * < 14 Cortex-M4 Pend SV Interrupt * /
  SysTick_IRQn          = -1,  / * * < 15 Cortex-M4 System Tick Interrupt * /
/ * * * * * *    SAM4E16E specific Interrupt Numbers * * * * * * * * * * * * * * * * * * * * * * * /

  SUPC_IRQn    =  0, / * * <  0 SAM4E16E Supply Controller (SUPC) * /
  RSTC_IRQn    =  1, / * * <  1 SAM4E16E Reset Controller (RSTC) * /
  RTC_IRQn     =  2, / * * <  2 SAM4E16E Real Time Clock (RTC) * /
  RTT_IRQn     =  3, / * * <  3 SAM4E16E Real Time Timer (RTT) * /
  WDT_IRQn     =  4, / * * <  4 SAM4E16E Watchdog/Dual Watchdog Timer (WDT) * /
  PMC_IRQn     =  5, / * * <  5 SAM4E16E Power Management Controller (PMC) * /
  EFC_IRQn     =  6, / * * <  6 SAM4E16E Enhanced Embedded FLASH Controller (EFC) * /
  UART0_IRQn   =  7, / * * <  7 SAM4E16E UART 0 (UART0) * /
  PIOA_IRQn    =  9, / * * <  9 SAM4E16E Parallel I/O Controller A (PIOA) * /
  PIOB_IRQn    = 10, / * * < 10 SAM4E16E Parallel I/O Controller B (PIOB) * /
  PIOC_IRQn    = 11, / * * < 11 SAM4E16E Parallel I/O Controller C (PIOC) * /
  PIOD_IRQn    = 12, / * * < 12 SAM4E16E Parallel I/O Controller D (PIOD) * /
  PIOE_IRQn    = 13, / * * < 13 SAM4E16E Parallel I/O Controller E (PIOE) * /
  USART0_IRQn  = 14, / * * < 14 SAM4E16E USART 0 (USART0) * /
  USART1_IRQn  = 15, / * * < 15 SAM4E16E USART 1 (USART1) * /
  HSMCI_IRQn   = 16, / * * < 16 SAM4E16E Multimedia Card Interface (HSMCI) * /
  TWI0_IRQn    = 17, / * * < 17 SAM4E16E Two Wire Interface 0 (TWI0) * /
  TWI1_IRQn    = 18, / * * < 18 SAM4E16E Two Wire Interface 1 (TWI1) * /
  SPI_IRQn     = 19, / * * < 19 SAM4E16E Serial Peripheral Interface (SPI) * /
  DMAC_IRQn    = 20, / * * < 20 SAM4E16E DMAC (DMAC) * /
  TC0_IRQn     = 21, / * * < 21 SAM4E16E Timer/Counter 0 (TC0) * /
  TC1_IRQn     = 22, / * * < 22 SAM4E16E Timer/Counter 1 (TC1) * /
```

```
    TC2_IRQn            = 23,  / * * < 23 SAM4E16E Timer/Counter 2 (TC2) * /
    TC3_IRQn            = 24,  / * * < 24 SAM4E16E Timer/Counter 3 (TC3) * /
    TC4_IRQn            = 25,  / * * < 25 SAM4E16E Timer/Counter 4 (TC4) * /
    TC5_IRQn            = 26,  / * * < 26 SAM4E16E Timer/Counter 5 (TC5) * /
    TC6_IRQn            = 27,  / * * < 27 SAM4E16E Timer/Counter 6 (TC6) * /
    TC7_IRQn            = 28,  / * * < 28 SAM4E16E Timer/Counter 7 (TC7) * /
    TC8_IRQn            = 29,  / * * < 29 SAM4E16E Timer/Counter 8 (TC8) * /
    AFEC0_IRQn          = 30,  / * * < 30 SAM4E16E Analog Front End 0 (AFEC0) * /
    AFEC1_IRQn          = 31,  / * * < 31 SAM4E16E Analog Front End 1 (AFEC1) * /
    DACC_IRQn           = 32,  / * * < 32 SAM4E16E Digital To Analog Converter (DACC) * /
    ACC_IRQn            = 33,  / * * < 33 SAM4E16E Analog Comparator (ACC) * /
    ARM_IRQn            = 34,  / * * < 34 SAM4E16E FPU signals : FPIXC, FPOFC, FPUFC,
                                       FPIOC, FPDZC, FPIDC, FPIXC (ARM) * /
    UDP_IRQn            = 35,  / * * < 35 SAM4E16E USB DEVICE (UDP) * /
    PWM_IRQn            = 36,  / * * < 36 SAM4E16E PWM (PWM) * /
    CAN0_IRQn           = 37,  / * * < 37 SAM4E16E CAN0 (CAN0) * /
    CAN1_IRQn           = 38,  / * * < 38 SAM4E16E CAN1 (CAN1) * /
    AES_IRQn            = 39,  / * * < 39 SAM4E16E AES (AES) * /
    GMAC_IRQn           = 44,  / * * < 44 SAM4E16E EMAC (GMAC) * /
    UART1_IRQn          = 45,  / * * < 45 SAM4E16E UART (UART1) * /
    PERIPH_COUNT_IRQn   = 46   / * * < Number of peripheral IDs * /
} IRQn_Type;
```

2. 中断处理程序

一般中断处理程序编程顺序如下：

① 使能相关模块的中断。

在使能外部中断 I/O 口中断函数时，需要设置 PIO 中断允许寄存器（PIO_IER），使能相应引脚触发中断。

② 在 NVIC 中启用中断，如针对外设 PIOA 会调用以下函数：

```
NVIC_ClearPendingIRQ(PIOA_IRQn);
NVIC_SetPriority(PIOA_IRQn, 0);
NVIC_EnableIRQ(PIOA_IRQn);
```

其中 PIOA_IRQn 表示中断向量编号。

③ 中断处理函数。

中断配置好后，要在发生中断时调用相应的中断处理函数，其中中断处理函数名称已经在 sam4e16e.h 文件中进行了定义，如 PIOA 端口的中断处理函数名称是 void PIOA_Handler（void）。

3. 中断按钮检测实例

通过实现对按钮（接 PA20）中断检测来控制 LED 灯（接 PA0）的例子说明中断

程序开发流程。

(1) 硬件电路

电路如图 5 - 1 所示。当按钮按下即 PA20 接地时,编程 PA0 为低电平即 LED 灯亮;当按钮弹开时即 PA20 悬空,但可以通过配置输入上拉使之为高电平,编程 PA0 为高电平即 LED 灯灭。

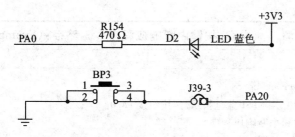

图 5 - 1　按钮和 LED 电路

(2) 实现思路

通过外部中断触发检测按钮状态。

① 启用 PIO 控制器的时钟。启用中断、获取引脚电平需要开启相应 PIO 控制器的时钟。

```
PMC -> PMC_PCER0 = (1 << ID_PIOA);
```

② 引脚配置为仅作输入用途。

```
#define BUTTON_PIO  PIO_PA20
/* 使用 PIO 控制器控制引脚 */
PIOA -> PIO_PER = BUTTON_PIO;
/* 禁用引脚输出,即按钮引脚仅作为输入引脚 */
PIOA -> PIO_ODR = BUTTON_PIO;
```

③ 启用上拉电阻。默认情况下无需做此设置。但配置时需要注意,在启用上拉电阻前需禁用下拉电阻。

```
/* 启用上拉电阻(不过重置时就是默认启用的) */
PIOA -> PIO_PPDDR = BUTTON_PIO;
PIOA -> PIO_PUER = BUTTON_PIO;
```

④ 启用中断。

```
/* 启用中断 */
PIOA -> PIO_IER = BUTTON_PIO;
/* 不使用额外中断控制模式 */
PIOA -> PIO_AIMDR = BUTTON_PIO;
/* NVIC 中启用中断 */
```

```
NVIC_ClearPendingIRQ(PIOA_IRQn);
NVIC_SetPriority(PIOA_IRQn, 0);
NVIC_EnableIRQ(PIOA_IRQn);
```

这样,该引脚就会在输入电平的上升沿及下降沿,即按钮弹起及按下时,产生中断。

(3) 软件实现

实例编号:5 - 01	内容:按键中断响应程序	路径:\Example\ Ex5_01

```
*-------------------------------------------------*
* 文件名:Interrupt.cproj                           *
* 硬件连接:PA0 连接 LED 蓝色指示灯,按钮接 PA20      *
* 程序描述:按钮中断响应程序                          *
* 目的:学习如何使用中断                              *
* 说明:提供 Atmel MCU 中断的编程框架,供入门学习使用  *
*                                                 *
*《ARM Cortex-M4 微控制器原理与应用——基于 Atmel SAM4 系列》教学实例 */
/*[头文件]*/
#include"sam.h"


/* 使用的开发板按钮 bp3,引脚为 PA20;连接 LED D2,引脚为 PA0 */
#define BUTTON_PIO        PIO_PA20
#define LED_PIO        PIO_PA0


/*[子函数]*/
/*对按钮 I/O 口进行配置*/
void ConfigButtonPIO()
{
    /* 使用 PIO 控制器控制引脚 */
    PIOA -> PIO_PER = BUTTON_PIO;
    /*禁用引脚输出,即按钮引脚仅作为输入引脚 */
    PIOA -> PIO_ODR = BUTTON_PIO;
    /*启用上拉电阻(不过重置时就是开启的) */
    PIOA -> PIO_PPDDR = BUTTON_PIO;
    PIOA -> PIO_PUER = BUTTON_PIO;
    /*启用中断 */
    PIOA -> PIO_IER = BUTTON_PIO;
    /*不使用额外中断控制模式 */
    PIOA -> PIO_AIMDR = BUTTON_PIO;
    /* NVIC 中启用中断 */
```

126

```
        NVIC_ClearPendingIRQ(PIOA_IRQn);
        NVIC_SetPriority(PIOA_IRQn, 0);
        NVIC_EnableIRQ(PIOA_IRQn);
}
/*对 LED I/O 口进行配置*/
void ConfigLEDPIO(void)
{
        /* LED 引脚由 PIO 控制器控制输出 */
        PIOA -> PIO_PER = LED_PIO;
        PIOA -> PIO_OER = LED_PIO;
        PIOA -> PIO_OWER = LED_PIO;
        /*默认灯灭*/
        PIOA -> PIO_SODR = LED_PIO;
}

/*[中断处理函数]*/
void PIOA_Handler()
{
        /*获取中断的状态,同时拉低中断*/
        uint32_t status = PIOA -> PIO_ISR;
        /*先确定是否是由按钮引脚触发的中断*/
        if ((status & BUTTON_PIO) != 0)
        {
                if (PIOA -> PIO_PDSR & BUTTON_PIO)
                {
                        /*检测到高电平,表示按钮弹起;控制 LED PA0 为高电平,灯灭*/
                        PIOA -> PIO_SODR = LED_PIO;
                }
                else
                {
                        /*检测到低电平,表示按钮按下;控制 LED PA0 为低电平,灯亮*/
                        PIOA -> PIO_CODR = LED_PIO;
                }
        }
}
/*[主程序]*/
int main (void)
{
        /*关闭看门狗*/
        WDT -> WDT_MR = WDT_MR_WDDIS;
```

```
/* 开启 PIOA 时钟 */
PMC -> PMC_PCER0 = (1 << ID_PIOA);
ConfigButtonPIO();
ConfigLEDPIO();
while(1);
return 0;
}
```

5.2　DMA 控制器

DMA 控制器(DMAC)是一个以 AHB 为中心的 DMA 控制器核,使用一个或多个 AMBA 总线结构,将数据从源外设传输到目标外设。每个通道需要同时存在源外设和目标外设。在最基本的配置中,DMAC 有一个主控接口和一个通道。主控接口从源外设读取数据,并写入目标外设中。

一次 DMAC 数据传输需要用到 2 次 AMBA 传输,这也被称为双访问传输。通过 APB 接口对 DMAC 进行编程。DMA 控制器可处理外设和内存间的传输,因此可接收来自外设的触发信号,如表 5 - 2 所列。

5.2.1　DMAC 功能描述

1. DMAC 寄存器

DMAC 寄存器说明如表 5 - 2 所列。

表 5 - 2　DMAC 寄存器

偏移量	名　　称	寄存器	权　　限	复位值
0x0000	全局配置寄存器	DMAC_GCFG	读/写	0x10
0x0004	允许寄存器	DMAC_EN	读/写	0x00000000
0x0008	软件单一传输请求寄存器	DMAC_SREQ	读/写	0x00000000
0x000C	软件块传输请求寄存器	DMAC_CREQ	读/写	0x00000000
0x0010	软件最后传输标志寄存器	DMAC_LAST	读/写	0x00000000
0x0018	错误,链接缓冲区传输结束,缓冲区传输结束中断允许寄存器	DMAC_EBCIER	只写	—
0x001C	错误,链接缓冲区传输结束,缓冲区传输结束中断禁止寄存器	DMAC_EBCIDR	只写	—
0x0020	错误,链接缓冲区传输结束,缓冲区传输结束中断屏蔽寄存器	DMAC_EBCIMR	只读	0x00000000

偏移量	名　称	寄存器	权　限	复位值
0x0024	错误,链接缓冲区传输结束,缓冲区传输结束中断状态寄存器	DMAC_EBCISR	只读	0x00000000
0x0028	通道处理允许寄存器	DMAC_CHER	只写	—
0x002C	通道处理禁止寄存器	DMAC_CHDR	只写	—
0x0030	通道处理状态寄存器	DMAC_CHSR	只读	0x00FF0000
0x03C+ch_num * (0x28)+(0x0)	通道源地址寄存器	DMAC_SADDR	读/写	0x00000000
0x03C+ch_num * (0x28)+(0x4)	通道目标地址寄存器	DMAC_DADDR	读/写	0x00000000
0x03C+ch_num * (0x28)+(0x8)	通道描述符地址寄存器	DMAC_DSCR	读/写	0x00000000
0x03C+ch_num * (0x28)+(0xC)	通道控制 A 寄存器	DMAC_CTRLA	读/写	0x00000000
0x03C+ch_num * (0x28)+(0x10)	通道控制 B 寄存器	DMAC_CTRLB	读/写	0x00000000
0x03C+ch_num * (0x28)+(0x14)	通道配置寄存器	DMAC_CFG	读/写	0x01000000
0x1E4	写保护模式寄存器	DMAC_WPMR	读/写	0x00000000
0x1E8	写保护状态寄存器	DMAC_WPSR	只读	0x00000000

2. 存储器外设

存储器外设和 DMAC 之间没有握手接口,所以存储器不能作为流控制器。一旦通道被允许,传输马上进行,不需要等待事务请求。另一种不需要进行事务级握手接口的途径是:一旦通道被允许,允许 DMAC 试图对外设进行 AMBA 传输。如果从机外设不能接收 AMBA 传输,就会插入一个等待状态,直到状态变为就绪。建议总线上等待状态不超过 16 个。通过使用握手接口,外设能通知 DMAC 数据的发送/接收已就绪,这样 DMAC 就可以直接访问外设而不需要外设再插入等待状态。

3. 握手接口

握手接口用于事务级以控制单一或块传输流。握手接口操作是不同的,取决于是外设还是 DMAC 作为流控制器。

外设使用握手接口通知 DMAC,AMBA 总线上的数据发送/接收准备已就绪。非存储器外设可通过硬件握手和软件握手两种握手接口向 DMAC 请求 DMAC 数据传输。

软件编程可在每个通道上选择硬件或者软件握手。软件握手通过内存映射寄存器来实现,硬件握手通过使用指定的握手接口来实现。

软件握手:

当从机外设请求 DMAC 进行一次 DMAC 事务时,从机外设会将请求通过一个中断信号发送到 CPU 或者中断控制器。

中断服务程序使用软件寄存器的方式开始和控制一个 DMAC 事务,这些软件寄存器用来实现软件握手。通道配置寄存器(DMAC_CFGx)的 SRC_H2SEL/DST_H2SEL 位域必须设置为 0,以允许软件握手。当外设不是流控制器时,最后事务寄存器(DMAC_LAST)将不被使用,寄存器中的值被忽略。

(1) 块传输事务

向软件块传输请求寄存器 DMAC_CREQ[2x]中写 1 可启动一个源外设块传输事务请求,其中 x 表示通道号。向 DMAC_CREQ[2x+1]寄存器中写 1 则可启动一个目标外设块传输事务请求,其中 x 表示通道号。块传输事务完成后,硬件会清除 DMAC_CREQ[2x]或 DMAC_CREQ[2x+1]寄存器。

(2) 单一传输事务

向软件单一传输请求寄存器 DMAC_SREQ[2x]中写 1 可启动一个源外设单一传输事务请求,其中 x 表示通道号。向 DMAC_SREQ[2x+1]寄存器中写 1 则可启动一个目标外设单一传输事务请求,其中 x 表示通道号。单一事务完成后,硬件会清除 DMAC_ SREQ [x]或 DMAC_ SREQ [2x+1]寄存器。

软件可轮询 DMAC_CREQ[x]/DMAC_CREQ[2x+1]和 DMAC_SREQ[x]/DMAC_SREQ[2x+1]寄存器的值。当所有位都为 0 时,表示所有块传输事务或单一传输事务均已完成。

4. DMAC 传输类型

一个 DMAC 传输可能由单一或多缓冲区(Multi-buffer)传输组成。

对多缓冲区传输的连续缓冲区,使链表链接缓冲区和缓冲区地址连续,重新编程设置 DMAC 中的通道源地址寄存器 DMAC_SADDRx 与通道目的地址寄存器 DMAC_DADDRx。对多缓冲传输中的连续缓冲区,可重新编程设置 DMAC 中的通道控制 A 寄存器 DMAC_CTRLAx 和通道控制 B 寄存器 DMAC_CTRLBx 使用链表链接缓冲区。用链表链接缓冲区链接时,可将链表作为多缓冲区选择的方法,对于连续缓冲区,可编程设置 DMAC 中的通道描述符地址寄存器 DMAC_DSCRx 使用链表链接缓冲区。

一个缓冲区描述符(LLI)由以下寄存器组成:DMAC_SADDRx、DMAC_DADDRx、DMAC_DSCRx、DMAC_CTRLAx、DMAC_CTRLBx。这些寄存器和 DMAC_CFGx 寄存器一起被 DMAC 用来建立和描述缓冲区传输。

5.2.2 DMAC 应用实例

在 SAM4 中,DMA 控制器(DMAC)比外设 DMA 控制器(PDC)复杂,功能更加强大。

为适应不同的传输要求,DMAC 可进行灵活的自定义配置,甚至配备了一个 FIFO 缓存。比如可以为源设备和目标设备分别设定传输时,地址的变动方式(递增、递减或固定),以及一次传输的数据量(字节、半字或字)。

DMAC 有 4 个通道,每个通道可以进行一个传输任务。进行传输的设备可分为"存储器"及"非存储器"。存储器表示随时可以对该设备进行访问,而非存储器表示需要一个信号(握手接口)来触发或控制对设备的访问。握手接口可以选择硬件或软件的,并且可以在传输的过程中动态配置。

另外,比起 PDC 只能设置下一次传输的参数(传输地址、数据量大小等),DMAC 可以先在内存中保存好若干次传输的参数,然后自动进行多次传输(Multi - buffer 传输)。

本小节实例使用 DMAC 的 Multi - buffer 传输功能,将两个缓冲区的内容复制至一个连续的缓冲区中。

1. 实现思路

源缓冲区有两个,使用两个缓冲区描述符(LLI),如图 5 - 2 所示。其中每个 LLI 的源地址寄存器 SADDR 指向每个源缓冲区的首地址,并在每次获取 LLI 时,更新源地址寄存器 SADDR。目标缓冲区是连续的,不需要更新目的地址寄存器 DADDR。

在启用通道前,需要设置好 DADDR。同时设置 CTRLB,该通道不从 LLI 中更新 DADDR 地址;设置好描述符地址寄存器(DSCR),使其指向第一个 LLI。

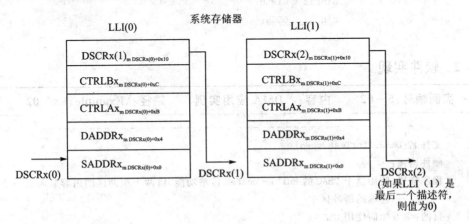

图 5 - 2　缓冲区描述符

(1) 多缓冲区传输的实现机制

每个通道有若干个寄存器。其中,源地址和目的地址寄存器(SADDR 和 DAD-DR)、描述符地址寄存器(DSCR)和通道控制器存器(CTRLA 和 CTRLB)可根据需要进行自动修改。缓冲区描述符(LLI)连续地储存着这几个寄存器的目标设置,利用 DSCR 使用链表链接缓冲区,DSCR 表示下一个区域的地址。

在启用通道时,如果 DSCR 为 0,则表示只需进行一次传输,传输完成后就关闭通道。如果 DSCR 不为 0,则表示进行多次传输,这几个寄存器的更新过程如下:

① 获取 DSCR 指向的 LLI 的内容。如果 DSCR 为 0,则任务结束。

② 根据当前 CTRLB 寄存器的内容,判断是否需要根据该 LLI 更新 SADDR 及 DADDR。然后根据该 LLI 更新其余寄存器(CTRLA、CTRLB 和 DSCR)。

③ 根据新的寄存器内容进行传输。

④ 传输完成后,将 CTRLA 的内容回写至内存中(传输中仅有该寄存器的 BT-SIZE 和 DONE 字段会发生改变)。

⑤ 根据通道 CFG 寄存器的 Stop On Done(SOD)字段判断是否需要重新执行以上过程。所以,在启用通道前,除了要设置 CFG 寄存器外,也需要设置 CTRLB。

(2) 缓冲区描述符 LLI

LLI 的存储器布局不复杂,使用结构体进行操作有助于简化工作。由于布局简单,也不用太关注存储器对齐的细节。(另外,在使用 LLI 时,需要其地址是字对齐的。)

```
typedef struct _lli{
            uint32_t SADDR;
            uint32_t DADDR;
            uint32_t CTRLA;
            uint32_t CTRLB;
            uint32_t DSCR;
        }LLI;
```

2. 软件实现

实例编号:5 - 02	内容:　DMA 应用实例	路径:\Example\Ex5_02

```
/*-------------------------------------------------------*
* 文件名:DMABufferTest.cproj                            *
* 硬件连接:                                              *
* 程序描述:使用这个 DMAC 的 Multi - buffer 传输功能,将两个缓冲区的内容复制至一个
          连续的缓冲区中                                *
* 目的:学习如何使用 DMA                                  *
* 说明:提供 Atmel DMA 编程实例,供入门学习使用             *
*                                                        *
```

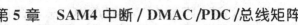

```
*《ARM Cortex-M4 微控制器原理与应用——基于 Atmel SAM4 系列》教学实例 * /

/ *［头文件］* /
# include"sam. h"

/ * 使用 DMA 通道 0 * /
# define DMAC_CH 0

// LLI 结构
typedef struct _lli{
    uint32_t SADDR;
    uint32_t DADDR;
    uint32_t CTRLA;
    uint32_t CTRLB;
    uint32_t DSCR;
}LLI;

/ *［子函数］* /
//初始化 LLI
//lli:需要初始化的 LLI 的地址
//saddr:源地址
//btsize:传输次数
//next_lli:下一个 LLI 的地址。如果是最后一个 LLI,则该参数为 NULL
void InitLLI(LLI * lli, void * saddr, uint16_t btsize, LLI * next_lli)
{
    lli-> SADDR = (uint32_t)saddr;
    lli-> DADDR = 0;             // DADDR 不会被使用,初始化为 0 即可
    lli-> DSCR = DMAC_DSCR_DSCR_Msk & (uint32_t)next_lli;
    lli-> CTRLA =  DMAC_CTRLA_BTSIZE(btsize)
        |DMAC_CTRLA_SRC_WIDTH_WORD
        |DMAC_CTRLA_DST_WIDTH_WORD;
    lli-> CTRLB = DMAC_CTRLB_SRC_DSCR_FETCH_FROM_MEM
        |DMAC_CTRLB_DST_DSCR_FETCH_DISABLE
        |DMAC_CTRLB_FC_MEM2MEM_DMA_FC
        |DMAC_CTRLB_SRC_INCR_INCREMENTING
        |DMAC_CTRLB_DST_INCR_INCREMENTING;
}
*［主程序］* /
int main (void)
{
```

```
// 定义源缓冲区 src
    uint32_t src1[2];
    uint32_t src2[3];
//定义目的缓冲区 dst
    uint32_t dst[5];
// 在源缓冲区中填入数据 50,51,52,53,54
    src1[0] = 50;
    src1[1] = 51;
    src2[0] = 52;
    src2[1] = 53;
    src2[2] = 54;
//定义缓冲区描述符
/*注意,要确保 LLI 的实例在整个程序的运行过程中都是有效的。比如如果 LLI 是
    存储在函数的栈中,那么函数退出后,该 LLI 即无效了。所以可以选择在堆中分
    配 LLI 实例的空间,或者将其定义为全局变量,也可以在 main 函数中定义实
    例*/
    LLI first_lli;
    LLI last_lli;
    InitLLI(&first_lli, (void*)src1, 2, &last_lli);
    InitLLI(&last_lli, (void*)src2, 3, 0);
// 使能和初始化 DMAC
    PMC -> PMC_PCER0 = 1 << ID_DMAC;
    DMAC -> DMAC_GCFG = DMAC_GCFG_ARB_CFG_ROUND_ROBIN;       // 轮转优先级
    DMAC -> DMAC_EN = DMAC_EN_ENABLE;
// 配置 DMAC 通道
// 使 DSCR 指向 first_lli
    DMAC -> DMAC_CH_NUM[DMAC_CH].DMAC_DSCR = (uint32_t)(void*)(&first_lli);
//设置目标地址
    DMAC -> DMAC_CH_NUM[DMAC_CH].DMAC_DADDR = (uint32_t)(void*) dst;
//设置 CTRLB,使通道从 LLI 中更新源地址
    DMAC -> DMAC_CH_NUM[DMAC_CH].DMAC_CTRLB = DMAC_CTRLB_SRC_DSCR_FETCH_FROM_MEM
            | DMAC_CTRLB_DST_DSCR_FETCH_DISABLE;
//配置 CFG 寄存器
    DMAC -> DMAC_CH_NUM[DMAC_CH].DMAC_CFG = DMAC_CFG_SOD_DISABLE
            | DMAC_CFG_FIFOCFG_ALAP_CFG;
// 使能通道
    DMAC -> DMAC_CHER = DMAC_CHER_ENA0 << DMAC_CH;
// 等待通道关闭,即传输结束
    const uint32_t check_bit = DMAC_CHSR_ENA0 << DMAC_CH;
    while( (DMAC -> DMAC_CHSR & check_bit) != 0);
```

```
    while(1)
    {
        {
        }
}
```

5.3　外设 DMA 控制器

外设 DMA 控制器(PDC)用于片上串行外设(如 UART、USART、SSC 和 SPI 等)和片上或片外存储器之间的数据传输。使用外设 DMA 控制器可避免处理器对外设的干预,大大减少处理器的中断处理开销,明显减少数据传输所需要的时钟周期,从而改善处理器的性能,并使处理器更加节能。

PDC 通道是成对实现的,每对专用于一个特定的外设,例如 UART、USART 和 SPI 等。其中一个通道用于接收外设数据,另一个通道用于向外设发送数据。外设通过发送和接收信号触发 PDC 传输。当编程数据传输完成后,相应的外设产生一个传输结束中断。

5.3.1　PDC 功能概述

1. PDC 寄存器

PDC 寄存器说明如表 5-3 所列。

表 5-3　PDC 寄存器

偏移量	名　　称	寄存器	权　限	复位值
0x100	接收指针寄存器	PERIPH_RPR	读/写	0x00000000
0x104	接收计数器寄存器	PERIPH_RCR	读/写	0x00000000
0x108	发送指针寄存器	PERIPH_TPR	读/写	0x00000000
0x10C	发送计数器寄存器	PERIPH_TCR	读/写	0x00000000
0x110	下一接收指针寄存器	PERIPH_RNPR	读/写	0x00000000
0x114	下一接收计数器寄存器	PERIPH_RNCR	读/写	0x00000000
0x118	下一发送指针寄存器	PERIPH_TNPR	读/写	0x00000000
0x11C	下一发送计数器寄存器	PERIPH_TNCR	读/写	0x00000000
0x120	PDC 传输控制寄存器	PERIPH_PTCR	只写	—
0x124	PDC 传输状态寄存器	PERIPH_PTSR	只读	0x00000000

注意:PERIPH 的 10 个寄存器在不同外设内存空间的映射地址的偏移是相同的,用户可根据所需功能和目标外设对其定义。

2. PDC 通道

有两个外设 DMA 控制器（PDC0 及 PDC1）用来控制请求，如表 5 - 4 和表 5 - 5 所列。

表 5 - 4　外设 DMA 控制器（PDC0）

外　设	通道 T/R	外　设	通道 T/R	外　设	通道 T/R
TC5	接收	UART0	发送	TWI0	接收
TC4	接收	USART0	发送	UART0	接收
TC3	接收	USART1	发送	USART0	接收
TC2	接收	DACC	发送	USART1	接收
TC1	接收	SPI	发送	AFEC1	接收
TC0	接收	HSMCI	发送	AFEC0	接收
TWI1	发送	PIOA	接收	SPI	接收
TWI0	发送	TWI1	接收	HSMCI	接收

表 5 - 5　外设 DMA 控制器（PDC1）

外　设	通道 T/R	外　设	通道 T/R
保留	发送	保留	接收
PWM	发送	保留	接收
保留	发送	保留	接收
保留	发送	UART1	接收
UART1	发送		

3. PDC 配置

PDC 通道用户接口用于配置和控制每个通道上的数据传输。PDC 通道用户接口集成在与其相关的外设的用户接口中。

每个外设都包含 4 个 32 位指针寄存器（RPR、RNPR、TPR 和 TNPR）和 4 个 16 位计数寄存器（RCR、RNCR、TCR 和 TNCR）。但每种类型的发送和接收编程是不同的：全双工外设的发送和接收可以同时编程；半双工外设只能在发送或接收一种情况下编程。32 位指针寄存器不管读或写，均定义当前和下一次传输的存储器访问地址。16 位计数寄存器定义当前和下一次传输数据大小，在任何时刻都可以读取每个通道上的传输剩余值。

PDC 有专用的状态寄存器，用于反映每个通道的允许和禁止状态。每个通道的状态可通过读取外设状态寄存器（PERIPH_PTSR）获得。可以通过设置 PDC 传输控制寄存器（PERIPH_PTCR）中的 TXTEN/TXTDIS 位和 RXTEN/RXTDIS 位来允许和/或禁止收发。可参见下面的传输计数器部分。

4．存储指针

每个全双工外设都通过一个数据接收通道和一个数据发送通道与 PDC 相连。每个通道都有一个内部的 32 位存储指针。每个存储指针可以指向内存空间的任何地址(片上存储器或外部总线接口存储器)。

每个半双工外设通过一个双向通道与 PDC 相连。这个通道有 2 个内部的 32 位存储指针,一个用于当前传送,另一个用于下一次传送。这些指针用于发送还是接收取决于外设操作模式。

5．传输计数器

每个通道有 2 个内部 16 位传输计数器,1 个用于当前传输,另一个用于下一次传输。这些计数器定义了传输数据的大小。当前传输计数器值随数据传输递减。当计数值为 0 时,通道监测下一次传输计数值。如果下一次计数值为 0,本通道传输结束并且设定合适的标志。如下一次传输计数值大于 0,下一次指针值及计数值会被拷贝到当前指针寄存器和计数寄存器,并且通道继续传输直到下一次指针值及计数值为 0。在 PDC 通道传输结束时会设定外设状态寄存器相应的标志。

以下给出根据当前计数器的数值,相应外设的状态寄存器标志(ENDRX、ENDTX、RXBUFF 和 TXBUFE)的操作:

当接收计数器寄存器(PERIPH_RCR)为 0 时,ENDRX 标识置位。

当 PERIPH_RCR 寄存器和下一接收计数器寄存器(PERIPH_RNCR)都为 0 时,RXBUFF 标识置位。

当发送计数器寄存器(PERIPH_TCR)为 0 时,ENDTX 标识置位。

当 PERIPH_TCR 寄存器和下一发送计数器寄存器(PERIPH_TNCR)都为 0 时,TXBUFE 标识置位。

相应的各外设状态寄存器的详细描述在各外设章节中。

6．数据传输

外设通过传输控制寄存器中的 TXEN 和 RXEN 信号触发 PDC 传输。

当外设接收到一个外部字符时,发送一个接收就绪信号给 PDC,PDC 请求使用系统总线。使用获得许可时,PDC 开始读取相应外设接收保持寄存器(RHR),触发一个对存储器的写操作。

当外设发送数据,发送传送准备信号到 PDC 传送通道,PDC 请求使用系统总线。使用获得许可时,PDC 开始读取存储器数据并且放入相应外设发送保持寄存器(THR)。

7．PDC 标志和外设状态寄存器

每个连接 PDC 的外设发出接收准备和发送准备标志,PDC 返回相应的标志给外设。所有这些标志只能在相关外设的状态寄存器中查询。

根据外设的类型、全双工或半双工,标志既属于 1 个单通道又属于 2 个差分

通道。

(1) 接收传输结束标志(ENDRX)

当 PERIPH_RCR 寄存器变为 0,并且前一次数据已传输到存储器时,相应外设的接收传输结束标志(ENDRX)将被设置。写非零值到 PERIPH_RCR 或 PERIPH_RNCR 寄存器中,此标志将被重置。

(2) 发送传输结束标志(ENDTX)

当 PERIPH_TCR 寄存器变为 0,并且前一次数据已传输到外设的 THR 时,相应外设的发送传输结束标志(ENDRX)将被设置。写非零值到 PERIPH_TCR 或 PERIPH_TNCR 寄存器中,此标志将被重置。

(3) 接收缓冲区满标志(RXBUFF)

当 PERIPH_RCR 寄存器变为 0,PERIPH_RNCR 也为 0,并且前一次数据已传输到存储器时,在相应外设的接收缓冲区满标志(RXBUFF)将被设置。写非零值到 PERIPH_TCR 或 PERIPH_TNCR 寄存器中,此标志将被重置。

(4) 发送缓冲区空标志(TXBUFE)

当 PERIPH_TCR 寄存器变为 0,PERIPH_TNCR 也为 0,并且前一次数据已传输到外设的 THR 时,相应外设的发送缓冲区空标志(TXBUFE)将被设置。写非零值到 PERIPH_TCR 或 PERIPH_TNCR 寄存器中,此标志将被重置。

5.3.2　PDC 实例说明

PDC 实例可见同步/异步串行通信(USART)章节实例,利用 PDC 实现串行数据通信保证数据传输的及时响应性和可靠性,防止数据在传输过程的丢失。在没有 PDC 功能的其他单片机中,为了解决串行通信的数据丢失问题,常常需要建立发送队列缓冲区和接收队列缓冲区。使用 PDC 可简化这部分编程,直接通过设置 PDC 寄存器实现。

5.4　总线矩阵

SAM4E 总线结构中有一个 7 层 AHB 总线矩阵(Matrix),总线频率为 120 MHz。7 层 AHB 总线矩阵可管理 7 个主机设备和 6 个从机设备,意味着每个主机设备都可以和其他主机设备同时访问可用的从机设备。

5.4.1　Matrix 功能描述

可配置的主机设备的数量多达 7 个,7 个主机模块设备如表 5 - 6 所列。

可配置的从机设备的数量多达 6 个,6 个从机模块设备如表 5－7 所列。

表 5－6　总线矩阵主模块列表

主模块 0	Cortex-M4 指令/数据
主模块 1	系统总线(S－bus)
主模块 2	外设 DMA 控制器 PDC0
主模块 3	外设 DMA 控制器 PDC1
主模块 4	DMA 控制器
主模块 5	保留
主模块 6	网络控制器(EMAC)

表 5－7　总线矩阵从模块列表

从模块 0	内部 SRAM
从模块 1	内部 ROM
从模块 2	内部 FLASH
从模块 3	外设桥 0
从模块 4	外设桥 1
从模块 5	外部总线接口

以上这些设备都是通过总线矩阵相互连接的,所有主机设备都能正常地访问所有的从机设备。

1. 主机设备到从机设备的访问

任一个主机设备可访问所有的从机设备。但有些访问通道是没有意义的,例如,Cortex-M4 系统总线到内部 SRAM 的访问,其中"－"符号表示可以访问通道,"×"符号表示没有意义,如表 5－8 所列。

表 5－8　Master 到 Slave 访问

从机设备	主机设备	0 Cortex-M4 指令/数据总线	1 Cortex-M4 系统总线	2 PDC0	3 PDC1	4 DMAC	5 保留	6 EMAC
0	内部 SRAM	－	×	×	×	×	－	×
1	内部 ROM	×	－	×	×	×	－	×
2	内部 FLASH	×	－	×	×	×	－	×
3	外设桥 0	－	×	×	×	×	－	－
4	外设桥 1	－	×	×	×	×	－	－
5	外部总线接口(EBI)	－	×	×	×	×	－	×

2. Matrix 寄存器

Matrix 寄存器如表 5－9 所列。

表 5－9　Matrix 寄存器

偏移量	名　　称	寄存器	权　限	复位值
0x0000－0x0018	主机设备配置寄存器 0－6	MATRIX_MCFG0－MATRIX_MCFG6	读/写	MCFG0:0x00000001 MCFG1－5:0x00000000
0x0040－0x0054	从机设备配置寄存器 0－5	MATRIX_SCFG0－MATRIX_SCFG5	读/写	0x000001FF

ARM Cortex -M4 微控制器原理与应用——基于 Atmel SAM4 系列

续表 5 - 9

偏移量	名　称	寄存器	权　限	复位值
0x0080 - 0x0088， 0x0090 - 0x0098， 0x00A0 - 0x00A8	从机设备优先级寄存器 0～5	MATRIX_PRAS0 - MATRIX_PRAS5	读/写	0x33333333
0x0100	主机设备重映射控制寄存器	MATRIX_MRCR	读/写	0x00000000
0x0114	系统 I/O 配置寄存器	CCFG_SYSIO	读/写	0x00000000
0x0124	SMC NAND FLASH 选择配置寄存器	CCFG_SMCNFCS	读/写	0x00000000
0x01E4	写保护模式寄存器	MATRIX_WPMR	读/写	0x00000000
0x01E8	写保护状态寄存器	MATRIX_WPSR	只读	0x00000000

3. 总线授权

总线矩阵提供一些预测总线授权技术，以提前预测一些主机设备的访问请求。此机制将减少成组传输或单一传输中初次访问延迟。总线授权机制可以给每个从机设备设置一个默认的主机设备。

在当前访问结束时，如果无其他请求已挂起，从机设备将保持与其默认主机设备的连接。一个从机设备可以关联 3 种默认的主机设备：无默认主机设备、最近一次访问的主机设备和固定默认主机设备。用户可通过设置 MATRIX_SCFG 寄存器的 DEFMSTR_TYPE 域设定主机设备。

无默认主机设备：在当前访问结束时，如果无其他请求已挂起，则从机设备与所有主机断开连接。无默认主机设备适用于低功耗模式。

最近一次访问主机设备：在当前访问结束时，如果无其他请求已挂起，则从机设备仍然与最近执行访问的主机设备保持连接。

固定默认主机设备：在当前访问结束时，如果无请求已挂起，则从机设备将保持与其固定默认主机设备的连接。

用户可以通过对从机设备配置寄存器（MATRIX_SCFG）的 FIXED_DEFMSTR 域修改更换默认主机设备。

4. 总线仲裁

当冲突情况发生时，即两个或更多主机设备试图同时访问相同从机设备时，总线矩阵提供仲裁机制，此功能将减少延迟时间。总线矩阵为每个 AHB 从机设备提供一个仲裁器，仲裁的类型可以都不同。

总线矩阵提供给用户 2 种可能的仲裁类型，并且适合于每一个从机：循环仲裁（默认）和固定优先级仲裁。用户可以通过设置从机设备优先级寄存器（MATRIX_

PRAS)的 MxPR 域设定仲裁模式及优先级。

每个仲裁器能对两个或两个以上主机设备的请求进行仲裁。为了避免成组传输中止,也为给从机设备接口提供最大的吞吐量,仲裁只可能发生在空闲周期、单一传输周期和成组传输的最后一个周期。

(1) 循环仲裁

循环仲裁算法允许总线矩阵按循环方式将来自不同的主机设备的请求调度到相同的从机设备。如果两个或更多的主机设备请求同时到达,主机访问按照循环算法由低到高的顺序访问。

有三种可使用的循环算法:无默认主机设备的循环仲裁、最近访问主机设备的循环仲裁及固定默认主机设备的循环仲裁。

① 无默认主机设备的循环仲裁

这是总线矩阵仲裁器使用的主要算法。在这个纯循环算法方式中,允许总线矩阵将来自不同主机设备的请求调度到相同的从机设备。在当前访问结束时,如果无其他请求已挂起,则从机设备与所有的主机设备断开。此配置会导致成组传输的第一次访问产生一个延迟周期。无默认主机设备的循环仲裁,可用于执行重要成组传输的一些主机设备。

② 最近访问主机设备的循环仲裁

这是一个有偏向的循环算法。它使得最近访问的主机设备对从机设备的再次访问,可缩短一个延迟周期。事实上,在当前传输结束时,如果无其他主机设备请求已挂起,则从机设备将仍然与最近访问主机设备保持连接。如果其他主机设备访问同样的从机,则这些非特权主机设备的访问仍需要一个延迟周期。此技术可用于主要执行单一访问的主机设备。

③ 固定默认主机的循环仲裁

这是另一个有偏向的循环算法。使得固定默认主机设备对从机设备的访问,可缩短一个延迟周期。在当前访问结束时,从机设备将保持与其固定默认主机设备的连接。任何由此固定默认主机设备对该从机设备的请求,都不会导致延迟周期。如果其他非特权主机设备对该从机设备进行访问,则仍需要一个延迟周期。此技术可用作主要执行单一访问的主机设备。

(2) 固定优先级仲裁

该算法允许总线矩阵按用户定义的优先级,将来自从不同的主机的请求调度到相同的从机设备。如果两个或两个以上的主机设备请求同时有效,则优先级最高的主机设备享有访问权。如果两个或两个以上的有相同优先级的主机设备请求同时有效,则主机设备编号最高的享有优先访问权。对每一个从机设备,可通过从机设备优先级寄存器(MATRIX_PRAS)设置相应的主机设备优先级。

5. 存储器映射

总线矩阵给每个 AHB 主机设备接口提供一个解码器,解码器给每个 AHB 主机设备提供若干存储空间映射。每个存储区可能被分配给多个从机设备,这样使得使用不同的 AHB 从机设备(例如外部 RAM、内部 ROM、内部 FLASH 等)但在相同的地址启动成为可能。

总线矩阵用户接口提供一个主机设备重映射配置寄存器(MATRIX_MRCR)以对每个主机设备执行重映射操作。

6. 系统 I/O 配置

系统 I/O 配置寄存器(CCFG_SYSIO)可用于配置 I/O 口(例如 JTAG、ERASE 和 USB 接口等)是作为系统 I/O 模式还是通用 I/O 口。

7. NAND FLASH 芯片选择配置

SMC NAND FLASH 选择配置寄存器(CCFG_SMCNFCS)可用于设置芯片选择信号引脚(NCSx)是否分配给 NAND FLASH。每个 NCSx 可单独地分配或不分配给 NAND FLASH,当 NCSx 分配给 NAND FLASH 时,NANDOE 和 NANDWE 信号用作 NCSx 信号读/写控制。

5.4.2 Matrix 实例说明

总线矩阵应用实例可参见 Atmel Studuio 6.1 平台提供的 MATRIXExample-SAM4E-EK 实例。实例内容是控制 LED 闪烁,用两种方式进行控制。

第一种方法:通过调用 ASF 库函数。

matrix_set_slave_default_master_type(ul_slave_id,MATRIX_DEFMSTR_NO_DEFAULT_MASTER),利用无默认主机设备的循环算法控制 LED 灯。

第二种方法:通过调用 ASF 库函数。

matrix_set_slave_default_master_type(ul_slave_id,MATRIX_DEFMSTR_LAST_DEFAULT_MASTER),利用最近一次访问主机设备的循环算法控制 LED 灯。

最后,通过调用 toggle_led_test 函数。

对 1 s 内 LED 闪烁的次数进行测量,结果第一种方法比第二种方法要慢。这是因为在无默认主机的情况下,每次访问完 GPIO 时,都会断开连接,所以在下次访问时需要重新连接。在使用最近访问主机设备作为默认主机时,将不会断开该主机与从机的连接,所以下次访问从机的是同一个主机时,就无需重新连接。

第 **6** 章

SAM4 串行通信

本章主要讲解通用异步/同步串行通信 UART/USART 和同步串行通信 SPI。介绍其内部结构、功能描述及操作流程,并通过实例说明具体的实现过程。

串行通信(Serial communication)是指在计算机总线或其他数据通道上,每次传输一个位元数据,并连续进行以上单次过程的通信方式。与之对应,并行通信是在并行端口上通过一次同时传输若干位元数据的方式进行通信。串行通信被用于长距离通信及大多数计算机网络。

(1) 异步串行通信

异步串行通信所传输的数据格式(也称为串行帧)由 1 个起始位、7~9 个数据位、1~2 个停止位(含 1.5 个停止位)和 1 个校验位组成。起始位约定为 0,空闲位约定为 1。在异步通信方式中,接收器和发送器有各自的时钟,其工作是非同步的,如图 6-1 所示。

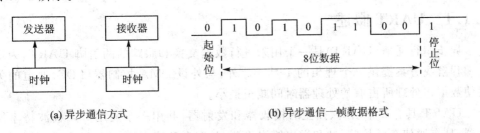

(a) 异步通信方式   (b) 异步通信一帧数据格式

图 6-1 异步通信示意图

(2) 同步串行通信

同步串行通信中,发送器和接收器由同一个时钟源控制,如图 6-2 所示。

(3) 波特率及时钟频率

波特率 BR 是单位时间传输的数据位数,单位 bps(bit per second),1 bps 也可写为 1 bit/s。

异步串行通信的甲乙双方必须具有相同的波特率,否则无法成功地完成数据通信。发送和接收数据是由异步时钟触发发送器和接收器而实现的。

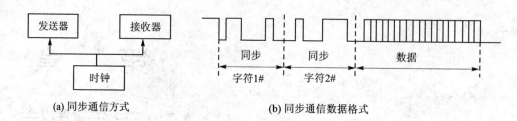

(a) 同步通信方式　　　　　　　(b) 同步通信数据格式

图 6-2　同步通信示意图

同步通信中数据传输的波特率即为同步时钟频率。在异步通信中,时钟频率可为波特率的整数倍。

(4) 串行通信的校验

异步通信时可能会出现帧格式错、超时错等传输错误。在具有串行接口单片机的开发中,应考虑在通信过程中对数据差错进行校验,因为差错校验是保证准确无误通信的关键。

(5) 数据通信的传输方式

常用于数据通信的传输方式有单工、半双工、全双工方式。单工通信是指消息只能单方向传输的工作方式。例如遥控、遥测。半双工通信是指数据可以在一个信号载体的两个方向上传输,但是不能同时传输。全双工通信允许数据在两个方向上同时传输,其能力相当于两个单工通信方式的结合。

6.1　异步串行通信

6.1.1　UART 概述

异步串行通信(UART)是一个用来进行数据交换和跟踪的两引脚 UART,为现场编程解决方案提供一个理想的工具。此外,与外设 DMA 控制器(PDC)通道的关联使数据包处理所占有的处理器时间减至最小。

UART 具有 2 个引脚、独立的接收器和发射器,共用一个通用可编程波特率发生器;具有通信奇偶校验、帧和溢出错误检测;具有自动响应、本地回环和远程回环通道模式;支持两个 PDC 通道,分别连接到接收器和发射器。

UART 框图如图 6-3 所示。

(1) I/O 口说明

SAM4E 有两组 UART,UART 引脚与 PIO 口复用。程序必须首先配置相应的 PIO 控制器,启用 UART 操作,如表 6-1 所列。

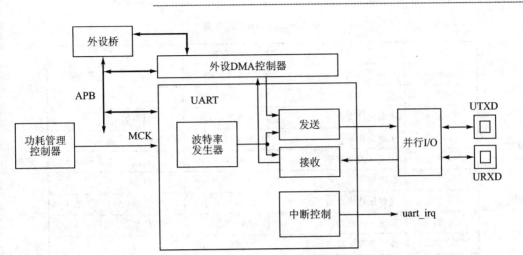

图 6 - 3　UART 原理框图

表 6 - 1　UART I/O 口说明

实 例	引 脚	I/O 口	外 设
UART0	URXD0	PA9	A
UART0	UTXD0	PA10	A
UART1	URXD1	PA5	C
UART1	URXD1	PA6	C

(2) 电源管理

UART 时钟通过功耗管理控制器(PMC)控制。在这种情况下,程序必须首先配置 PMC 以启用 UART 时钟,一般用于这一目的的外设标识符为 1。

(3) 中断源

UART 中断线路连接到中断控制器的一个中断源,中断编号为 7。中断处理需要在配置 UART 之前对中断控制器进行编程。

6.1.2　UART 功能描述

UART 只工作在异步模式下,并且只支持 8 位字符处理(带奇偶校验),没有时钟引脚。UART 由相互独立工作的接收器和发送器,以及一个共有的波特率发生器组成。不能实现接收器超时和发送器时间保证。其他所有的实现特性都与标准 US-ART 一致。

1. UART 寄存器

UART 寄存器如表 6 - 2 所列。

表 6 - 2　UART 寄存器

偏移量	名　称	寄存器	权　限	复位值
0x0600	控制寄存器	UART_CR	只写	—
0x0604	模式寄存器	UART_MR	读/写	0x0
0x0608	中断允许寄存器	UART_IER	只写	—
0x060C	中断禁止寄存器	UART_IDR	只写	—
0x0610	中断屏蔽寄存器	UART_IMR	只读	0x0
0x0614	状态寄存器	UART_SR	只读	—
0x0618	接收保持寄存器	UART_RHR	只读	0x0
0x061C	发送保持寄存器	UART_THR	只写	—
0x0620	波特率发生器寄存器	UART_BRGR	读/写	0x0

2. 波特率发生器

波特率发生器为接收器和发送器提供名为波特率时钟的位周期时钟。波特率时钟由主控时钟分频得到,分频数由波特率生成器寄存器(UART_BRGR)的 CD 域确定。若 UART_BRGR 置 0,波特率时钟禁止且 UART 不工作。最大允许波特率为主控时钟的 16 分频,最小允许波特率为主时钟的 $16×65\ 536$ 分频。

波特率时钟的值为主时钟除以 16,再乘以波特率发生寄存器(UART_BRGR)里的值(CD)。

$$Baud\ Rate(波特率) = \frac{MCK}{16×CD}$$

3. UART 接收

(1) 接收器复位、允许和禁用

设备复位后,UART 接收器禁用,使用之前必须通过将控制寄存器(UART_CR)的 RXEN 位置 1 来允许接收器。允许接收器后,接收器开始寻找起始位。

可通过将控制寄存器 UART_CR 的 RXDIS 位置 1 来禁止接收器。若接收器正在等待起始位,则会马上被停止。如果接收器已经检测到起始位,并且正在接收数据,则在接收到停止位后,停止工作。

可以通过将 UART_CR 寄存器的 RSTRX 位置 1,使接收器处于复位状态。复位操作使接收器立即停止当前操作,并且被禁用,不管当前处于什么状态。如果正在数据传输过程中,则数据将会丢失。

(2) 开始检测与数据采样

UART 只支持异步操作,UART 接收器通过采样 URXD 信号来检测起始位(Start Bit),若连续 7 个以上的采样时钟周期都检测到 URXD 为低电平,就表示检测到了有效的起始位。采样时钟的频率是波特率的 16 倍。也就是说,将长于 7/16 的

位周期空间作为有效的起始位;等于或小于 7/16 的位周期空间将被忽略,接收器会继续等待一个有效的起始位(见图 6 - 4)。

当检测到有效的起始位后,接收器将在每一位的理论中点处采样 URXD。假设每一位持续 16 个采样时钟周期(1 位周期),那么采样点位就是起始位之后的 8 个周期(0.5 位周期)。因此,第一个采样点就是起始位被检测到之后下降沿后的 24 个周期(见图 6 - 5)。

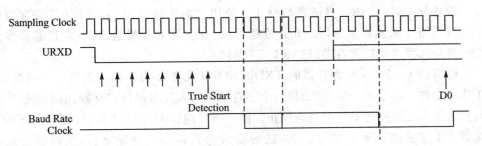

图 6 - 4　起始位(Start)检测

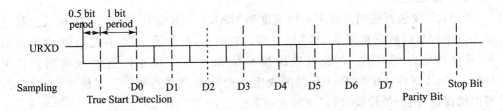

图 6 - 5　字符接收(例:8 位,校验允许,1 位停止位)

(3) 接收就绪

当接收到一个完整字符之后,该字符被传输到接收保持寄存器(UART_RHR),且状态寄存器(UART_SR)的 RXRDY 状态位被置位,表示接收到一个数据。读 UART_RHR 之后,将自动清零 RXRDY 位。

(4) 接收溢出

若自上一次传输之后,软件(或外设数据控制器)没有读 UART_RHR,RXRDY 位仍被置位,此时接收到新的字符,UART_SR 寄存器中的 OVRE 状态位将置位。通过写 UART_CR 寄存器,使其中 RSTSTA 位(复位状态)置 1,可清零 OVRE 位。

(5) 奇偶校验错误

每次接收到数据,接收器就根据模式寄存器(UART_MR)的 PAR 位域计算收到数据的校验位。然后与接收到的校验位进行比较。如果不同,UART_SR 寄存器的 PARE 置 1,且同时 RXRDY 置位,并将 UART_CR 寄存器的 RSTSTA 位置 1 时,校验位清零。在写复位命令之前,若接收到新的字符,PARE 位仍置为 1。

(6) 接收帧错误

检测到起始位之后,所有数据都被采样后生成一个字符。若检测到停止位为 0,停止位也会被采样。RXRDY 位被置位的同时,UART_SR 寄存器的 FRAME 位(帧错误)被置位。FRAME 位保持为 1,直到将 UART_CR 寄存器的 RSTSTA 位置 1。

4. UART 发送

(1) 发送器复位、允许与禁止

设备复位后,UART 发送器被禁止。使用之前必须通过 UART_CR 寄存器的 TXEN 位置 1 来允许发送器。允许发送器后,在实际开始发送之前,发送器将发送的字符写入发送保持寄存器(UART_THR)中。

编程将 UART_CR 寄存器的 TXDIS 位置 1 可禁止发送器。若发送器被禁止,工作将会被立即禁止。但是,如果一个字符正被写入发送保持寄存器,则要等这些字符传送结束之后发送器才会真正停止。同样可以编程 UART_CR 寄存器的 RSTTX 位置 1 来使发送器处于复位状态,这时不管它是否正在处理字符,发送器会立即停止。

(2) 发送格式

UART 发送器按照波特率时钟速度和 UART_MR 寄存器中定义的格式及移位寄存器中存放的数据来驱动 UTXD 引脚。如图 6-6 所示,一个 0 起始位,8 个数据位,数据从低位到高位,一个可选的校验位和一个 1 停止位连续地移出。其中 UART_MR 寄存器中的 PARE 位域决定校验位是否需要移出。当校验位允许时,可以选择奇校验、偶校验、固定空间或标志位。

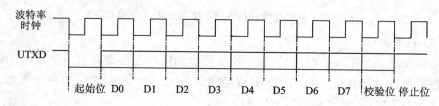

图 6-6　字符发送

(3) 发送器控制

当发送器使能时,UART_SR 寄存器中的 TXRDY 位(发送就绪)置位。当向发送保持寄存器(UART_THR)写数据后,写入的字符从 UART_THR 传输到移位寄存器,开始发送数据。随后 TXRDY 位将保持为 1 直到向 UART_THR 中写入下一个字符。一旦第一个字符发送完成,最近写入 UART_THR 的字符被传输到移位寄存器,并且 TXRDY 位再次置 1,以表明保持寄存器是空的。

当移位寄存器和 UART_THR 都为空,即所有写入 UART_THR 的字符都已经处理完,在最后一个停止位发送完成之后 TXEMPTY 变为 1。

5. 外设 DMA 控制器

UART 的接收器和发送器都与外设 DMA 控制器（PDC）通道连接。通过映射 UART 用户接口到偏移量 0x100 开始的寄存器，可对外设数据控制器通道进行编程。UART_SR 寄存器的状态位反映 PDC 标志，并能够产生中断。RXRDY 位触发接收器的 PDC 通道数据接收传输，从 UART_RHR 中读取数据；TXRDY 位触发发送器的 PDC 通道数据发送传输，向 UART_THR 中写数据。

6. 测试模式

UART 支持 3 种测试模式，可通过 UART_MR 寄存器的 CHMODE 位域（通道模式）编程设置。

自动回应模式允许一位一位地重新发送。当 URXD 线上接收到一位数据时，该数据被发送到 UTXD 线上。正常情况下，发送器操作对 UTXD 线无影响。

本地回环模式允许发送的数据被接收。该模式不使用 UTXD 和 URXD 引脚，而是在内部，发送器的输出直接连接到接收器的输入上。URXD 引脚的状态无效，UTXD 被保持为高，如同在空闲状态。

远程回环模式则是将 URXD 引脚和 UTXD 引脚直接连接。发送器和接收器被禁止，无效。这种模式允许一位一位地重发送。

6.1.3　UART 应用实例

1. UART 通信基本实例

实例功能：首先通过 PC 机向 SAM4E - EK 开发板发送数据，开发板在接收到数据后把数据返回给 PC。

UART 作为异步串口通信协议的一种，必须先要准备一根串口线。用串口线将 PC 的串口和开发板的 DBGU 口连起来，DBGU 有两个引脚分别与 PA10 和 PA9 相连，这两个复用引脚的外设 A 即为 UART0。同时，在 PC 上需要准备好串口通信软件，如串口调试助手。

(1) 硬件电路

具体硬件电路，如图 6 - 7 所示。

将 PA9 和 PA10 两个引脚复用为外设 A 引脚，并设置为 UART0。其中，发送口 UTXD0 是 PA10，接收口 URXD0 是 PA9。

(2) 实现思路

① UART 测试模式

为测试线缆的连接和串口通信软件是否正确，可以先使用 UART 的测试模式。在使用"自动回应模式"或者"远程回环模式"时，接收引脚均会和发送引脚相连，即发送端会接收到发送的数据。

在 UART_MR 中选择"远程回环模式"时的代码为：

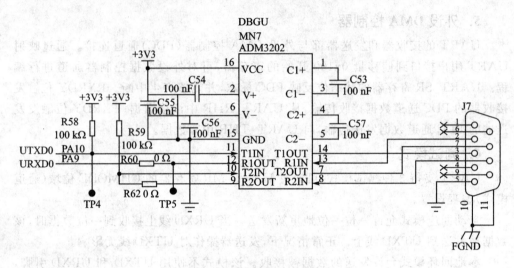

图 6-7　UART 硬件电路

```
UART0 -> UART_MR = UART_MR_CHMODE_REMOTE_LOOPBACK;
```

若 PIO 配置、线缆连接、PC 端软件均无问题,则在 PC 端即可接收到原本发送的数据了。测试成功后,注意删除相关的测试代码。

② 波特率设置

波特率的计算方法为:MCK／(CD×16),其中 CD 在 UART_BRGR 中设置。

因为 CD 必须为整数,所以能使用的波特率的值就较为有限了。同时,串口通信软件只支持选择常用的波特率。在通信过程中,对双方波特率的误差有一定的限制(如芯片手册中提到,不推荐 USART 在波特率误差超过 5% 时使用)。所以这更减小了波特率的选择范围。

使用默认 MCK,即 4 MHz 的情况下,选择使用一个较为慢速的波特率:19 200 bps。将 CD 的值设为 13,实际波特率为 19 230 bps 左右,即误差大到为 0.1%。

```
UART0 -> UART_BRGR = UART_BRGR_CD( 13);
```

(3) 软件设计

完整程序如下:

实例编号:6-01　　内容:UART 串行通信应用实例　　路径:\Example\Ex 6_01
/＊--＊   ＊ 文件名:UARTExample.cproj　　　　　　　　　　　　　　　　＊   ＊ 硬件连接:PA9 和 PA10 为串行通信口 URXD0 和 UTXD0　　　＊   ＊ 程序描述:串行通信,电脑发送一个字节给单片机,单片机在接收到后返回此字节给电   脑,波特率 19 200 bps,8 位数据,1 位停止位,无校验　＊

```
* 目的:学习如何使用串行通信                                          *
* 说明:提供 Atmel 串行通信基本实例,供入门学习使用                     *
*                                                              *
*《ARM Cortex-M4 微控制器原理与应用——基于 Atmel SAM4 系列》教学实例    */

/* [头文件] */
#include"sam.h"


/* 定义波特率,时钟,不需要奇偶校验 */
#define BAUDRATE        19200
#define MCK             CHIP_FREQ_MAINCK_RC_4MHZ
#define PAR             UART_MR_PAR_NO

/* [主程序] */
int main (void)
{
    /* 关掉看门狗 */
    WDT -> WDT_MR = WDT_MR_WDDIS;
    /* 使能 UART0 时钟 */
    PMC -> PMC_PCER0 = (1 << ID_UART0);
    /* 设置 PA9 和 PA10 为串行通信口 URXD0 和 UTXD0 */
    uint32_t mask = PIO_PA9 | PIO_PA10;
    PIOA -> PIO_PDR = mask;
    PIOA -> PIO_ABCDSR[0] &= ~mask;
    PIOA -> PIO_ABCDSR[1] &= ~mask;
    /* 使能接收器及发送器 */
    UART0 -> UART_CR = UART_CR_RXEN | UART_CR_TXEN;
    /* 本芯片的 UART 支持的格式仅有:8 位数据位、发送时停止位为 1 位。但我们可以
       设置校验位,不过为了简单起见,这里不使用校验 */
    UART0 -> UART_MR = UART_MR_PAR_NO;
    /* 设置通信波特率 */
    UART0 -> UART_BRGR = UART_BRGR_CD(MCK / (16 * BAUDRATE));

    /* 回环测试时用,正常工作可删除它 */
    //UART0 -> UART_MR = UART_MR_CHMODE_REMOTE_LOOPBACK;
    uint32_t data;
    while(1)
    {
        /* 接收 */
```

```
        while ((UART0 -> UART_SR & UART_SR_RXRDY) == 0);
        data = UART0 -> UART_RHR;
        /*发送*/
        while((UART0 -> UART_SR & UART_SR_TXRDY) == 0);
        UART0 -> UART_THR = data;
    }
```

2. 通过 UART0 实现标准 I/O

这个实例使用 scanf() 和 printf() 函数进行 PC 和开发板的交互。

(1) C 标准函数库

与硬件相关的功能,最终都需要直接访问硬件。这一点,C 标准函数库的实现面对众多的硬件设备,已经无能为力,Atmel Studio 使用的 C 标准库的实现为 Newlib。

在工程的 ASF\sam\utils\syscalls\gcc\syscalls.c 文件中,ASF 已经实现了若干设备输入输出函数了。但是类似于输入/输出这些定制性较高的函数并没有默认的实现。

Newlib 的大部分文件读/写功能是通过_read()和_write()函数实现的。所以实现了这两个函数就可以实现标准输入输出了。

(2) 标准输入/输出函数实例

实例编号:6-02　　　　内容:UART 标准输入/输出应用实例　　　　路径:\Example\Ex 6_02

```
/*-----------------------------------------------*
 * 文件名:UARTstandardIO.cproj                    *
 * 硬件连接: PA9 和 PA10 为串行通信口 URXD0 和 UTXD0  *
 * 程序描述:串行通信,电脑发送一个字节给单片机,单片机在接收到后返回此字节给电
 *          脑,波特率 19 200 bps,8 位数据,1 位停止位,无校验        *
 * 目的:                                          *
 * 说明:提供 Atmel 串行通信标准输入输出实例 scanf()和 printf(),供入门学习使用 *
 *                                               *
 *《ARM Cortex-M4 微控制器原理与应用——基于 Atmel SAM4 系列》教学实例     */


/*[头文件]*/
# include <sam4e_ek.h>
# include <unistd.h>
# include<stdio.h>
# include <errno.h>


/*定义波特率,时钟,不需要奇偶校验*/
# define baudrate      19200
```

```c
#define MCK            CHIP_FREQ_MAINCK_RC_4MHZ
#define PAR            UART_MR_PAR_NO


/*[子程序]*/
/* UART0 配置 */
void ConfigUART0(void)
{
    /* 使能 UART0 时钟 */
    PMC -> PMC_PCER0 = (1 << ID_UART0);
    /* 设置 PA9 和 PA10 为串行通信口 URXD0 和 UTXD0 */
    uint32_t mask = PIO_PA9 | PIO_PA10;
    PIOA -> PIO_PDR = mask;
    PIOA -> PIO_ABCDSR[0] &= ~mask;
    PIOA -> PIO_ABCDSR[1] &= ~mask;

    /* 使能接收器及发送器 */
    UART0 -> UART_CR = UART_CR_TXEN | UART_CR_RXEN;
    /* 本芯片的 UART 支持的格式仅有:8 位数据位、发送时停止位为 1 位。但我们可以
       设置校验位,不过为了简单起见,这里不使用校验 */
    UART0 -> UART_MR = UART_MR_PAR_NO;
    /* 设置通信波特率 */
    UART0 -> UART_BRGR = UART_BRGR_CD(MCK / (16 * baudrate));
}


/*[主程序]*/
int main (void)
{
    /* 关掉看门狗 */
    WDT -> WDT_MR = WDT_MR_WDDIS;
    /* 配置 UART0 */
    ConfigUART0();
    printf(" - I - Test for stdio through UART0\r\n");
    char readbuf[64];
    while (1)
    {
        printf(" - I - Input something...\r\n");
        scanf("%s", readbuf);
        printf("Output: %s\r\n",readbuf);
    }
}
```

```
/ * _read 和 _write 函数 * /
int _read (int file, char * ptr, int len)
{
    / * 只处理标准输入 * /
    if (file == STDIN_FILENO)
    {
        int  i;
        for (i = 0; i < len; i++)
        {
            while(! (UART0 -> UART_SR & UART_SR_RXRDY));
            ptr[i] = UART0 -> UART_RHR;
            / * 当读到换行符时返回 * /
            if ('\n' == ptr[i])
            {
                return  i;
            }
        }
        return  i;                    / * 缓冲区已满 * /
    }
    else{
        errno = EBADF;
        return - 1;
    }
}
int _write(int file,const char * ptr,int len)
{
    / * 只处理标准输出 * /
    if (file == STDOUT_FILENO)
    {
        for (int i = 0; i<len ; ++ i)
        {
            while (! (UART0 -> UART_SR & UART_SR_TXRDY));
            UART0 -> UART_THR = ptr[i];
        }
        return len;
    }
    else {
        errno = EBADF;
        return - 1;
    }
}
```

注意:PC 端在发送数据时需要加上换行符。

(3) 在 ASF 中实现标准 I/O

因为实现标准 I/O 输出控制是一个很常用的功能,所以在 ASF 中也有实现,可参见 Atmel 平台提供的 Serial Standard I/O (stdio) Example - SAM4E - EK 示例。在 ASF 中不但可以进行一些配置,而且在使用的时候真正需要编写的代码只有几行(甚至这几行代码也可以完全参考 ASF 示例)。

① 添加模块 Standard Serial I/O。

可以通过 ASF Wizard(如图 6 - 8 所示)进行所需模块的配置。

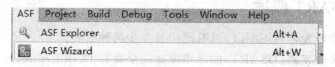

图 6 - 8　选择 ASF Wizard

默认情况下,已经选择了两个模块,如图 6 - 9 所示。为了解模块添加的方法,先把这两个模块移除。

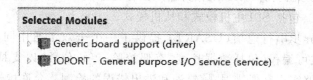

图 6 - 9　已选择模块

本例中添加模块 Standard serial I/O。

② 在 conf_board.h 中已默认声明了相应的宏。

```
/* Configure UART pins */
#define CONF_BOARD_UART_CONSOLE
```

③ 在 conf_uart_serial.h 里,已有与 UART 相关的参考设置代码。删去参考代码前面的注释符号即可。

```
/* A reference setting for UART */
/* * UART Interface */
#defineCONF_UART              CONSOLE_UART
/* * Baudrate setting */
#define CONF_UART_BAUDRATE     115200
/* Parity setting */
#defineCONF_UART_PARITY       UART_MR_PAR_NO
```

④ 调用 stdio_serial_init 初始化串行标准 I/O。

```
const usart_serial_options_t uart_serial_options = {
.baudrate = CONF_UART_BAUDRATE,
.paritytype = CONF_UART_PARITY
```

```
};
/* 配置 console UART. */
sysclk_enable_peripheral_clock(CONSOLE_UART_ID);
stdio_serial_init(CONF_UART, &uart_serial_options);
```

6.2　同步/异步串行通信

6.2.1　USART 概述

同步/异步收发器(USART)具有同步与异步两种模式。

同步/异步收发器(USART)的异步模式完全兼容 UART 模式。

同步/异步收发器(USART)有如下几种同步模式：

① 全双工模式：有发送引脚 TXD、接收引脚 RXD 和时钟 SCLK 3 个引脚，其中时钟 SCK 作为同步时钟。

② 半双工模式：引脚 TXD 既作为输入又作为输出，SCK 作为同步时钟。

③ SPI 模式：包括 SPI 主机模式和从机模式。

通用同步/异步串行通信(USART) 提供了一个全双工通用同步/异步串行连接。数据帧格式可编程(包括数据长度、奇偶校验、停止位数)以支持尽可能多的标准，其接收器能够实现奇偶错误、帧错误和溢出错误的检测。允许接收器超时用以处理可变长度帧，同时发送器的时间保障功能使其与低速远程设备进行通信更加简单，接收与发送地址位提供多点通信支持。

USART 提供了 3 种测试模式：远程回还、本地回还和自动回应。

USART 支持 RS485 总线接口和 SPI 总线接口特定操作模式，还支持 ISO7816 T=0 或 T=1 智能卡插槽、红外收发器连接。硬件握手通信可通过 USART 的 RTS 与 CTS 引脚自动实现溢出控制。同时 USART 支持能连接到发送器和接收器的外设 DMA 控制器(PDC)，PDC 提供没有任何处理器干预情况下的链式缓冲管理。

USART 结构框图如图 6-10 所示。

1. I/O 说明

I/O 接口信号线描述如表 6-3 所列。

表 6-3　I/O 接口信号线描述

名　称	概　　述	类　型	有效电平
SCK	串行时钟	输入/输出	
TXD	发送串行数据 或 SPI 主机模式的主机输出从机输入(MOSI) 或 SPI 从机模式的主机输入从机输出(MISO)	输入/输出	

名　称	概　述	类　型	有效电平
RXD	接收串行数据 或 SPI 主机模式的主机输入从机输出（MISO） 或 SPI 从机模式的主机输出从机输入（MOSI）	输入	—
RI	振铃指示器	输入	低
DSR	数据设备就绪	输入	低
DCD	数据载波检测	输入	低
DTR	数据终端就绪	输出	低
CTS	清除发送 或 SPI 从机模式的从机选择（NSS）	输入	低
RTS	请求发送 或 SPI 主机模式的从机选择（NSS）	输出	低

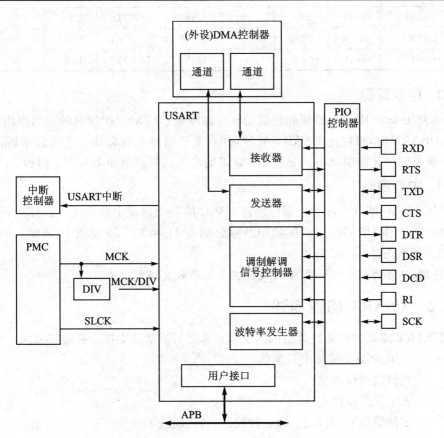

图 6 – 10　USART 结构框图

ARM Cortex-M4 微控制器原理与应用——基于 Atmel SAM4 系列

USART 的引脚可与 PIO 口复用,因此使用 USART 之前必须先对 PIO 控制器编程,为 USART 引脚分配相应外设功能。如果 USART 的 I/O 口在应用程序中未使用,PIO 控制器可将其用作其他功能。

当 USART 被禁止时,为了防止 TXD 信号电平被拉低,必须强制使用内部上拉功能。如果要使用硬件握手特性,TXD 的内部上拉功能必须被允许。

只有 USART1 完全配备所有调制解调器信号,USART 引脚的具体说明如表 6 - 4 所列。

表 6 - 4　USART I/O 口说明

实　例	引　脚	I/O 口	外　设	实　例	引　脚	I/O 口	外　设
USART0	CTS0	PB2	C	USART1	DSR1	PA28	A
USART0	RTS0	PB3	C	USART1	DTR1	PA27	A
USART0	RXD0	PB0	C	USART1	RI1	PA29	A
USART0	SCK0	PB13	C	USART1	RTS1	PA24	A
USART0	TXD0	PB1	C	USART1	RXD1	PA21	A
USART1	CTS1	PA25	A	USART1	SCK1	PA23	A
USART1	DCD1	PA26	A	USART1	TXD1	PA22	A

2. 电源管理

在使用 USART 前,必须先使能功耗管理控制器(PMC)中的时钟。当应用中不需要 USART 时,可停止 USART 时钟,并在需要时可重新启动。重新启动后,USART 恢复到停止前的状态。配置 USART 时不一定要求使能 USART 时钟。

3. 中断源

USART 中断线与嵌套中断控制器 NVIC 的一个内部中断源连接。USART 包括 USART0 和 USART1,相应的中断号分别是 14 和 15。要使用 USART 中断请求,则必须事先对 NVIC 编程。

注意:不推荐将 USART 中断线设置为边沿触发模式。

6.2.2　USART 功能描述

USART 能够管理多种类型的同步或异步串行通信。支持下列通信模式:

- 5~9 位全双工异步串行通信。
  - 高位或低位在先;
  - 1、1.5、2 位停止位;
  - 支持偶校验、奇校验、标志校验、空间校验或无校验;
  - 接收器支持 8 或 16 倍过采样频率;
  - 可选的硬件握手功能;

- 可选的中止管理；
  - 可选的多点串行通信。
- 高速 5～9 位全双工同步串行通信。
  - 高位或低位在先；
  - 1 或 2 位停止位；
  - 支持偶校验、奇校验、标志校验、空间校验或无校验；
  - 接收器支持 8 或 16 倍过采样频率；
  - 可选的硬件握手；
  - 可选的间断管理；
  - 可选的多点串行通信。
- 带驱动器控制信号的 RS485 标准。
- ISO7816，用于与智能卡连接的 T0 或 T1 协议。
  - NACK 处理、带重复与反复限制的错误计数器、反转数据。
- 支持红外线 IrDA 调制解调操作。
- SPI 模式。
  - 主或从模式；
  - 时钟极性和相位可编程；
  - SPI 串行时钟频率可高达内部时钟频率 MCK 的 1/6。
- 测试模式。
  - 支持远程环回、本地环回和自动回应。

159

1. USART 寄存器

USART 寄存器如表 6-5 所列。

表 6-5　USART 寄存器

偏移量	名　　称	寄存器	权　限	复位值
0x0000	控制寄存器	US_CR	只写	—
0x0004	模式寄存器	US_MR	读/写	0x0
0x0008	中断允许寄存器	US_IER	只写	—
0x000C	中断禁止寄存器	US_IDR	只写	—
0x0010	中断屏蔽寄存器	US_IMR	只读	0x0
0x0014	通道状态寄存器	US_CSR	只读	—
0x0018	接收保持寄存器	US_RHR	只读	0x0
0x001C	发送保持寄存器	US_THR	只写	—
0x0020	波特率发生器寄存器	US_BRGR	读/写	0x0
0x0024	接收超时寄存器	US_RTOR	读/写	0x0

续表 6 - 5

偏移量	名　称	寄存器	权　限	复位值
0x0028	发送定时寄存器	US_TTGR	读/写	0x0
0x0040	FI DI 比率寄存器	US_FIDI	读/写	0x174
0x0044	错误数目寄存器	US_NER	只读	—
0x004C	IrDA 滤波寄存器	US_IF	读/写	0x0
0x0050	曼彻斯特编解码寄存器	US_MAN	读/写	0xB0011004
0xE4	写保护模式寄存器	US_WPMR	读/写	0x0
0xE8	写保护状态寄存器	US_WPSR	读/写	0x0

2. 波特率发生器

波特率发生器为接收器和发送器提供位周期时钟,即波特率时钟。

设置模式寄存器(US_MR)的 USCLKS 位域可选择以下时钟为波特率发生器的时钟源:

- 主控时钟 MCK。
- 主控时钟分频,分频因子与产品相关,通常情况下为 8。
- 外部时钟,需 SCK 引脚有效。

波特率发生器的 16 位分频器由波特率发生器寄存器(US_BRGR)的 CD 位域编程设置。CD 为 0,波特率发生器不产生时钟;CD 为 1,分频器被旁路,并失效。

如果选择外部 SCK 时钟,SCK 引脚所提供高低电平的持续时间必须比一个主控时钟(MCK)周期长。SCK 引脚提供信号的频率至少小于 MCK 的 1/3。

(1) 异步模式下的波特率

USART 工作在异步模式下,所选时钟按 US_BRGR 寄存器中 CD 域的值分频。所得时钟再根据 US_MR 寄存器中的 OVER 位被 16 或 8 分频,作为接收器的采样时钟。若 OVER 位为 1,接收器采样时钟为波特率时钟的 8 倍;若 OVER 为 0,接收器采样时钟为波特率时钟的 16 倍。波特率计算公式如下:

$$\text{Baudrate} = \frac{\text{参考时钟}}{8 \times (2 - \text{OVER}) \times \text{CD}}$$

假设 MCK 工作在最高时钟频率且 OVER 位为 1,上式给出了对 MCK 时钟 8 分频后所得的最大波特率。

表 6 - 6 所列为不同时钟源频率下,波特率为 38 400 bps 的 CD 取值,同时也给出了实际波特率及偏差。

表 6-6   波特率示例(OVER = 0)

源时钟频率/MHz	需要的波特率/bps	计算结果	CD	实际波特率/bps	误 差
3 686 400	38 400	6.00	6	38 400.00	0.00%
4 915 200	38 400	8.00	8	38 400.00	0.00%
5 000 000	38 400	8.14	8	39 062.50	1.70%
7 372 800	38 400	12.00	12	38 400.00	0.00%
8 000 000	38 400	13.02	13	38 461.54	0.16%
12 000 000	38 400	19.53	20	37 500.00	2.40%
12 288 000	38 400	20.00	20	38 400.00	0.00%
14 318 180	38 400	23.30	23	38 908.10	1.31%
14 745 600	38 400	24.00	24	38 400.00	0.00%
18 432 000	38 400	30.00	30	38 400.00	0.00%
24 000 000	38 400	39.06	39	38 461.54	0.16%
24 576 000	38 400	40.00	40	38 400.00	0.00%
25 000 000	38 400	40.69	40	38 109.76	0.76%
32 000 000	38 400	52.08	52	38 461.54	0.16%
32 768 000	38 400	53.33	53	38 641.51	0.63%
33 000 000	38 400	53.71	54	38 194.44	0.54%
40 000 000	38 400	65.10	65	38 461.54	0.16%
50 000 000	38 400	81.38	81	38 580.25	0.47%

波特率计算公式为:

$$BaudRate = MCK/(CD \times 16)$$

波特率偏差计算公式如下,建议误差高于 5% 时不要使用。

$$Error = 1 - \left(\frac{期望波特率}{实际波特率} \right)$$

(2) 异步模式下的分数波特率

前面定义的波特率发生器必须遵循以下约定:输出频率的变化必须是参考频率的整数倍。可使用一个包含分数 N 的高精度时钟发生器,使输出频率变化是参考频率的分数倍数关系。需要对波特率发生器体系结构进行改进,使其能对参考时钟源进行分数分频。分数部分在波特率发生器寄存器(US_BRGR)中的 FP 域设置。如果 FP 设为非 0,小数部分被激活,分辨率是时钟分频器的 1/8。该功能仅在 USART 普通模式可用。分数波特率的计算公式为:

$$Baudrate = \frac{参考时钟}{8 \times (2 - OVER) \times \left(CD + \frac{EP}{8} \right)}$$

(3) 同步模式或 SPI 模式下的波特率

若 USART 工作在同步模式下,参考时钟按 US_BRGR 寄存器中 CD 位域的值分频。

$$BaudRate = \frac{参考时钟}{CD}$$

在同步模式中,如果选择外部时钟(USCLKS = 3),时钟由 USART SCK 引脚信号提供,则不需分频,US_BRGR 中的值无效。外部时钟频率必须小于系统频率的 1/3。同步模式的主机(US_MR 寄存器中的 USCLKS = 0 或 1,CLKO 设置为 1)接收器 SCK 的最大频率限制小于 MCK/3。

无论是选择外部时钟或者是内部时钟分频器(MCK/DIV)。如果用户要保证 SCK 引脚上信号占空比为 50:50,则必须设置 CD 位域的值为偶数。如果选择了内部时钟 MCK,即使 CD 域的值为奇数,波特率发生器也会确保 SCK 引脚上的占空比为 50:50。

(4) ISO 7816 模式下的波特率

ISO7816 模式波特率为:

$$B = \frac{D_i}{F_i} \times f$$

其中,B 为波特率,D_i 为波特率调整因子,F_i 为时钟频率分频因子,f 为 ISO7816 时钟频率(Hz)。D_i 是一个 4 位二进制数,称为 DI,如表 6 - 7 所列。

表 6 - 7　D_i 的二进制与十进制值

DI 域	0001	0010	0011	0100	0101	0110	1000	1001
D_i(十进制)	1	2	4	8	16	32	12	20

F_i 是一个 4 位二进制数,称为 FI,如表 6 - 8 所列。

表 6 - 8　F_i 的二进制与十进制值

FI 域	0000	0001	0010	0011	0100	0101	0110	1001	1010	1011	1100	1101
F_i(十进制)	372	372	558	744	1116	1488	1860	512	768	1024	1536	2048

表 6 - 9 所列为 F_i/D_i 的比值,即 ISO7816 时钟和波特率时钟的比值。

若 USART 配置为 ISO7816 模式,US_MR 寄存器中的 USCLKS 位域指定的时钟按 US_BRGR 寄存器中 CD 的值分频,得到的时钟提供给 SCK 引脚,作为智能卡时钟输入。CLKO 位可在 US_MR 寄存器中设置。

该时钟由 FI_DI 比率寄存器(US_FIDI)中的 FI_DI_RATIO 域值分频,由采样分频器执行。ISO7816 模式下分频系数最高可达 2047。F_i/D_i 比率必须为整数,且用户必须尽量设置 FI_DI_RATIO 值接近期望值。FI_DI_RATIO 域复位值为 0x174（十进制 372）,这是 ISO7816 时钟与波特率间最常见的分频率($F_i = 372$, $D_i = 1$)。

表 6 - 9　F_i/D_i 的比值

F_i/D_i ＼ F_i ＼ D_i	372	558	774	1116	1488	1806	512	768	1024	1536	2048
1	372	558	744	1116	1488	1860	512	768	1024	1536	2048
2	186	279	372	558	744	930	256	384	512	768	1024
4	93	139.5	186	279	372	465	128	192	256	384	512
8	46.5	69.75	93	139.5	186	232.5	64	96	128	192	256
16	23.25	34.87	46.5	69.75	93	116.2	32	48	64	96	128
32	11.62	17.43	23.25	34.87	46.5	58.13	16	24	32	48	64
12	31	46.5	62	93	124	155	42.66	64	85.33	128	170.6
20	18.6	27.9	37.2	55.8	74.4	93	25.6	38.4	51.2	76.8	102.4

3. 接收器和发送器控制

复位后接收器被禁用。用户必须通过设置控制寄存器(US_CR)的 RXEN 位使能接收器。接收寄存器在接收器时钟被使能之前就可编程。

复位后发送器被禁用。用户必须通过设置控制寄存器(US_CR)的 TXEN 位使能发送器。发送寄存器在发送器时钟被使能之前就可编程。发送器与接收器可一起或分别使能。

任意时刻,软件可通过分别置位 US_CR 寄存器中的 RSTRX 与 RSTTX 来对 USART 接收器或发送器复位。软件复位与硬件复位效果相同。复位时,不管是接收器还是发送器,通信立即停止。

用户也可通过 US_CR 寄存器中的 RXDIS 与 TXDIS 位分别禁用接收器与发送器。若正在接收字符时接收器被禁用,USART 等待当前字符接收结束后,再停止接收。若发送器正在工作时被禁用,USART 等待当前字符及存于发送保持寄存器(US_THR)中的字符发送完成之后再禁用发送器。若编程设置了保障时间,则根据设置的保障时间停止接收或发送。

4. 同步与异步模式

(1) 发送器操作

在同步模式和异步模式下(SYNC = 0 或 SYNC = 1),发送器操作相同。数据帧包括 1 个起始位,最多 9 个数据位,1 个可选的奇偶校验位及最多 2 个停止位,每个位在串行时钟(可编程设置)的下降沿由 TXD 引脚移出,如图 6 - 11 所示。

数据位的位数由 US_MR 寄存器的 CHRL 域及 MODE9 位决定。如果设置 MODE9 位,不管 CHRL 位域如何设置,数据位均为 9 位。奇偶校验位由 US_MR 中的 PAR 域设置,可配置为奇校验、偶校验、空间校验、标志校验或无校验位。MSBF

域配置先发送的位:若写入 1,将先发送最高位;若写入 0,将先发送最低位。停止位数目由 NBSTOP 域确定。

　　异步模式通过将字符写到发送保持寄存器(US_THR)来发送字符。发送器对应通道状态寄存器(US_CSR)中有 2 个状态位:TXRDY(发送就绪)表示 US_THR 寄存器空,TXEMPTY 表示所有写入 US_THR 寄存器中的字符都已处理完。当前字符已处理完,最后写入 US_THR 的字符被送入发送移位寄存器中,则 US_THR 变空,TXRDY 升高。

　　发送器被禁用后,TXRDY 与 TXEMPTY 位均为低。当 TXRDY 为低时,向 US_THR 中写入字符无效,且写入的数据丢失。

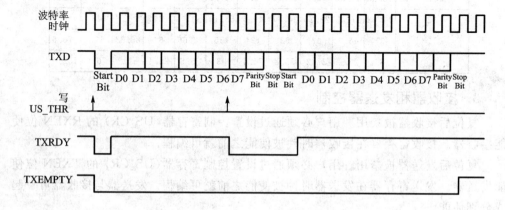

图 6 - 11　发送器状态

(2) 曼彻斯特编码

　　当使用曼彻斯特编码时,通过 USART 发送的字符采用双相曼彻斯特编码 II 格式。将 US_MR 寄存器的 MAN 位域置 1 可选择使用这种格式。根据极性配置,一个逻辑电平(0 或 1)被编码成信号 0 到 1 或 1 到 0 的转换进行发送。因此,电平转换总是发生在每个位时间的中点。虽然比 NRZ 信号(Not Return to Zero)占用更多带宽(2 倍),但是由于预期输入在半个位时钟时产生变化,可实现更多的差错控制。

　　一个曼彻斯特编码序列例子:如果采用默认极性的编码器,字节 0xB1 或 10110001 将被编码为 1001101001010110。图 6 - 12 所示为将 NRZ 码转为曼彻斯特码的编码方案。

　　为了提高灵活性,可通过曼彻斯特编码解码寄存器(US_MAN)的 TX_MPOL 位域来配置编码方案。若设置 TX_MPOL 位为 0(默认为 0),则通过 0 到 1 的转换来对逻辑 0 进行编码,用 1 到 0 的转换来对逻辑 1 进行编码。若 TX_MPOL 位域设为 1,则用 0 到 1 的转换来对逻辑 1 进行编码,用 1 到 0 的转换来对逻辑 0 进行编码。

　　曼彻斯特编码字符也可以通过增加一个可配置的前同步信号和一个帧起始定界符样式来封装。根据配置,前同步信号是一个训练序列,由预定义模式组成,其长度

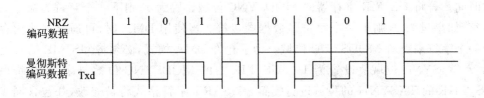

图 6 - 12　NRZ 码转为曼彻斯特码

可编程为 1～15 个比特时间。若前同步信号长度被设为 0,将不会产生前同步信号波形。前同步信号模式包括 4 种序列进行选择:ALL_ONE、ALL_ZERO、ONE_ZE-RO 或 ZERO_ONE,将其写入 US_MAN 寄存器的 TX_PP 位域可选择不同序列,位 TX_PL 用来设定前同步信号长度。图 6 - 13 所示说明并定义了前同步信号模式的有效模式。

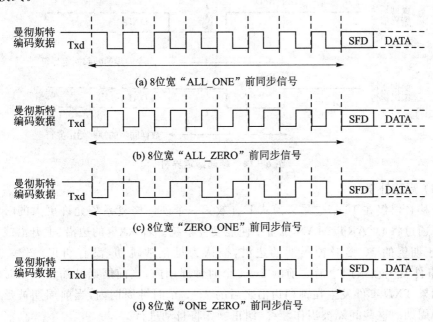

(a) 8位宽"ALL_ONE"前同步信号

(b) 8位宽"ALL_ZERO"前同步信号

(c) 8位宽"ZERO_ONE"前同步信号

(d) 8位宽"ONE_ZERO"前同步信号

图 6 - 13　前同步信号模式,采用默认极性

通过 US_MR 寄存器的 ONEBIT 位可配置一个帧起始定界符,其由一个用户定义模式组成,用来表示有效数据的开始,如图 6 - 14 所示。若帧起始定界符,即开始位,是一个比特位(ONEBIT 设为 1),当检测到曼彻斯特编码的逻辑 0,则认为一个新的字符正在串行线上发送。若帧起始定界符是一种同步模式,或者说是一个同步(ONEBIT 设为 0)符,当有一个 3 个位时间的序列在线上串行发送时,则认为一个新字符的开始。因为转换发生在第二个比特时间中间时,同步符波形本身就是一个无效的曼彻斯特波形。有两种不同的同步模式:命令同步符和数据同步符。命令同步符用高电平表示 1,持续 1.5 个位时间;然后转换到低电平表示第二个 1,持续 1.5 个

位时间。若将 US_MR 寄存器的 MODSYNC 位域设置为 1,则下一个字符为命令同步符;如果设为 0,则下一个字符是数据同步符。当使用 DMA 时,可通过修改内存中一个字符来更新 MODSYNC 位域。为了允许 DMA 模式,必须将 US_MR 寄存器的 VAR_SYNC 位域值设置为 1。US_MR 中的 MODSYNC 位被忽略,同步符由 US_THR 的 TXSYNH 的位域进行配置。USART 字符格式将被修改,并包含同步符信息。

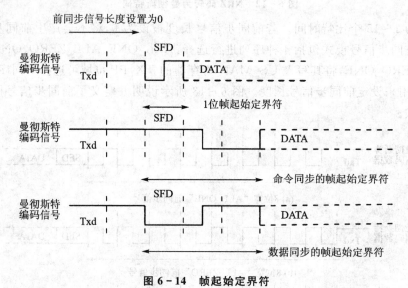

图 6 - 14　帧起始定界符

(3) 漂移补偿

漂移补偿仅在 16 倍过采样模式下有效。一个硬件修复系统允许更大的时钟漂移。可通过将 USART_MAN 位置 1 使能硬件系统。若 RXD 的边沿(上升沿或下降沿)处于期望的 16 倍时钟周期的边沿,被认为是正常跳动,没有纠正操作。如果 TXD 事件发生在预期边沿之前的 2~4 个时钟周期内,当前周期被缩短一个时钟周期。如果 TXD 事件发生在预期边沿之后的 2~3 个时钟周期内,当前周期被延长一个时钟周期。这些间隔被当作漂移,纠正操作将自动进行。

(4) 异步接收器

若 USART 工作在异步模式(SYNC = 0),接收器将对 RXD 输入线进行过采样。过采样频率为 16 或 8 倍波特率,由 US_MR 中的 OVER 位设置。接收器对 RXD 线采样,若在 1.5 个比特时间内采样值均为 0,即表示检测到起始位。接收器则以波特率对数据位、校验位、停止位等进行采样。

若过采样频率为 16 倍波特率(OVER 为 0),连续 8 次采样结果均为 0,则表示检测到起始位。之后,每隔 16 个采样时钟周期对后续的数据位、校验位、停止位依次采样。若过采样频率为 8 倍波特率(OVER 为 1),连续 4 次采样结果均为 0,表示检测到起始位。之后,每隔 8 个采样时钟周期对数据位、校验位、停止位依次采样。

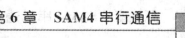

接收器设置数据的位数、最先发送位及校验模式的位域与发送器相同,即分别设置 CHRL、MODE9、MSBF 及 PAR。停止位数对接收器无效,无论 NBSTOP 域为何值,接收器都只确认 1 个停止位,因此发送器与接收器之间可出现重同步。此外,接收器在检测到停止位后即开始寻找新的起始位,因此当发送器只有 1 个停止位时也能实现重同步。

(5) 曼彻斯特解码器

当 US_MR 寄存器的 MAN 位域设置为 1,曼彻斯特解码器被使能。解码器将进行前同步信号、帧起始定界符的检测。其中一条输入线专门用作曼彻斯特编码数据输入。可以定义一个可选前同步信号序列,其长度可由用户定义,并且与发送端完全独立。通过设置 US_MAN 寄存器的 RX_PL 位配置前同步信号序列长度。若长度设为 0,不检测前同步信号且功能禁用。另外,输入流极性可通过 US_MAN 寄存器的 RX_MPOL 位域进行设置。根据应用的需求,可通过 US_MAN 的 RX_PP 位设定前同步信号模式,使之与发送端相匹配。有效前同步信号模式如图 6-13 所示。

与前同步信号不同,帧起始定界符在曼彻斯特编/解码器中共享。因此,如果 ONEBIT 位置 1,只有 0 曼彻斯特编码能被检测到,并被当作有效的帧起始定界符。如果 ONEBIT 位置 0,只有同步模式可以被检测到,并被当作有效的帧起始定界符。解码器通过检测输入流的转换进行操作。如果 RXD 在 1/4 比特时间内被采样为低电平,则认为检测到一个开始位,如图 6-15 所示。采样脉冲拒绝设备请求。

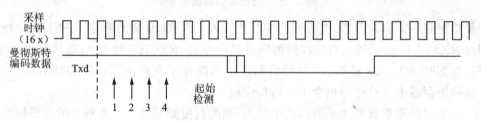

图 6-15　异步起始位检测

接收器被激活并且开始前同步信号和帧分隔符检测,分别在 1/4 和 3/4 周期采样数据。若一个有效前同步信号或帧起始定界符被检测到,接收器将继续用同样的同步时钟进行解码。如果数据流不能和有效模式或有效帧起始定界符匹配,则接收器将在下一个边沿重新同步。估计位值的最小时间阈值是 3/4 位时间。

若检测到帧起始定界符之后跟着一个有效的前同步信号(如果使用),输入流将被解码成 NRZ 编码数据并传送给 USART 处理。图 6-16 所示为曼彻斯特编码模式不匹配的情况。当输入数据流被传送给 USART,接收器也能检测到是否违反曼彻斯特编码。违反编码在位元中间缺少电平转换。这种情况,US_CSR 寄存器中的 MANE 标志被置 1。通过对 US_CR 寄存器的 RSTSTA 位置 1 可清除 MANE 标志。图 6-17 所示为一个在数据传送阶段曼彻斯特错误检测的例子。

帧起始定界符为同步模式(ONEBIT 位置 0),支持命令同步符和数据同步符。

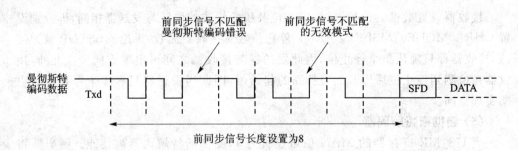

图 6 - 16　前同步信号模式不匹配

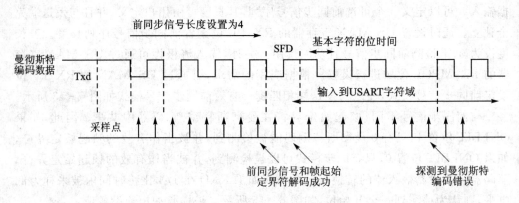

图 6 - 17　曼彻斯特错误标志

168

如果检测到一个有效同步,接收到的字符被写入 US_RHR 寄存器的 RXCHR 位域,同时 RXSYNH 被更新。当接收到的字符是命令时,RXCHR 被置 1;当接收到的字符是数据时,RXCHR 被置 0。这种机制缓解和简化了直接内存访问 DMA,因为在同样的寄存器中字符已经包含了其同步位域。

由于解码器被设置在单极模式中使用,帧的首位必须是一个 0 到 1 的电平转换。

(6) 无线接口:曼彻斯特编码在 USART 中的应用

本节描述低数据速率射频传输系统,以及其与曼彻斯特编码 USART 的集成。这个系统基于能支持 ASK 和 FSK 调制方案的 IC。

系统的目的是使用两个不同的频率载波来实现无线全双工字符传输。所有配置如图 6 - 18 所示。

USART 模块被配置为曼彻斯特编码器/解码器。注意:下行的通信通道,曼彻斯特编码字符被串行发送到射频发射器。也许包括用户定义的前同步信号和一个帧起始定界符。通常,前同步信号被用于射频接收器,用来区分是由发射器产生的有效数据还是噪声信号。之后对曼彻斯特数据流进行调制。图 6 - 19 所示为 ASK 调制方案的一个例子。当 ASK 调制器收到一个逻辑高电平,功率放大器(简称 PA)被使能,用下行频率传输一个射频信号。当 ASK 调制器收到一个逻辑 0,射频信号被关闭。若 FSK 调制器被激活,采用两种不同的频率发送数据。当发送逻辑 1,调制器

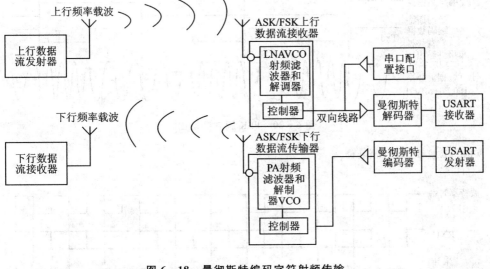

图6-18　曼彻斯特编码字符射频传输

以F0频率输出一个射频信号；若发送的数据是逻辑0则频率切换到F1频率。如图6-20所示。

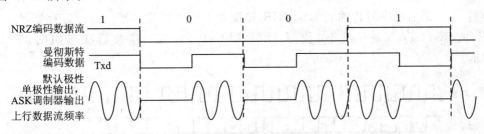

图6-19　ASK调制器输出

接收端采用另一个载波频率。射频接收器采用位检测操作来检测解调数据流。若检测到一个有效模式，接收器切换到接收模式，解调数据流被发往曼彻斯特解码器。射频IC有位检测功能，用户通过定义传输数据的位数可减少传输到控制器的数据。曼彻斯特前同步信号长度根据射频IC的配置来定义。

(7) 同步接收器

同步模式下（SYNC=1），接收器在每个波特率时钟的上升沿对RXD信号采样。若检测到低电平，确定为起始位、依次采样所有数据位、校验位及停止位后，接收器将继续等待下一个起始位。同步模式提供高速传输能力。位域及位的配置与异步模式相同。图6-21所示为同步模式下的字符接收时序。

(8) 接收器操作

字符接收完成后，传输到接收保持寄存器（US_RHR），状态寄存器（US_CSR）的RXRDY位变高。若接收完一个字符时，RXRDY为置位状态，则OVRE位（溢出错

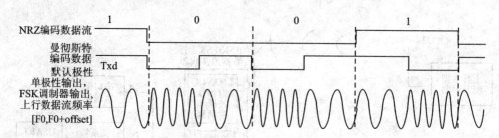

图 6-20 FSK 调制器输出

实例：8位校验使能,1位停止位

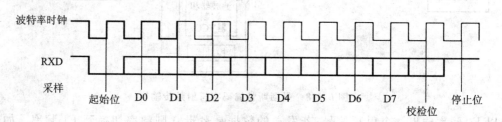

图 6-21 同步模式字符接收

误）置位。最后的字符传输到 US_RHR 并覆盖上一个字符。通过控制寄存器(US_CR)的 RSTSTA （复位状态）位写 1,可清除 OVRE 位。接收器状态如图 6-22 所示。

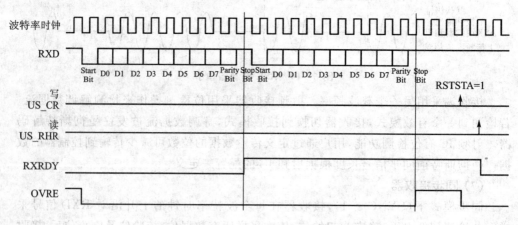

图 6-22 接收器状态

(9) 校 验

通过设置模式寄存器(US_MR)的 PAR 位域,USART 可支持 5 种检验模式。PAR 域还可允许多点模式（Multidrop mode）,详细介绍请参见下一部分"多点模式"。支持奇偶检验位的生成及错误检测。

若选择偶校验,当发送器发送 1 的数目为偶数时,校验位发生器产生的校验位为 0;当发送器发送 1 的数目为奇数时,校验位发生器产生的校验位为 1。相应的,接收器校验位检测器会对收到的 1 计数,若计算所得校验位与采样所得校验位不同,则报告偶校验错误。若选择奇校验,当发送器发送 1 的数目为偶数时,校验位发生器产生校验位为 1;当发送器发送 1 的数目为奇数时,校验位发生器产生校验位为 0。相应地,接收器校验位检测器会对收到的 1 计数,若计算所得校验位与采样所得校验位不符,则报告奇校验错误。若使用标志校验,对于所有字符,校验发生器所产生的校验位均为 1;若接收器采样得到的校验位为 0,则接收器校验位检测器报告校验错误。若使用空间校验,对于所有字符,校验发生器所产生校验位均为 0;若接收器采样得到的校验位为 1,接收器校验位检测器报告校验错误。若校验禁用,发送器不产生校验位,接收器也不报告校验错误。

表 6-10 所列为根据 USART 不同配置,字符 0x41（ASCII 字符“A”）所对应奇偶校验位的例子。由于有两位为 1,当为奇校验时加“1”,为偶校验时加“0”。

表 6-10　校验位示例

字符	十六进制	二进制	校验位	校验模式
A	0x41	0100 0001	1	奇校验
A	0x41	0100 0001	0	偶校验
A	0x41	0100 0001	1	标志校验
A	0x41	0100 0001	0	空间校验
A	0x41	0100 0001	None	无校验

当接收器检测到校验错误时,将设置通道状态寄存器(US_CSR)的 PARE (校验错误)位。通过对控制寄存器(US_CR)的 RSTSTA 位写 1,可清除 PARE 位。图 6-23 所示为校验位的置位与清零时序。

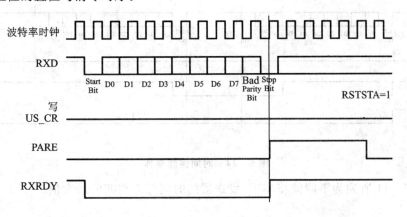

图 6-23　校验错误

（10）多点模式

若模式寄存器（US_MR）的 PAR 域编程设置为 0x6 或 0x7，USART 将运行在多点模式下。该模式区分数据字符与地址字符。当校验位为 0 时发送数据；当校验位为 1 时发送地址。

USART 配置为多点模式，当校验位为 1，接收器将对校验错误位 PARE 置位；当控制寄存器（US_CR）的 SENDA 位为 1，校验位为 1 时，发送器也可发送字符。

为处理校验错误，将控制寄存器 RSTSTA 位写 1 可对 PARE 位清零。

当 US_CR 寄存器的 SENDA 位写入 1 时，发送器发出地址字节（校验位置位）。在这种情况，下一个写入 US_THR 的字节将作为地址来发送。如果没有 SENDA 命令，任何写入 US_THR 的字符将正常被发送（校验位为 0）。

（11）发送器时间保障

时间保障特性允许 USART 与慢速远程器件连接。时间保障功能允许发送器 TXD 线上两字符间插入空闲状态。该空闲状态实际上是一个长停止位。空闲状态的持续时间由发送时间保障寄存器（US_TTGR）的 TG 域编程设定。若该域编程值为零，则不产生时间保障。否则，除每次发送了停止位之外，TXD 还保持 TG 中指定周期的高电平。

如图 6-24 所示，TXRDY 与 TXEMPTY 状态位的行为可由时间保障改变。即使字符已写入 US_THR，但在时间保障期间 TXRDY 仍保持为 0。TXRDY 只有在下一字符起始位发送后才变高。由于时间保障是当前传输的一部分，因此 TXEMPTY 为低要保持到时间保障阶段结束。

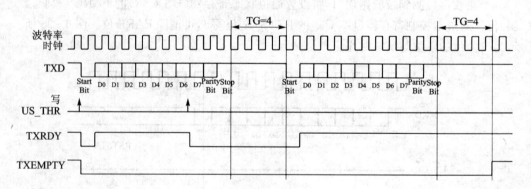

图 6-24　时间保障操作

表 6-11 所列为不同波特率下，发送器的时间保障周期的最大值。

表 6-11　不同波特率下时间保障的最大值

波特率/bps	位时间/μs	时间保障长度/ms
1 200	833	212.50
9 600	104	26.56
14 400	69.4	17.71
19 200	52.1	13.28
28 800	34.7	8.85
33 400	29.9	7.63
56 000	17.9	4.55
57 600	17.4	4.43
115 200	8.7	2.21

(12) 接收器超时

接收器超时支持对可变长度帧的处理。接收器可检测 RXD 线上的空闲状态，如果检测到超时，通道状态寄存器(US_CSR) 的 TIMEOUT 位将变高并产生中断，以告知驱动程序帧结束。

通过对接收器超时寄存器(US_RTOR)的 TO 域编程，可设置超时延迟周期(接收器等待新字符的时间)。若 TO 域设置为 0，接收器超时被禁用，将不检测超时，US_CSR 寄存器中 TIMEOUT 位保持为 0。否则，接收器将 TO 的值载入一个 16 位计数器，该计数器在每比特周期中自减，并在收到新字符后重载。若计数器达到 0，状态寄存器中 TIMEOUT 位变高，用户可做如下操作：

① 停止计数器时钟，直到接收到新字符。可通过对控制寄存器(US_CR)的 STTTO (启动超时)位写 1 来实现之。这样，在接收到字符之前 RXD 线上的空闲状态将不会产生超时，而且可避免在接收字符之前必须去处理中断，并允许帧接收之后等待 RXD 上的下一个空闲状态。

② 在没有收到字符时将产生一个中断。可通过对 US_CR 中 RETTO (重载与启动超时)位写 1 来实现之。若 RETTO 被执行，计数器开始从 TO 值向下计数。产生的周期性中断可用来处理用户超时，如当键盘上无键按下时。

若执行 STTTO，计数器时钟在收到第一个字符前停止。帧启动之前 RXD 的空闲状态不提供超时。这样可防止周期性中断，并在检测到 RXD 为空闲状态时允许帧结束等待。

若执行 RETTO，计数器开始从 TO 值向下计数。产生的周期性中断可用来处理用户超时，例如当键盘上无输入时。

表 6-12 所列为某些标准波特率下的最大超时周期。

表 6-12 最大超时周期

波特率/bps	位时间/μs	超时时间/ms	波特率/bps	位时间/μs	超时时间/ms
600	1 667	109 225	19 200	52	3 413
1 200	833	54 613	28 800	35	2 276
2 400	417	27 306	33 400	30	1 962
4 800	208	13 653	56 000	18	1 170
9 600	104	6 827	57 600	17	1 138
14 400	69	4 551	200 000	5	328

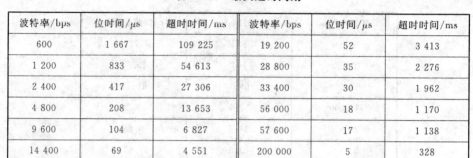

(13) 帧错误

接收器可检测帧错误。当检测到接收字符的停止位为 0 时表示发生了帧错误。接收器与发送器为完全不同步时可能出现帧错误。帧错误状态如图 6-25 所示。

帧错误由 US_CSR 寄存器的 FRAME 位表示。检测到帧错误时,FRAME 位在停止位时间的中间被设置。通过将 US_CR 寄存器的 RSTSTA 位写为 1,可将其清除。

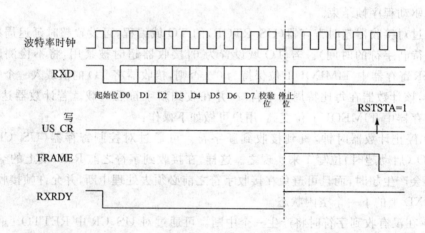

图 6-25 帧错误状态

(14) 发送间断

用户可请求发送器在 TXD 线上产生间断条件,使得在至少一个完整字符时间内 TXD 线为低。这与校验位及停止位均为 0 的 0x00 字符的发送情况相同。无论如何,发送器至少保证 TXD 线在一个完整的字符传输时间内为低,直到用户请求将间断条件删除。

将 US_CR 寄存器 STTBRK 位写 1 可发送一个间断。可在任何时间执行发送间断,即使发送器为空(移位寄存器及 US_THR 中均无字符)或字符正在发送。若有字符正在移出时出现间断请求,在 TXD 线变低之前先完成字符传输。

174

一旦需要 STTBRK 命令,在间断完成前将忽略其他 STTBRK 命令。向 US_CR 寄存器的 STPBRK 位写 1 可删除间断条件。若在最小间断持续时间(一个字符,包括起始位、数据位、校验位及停止位)结束前请求 STPBRK,发送器保证间断条件完成。

发送器将间断视为一个字符,即只有当 US_CSR 寄存器中 TXRDY 为 1 时,STTBRK 与 STPBRK 命令才被考虑。如处理一个字符一样,在间断条件启动时将清除 TXRDY 与 TXEMPTY 位。

同时将 US_CR 寄存器中 STTBRK 与 STPBRK 位写为 1,将导致无法预测的结果。所有前面没有 STTBRK 命令的命令请求将被忽略。当间断挂起时,写入发送保持寄存器但未启动的字节将被忽略。

间断结束后,发送器至少会在 12 个比特时间内将 TXD 线保持高电平。因此,发送器保证远程接收器正确检测到间断结束及下一个字符的起始位。若时间保障值大于 12,TXD 线将在时间保障期内保持高电平。

在 TXD 线保持这一周期为高之后,发送器恢复正常工作。图 6-26 所示为 TXD 线上开始间断(STTBRK)与停止间断(STP BRK)命令的作用,即间断的传输。

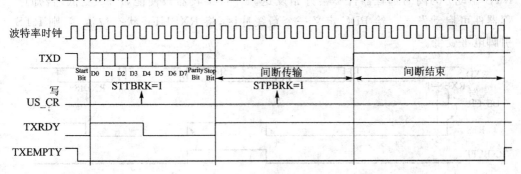

图 6-26 间断的传输

(15) 接收间断

当收到的所有数据、校验及停止位均为低时,接收器检测到间断条件。这与数据为 0x00 且 FRAME 为低(帧错误)的帧的检测结果相同。

当检测到低电平的停止位时,接收器将对 US_CSR 寄存器的 RXBRK 位置位,该位可通过对 US_CR 寄存器的 RSTSTA 位写 1 来清零。

在异步工作模式下检测到至少 2/16 个位周期为高电平,或在同步工作模式下有一个采样值为高,表明接收间断结束。间断结束也可通过对 RXBRK 置位来实现。

(16) 硬件握手

USART 可以通过硬件握手来实现带外(out-of-band)数据流的控制。RTS 与 CTS 引脚用于与远程器件连接,如图 6-27 所示。

在 US_MR 寄存器 USART_MODE 位域写入 0x2,则 USART 将执行硬件握手

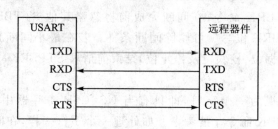

图 6-27　与远程器件连接的硬件握手

操作。

　　除了接收器对 RTS 引脚电平、发送器对 CTS 引脚电平的控制按如图 6-28 和图 6-29 所示方式改变外，允许进行硬件握手之后的 USART 操作与标准同步或异步模式下相同。使用该模式需要用 PDC 通道接收数据，发送器在任何情况下均可处理硬件握手。

　　图 6-28 所示为当允许硬件握手时接收器的操作。若接收器被禁用且来自 PDC 通道的 RXBUFF（接收缓冲满）状态为高，则 RTS 引脚拉高。通常当 CTS 引脚（由 RTS 驱动）为高时远程器件不会开始发送。一旦接收器被使能，RTS 变低，告知远程器件可启动发送。给 PDC 定义一个新缓冲区，将 RXBUFF 状态位清零，则 RTS 引脚电平变低。

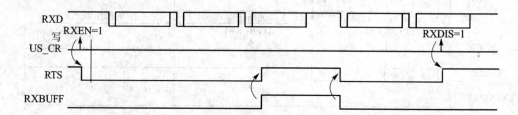

图 6-28　允许硬件握手时接收器工作行为

　　图 6-29 所示为允许硬件握手后，发送器的工作行为。CTS 引脚禁用发送器；若有字符正在处理，则在当前字符处理完成后将发送器禁用；一旦 CTS 引脚变低即开始下一个字符的发送。

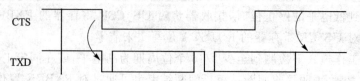

图 6-29　允许硬件握手时发送器工作行为

6.2.3　USART 扩展工作模式

1. ISO7816 模式

USART 有一个与 ISO7816 兼容的模式。该模式允许与智能卡连接,并可通过 ISO7816 链接与安全访问模块(Security Access Modules:SAM)通信。T=0 与 T=1 协议支持 ISO7816 规范定义。

对 US_MR 寄存器 USART_MODE 域写 0x4,可设置 USART 工作在 ISO7816 的 T = 0 模式下;对 USART_MODE 域写 0x5,则 USART 将工作在 ISO7816 的 T = 1 模式下。

(1) ISO7816 模式概述

ISO7816 模式通过一条双向线实现半双工通信。波特率由远程器件的时钟分频提供(参见 6.2.2 的 2."波特率发生器"小节)。

USART 与智能卡的连接如图 6-30 所示。TXD 线变为双向,波特率发生器通过 SCK 引脚向 ISO7816 提供时钟。由于 TXD 引脚变为双向,其输出由发送器输出驱动,但只有当发送器输入和接收器输入相连时,发送器才处于激活状态。由于 USART 产生时钟,因此被视为通信主机。

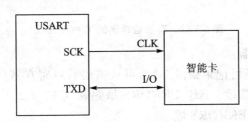

图 6-30　智能卡与 USART 的连接

无论是工作在 ISO7816 的 T = 0 模式还是 T = 1 模式下,字符格式固定。不管 US_MR 寄存器中 CHRL、MODE9、PAR 及 CHMODE 域中是什么值,其配置总为 8 位数据位、偶校验及 1 或 2 位停止位。MSBF 可设置发送为高位在先还是低位在先。奇偶校验位(PAR)能够在普通模式或反转模式下进行发送。

由于通信不是全双工的,USART 不能对发送器与接收器同时操作,因而必须根据需要允许或禁止接收器或发送器。ISO7816 模式下同时允许发送器与接收器,其结果是无法预知的。ISO7816 规范定义了一个反转发送格式,字符的数据位必须以其负值在 I/O 线上发送。

(2) T = 0 协议

T = 0 协议中,字符由 1 个起始位、8 个数据位、1 个奇偶校验位及 1 个两位时间的保障时间组成。在保障时间中,发送器移出位但不驱动 I/O 线。

若未检测到奇偶校验错误,保障时间内 I/O 线保持为 1,之后发送器可继续发送下一个字符,如图 6 - 31 所示。

若接收器检测到校验错误,在保障时间内将 I/O 线驱动为 0,如图 6 - 32 所示。该错误位也称为 NACK,即无应答。此时,由于保障时间长度未变而增加了一个位时间的错误位时间,因此字符加长 1 比特时间。

当 USART 为接收器且检测到错误,它不会将字符载入接收保持寄存器(US_RHR),而是设置状态寄存器(US_SR)的 PARE 位通过软件来处理该错误。

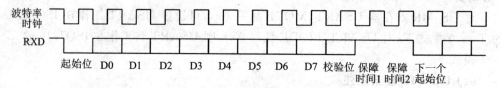

图 6 - 31　没有校验错误的 T = 0 协议

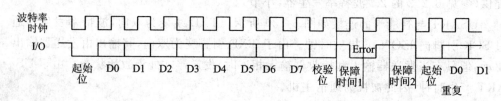

图 6 - 32　有校验错误的 T = 0 协议

① 接收错误计数器

USART 接收器还可记录错误总数,可从错误数目寄存器(US_NER) NB_ERRORS 域中读出错误总数。NB_ERRORS 域最多可记录 255 个错误。读取 US_NER 将自动清除 NB_ERRORS 域。

② 接收 NACK 抑制

USART 可配置为抑制错误,通过置位 US_MR 的 INACK 位实现。若 INACK 为 1,即使检测到校验位错误,I/O 线上也没有错误信号,但 US_SR 寄存器中 INACK 位置位。通过写控制寄存器(US_CR)的 RSTNACK 位为 1 来清除 INACK 位。

此外,若 INACK 置位,接收到的错误字符将保存在接收保持寄存器中,就像没有错误出现,但 RXRDY 位会升高。

③ 重复发送字符

当 USART 正在发送字符并得到 NACK 时,在移到下一个字符前,可重复发送该字符。通过对 US_MR 寄存器的 MAX_ITERATION 域写入大于 0 的值可允许重复发送。每个字符最多可发送 8 次;第一次发送加 7 次重复发送。

若 MAX_ITERATION 不等于 0,USART 重复字符的次数与 MAX_ITERATION 的值相同。

当 USART 重复次数达到 MAX_ITERATION 值时,通道状态寄存器(US_

CSR)中 ITERATION 位被置位。若重复字符得到接收器应答,重复停止并将迭代计数器清零。

US_CSR 寄存器中 ITERATION 位可通过对控制寄存器的 RSIT 位写 1 来清零。

④ 禁止连续接收 NACK

接收器可限制连续返回给远程发送器的 NACK 的个数。可通过设置 US_MR 寄存器的 DSNACK 位来实现之。发生 NACK 的最多数目可在 MAX_ITERATION 域中设置。一旦达到 MAX_ITERATION,字符被认为是正确,将往线上发送 ACK,并对通道状态寄存器的 ITERATION 位置位。

(3) T = 1 协议

T=0 协议不能用一条命令来实现,必须分为两步实现:第一条命令为卡片提供数据,然后用另外一条相关的命令取回数据。这样给卡片的编程带来很大麻烦,同时卡片内存中必须保留上一次操作需要返回的数据。这时如果不及时发送取数据命令而发送其他命令,可能会将敏感数据泄漏,并产生其他问题。这些都是 T=0 协议考虑不周的地方。由于目前大多数接触式终端只支持 T=0 通信协议,因此该协议仍将得到广泛的应用。随着智能卡芯片功能的增强,对于数据传输量较大的应用,该协议将不再适用,面向块的异步半双工接触式传输协议 T=1 将体现出优势。

当工作在 ISO7816 的 T = 1 协议时,发送操作与只有一位停止位的异步格式相似。在发送时产生校验位,在接收时对其检测。通过设置通道状态寄存器(US_CSR)的 PARE 位允许进行错误检测。

2. IrDA 模式

USART 的 IrDA 模式支持半双工点对点无线通信。它内置了与红外收发器无缝连接的调制器和解调器,如图 6 - 33 所示。调制器与解调器与 IrDA 规范版本 1.1 兼容,支持的数据传输速度范围为 2.4 kbps 到 115.2 kbps。

通过对 US_MR 寄存器的 USART_MODE 域写 0x8,可使能 USART IrDA 模式。通过 IrDA 滤波寄存器(US_IF)可配置解调滤波器。USART 发送器与接收器工作在正常异步模式下,所有参数均可访问。注意,调制器与解调器均处于激活状态。

接收器与发送器必须根据传输方向允许或禁止。要接收 IrDA 信号,必须进行以下配置:

- 禁止 TX,允许 RX。
- 配置 TXD 为 PIO,并且设置其输出为 0(避免 LED 发射(LED emission)),禁止内部上拉(以降低功耗)。
- 接收数据。

(1) IrDA 调制

当波特率小于或等于 115.2 kbps,使用 RZI 调制方案。"0"由一个 3/16 比特周

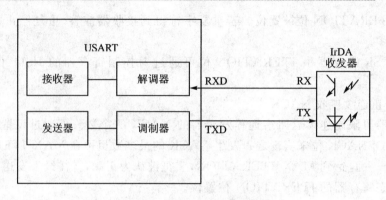

图 6-33　与 IrDA 收发器连接

期的光脉冲表示。表 6-13 所列为一些信号的脉冲持续时间。

表 6-13　IrDA 脉冲持续时间

波特率/kbps	脉冲持续时间(3/16)/μs	波特率/kbps	脉冲持续时间(3/16)/μs
2.4	78.13	38.4	4.88
9.6	19.53	57.6	3.26
19.2	9.77	115.2	1.63

图 6-34 为字符发送的示例。

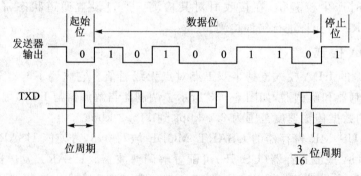

图 6-34　IrDA 调制

(2) IrDA 波特率

表 6-14 所列为一些 CD 值、波特率误差及脉冲持续时间的例子。注意,可接受的最高误差为 $\pm 1.87\%$。

(3) IrDA 解调器

解调器基于 IrDA 接收滤波器,包含一个值从 US_IF 载入的 8 位向下计数器。当检测到 RXD 引脚的下降沿,滤波计数器开始以主控时钟(MCK)速度向下计数。若检测到 RXD 引脚的上升沿,则计数器停止并重新载入 US_IF 的值。若计数器到达 0 仍未检测到上升沿,则在一个位时间内将接收器的输入拉低。

表 6-14 IrDA 波特率误差

外设时钟/Hz	波特率/bps	CD	波特率误差/%	脉冲时间/μs
3 686 400	115 200	2	0.00	1.63
20 000 000	115 200	11	1.38	1.63
32 768 000	115 200	18	1.25	1.63
40 000 000	115 200	22	1.38	1.63
3 686 400	57 600	4	0.00	3.26
20 000 000	57 600	22	1.38	3.26
32 768 000	57 600	36	1.25	3.26
40 000 000	57 600	43	0.93	3.26
3 686 400	38 400	6	0.00	4.88
20 000 000	38 400	33	1.38	4.88
32 768 000	38 400	53	0.63	4.88
40 000 000	38 400	65	0.16	4.88
3 686 400	19 200	12	0.00	9.77
20 000 000	19 200	65	0.16	9.77
32 768 000	19 200	107	0.31	9.77
40 000 000	19 200	130	0.16	9.77
3 686 400	9 600	24	0.00	19.53
20 000 000	9 600	130	0.16	19.53
32 768 000	9 600	213	0.16	19.53
40 000 000	9 600	260	0.16	19.53
3 686 400	2 400	96	0.00	78.13
20 000 000	2 400	521	0.03	78.13
32 768 000	2 400	853	0.04	78.13

图 6-35 所示为 IrDA 解调器的操作。

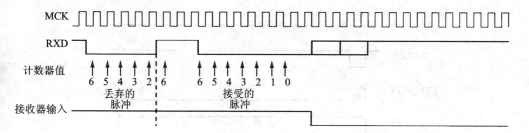

图 6-35 IrDA 解调器操作

US_IF 寄存器中的值必须始终满足下列条件：

$$TMCK\times(IRDA\_FILTER+3)<1.41\ \mu s$$

由于 IrDA 模式与 ISO7816 使用相同的逻辑，因此要注意 US_FIDI 中的 FI_DI_RATIO 域值必须大于 0，以确保 IrDA 通信操作正确。

3. RS485 模式

USART 具有 RS485 驱动控制模式。在 RS485 模式下，USART 与异步或同步模式下操作相同，并且所有参数均可配置。不同之处在于当发送器工作时将 RTS 引脚拉高，RTS 引脚的动作由 TXEMPTY 位控制。图 6-36 所示为 USART 与 RS485 总线的典型连接。

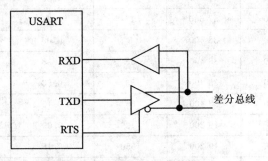

图 6-36 与 RS485 总线的典型连接

通过对 US_MR 寄存器的 USART_MODE 域写入 0x1，可将 USART 设置为 RS485 模式。RTS 引脚电平与 TXEMPTY 位相反。

注意： 处于时间保障时 RTS 引脚为高，因此在最后一个字符传输完成后 RTS 依然为高。

图 6-37 所示为允许时间保障情况下，发送字符时的 RTS 波形。

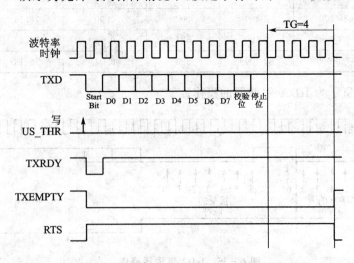

图 6-37 允许时间保障时 RTS 驱动示例

4. 调制解调器模式

USART 具有调制解调器模式,可控制如下信号:DTR(数据终端就绪)、DSR(数据集就绪)、RTS(请求发送)、CTS(清除发送)、DCD(数据载波检测)及 RI(振铃指示)。在调制解调器模式下,USART 充当 DTE(数据终端设备),驱动 DTR 和 RTS,而且可以检测 DSR、CTS、DCD 和 RI 的电平变化。

设置模式寄存器(US_MR)的 USART_MODE 域值为 0x3 可实现 USART 调制解调器模式。在调制解调器模式下 USART 的行为与异步模式下相同,所有的参数配置可供选择。

表 6 - 15 所列为调制解调器连接标准下对应的 USART 信号。

表 6 - 15　电路参考

USART 引脚	V24	CCITT	方　　向
TXD	2	103	终端到调制解调器
RTS	4	105	终端到调制解调器
DTR	20	108.2	终端到调制解调器
RXD	3	104	调制解调器到终端
CTS	5	106	终端到调制解调器
DSR	6	107	终端到调制解调器
DCD	8	109	终端到调制解调器
RI	22	125	终端到调制解调器

DTR 输出引脚的控制是通过将控制寄存器(US_CR)的 DTRDIS 和 DTREN 分别设置为 1 实现的。禁用命令强制相应的引脚为无效电平,即高电平。启用命令强制相应的引脚为活跃的电平,即低电平。在这种模式下,RTS 输出引脚自动控制。

在 RI、DSR、DCD 和 CTS 引脚上检测电平变化。如果检测到输入变化,通道状态寄存器(US_CSR)中的 RIIC、DSRIC 和 DCDIC 的 CTSIC 位分别被置位,并能触发一个中断。读 US_CSR 寄存器时,状态自动清零。此外,检测到串行通信接口在其非活动状态时,CTS 自动禁用发送器。如果 CTS 上升时一个字符正在发送,在发送器禁用前完成字符传输。

5. SPI 模式

SPI 模式是同步串行数据链接,可以主机或从机模式与外部器件进行通信。若外部处理器与系统连接,还允许处理器间通信。

SPI 接口实质上是一个将数据串行传输到其他 SPI 的移位寄存器。数据传输时,一个 SPI 系统作为"主机"控制数据流,其他 SPI 作为"从机",在主机的控制下移入或移出数据。不同的 CPU 可轮流作为主机且一个主机可同时将数据移入多个从机(多主机协议与单主机协议不同,单主机协议中只有一个 CPU 始终作为主机,其他 CPU 始终作为从机）。但任何时候只允许一个从机将其数据写入主机。

SPI 系统由主机发出 NSS 信号选定一个从机。SPI 主机模式的 USART 只能连接一个从机，因为它只能产生一个 NSS 信号。

SPI 系统包括两条数据线及两条控制线：

- 主机输出从机输入（MOSI）：该数据线用于将主机输出数据移入到从机中。
- 主机输入从机输出（MISO）：该数据线用于将从机的数据输出到主机。
- 串行时钟（SCK）：该控制线由主机驱动，用来调节数据流。主机传输时数据波特率可变。每个 SCK 周期传输一位。
- 从机选择（NSS）：该控制线用于主机选择或取消选择从机。

(1) 工作模式

USART 可工作在 SPI 主机模式或 SPI 从机模式下。

通过对模式寄存器的 USART_MODE 位写 0xE，USART 可工作在 SPI 主机模式下。在这种情况下必须按如下说明连接 SPI 线：

- 输出引脚 TXD 驱动 MOSI 线；
- MISO 线驱动输入引脚 RXD；
- 输出引脚 SCK 驱动 SCK 线；
- 输出引脚 RTS 驱动 NSS 线。

通过对模式寄存器的 USART_MODE 位写 0XF，USART 可工作在 SPI 从机模式下。在这种情况下必须按如下说明进行 SPI 线连接：

- MOSI 线驱动输入引脚 RXD；
- 输出引脚 TXD 驱动 MISO 线；
- SCK 线驱动输入引脚 SCK；
- NSS 线驱动输入引脚 CTS。

为避免不可预测行为，SPI 模式一旦发生变化，就必须对发送器和接收器进行软件复位（除硬件复位后的初始化配置外）。

(2) 波特率

在 SPI 模式下，波特率发生器操作和 USART 同步模式相同，详见 6.2.2 小节中的"同步模式或 SPI 模式下的波特率"。须遵守以下约束：

SPI 主机模式：

- 为了在 SCK 引脚上产生正确的串行时钟，不能选择外部时钟 SCK（USCLKS ≠0x3），且模式寄存器（US_MR）的 CLKO 位必须置 1。
- 为了接收器和发送器能够正常工作，CD 值必须大于等于 6。
- 若选择了内部时钟分频（MCK/DIV），则 CD 值必须设为偶数，以使 SCK 引脚能产生 50:50 占空比；若选择了内部时钟（MCK），则 CD 值也可以设为奇数。

SPI 从机模式：

- 必须选择外部时钟（SCK），模式寄存器（US_MR）的 USCLKS 位域的值无效,US_BRGR 的值也无效。因为时钟由 USART 的 SCK 引脚上的信号直接提供。

- 为了接收器和发送器能够正常工作,外部时钟(SCK)频率不能超过系统时钟频率的 1/6。

(3) 数据传输

在每个可编程串行时钟的上升沿或下降沿(由 CPOL CPHA 设置)最多有 9 位数据能连续地在 TXD 引脚上移出,且没有开始位、奇偶校验位和停止位。

可通过设置 CHRL 位和模式寄存器(US_MR)的 MODE9 位来选择数据的位数。如果选择 9 位数据仅设置 MODE9 位即可,不用关心 CHRL 域。在 SPI 模式(主机或从机模式)下总是先发送最高数据位。

数据传输有 4 种极性与相位的组合。时钟极性由模式寄存器(US_MR)的 CPOL 位设置;时钟相位通过 CPHA 位设置。这两个参数确定在哪个时钟边沿驱动和采样数据。每个参数有两种状态,组合后有 4 种可能,如表 6-16 所列,具体传输格式如图 6-38 和图 6-39 所示。因此,一对主机/从机必须使用相同的参数对值进行通信。若使用多从机,且每个从机固定为不同的配置,则主机与不同从机通信时必须重新配置。

185

表 6-16　SPI 总线协议模式

SPI 总线协议模式	CPOL	CPHA
0	0	1
1	0	0
2	1	1
3	1	0

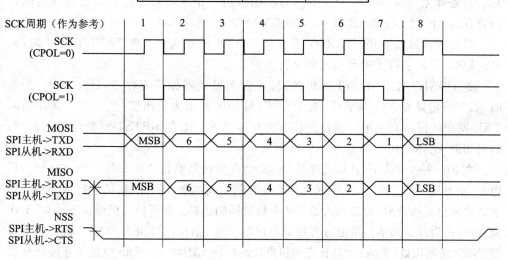

图 6-38　SPI 传输格式(CPHA=1,每次传输 8 位)

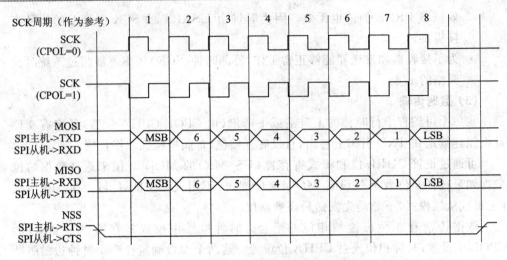

图 6 - 39　SPI 传输格式(CPHA＝0,每次传输 8 位)

(4) 字符发送

通过向发送保持寄存器(US_THR)写入字符进行字符发送。若 USART 工作在 SPI 主机模式,可以增加发送字符的附加条件。当接收器没有准备好(没有读字符),设置 USART_MR 寄存器的 INACK 位值可以禁止任何字符的发送(尽管数据已写入 US_THR)。若 INACK 设为 0,无论接收器是什么状态,字符都会被发送;若 INACK 设为 1,发送器在发送数据前要等待接收保持寄存器的数据被读取完(RXRDY 标志清除),避免接收器产生任何溢出(字符丢失)。

发送器在通道状态寄存器(US_CSR)有 2 个状态位:TXRDY(发送准备)用来表示 US_THR 为空;TXENPTY 用来表示所有写入 US_THR 的字符已经被处理完成。当处理完当前字符,写入 US_THR 的最后一个字符被发送到发送寄存器的移位寄存器,同时 US_THR 清空,TXRDY 置位。

当发送器被禁止时,TXRDY 和 TXENPTY 位都为 0。当 TXRDY 为 0 时,向 US_THR 写入字符无效且写入的字符丢失。

若 USART 工作在 SPI 从机模式,并且当发送器保持寄存器(US_THR)为空时,如果一定要发送一个字符,则 UNRE(缓冲区数据为空出错)位置位。在此期间 TXD 发送线保持高电平。通过向控制寄存器(US_CR)的 RSTSTA(复位状态)位写 1,可清除 UNRE 位。

在 SPI 主机模式下,从机选择线(NSS)会在发送最高位之前保持 1 个位时间的低电平;在发送最低位之后,NSS 保持 1 个位时间的高电平。因此,从机选择信号在字符发送之间总是被释放,总是插入最少 3 个位时间的延迟。为了使从机设备支持 CSAAT 模式(传输后片选激活),可通过将控制寄存器(US_CR)的 RTSEN 位置 1,将从机选择线(NSS)强制拉低(激活)。只有将控制寄存器(US_CR)的 RTSDIS 位置 1 才能将从机选择线(NSS)拉高释放,例如当所有数据已发往从机设备。

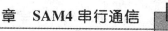
在 SPI 从机模式下,发送器不会请求在从机选择线(NSS)的下降沿初始化字符发送,而仅在低电平时进行。不过,在最高位对应的第一个串行时钟周期之前,从机选择线(NSS)上必须至少持续一个位时间的低电平。

(5) 字符接收

一个字符被接收完后,被转移到接收保持寄存器(US_RHR),同时状态寄存器(US_CSR)的 RXRDY 位被拉高。若字符在 RXRDY 置位时被接收,OVER(溢出错误)位置位。最后一个字符被转移到 US_RHR,并覆盖当前字符。对控制寄存器(US_CR)的 RSTSTA(复位状态)位写 1 可清空 OVRE 位。

为保证 SPI 从机模式下接收器的正常操作,主机设备在发送帧时必须确保发送每个字符之间有至少一个位时间的延迟。接收器不会请求在从机选择线(NSS)的下降沿时初始化字符接收,而仅在低电平时进行。不过,在最高位对应的第一个串行时钟周期之前,从机选择线(NSS)上必须至少持续一个位时间的低电平。

(6) 接收超时

因为接收器波特率时钟仅在 SPI 模式中数据发送时可用,不管接收超时寄存器(US_RTOR)的超时值为多少(TO 位域值),这种模式下接收器是不可能超时的。

6. 测试模式

USART 可编程设置为 3 种不同的测试模式。回环模式下,根据 USART 接口引脚不连接或连接分别配置为本地或远程回环。本地回环可实现板上诊断测试。

(1) 普通模式

普通模式下将 RXD 引脚与接收器输入连接,发送器输出与 TXD 引脚连接。如图 6-40 所示。

(2) 自动回应模式

自动回应模式允许一位一位重发。RXD 引脚收到一位后,将它发送到 TXD 引脚,如图 6-41 所示。对发送器编程不影响 TXD 引脚,RXD 引脚仍与接收器输入连接,因此接收器保持激活状态。

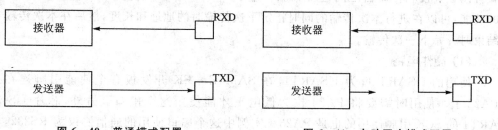

图 6-40　普通模式配置　　　　图 6-41　自动回应模式配置

(3) 本地回环模式

本地回环模式下,发送器输出直接与接收器输入连接,如图 6-42 所示。TXD 与 RXD 引脚未使用。RXD 引脚对接收器无效,TXD 引脚与空闲状态一样,始终为高。

(4) 远程回环模式

远程回环模式下,直接将 RXD 引脚与 TXD 引脚连接,如图 6-43 所示。对发送器与接收器的禁止无效。该模式允许一位一位重传。

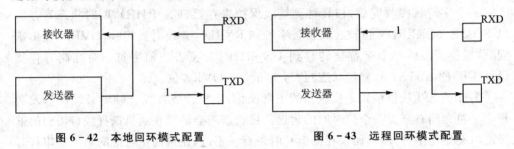

图 6-42 本地回环模式配置   图 6-43 远程回环模式配置

6.2.4 USART 应用实例

在异步串行通信方面,USART 接口和前面 UART 接口设置思路及相应的寄存器是一样的。所以基本 USART 通信实例本节不再说明。

在 USART 通信过程中,由于担心数据在传送的过程中发生丢失,所以常常设计一个队列来作为数据接收和发送缓冲区。SAM4 的 PDC 提供一个 FIFO 的缓冲区,发送接收数据可直接利用 PDC 来实现,简化了程序开发。

1. 使用 PDC 进行 USART 数据的接收与发送

利用 PDC 进行数据的收发能减少 CPU 的开销,这个实例使用 PDC 进行 US-ART 数据的接收与发送。PDC 是针对外设的 DMA 控制器,对比 DMA 控制器,它更为简便,与相应外设的结合也更为紧密。比如说,要配置 PDC 时,首先要启用相应外设的时钟;同时 PDC 收发的状态是通过外设上的寄存器反映出来的;中断也是通过相应外设产生的。使用 PDC 时,只需设置好传输时存储器的地址,以及传输长度,就可以在外设和存储器之间进行数据传输。SAM4 的 PDC 提供了一个类似 FIFO 的功能:可以在进行本次传输的同时指定下次传输时的地址和长度,然后在本次传输结束时开始下一次传输。

(1) 硬件电路

使用的 USART 口为 USART1,在 SAM4E-EK 开发板有个使能引脚连在 PA23 上。使用时需要将 PA23 拉为低电平才能使用这个串口。另外,芯片 US-ART1 的 SCK 引脚使用的也是 PA23。实例中这个串口使用的通信协议为 RS232,需要将 JP11 正确跳线。USART 接口电路如图 6-44 所示。

(2) 实现思路

使用两组缓冲区,分别用于数据的接收和发送。在一个接收区接收数据完成后,就让 PDC 把这个缓冲区的数据发送出去,并且使用另一个缓冲区进行数据接收。

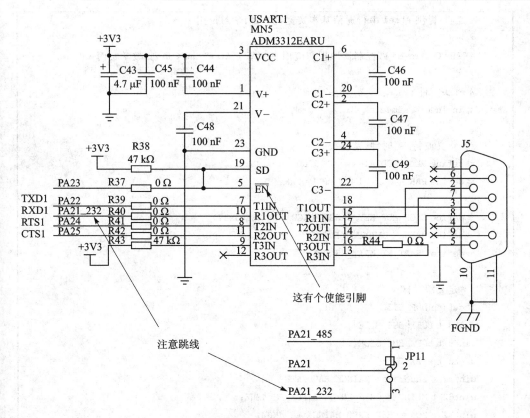

图 6-44　USART 接口电路

使用 PDC 发送数据较为简单,只需设置好需要发送的数据的地址和长度即可。但是在使用 PDC 接收数据时,如果未接收指定数目的数据,是不会产生中断的。通过 USART 本身具有的接收超时功能,实现 PDC 接收数据的等待超时处理。

将 MCK 配置为 120 MHz,配置 USART 工作在硬件握手模式,波特率为 115200 bps,数据位长度为 8 位,1 位停止位,不使用校验。由于使用硬件握手模式,在 PC 端使用通信软件时注意设置 RTS 的状态。

(3) 软件设计

完整的程序如下:

实例编号:6-03　　内容:USART PDC 应用实例　　　　路径:\Example\Ex6_03

```
/*-------------------------------------------------*
 * 文件名:Usart_pdc.cproj                          *
 * 硬件连接:PA22 和 PA21 为串行通信口 TXD1 和 RXD1   *
 * 程序描述:串行通信结合 PDC 功能,数据通信实例,电脑发送一个字节给单片机,单片机在接
            收到后返回此字节给电脑,波特率 115 200 bps,8 位数据,1 位停止位,无校验 *
 * 目的:学习如何使用串行通信                         *
```

```
* 说明:提供 Atmel 串行通信基本实例,供入门学习使用 *
* *
*《ARM Cortex-M4 微控制器原理与应用——基于 Atmel SAM4 系列》教学实例 * /

/ * [头文件] * /
# include <sam4e_ek.h>

/ * 定义波特率,时钟,奇偶校验 * /
# define PLL_BAUDRATE        115200
# define PAR                 UART_MR_PAR_NO

# define CKGR_MOR_KEY_PASSWD CKGR_MOR_KEY(0x37)
# define MAINCK BAUDRATE 57600
# define USART_RX_WAIT_MS 500

/ * 定义缓冲区 * /
# define BUF_SIZE            8
uint8_t BUF1[BUF_SIZE];
uint8_t BUF2[BUF_SIZE];
uint8_t * RX_BUF;
uint32_t baudrate = MAINCK_BAUDRATE;
uint32_t MAINCK = CHIP_FREQ_MAINCK_RC_4MHZ;
uint32_t MCK = CHIP_FREQ_MAINCK_RC_4MHZ;

/ * [子程序] * /
/ * 为 MAINCK 选择晶振 * /
void SwitchMAINCKToXTAL(void)
{
    / * GPIO 引脚设置,将 PB8 和 PB9 配置为仅做输入 * /
    Pio * xtal_pio = PIOB;
    const uint32_t pio_mask = PIO_PB8 | PIO_PB9;
    xtal_pio -> PIO_PER = pio_mask;
    xtal_pio -> PIO_ODR = pio_mask;
    uint32_t slowck_freq = CHIP_FREQ_SLCK_RC;
    volatile uint32_t xt_start = (BOARD_OSC_STARTUP_US * slowck_freq / 8 /
1000000);
    if (xt_start > 0xFF)
    {
        xt_start = 0xFF;
    }
    PMC -> CKGR_MOR = CKGR_MOR_KEY_PASSWD
```

```
                | (PMC -> CKGR_MOR & ~CKGR_MOR_MOSCXTBY) /* MOSCXTBY 必须设置为 0 */
                | CKGR_MOR_MOSCXTEN
                | CKGR_MOR_MOSCXTST(xt_start);

    /* 等待晶振稳定 */
    while (! (PMC -> PMC_SR & PMC_SR_MOSCXTS));
    /* 切换至晶振 */
    PMC -> CKGR_MOR | = CKGR_MOR_KEY_PASSWD
    | CKGR_MOR_MOSCSEL ;
    /* 等待切换完成 */
    while (! (PMC -> PMC_SR & PMC_SR_MOSCSELS));
    MAINCK = BOARD_FREQ_MAINCK_XTAL;
}

void SwitchMCKToPLL(void)
{
    /* 将 MAINCK 的时钟源设为外部晶振 */
    SwitchMAINCKToXTAL();
    /* 先关闭 PLLA */
    PMC -> CKGR_PLLAR = CKGR_PLLAR_ONE        /* 写入时必须带上这个 */
                    | CKGR_PLLAR_MULA(0);
    /* 配置 PLLA,升频 10 倍,无分频 */
    /* 注意判断 PLLA 的输入输出是否在规定的范围内 */
    const uint32_t pll_start_us = 150;
    const uint32_t pll_count = (CHIP_FREQ_SLCK_RC * pll_start_us / 1000000) + 1;
    const uint32_t mul = 10;
    const uint32_t div = 1;
    PMC -> CKGR_PLLAR = CKGR_PLLAR_ONE
    | CKGR_PLLAR_MULA(mul - 1)
    | CKGR_PLLAR_DIVA(div)
    | CKGR_PLLAR_PLLACOUNT(pll_count);
    /* 等待 PLLA 启动完成 */
    while(! (PMC -> PMC_SR & PMC_SR_LOCKA));
    /* 在将 MCK 切换至 PLL 之前,先设置好 FLASH 访问等待周期 */
    const uint32_t wait_clock = 6;
    EFC -> EEFC_FMR = EEFC_FMR_FWS(wait_clock - 1);
    /* 将 MCK 选择为 PLLA */
    /* 当切换为 PLLA 时,需先配置 PRES 字段,再配置 CSS 字段 */
    PMC -> PMC_MCKR = (PMC -> PMC_MCKR & ~PMC_MCKR_PRES_Msk)
```

```
                        | PMC_MCKR_PRES_CLK_1;
        while (! (PMC-> PMC_SR & PMC_SR_MCKRDY));
        PMC-> PMC_MCKR = (PMC-> PMC_MCKR & ~PMC_MCKR_CSS_Msk)
                        | PMC_MCKR_CSS_PLLA_CLK;
        while (! (PMC-> PMC_SR & PMC_SR_MCKRDY));
        MCK = MAINCK * mul / div;
}
/ * 配置 USART1 * /
void ConfigUSART1(void)
{
        / * 拉低 PA23,以使能 USART1 串口 * /
        PIOA-> PIO_PER = PIO_PA23;
        PIOA-> PIO_OER = PIO_PA23;
        PIOA-> PIO_OWER = PIO_PA23;
        PIOA-> PIO_CODR = PIO_PA23;
        / * 使能 USART1 时钟 * /
        PMC-> PMC_PCER0 = (1 << ID_USART1);
        / * USART1 引脚分配 * /
        uint32_t mask = PIO_PA21 | PIO_PA22 | PIO_PA24 | PIO_PA25;
        PIOA-> PIO_PDR = mask;
        PIOA-> PIO_ABCDSR[0] & = ~mask;
        PIOA-> PIO_ABCDSR[1] & = ~mask;
        / * 使能 USART1 发送和接收 * /
        USART1-> US_CR = US_CR_RXEN | US_CR_TXEN;
        USART1-> US_MR = 0
            | US_MR_USART_MODE_HW_HANDSHAKING         / * 硬件握手模式 * /
            | US_MR_USCLKS_MCK                        / * 选择的 MCK * /
            | US_MR_CHRL_8_BIT                        / * 数据位为 8 位  * /
            | US_MR_PAR_NO                            / * 无校验位    * /
            | US_MR_NBSTOP_1_BIT                      / * 停止位为 1 位 * /
            ;
```

/ * 设置波特率,USART 工作在不同模式时,波特率的计算方法不同。在使用异步模式时,CD 值的计算和 UART 的一样:

波特率 =选择的时钟 / (CD * 过采样率)

注:本芯片的 UART 的过采样率为 16。

在 MCK 为 120 MHz,波特率为 115 200 Hz 时,计算出的 CD 的值 BRGR_CD = 65 * /

```
        const int over_sampling = ((USART1-> US_MR & US_MR_OVER) == US_MR_OVER) ? 8 : 16;
        const int BRGR_CD = MCK / (over_sampling * baudrate);
        USART1-> US_BRGR = US_BRGR_CD(BRGR_CD);
```

```
    /* 接收超时 */
    const int32_t true_baudrate = MCK / (over_sampling * BRGR_CD);
    int wait_bit_time = USART_RX_WAIT_MS * true_baudrate / 1000;
    if (wait_bit_time > 0xffff)
    {
        wait_bit_time = 0xffff;
    }
    USART1 -> US_RTOR = US_RTOR_TO(wait_bit_time);
    /* 启用缓冲区满及接收超时中断 */
    USART1 -> US_IER = US_IER_RXBUFF | US_IER_TIMEOUT;
}


void ConfigUSART1_PDC(void)
{
    /* 先设置好接收的 BUF */
    RX_BUF = BUF1;
    PDC_USART1 -> PERIPH_RPR = (uint32_t)RX_BUF;
    PDC_USART1 -> PERIPH_RCR = BUF_SIZE;
    /* 使能输入输出 */
    PDC_USART1 -> PERIPH_PTCR = PERIPH_PTCR_RXTEN | PERIPH_PTCR_TXTEN;
}


/* 参数 size:表示接收缓冲区中需要发送的数据的长度 */
void TransferRxBufAndRec(int size)
{
    /* 等待发送完成 */
    while(! (USART1 -> US_CSR & US_CSR_TXBUFE));
    /* 通过 PDC 发送 */
    PDC_USART1 -> PERIPH_TPR = (uint32_t)RX_BUF;
    PDC_USART1 -> PERIPH_TCR = size;
    /* 继续接收 */
    RX_BUF = (RX_BUF == BUF1) ? BUF2 : BUF1;
    PDC_USART1 -> PERIPH_RPR = (uint32_t)RX_BUF;
    PDC_USART1 -> PERIPH_RCR = BUF_SIZE;

}
/* USART1 中断处理函数 */
void USART1_Handler(void)
{
    uint32_t status = USART1 -> US_CSR;
```

```
        if ((status & US_CSR_TIMEOUT) == US_CSR_TIMEOUT
            || (status & US_CSR_RXBUFF) == US_CSR_RXBUFF)
        {
            USART1 -> US_CR = US_CR_RTSDIS;
            int rec_size = BUF_SIZE - PDC_USART1 -> PERIPH_RCR;
            if (rec_size ! = 0)
            {
                TransferRxBufAndRec(rec_size);
            }
            /* 在下次数据接收时启动超时判断 */
            /* 同时拉低超时产生的中断 */
            USART1 -> US_CR = US_CR_STTTO;
            USART1 -> US_CR = US_CR_RTSEN;
        }

    }


/*[主程序]*/
int main (void)
{
    /* 关看门狗 */
    WDT -> WDT_MR = WDT_MR_WDDIS;
    /* 配置时钟 */
    SwitchMCKToPLL();
    /* 选择波特率,波特率为 115200 */
    baudrate = PLL_BAUDRATE;
    /* 配置 USART1 */
    ConfigUSART1();
    /* 配置 PDC 之前需要打开相应外设的时钟 */
    ConfigUSART1_PDC();
    /* 打开 USART1 中断 */
    NVIC_DisableIRQ(USART1_IRQn);
    NVIC_ClearPendingIRQ(USART1_IRQn);
    NVIC_EnableIRQ(USART1_IRQn);
    while (1);
}
```

194

2. 有关 USART ASF 实例说明

Atmel Studio 6.1 平台针对 USART 接口提供了较多的实例,其中包括如图 6-45 所示实例。

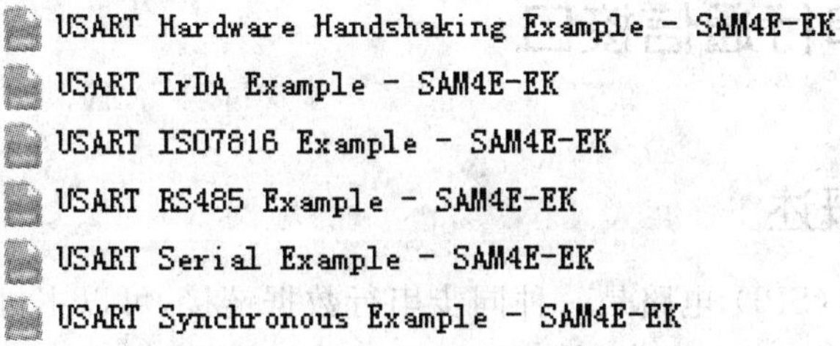

USART Hardware Handshaking Example – SAM4E-EK

USART IrDA Example – SAM4E-EK

USART ISO7816 Example – SAM4E-EK

USART RS485 Example – SAM4E-EK

USART Serial Example – SAM4E-EK

USART Synchronous Example – SAM4E-EK

图 6 – 45　Atmel Studio 6.1 USART 实例

这些实例分别实现了 USART 接口的硬件握手功能、红外 IrDA 通信、ISO7816 接口、RS485 总线、USART 串行通信和 USART 同步通信的功能。

Hardware Handshaking：演示了 USART 的硬件握手功能。该示例中，开发板会接收 PC 发送的数据，且使用硬件握手功能来限制数据传输的速率，同时保证数据传输的完整性。数据传输的速率和已传输数据的总量会通过 UART(DBGU 端口)打印在串口上。

IrDA：演示了如何通过 IrDA 在两个开发板之间进行通信。并且可以通过 PC 对两个开发板的功能进行配置。实验时，需要通过 UART(DBGU 端口)终端将一个开发板配置为接收模式，另一个配置为发送模式。数据传输完毕后，配置为接收模式的开发板会将接收到的数据通过 UART 打印出来。

ISO7816：演示了如何向已连接在开发板的智能卡发送 ISO7816 命令。这里提供了 APDU 和 TPDU 命令的发送，仅使用了协议 T＝0。使用轮询实现字符的发送和接收。实验时，可以通过 UART 终端选择需要测试的命令，开发板会将正在测试的命令和结果通过 UART(DBGU 端口)打印出来。

RS485：演示了如何在 UART 的 RS485 模式中使用 PDC。实验时，需要使用线缆将两个开发板的 RS485 接口连接起来。然后先开启的开发板会作为数据接收方，后开启的为发送方。传输结束后，通过 UART(DBGU 端口)打印出相关信息。

Serial：演示了 USART 的一般模式。实验时需使用电缆将 PC 和 USART 端口连接起来。开发板启动时，会通过 USART 端口将调试信息打印出来。然后开发板会工作在回显模式，即将从 USART 接收到的数据往回发送。

Synchronous：演示了如何通过 USART 的同步模式进行高速率的数据传输。实验时需要通过 USART 的相关 GPIO 引脚将两个开发板连接起来，并通过 UART(DBGU 端口)与 PC 连接。通过 PC，可以对开发板进行主从机模式的配置，以及数据传输的选择。配置为从机模式的开发板会通过 UART 将接收到的数据打印出来。

6.3　同步串行通信接口

6.3.1　SPI 概述

串行通信接口(SPI)电路是一种同步串行数据链接,可以主机或从机模式与外部器件通信。若外部处理器与系统通过 SPI 连接,还可进行处理器间通信。

SPI 接口本质上是一个移位寄存器,将串行传输数据位发送到其他设备的 SPI 接口。数据传输时,一个 SPI 系统作为"主机"控制数据流,其他 SPI 设备则作为"从机",其数据的输入与输出由主机控制。不同的 CPU 可轮流作为主机(多主机协议与单主机协议不同,单主机协议中只有一个 CPU 始终作为主机,其他 CPU 始终作为从机),且一个主机可同时将数据送入多个从机,但任何时候只允许一个从机将其数据写入主机。

当主机发出 NSS 信号时,会选定一个从机。若有多从机存在,主机对每个从机都有一个独立的从机选择信号(NPCS)。

SPI 系统由两根数据线和两根控制线组成:

① 主机输出从机输入(MOSI):该数据线将主机输出数据作为从机的输入。

② 主机输入从机输出(MISO):该数据线将从机输出作为主机的输入。传输时,只能从单个从机输入数据。

③ 串行时钟(SPCK):该控制线由主机驱动,用来控制数据流。主机传输数据波特率是可变的,每传输一位都会产生一个 SPCK 周期。

④ 从机选择(NSS):该控制线允许通过硬件选择从机。

SAM4E SPI 接口模块框图如图 6 - 46 所示。

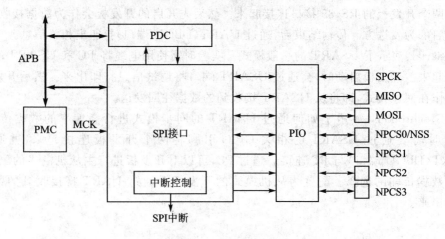

图 6 - 46　SPI 模块框图

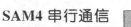

信号描述如表 6 - 17 所列。

表 6 - 17　信号描述

引脚名称	引脚描述	类　型	
		主机	从机
MISO	主机输入从机输出	输入	输出
MOSI	主机输出从机输入	输出	输入
SPCK	串行时钟	输出	输入
NPCS1-NPCS3	设备片选	输出	未用
NPCS0/NSS	设备片选/从机选择	输出	输入

(1) I/O 引脚

SPI 接口引脚用来连接适合的外设,也可与 PIO 复用。用户要先对 PIO 控制器编程,为 SPI 引脚分配相应的外设功能。如表 6 - 18 所列。

表 6 - 18　I/O 引脚说明

实　例	信　号	I/O 口	外　设
SPI	MISO	PA12	A
SPI	MOSI	PA13	A
SPI	NPCS0	PA11	A
SPI	NPCS1	PA9	B
SPI	NPCS1	PA31	A
SPI	NPCS1	PB14	A
SPI	NPCS1	PC4	B
SPI	NPCS2	PA10	B
SPI	NPCS2	PA30	B
SPI	NPCS2	PB2	B
SPI	NPCS3	PA3	B
SPI	NPCS3	PA5	B
SPI	NPCS3	PA22	B
SPI	SPCK	PA14	A

(2) 电源管理

SPI 由功耗管理控制器(PMC)提供时钟,因此,用户使用 SPI 必须先配置 PMC 使能 SPI 时钟。

(3) 中　断

SPI 接口通过中断线与嵌套中断控制器(NVIC)相连接,若处理 SPI 中断请求,必须在配置 SPI 之前对 NVIC 进行编程设置,SPI 外设 ID 是 19。

(4) 外围 DMA 控制器(PDC)或直接内存访问控制器(DMAC)

为了减少处理器开销,SPI 接口可连接 PDC 或 DMAC。

6.3.2　SPI 功能描述

1. SPI 寄存器

SPI 寄存器如表 6-19 所列。

表 6-19　SPI 寄存器

偏移量	名　称	寄存器	权　限	复位值
0x0000	控制寄存器	SPI_CR	只写	—
0x0004	模式寄存器	SPI_MR	读/写	0x0
0x0008	接收数据寄存器	SPI_RDR	只读	0x0
0x000C	传输数据寄存器	SPI_TDR	只写	—
0x0010	状态寄存器	SPI_SR	只读	0x000000F0
0x0014	中断允许寄存器	SPI_IER	只写	—
0x0018	中断禁止寄存器	SPI_IDR	只写	—
0x001C	中断屏蔽寄存器	SPI_IMR	只读	0x0
0x0030	片选寄存器 0	SPI_CSR0	只读	0x0
0x0034	片选寄存器 1	SPI_CSR1	只读	0x0
0x0038	片选寄存器 2	SPI_CSR2	只读	0x0
0x003C	片选寄存器 3	SPI_CSR3	只读	0x0
0x00E4	写保护控制寄存器	SPI_WPMR	读/写	0x0
0x00E8	写保护状态寄存器	SPI_WPSR	只读	0x0

2. 工作模式

SPI 可工作在主(控)模式或从(控)模式下。

通过将模式寄存器(SPI_MR)的 MSTR 位写 1,令 SPI 工作在主控模式下。引脚 NPCS0~NPCS3 配置为输出,SPCK 引脚被驱动,MISO 引脚与接收器输入连接,发送器驱动 MOSI 引脚作为输出。

若将 SPI_MR 寄存器 MSTR 位写入 0,则 SPI 工作在从控模式下。MISO 引脚由发送器输出驱动,MOSI 引脚与接收器输入连接,发送器驱动 SPCK 引脚以实现与接收器同步。NPCS0 引脚变为输入,并作为从机选择信号(NSS)使用。引脚 NPCS1~NPCS3 未被驱动,可用于其他功能。

两种工作模式下,数据传输都可编程,但只有在主控模式下才需要激活波特率发生器。

3. 数据传输

数据传输有 4 种极性与相位的组合,通过片选寄存器(SPI_CSRx)的 CPOL 位来设置时钟的极性,通过 SPI_CSRx 寄存器的 NCPHA 位来设置时钟相位。这两个参数确定数据在哪个时钟边沿被驱动和采样,每个参数各有两种状态,组合后有 4 种可能。因此,一对主机/从机必须使用相同的参数才能进行通信。若使用多从机,且固定为不同的配置,主机与不同从机通信时必须重新配置。

表 6-20 所列为 4 种模式及其对应的参数设置。

表 6-20　SPI 总线控制模式

SPI 模式	CPOL	NCPHA	SPCK 边沿变化	捕获 SPCK 边沿	SPCK 不活跃级别
0	0	1	下降	上升	低
1	0	0	上升	下降	低
2	1	1	上升	下降	高
3	1	0	下降	上升	高

图 6-47 和图 6-48 所示为传输示例。

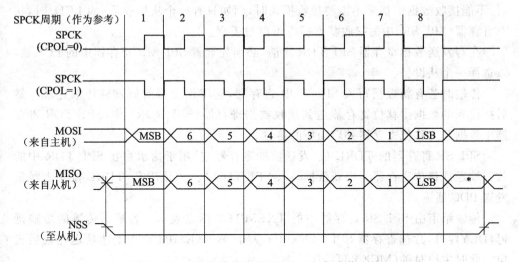

图 6-47　SPI 传输格式(NCPHA=1,每次传 8 位)

4. 主控模式操作

当配置为主控模式时,SPI 工作时钟由内部可编程波特率发生器产生。主机完全控制与 SPI 总线连接的从机数据传输。SPI 驱动片选信号线,并为从机提供串行时钟信号(SPCK)。

SPI 有两个保持寄存器:发送数据寄存器与接收数据寄存器,以及一个移位寄存器。保持寄存器将数据流保持在一个恒定的速率上。

SPI 被允许后,当处理器将数据写入发送数据寄存器(SPI_TDR)时,数据开始传

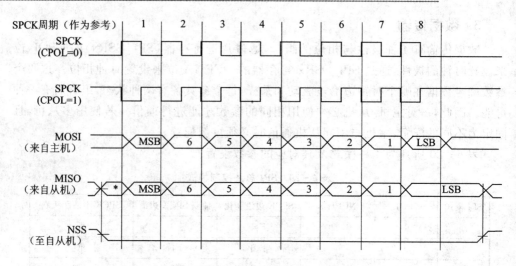

图 6 - 48　SPI 传输格式（NCPHA＝0，每次传 8 位）

输，被写数据立即被发往移位寄存器，并开始在 SPI 总线上传输。当移位寄存器中的数据移到 MOSI 线上时，开始对 MISO 线采样并移入移位寄存器。没有发送数据时，不能接收数据。如果不需要接收模式时，例如只有一个从接收器（如 LCD）时，状态寄存器（SPI_SR）中的接收状态标志可以被丢弃。

在写发送数据寄存器 SPI_TDR 之前，必须先设置 SPI_MR 寄存器中的 PCS 域，以选择一个从设备。

传输时若有新数据写入 SPI_TDR 寄存器，它将保持当前值直到传输完成。然后接收到的数据由移位寄存器送到接收数据寄存器（SPI_RDR）中，SPI_TDR 寄存器中数据载入移位寄存器并启动新的传输。

SPI_SR 寄存器的 TDRE 位（发送数据寄存器空）用于指示写在 SPI_TDR 中的数据被送往移位寄存器。当新数据写入 SPI_TDR 时，该位清零，TDRE 位用来触发发送 PDC 通道。

传输结束由 SPI_SR 寄存器中的 TXEMPTY 标志表示。若最后传输的传输延迟（DLYBCT，片选寄存器 SPI_CSRx 中）大于 0，TXEMPTY 在上述延迟完成后置位。此时主控时钟（MCK）可关闭。

SPI_SR 寄存器的 RDRF 位（接收数据寄存器满）用于指示 SPI_RDR 接收来自移位寄存器的数据。当读取接收数据时，RDRF 位清零。

在接收新数据前，若接收数据寄存器（SPI_RDR）仍未被读取，SPI_SR 寄存器中的溢出错误位（OVRES）被置位。当标志置位后，数据不会载入 SPI_RDR 中，用户必须通过读状态寄存器对 OVRES 位清零。

(1) 时钟的产生

SPI 波特率时钟由主控时钟（MCK）分频得到，分频值为 1～255，允许的工作频率最高可达 MCK，最低工作时钟为 MCK/255。

　　禁止对片选寄存器 SPI_CSRx 中的 SCBR 域编程为 0,当 SCBR 为 0 时触发传输可能导致未知结果。复位后,SCBR 为 0,因此在首次传输前用户必须将其设定为一个有效值。

　　每个片选可独立对分频器定义,必须在片选寄存器 SPI_CSRx 的 SCBR 域编程。这允许 SPI 对每个外设接口自动调整波特率而不需重新编程。

(2) 传输延迟

　　有 3 种延迟可编程以修改传输波形:

　　① 片选间延迟,对于所有片选只可通过写 SPI_MR 寄存器的 DLYBCS 域改变一次,允许在释放芯片和开始新传输前之间插入一个延时。

　　② 串行时钟信号 SPCK 前延迟,对每个片选可独立编程,通过写 SPI_CSRx 寄存器 DLYBS 域实现,在片选信号发出后,允许延迟 SPCK 启动。

　　③ 连续传输延迟,对每个片选可独立编程,通过写 SPI_CSRx 寄存器 DLYBCT 域实现,可在同一芯片两次传输间插入一个延迟。

　　这些延迟使 SPI 可以适应与外设连接及其速度和总线释放时间。

(3) 外设选择

　　SPI 通过 NPCS0～NPCS3 信号来选择串行外设。默认情况下,传输期间 NPCS 信号保持为高。

　　① 固定外设选择:SPI 只与一个外设交换数据时,通过对 SPI_MR 寄存器的 PS 位写 0 来激活固定外设选择。这种情况下,当前外设由 SPI_MR 寄存器的 PCS 域来定义,而 SPI_TDR 寄存器的 PCS 域无效。

　　② 可变外设选择:可以与多个外设交换数据,而不需要对 SPI_MR 寄存器的 NPCS 域重新编程。通过对 SPI_MR 寄存器的 PS 位写 1 来激活可变外设选择,SPI_TDR 寄存器的 PCS 域用于选择当前外设,这意味着可以为每个新数据选择外设。

　　按以下格式写 SPI_TDR 寄存器:

　　[xxxxxxx(7-bit) + LASTXFER(1-bit) + xxxx(4-bit) + PCS(4-bit) + DATA(8 to 16-bit)];

　　其中 PCS 域等于 SPI_TDR 寄存器定义的片选,LASTXFER 根据 CSAAT 位设置为 0 或 1。关于 CSAAT、LASTXFER 和 CSNAAT 位的讨论,可参见本小节"使用 DMAC 时的外设选择取消"。

　　如果使用 LASTXFER,指令必须在写最后一个字符之前发出。不使用 LASTXFER,用户可以使用指令 SPIDIS(SPI 禁用)。DMA 或 PDC 传输结束后,等待 TXEMPTY 标志,然后写 SPIDIS 到 SPI_CR 寄存器(这不会改变配置寄存器的值);在最后一个字符传输后 NPCS 将被停用。如果 SPIEN 提前写入 SPI_CR 寄存器,可以启动另一个 DMA 或 PDC 传输。

(4) SPI 外设 DMA 控制器(PDC)

　　在固定和可变模式下,都可以使用外设 DMA 控制器(PDC),以减少处理器开销。

　　固定外设选择允许一个单一的外围缓冲区传输,使用 PDC 是最佳方式。存储器和 SPI 之间的数据传输的大小可以是 8 位或 16 位。然而,改变外设选择需要对模式寄存器 SPI_MR 重新编程。

　　可变外设选择模式可在不对模式寄存器 SPI_MR 重新编程的情况下,对多个外设进行缓冲传输。写入 SPI_TDR 的数据是 32 位,实际传输数据和外设的数据宽度是预定义的。这种模式下使用 DMAC 需要 32 位宽的缓冲,数据在低端,而 PCS 和 LASTXFER 位在高端,但是 SPI 仍控制通过 MISO 和 MOSI 线上数据的传输位数 (8～16)。对于缓冲的存储大小而言,这不是一个优化方法,但提供了一种在处理器不干涉情况下,与几个外设交换数据的有效方法。

　　传输大小:

　　根据传输数据的大小(8 至 16 位),PDC 自动管理具有不同的指向指针的大小的类型。PDC 根据每个数据位的模式和数量将执行固定模式或可变模式的传输大小。

　　固定模式:

　　8 位数据:字节传输,PDC 指针地址=地址+1 个字节,PDC 计数器=计数器-1;

　　8 位到 16 位的数据:传输 2 字节,传输 n 位数据,在最高位的无需关心的数据填充为 0。PDC 指针地址=地址+2 字节,PDC 计数器=计数器-1。

　　可变模式:

　　在可变模式,对于 8 至 16 位传输大小,PDC 指针地址=地址+4 字节和 PDC 计数器=计数器-1。使用 PDC 时,由 PDC 处理 TDRE 和 RDRF 标志位,用户的应用程序不一定检查这些位。仅检查 RX 缓冲区的最后(ENDRX)、TX 缓冲区的最后 (ENDTX)、缓冲区满(RXBUFF)和 TX 缓冲区空(TXBUFE)标志。

　　(5) SPI DMA 控制器(DMAC)

　　固定外设和可变外设模式都可以使用 DMAC 来减轻处理器的开销。

　　固定外设选择方式允许对单一设备进行缓冲传输。无论 SPI 和存储器之间数据传输的大小是 8 位还是 16 位,使用 DMAC 是一个最佳的方法。但是,更换外设选择需要对模式寄存器 SPI_MR 进行重新编程。

　　可变外设选择模式可在不对模式寄存器 SPI_MR 重新编程的情况下,对多个外设进行缓冲传输。写入 SPI_TDR 的数据是 32 位,实际传输数据和外设的数据宽度是预定义的。这种模式下使用 DMAC,需要 32 位宽的缓冲,数据在低端,而 PCS 和 LASTXFER 位在高端,但是 SPI 仍控制通过 MISO 和 MOSI 线上数据的传输位数 (8～16)。对于缓冲的存储大小而言,这不是一个优化方法,但它提供了一种在处理器不进行干涉情况下,与几个外设交换数据的有效方法。

　　(6) 外设片选解码

　　SPI_SR 寄存器的 PCSDEC 位置 1 后,用户通过对片选线 NPCS0～NPCS3 的编解码,可实现 SPI 对 15 个外设的操作。

如果不采用译码操作,则 SPI 要保证任何时候只激活一个片选,即每次拉低一个 NPCS 线。若 PCS 域中两位为低,则只将最低序号的片选拉低。

如果采用译码操作,SPI 直接输出由 SPI_SR 寄存器或发送数据 SPI_TDR 寄存器定义的 PCS 域值(由 PS 决定)。

由于 SPI 默认值为 0xF(即所有片选线为1),当没有处理传输时,仅 15 个外设可以被译码。

SPI 只有 4 个片选寄存器,而非 15 个。因此,当译码被激活时,每个片选定义 4 个外设的特性。例如,片选寄存器 SPI_CRS0 定义外部译码外设 0～3 的特性,对应于 PCS 值 0x0～0x3。因此,用户必须确保译码片选线 0～3、4～7、8～11 及 12～14 上所连接外设的兼容性。图 6-49 所示就是一个片选寄存器的应用。

如果使用了片选寄存器的 CSAAT 位,无论是否使用 PDC 和 DMAC,NPSC0 的模式错误检测必须被禁止。只有 NPSC0 上有模式故障错误检测,所以其他片选就不需要如此处理了。

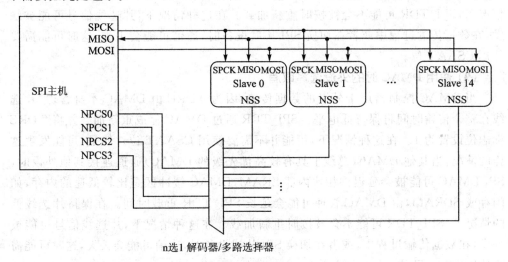

n选1解码器/多路选择器

图 6 - 49　片选解码应用方框图:单主/多从应用

(7) 不使用 DMAC 和 PDC 时的外设选择取消

在一个芯片上的一个以上的数据传输过程中,当选择没有 DMA 也不采用 PDC 方式时,SPI_TDR 寄存器数值通过处理器加载,在 TDRE 标志位上升沿,SPI_TDR 寄存器的内容尽快转移到内部移位寄存器。当 TDRE 标志被检测到高时,SPI_TDR 被重新加载。如果此由处理器进行的重载发生在本次传输结束之前,并且进行下一次传输是同一个芯片,在这两次传输之前的片选就不会被撤销。

处理器也可以不重新加载 SPI_TDR 时间而保持片选有效(低),取决于应用程序是否正在处理 SPI 状态寄存器标志位(中断或轮询),或是正在处理其他中断或任务。在 SPI_CSR 寄存器的连续传输(DLYBCT)值的零延迟,将花费更少时间使处理器重新装入 SPI_TDR。一些 SPI 从属外设,在整个传输过程中要求片选线保持激活(低电平)可能会导致通信错误。为了方便与此类器件的通信,可以将片选寄存器[CSR0... CSR3]的 CSAAT 位(传输后片选激活)置1,允许片选线以保持当前状态(低表示激活)直到需要进行另一个片选,即使不重新加载 SPI_TDR,片选信号依然有效。为了让片选线在传输最后为上升沿,在写入最后需要传输的数据到 SPI_TDR 之前 SPI_MR 寄存器的(LASTXFER)位必须被设置为1。

(8) 使用 PDC 时的外设选择取消

当外设 DMA 控制器被使用时,TDRE 标志位是由 PDC 本身管理,片选线在整个传输时间将保持低电平。一旦 TDRE 位被置1,SPI_TDR 就通过 DMAC 进行重载。在这种情况下,可能并不需要使用片选寄存器的 CSAAT 位。但是,可能发生这样的情况,当其他 PDC(总线上具有较高优先级的 PDC)通道连接其他外设使用,SPI PDC 可能会被延迟。相比内部 SRAM,PDC 缓冲区是比较低速的内存,如闪存或 SDRAM 由 PDC 管理可能会延长 SPI_TDR 重载时间。这意味着在保持片选线低的情况下,SPI_TDR 可能不会被按时重新加载。在这种情况下,片选线信号可能被触发,在数据传输过程中或者在切换 SPI 从属设备时,通信可能会丢失,这时可能需要使用 CSAAT 位。

(9) 使用 DMAC 时的外设选择取消

当 DMAC 控制器用于外设的数据传输,因为 TDRE 由 DMAC 本身管理,片选线在整个传输时间将保持低电平。SPI_TDR 通过 DMAC 完成重新加载并将 TDRE 标志位设置为1。在这种情况下,可能并不需要使用 CSAAT 位。但是,可能发生这样的情况,当其他 DMAC(总线上具有较高优先级的 DMAC)通道连接其他外设时,SPI DMAC 可能被会延迟。相比内部 SRAM,DMAC 缓冲区是比较低速的内存,如闪存或 SDRAM,由 DMAC 管理可能会延长 SPI_TDR 重载时间。在保持片选线低的情况下,SPI_TDR 可能不会被按时重新加载。在这种情况下,片选线信号可能被触发,在数据传输过程中,或者在切换 SPI 从属设备时,通信可能会丢失,这时可能需要使用 CSAAT 位。

当 CSAAT 位置0,在同一外设的两次传输之间,NPCS 在所有情况下都不会变为高。在一个 SPI 从机传输期间,一旦 SPI_TDR 的内容被传输到内部移位寄存器,TDRE 便跳变为高。一旦检测到这个标志位跳变,SPI_TDR 就能被载入新值。如果此次载入发生在当前传输结束之前,且下次传输发生在同一 SPI 从机,片选信号不会在两次传输间变为无效。一些串行设备在每次传输后要求取消片选有效,为了实现与这些设备的接口,可对片选寄存器编程,设置 CSNAAT 位(传输后片选信号无效)为1,允许片选线在 DLYBCS 延迟期间自动变为无效(只有在同一片选的 CSAAT 位置0的情况下,CSNAAT 的值才会生效)。

(10) 模式错误检测

当 SPI 编程为主模式且外部主机将 NPCS0/NSS 信号驱动为低电平时,将检测

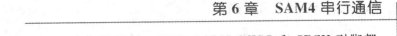
到一个模式错误。这种情况下，多主控配置 NPCS0、MOSI、MISO 和 SPCK 引脚都必须为开漏（通过 PIO 控制器）。当检测到模式错误，在 SPI_SR 寄存器被读之前 MODF 位置位，而且 SPI 将自动禁用直到通过写控制寄存器（SPI_CR）的 SPIEN 位为 1，将其重新允许为止。

默认情况下，模式错误检测电路被允许。用户可通过设置 SPI_MR 寄存器中的 MODFDIS 位来禁用模式错误检测。

5. SPI 从控模式

从控模式下，SPI 按 SPI 时钟引脚（SPCK）提供的时钟处理数据位。

从外部主机接收串行时钟之前，SPI 等待 NSS 激活。当 NSS 下降，时钟在串行线上生效，处理的位数由片选寄存器 0（SPI_CSR0）的 BITS 域定义，被处理位的相位与极性由 SPI_CSR0 寄存器的 NCPHA 与 CPOL 位定义。

注意： 当 SPI 编程为从控模式时，其他片选寄存器的 BITS、CPOL 及 NCPHA 位无效，这些位将移出到 MISO 线，并在 MOSI 线上采样。

当所有的位被处理，接收到的数据传入接收数据寄存器（SPI_RDR）时，RDRF 标志位跳变为高。若在收到新的数据前，SPI_RDR 寄存器没有被读，SPI_SR 寄存器的溢出错误标志 OVRES 将置位。一旦该标志位置位，数据将被载入 SPI_RDR 寄存器，用户必须通过读 SPI_SR 寄存器清除 OVRES 位。

当传输开始启动，数据由移位寄存器移出，若没有数据写入 SPI_TDR 寄存器中，则发送最后收到的数据。若自从上次复位后未收到数据，发送的所有位均为低，因为移位寄存器复位为 0。

当首个数据被写入 SPI_TDR 寄存器后，立即向移位寄存器传输并将 TDRE 标志位拉高。若新数据被写入，它将保存在 SPI_TDR 寄存器中直到传输发生，即 NSS 下降且 SPCK 引脚上出现有效时钟。当传输发生后，最后写入 SPI_TDR 寄存器的数据被传入移位寄存器并将 TDRE 标志位拉高，允许单次传输中频繁更新关键的变量。

新数据由 SPI_TDR 寄存器载入移位寄存器中。若没有发送字符，即自从上次将 SPI_TDR 寄存器的内容载入移位寄存器后，没有字符写入 SPI_TDR 寄存器中，移位寄存器不变并重新发送最后收到的字符。此种情况下，SPI_SR 寄存器中的 UNDES 标志被置位。

6.3.3　SPI 应用实例

开发板上配了电阻触摸屏，其控制器是 ADS7843。本实例使用 SPI 接口和触屏控制器 ADS7843 进行通信。

1. 硬件电路

PA12、PA13 和 PA14 引脚的外设 A 为 SPI 相关引脚，PA11 为 SPI 的 NPCS0。

ADS7843 控制器的片选连接在 SPI 的片选设备 0。接口电路如图 6-50 所示。

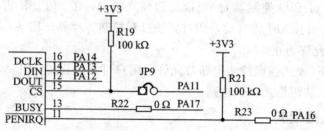

图 6-50　ADS7843 SPI 接口

2. 实现思路

对 ADS7843 芯片说明如下：

① 根据设置，当控制器检测到有触摸时，ADS7843 芯片 PENIRQ 引脚会拉低。

② 为获取触摸的位置，需要向控制器发送一个 8 位的控制字。

③ 控制器完成模/数转换后，会拉高 ADS7843 芯片 BUSY 引脚电平。

④ SPI 主设备在读取从设备的数据时，通过发送数据提供时钟信息，所以需要发送数据给从设备，才能读取数据。

控制字的格式见图 6-51（只说明本实例用到值的含义）：

Bit 7 (MSB)	Bit 6	Bit 5	Bit 4	Bit 3	Bit 2	Bit 1	Bit 0 (LSB)
S	A2	A1	A0	MODE	SER/$\overline{DFR}$	PD1	PD0

图 6-51　ADS7843 芯片控制字

- S 为起始位：必须为 1。需要发送无效指令时，该位为 0。
- A[0:2] 为通道选择位：值为 1 时表示读取坐标 Y 值；为 5 时读取坐标 X。
- MODE 为模式选择位：值为 0 时表示进行 12 位转换。
- SER/$\overline{DFR}$ 为单端/差分模式选择位：为低时表示控制器工作在差分模式。
- PD[0:1] 为休眠模式选择位：值为 0 时表示两次转换之间进行休眠，且在有触摸操作时开启 IRQ 中断；值为 3 时表示不进行休眠，且禁用中断。

SPI 通信时序与时钟极性、相位如图 6-52 所示，为 ADS7843 在进行 12 位转换时通信的时序图。可以看到，每次传输的数据为 8 位。时钟无效时，时钟引脚保持低电平。并且，在一个时钟周期内，第一个时钟边沿（即上升沿）时，传输的数据不变，即表示在时钟的第一个边沿进行数据采集；而在时钟第二个边沿（即下降沿）时，数据改变。

根据 ADS7843 输出 DOUT 时序，第一次传输时 SPI 主机接收到的数据中，只有低 7 位是有效的，在第二次传输时，则有 5 位有效数据被传输。

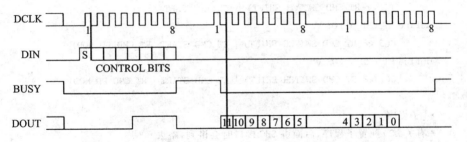

图 6 - 52　ADS7843 在进行 12 位转换时通信的时序图

3. 软件实现

完整的 SPI 实例程序如下。

实例编号:6 - 04	内容:SPI 应用实例	路径:\Example\Ex6_04

```
/*------------------------------------------------*
* 文件名:SPI.cproj                                 *
* 硬件连接: PA12、PA13 和 PA14 引脚的外设 A 为 SPI 相关引脚,PA11 为 SPI 的 NPCS0。 *
* 程序描述:通过 SPI 接口,SAM4E 与 ADS7843 进行通信,获取触摸屏坐标并在 LCD 上显示
           出来                                     *
* 目的:学习如何使用 SPI 接口                        *
* 说明:提供 Atmel SPI 基本实例,供入门学习使用       *
*                                                  *
*《ARM Cortex-M4 微控制器原理与应用——基于 Atmel SAM4 系列》教学实例 */

/*[头文件]*/
# include <asf.h>
# include <stdio.h>


# define ILI93XX_LCD_CS 1
# define SMC_CS SMC -> SMC_CS_NUMBER[ILI93XX_LCD_CS]

/* ADS7843 引脚 */
# define RT_BUSY_PIN          PIO_PA17
# define RT_IRQ_PIN          PIO_PA16
/* ADS7843 命令相关 */
# define RT_CMD_START          (1 << 7)
# define RT_CMD_SWITCH_SHIFT 4
# define RT_CMD_PD_MOD          0x3          //转换之间不休眠,且不产生中断/*
ADS7843 常用命令 */
  # define RT_CMD_ENABLE_PENIRQ   \
```

```
                ((1 << RT_CMD_SWITCH_SHIFT) | RT_CMD_START)
    #define RT_CMD_X_POS \
            ((5 << RT_CMD_SWITCH_SHIFT) | RT_CMD_START| RT_CMD_PD_MOD)
    #define RT_CMD_Y_POS \
            ((1 << RT_CMD_SWITCH_SHIFT) | RT_CMD_START | RT_CMD_PD_MOD)


    /*[子程序]*/
    /* 有关 LCD 配置子程序,后面讲 SMC 接口时会讲到,略去 */
    void ConfigLCDSMC(void){ …… }
    void InitLCD(void){ …… }


    void ConfigRTouch(void)
    {
        /* GPIO */
        PMC -> PMC_PCER0 = 1 << ID_PIOA;
        /* SPI 相关的引脚 */
        const uint32_t spi_pin = PIO_PA11 | PIO_PA12 | PIO_PA13 | PIO_PA14;
        PIOA -> PIO_PDR = spi_pin;
        PIOA -> PIO_ABCDSR[0] & = ~spi_pin;
        PIOA -> PIO_ABCDSR[1] & = ~spi_pin;
        /* 输入引脚 */
        const uint32_t in_pin = PIO_PA16 | PIO_PA17;
        PIOA -> PIO_PER = in_pin;
        PIOA -> PIO_ODR = in_pin;
        /* SPI 时钟使能 */
        PMC -> PMC_PCER0 = (1 << ID_SPI);
        const uint32_t RT_SPI_CS = 0;                   //片选设备 0
        SPI -> SPI_MR = SPI_MR_MSTR                      // Master 模式
            | SPI_MR_MODFDIS                             //关闭模式检测
            | SPI_MR_PCS(~(1 << RT_SPI_CS))              //外设选择
            | (SPI_MR_PS & 0) ;                          //选择固定外设

        SPI -> SPI_CSR[RT_SPI_CS] = SPI_CSR_BITS_8_BIT  //每次传输 8 比特数据
                | (SPI_CSR_CPOL & 0)                     //时钟无效时为时钟引脚低电平
                | SPI_CSR_NCPHA                          //在第一个时钟沿进行数据采集
                | SPI_CSR_CSAAT                          //传输完成后保持片选
                | SPI_CSR_SCBR(96)    ;                  //波特率为对 MCK 进行 96 分频

        SPI -> SPI_CR = SPI_CR_SPIEN;                    //使能 SPI
    }
```

```
/* SPI 接口发送数据 */
uint16_t SPISend(uint16_t data)
{
    /* 发送 */
    while(! (SPI -> SPI_SR & SPI_SR_TDRE));
    SPI -> SPI_TDR = data;
    /* 接收 */
    while(! (SPI -> SPI_SR & SPI_SR_RDRF));
    return (SPI_RDR_RD_Msk & SPI -> SPI_RDR);
}

/* 这个函数默认发送完命令后,ADS7843 会返回两次数据 */
uint32_t RTouchSendCmd(uint8_t uc_cmd)
{
    SPISend(uc_cmd);
    /* 等待数据准备完毕 */
    while ((PIOA -> PIO_PDSR & RT_BUSY_PIN) == 0);
    /* 读取数据 */
    uint32_t rec_data = SPISend(0);
    uint32_t uResult = rec_data << 8;
    rec_data = SPISend(0);
    uResult |= rec_data;
    uResult >>= 3;
    return uResult;
}

/* [主程序] */
int main (void)
{
    /* 开发板初始化 */
    sysclk_init();
    board_init();
    /* 配置 LCD */
    aat31xx_set_backlight(AAT31XX_MAX_BACKLIGHT_LEVEL);
    ConfigLCDSMC();
    InitLCD();
    /* 配置电阻屏 */
    ConfigRTouch();
    RTouchSendCmd(RT_CMD_ENABLE_PENIRQ);
```

```
/* LCD 屏显示程序 */
int pos_x, pos_y;
char print_buf[64];
const ili93xx_color_t bg_color = COLOR_WHITE;
const ili93xx_color_t fg_color = COLOR_BLACK;
ili93xx_fill(bg_color);
while (1)
{
    /* 判断是否有触摸输入 */
    if ((PIOA -> PIO_PDSR & RT_IRQ_PIN) == 0)
    {
        /* 获取输入坐标 */
        pos_x = RTouchSendCmd(RT_CMD_X_POS);
        pos_y = RTouchSendCmd(RT_CMD_Y_POS);
        /* 清屏 */
        ili93xx_fill(bg_color);
        /* 将坐标绘制在屏幕上 */
        ili93xx_set_foreground_color(fg_color);
        sprintf(print_buf,"X: % x", pos_x);
        ili93xx_draw_string(100,100, print_buf);
        sprintf(print_buf,"Y: % x", pos_y);
        ili93xx_draw_string(100,150, print_buf);
        /* 等待 */
        for (volatile int i = 0; i < 500000; ++i);
        /* 在获取输入坐标时停用了中断,需要重新启用 */
        RTouchSendCmd(RT_CMD_ENABLE_PENIRQ);
    }
}
```

第 7 章

SAM4 串行通信总线

本章主要讲解串行总线：TWI(类似于 I²C)总线和 CAN 总线，介绍其内部结构、功能描述及操作流程，并通过实例说明其具体的实现过程。

7.1 TWI 总线

7.1.1 TWI 概述

Atmel TWI 是实现部件之间连接的独特双线总线，由一个时钟线和一个数据线组成，数据传输速率可达 400 kbps。TWI 基于字节格式传输数据，可用于任何Atmel 的 TWI 串行 EEPROM 和 I²C 兼容的设备，比如，实时时钟(RTC)、点阵/图形 LCD 控制器和温度传感器等。TWI 可编程为主机或从机，可进行连续或单字节访问，还支持多主机功能。

总线仲裁在内部执行，如果总线仲裁丢失，则自动将 TWI 切换到从机模式。可配置的波特率发生器允许输出数据率在内核时钟频率的宽度范围内调整。

表 7-1 所列为主机模式下的双线接口与一个全兼容 I²C 设备的兼容性程度。

表 7-1 Atmel TWI 与 I²C 标准的兼容性

I²C 标准	Atmel TWI
标准模式速度(100 kHz)	支持
快速模式速度(400 kHz)	支持
7 位或 10 位从机地址	支持
起始字节	不支持
重复起始(Sr)条件	支持
ACK 和 NACK 管理	支持
斜率控制和输入滤波(快模式)	不支持
时钟拉伸	支持
多主机功能	支持

SAM4E 芯片特征:2 个 TWI 接口;1~3 字节的从机地址;顺序读/写操作;单个主模式,多主模式和从模式操作;比特率不超过 400 kbps;在主模式下支持 SMBUS 快速命令;连接到外设 DMA 控制器(PDC)通道功能,优化数据传输;一个接收器通道及一个发送器通道。

TWI 总线模块图与应用方框图如图 7-1 和图 7-2 所示。

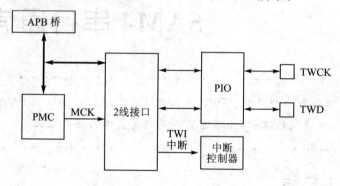

图 7-1　TWI 总线模块图

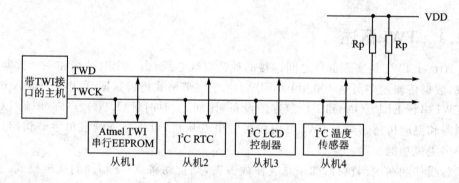

图 7-2　TWI 应用方框图

(1) I/O 口

TWD 和 TWCK 都是双向线,并需连接上拉电阻。当总线空闲时,两根线都为高。连接到总线上的设备输出端必须有一个漏极开路或集电极开路来执行"线与"功能。

TWD 和 TWCK 引脚可与 PIO 线复用,如表 7-2 所列。

表 7-2　I/O 引脚

实　例	信　号	I/O 口	外　设
TWI0	TWCK0	PA4	A
TWI0	TWD0	PA3	A
TWI1	TWCK1	PB5	A
TWI1	TWD1	PB4	A

(2) 电源管理

为使时钟可用,TWI 接口通过功耗管理控制器(PMC)配置相应位使 TWI 接口时钟有效,从而产生使 TWI 接口工作的时钟。

(3) 中　断

TWI 接口有一个中断线连接到中断控制器。为了处理中断,必须在配置 TWI 接口之前为中断控制器编程。TWI0 中断号是 17,TWI1 中断号是 18。

7.1.2　TWI 功能描述

1. TWI 寄存器

TWI 寄存器如表 7-3 所列。

表 7-3　TWI 控制寄存器

偏移量	名　称	寄存器	权　限	复位值
0x00	控制寄存器	TWI_CR	只写	—
0x04	主机模式寄存器	TWI_MMR	读/写	0x00000000
0x08	从机模式寄存器	TWI_SMR	读/写	0x00000000
0x0C	内部地址寄存器	TWI_IADR	读/写	0x00000000
0x10	时钟波形产生器寄存器	TWI_CWGR	读/写	0x00000000
0x20	状态寄存器	TWI_SR	只读	0x0000F009
0x24	中断允许寄存器	TWI_IER	只写	—
0x28	中断禁止寄存器	TWI_IDR	只写	—
0x2C	中断屏蔽寄存器	TWI_IMR	只读	0x00000000
0x30	接收保持寄存器	TWI_RHR	只读	0x00000000
0x34	发送保持寄存器	TWI_THR	只写	0x00000000
0xE4	保护模式寄存器	TWI_WPROT_MODE	读/写	0x00000000
0xE8	保护状态寄存器	TWI_WPROT_STATUS	只读	0x00000000

2. 数据传送格式

在 TWD 线上传输的数据必须有 8 位长,数据首先传输高位(MSB),每个字节后面必须跟一个应答,每次传输的字节数不受限制。

每次传输由一个 START 条件开始,并由一个 STOP 条件结束,如图 7-3 所示。TWCK 为高时,TWD 线上由高到低跳变,定义为 START 条件。TWCK 为高时,TWD 线从低到高的跳变,定义为一个 STOP 条件。图 7-4 所示为多字节的主机写操作。

3. 工作模式种类

TWI 有 6 种工作模式:主机发送模式、主机接收模式、多主机发送模式、多主机

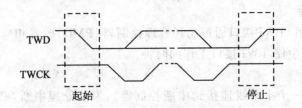

图 7-3　一个字节数据的主机写操作

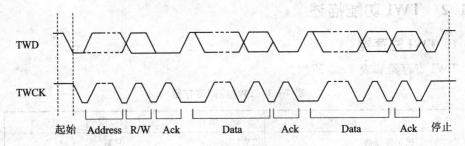

图 7-4　多字节数据的主机写操作

接收模式、从机发射模式和从机接收模式。

(1) 主机模式

① 主机模式编程

进入主机模式之前必须对以下寄存器进行编程：

- 设置主机模式寄存器（TWI_MMR）中设备地址 DADR（+ IADRSZ + IADR，如果设备编址为 10 位），在读或写模式下，设备地址用来访问从设备。
- 设置时钟波形产生器寄存器（TWI_CWGR）中时钟分频 CKDIV + CHDIV + CLDIV，产生时钟。
- 设置控制寄存器（TWI_CR）的 SVDIS 位，禁止从机模式。
- 设置 TWI_CR 寄存器的 MSEN 位，允许主机模式。

② 主机发送模式

初始化 Start 状态后，在向发送保持寄存器（TWI_THR）写数据时，主机将发送一个 7 位从机地址（地址在主机模式寄存器 TWI_MMR 的 DADR 域中配置）以通知从机设备。从机地址后面的位用于表示传输方向，在这里该位为 0（TWI_MMR 中的 MREAD = 0）。

TWI 传输要求从机每收到一个字节后均要给出应答，在应答脉冲（第 9 脉冲）期间，主机会释放数据线（高电平），允许从机将其拉低以产生应答。主机在该时钟脉冲查询数据线，若从机没有应答这个字节，则将状态寄存器（TWI_SR）的 NACK 位置位。与其他状态位相同，若中断允许寄存器（TWI_IER）允许，则产生中断。若从机应答该字节，数据写进发送保持寄存器（TWI_THR），移位到内部移位器中后再传输。当检测到应答时，TXRDY 标志位置位，直到 TWI_THR 寄存器中有新的数据写入。TXRDY 在 PDC 传输通道中被用作发送就绪标志。

当没有新的数据写入 TWI_THR 寄存器时,串行时钟线保持低电平。当有新的数据写入 TWI_THR 寄存器,释放串行时钟线 SCL 并发送数据。为了产生 STOP 事件,必须写 TWI_CR 寄存器的 STOP 位域以执行 STOP 命令。

经过主机写传输,当没有新的数据被写在 TWI_THR 中,或一个 STOP 指令被执行时,串行时钟线被拉高(拉低)。主机写操作如图 7-5、图 7-6 和图 7-7 所示。

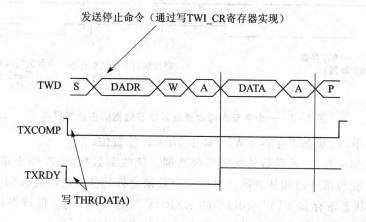

图 7-5　一个字节数据主机写操作

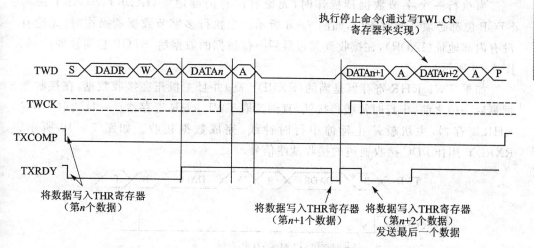

图 7-6　多字节数据的主机写操作

③ 主机接收模式

通过设置 START 位来开始读序列。发送起始条件后,主机发送一个 7 位的从机地址通知从机设备。从机地址后的位表示传输方向,在这里该位为 1(TWI_MMR 寄存器中的 MREAD = 1)。在应答时钟脉冲(第 9 脉冲)期间,主机释放数据线(高电平),允许从机将其拉低以产生应答。主机在应答时钟脉冲查询数据线,若从机没

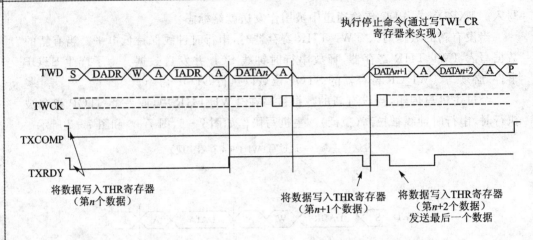

图 7-7　一个字节内部地址及多字节数据的主机写操作

有应答该字节,则状态寄存器 TWI_SR 中 NACK 位置位。

　　若接收到应答,主机准备从从机接收数据。接收到数据后,在停止条件之后,主机发送一个应答条件通知从机除了最后一个数据之外其他都已经接收到了,如图 7-8 所示。当状态寄存器 (TWI_SR)中的 RXRDY 位置 1 时,接收保持寄存器(TWI_RHR)接收到了一个字节。读 TWI_RHR 会复位 RXRDY 位。

　　当执行一个字节数据读操作时,无论有没有内部地址(IADR),START 位和 STOP 位都必须被同时置位,如图 7-8 所示。当执行多字节数据读操作时,无论有没有内部地址(IADR),在接收到靠近最后一位数据的数据后,STOP 必须被置位,如图 7-9 所示。

　　如果 TWI_RHR 寄存器是满的(RXRDY 高)并且主机正在接收数据,在接收数据最后一位之前,串行时钟线将接低,直到读取 TWI_RHR 寄存器。一旦读取 TWI_RHR 寄存器,主机就停止延伸串行时钟线,完成数据接收。如图 7-10 所示。RXRDY 用作 PDC 接收通道的接收就绪信号。

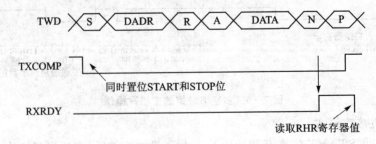

图 7-8　一个字节数据的主机读操作

　　④ 内部地址

TWI 接口可执行不同的传输格式:7 位从机地址设备和 10 位从机地址设备的

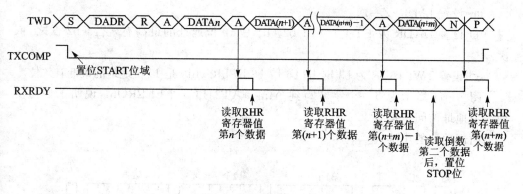

图 7-9　多字节数据的主机读操作

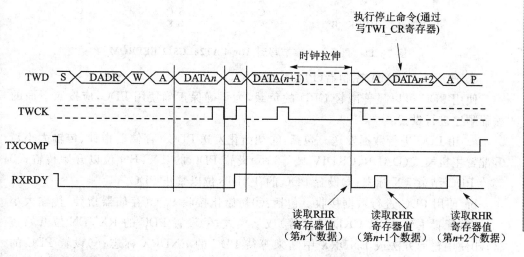

图 7-10　多个字节扩展主机读时钟

传输。

> 7 位从机编址

当采用 7 位从机设备编址时,内部地址字节用来执行对一个或多个数据字节的随机访问(读或写),例如访问一个串行存储器的存储页面。当带内部地址执行读操作时,TWI 将执行一个写操作把内部地址设置到从设备中,然后转换到主机接收模式。可通过主机模式寄存器(TWI_MMR)对 3 个内部地址字节进行配置,若从设备只支持 7 位地址,也就是说没有内部地址,IADRSZ 必须被设置成 0。

> 10 位从机编址

由于从机地址高于 7 位,用户必须配置地址长度(IADRSZ),并在内部地址寄存器(TWI_IADR)中设置从机地址的其他位。剩下的两段内部地址位 IADR[15:8]和 IADR[23:16]可与 7 位从机编址中的用法一样。

实例:编址一个 10 位地址的设备(10 位设备地址是 b1 b2 b3 b4 b5 b6 b7 b8 b9 b10)

ⓐ 设置 IADRSZ=1。

ⓑ 设置 DADR 为 1 1 1 1 0 b1 b2 (b1 是 10 位地址的最高有效位，b2 次之，依次)。

ⓒ 设置 TWI_IADR 为 b3 b4 b5 b6 b7 b8 b9 b10 (b10 是 10 位地址的最低有效位)。

图 7-11 所示为将一个字节写到 Atmel AT24LC512 EEPROM，说明了如何使用内部地址访问该设备。

内部地址的用法：

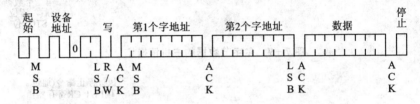

图 7-11　显示一个字节写到 Atmel AT24LC512 EEPROM

⑤ 使用外设 DMA 控制器（PDC）

使用 PDC 可以显著减轻 CPU 的负载，为了确保正确使用 PDC，应按照下面的编程顺序进行设置：

a. 用 PDC 进行数据发送。包括：ⓐ初始化发送 PDC（存储器指针、传输大小）；ⓑ配置主机模式（DADR、CKDIV 域等）；ⓒ设置 PDC 的 TXTEN 位以开始传输；ⓓ等待 PDC 结束 TX 标志；ⓔ设置 PDC 的 TXDIS 位以禁止 PDC。

b. 使用 PDC 进行数据接收。包括：ⓐ初始化接收 PDC（存储器指针，传输大小-2）；ⓑ配置主（DADR、CKDIV 域等）或从模式；ⓒ设置 PDC 的 RXTEN 位开始转移；ⓓ使用轮询方法或 ENDRX 中断来等待 PDC 的 ENDRX 标志；ⓔ设置 PDC 的 RXTDIS 位禁用 PDC；ⓕ等待 TWI_SR 寄存器中的 RXRDY 标志；ⓖ在 TWI_CR 中设置 STOP 命令；ⓗ读取 TWI_RHR 的倒数第二个字符；ⓘ等待在 TWI_SR 寄存器中的 RXRDY 标志；ⓙ读取 TWI_RHR 的最后一个字符。

⑥ SMBUS 快命令（仅主机模式具备）

TWI 接口可以执行一个快命令：

ⓐ 配置主机模式（DADR、CKDIV 域等）。

ⓑ 一位命令被发送时，写 TWI_MMR 寄存器的 MREAD 位。

ⓒ 设置 TWI_CR 寄存器中的 QUICK 位以启动传输。

⑦ 读/写流程图

图 7-12～图 7-17 所示流程图为读/写操作示例。可用轮询或中断的方法来检查状态位，使用中断方法必须先配置中断允许寄存器（TWI_IER）。

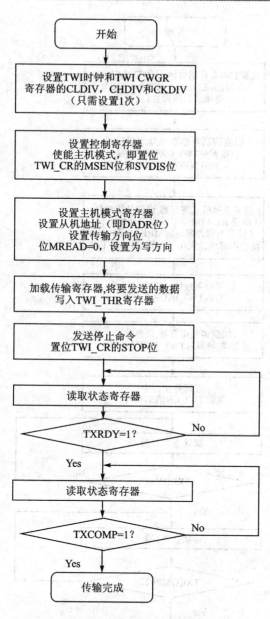

图 7 - 12　无内部地址的单字节数据 TWI 写操作

（2）多主机模式

① 定　义

使用仲裁可以保证多个主机同时操作总线时数据不丢失。一旦两个或更多的主机同时传送数据到总线，仲裁就开始。当某个主机试图发送逻辑 1，而其他主机试图发送逻辑 0 时，该主机仲裁停止（丢失仲裁）。

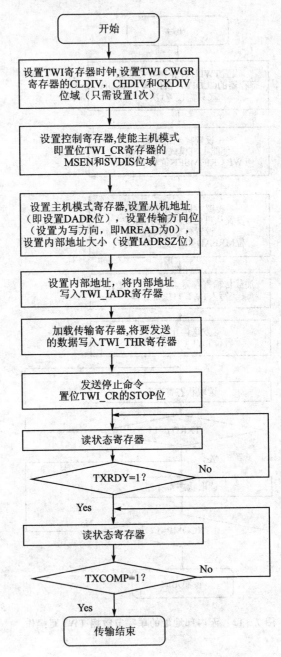

图 7 - 13　有内部地址的单字节数据 TWI 写操作

　　一旦某主机丢失仲裁,则该主机停止发送数据,并且监听总线以检测仲裁停止。当检测到仲裁停止时,丢失仲裁的总线可以将数据传送到总线上请求仲裁。

　　② 不同的多主机模式

　　两种多主机模式要区分开:TWI 只作为主机,从来不被寻址和 TWI 可能是主机

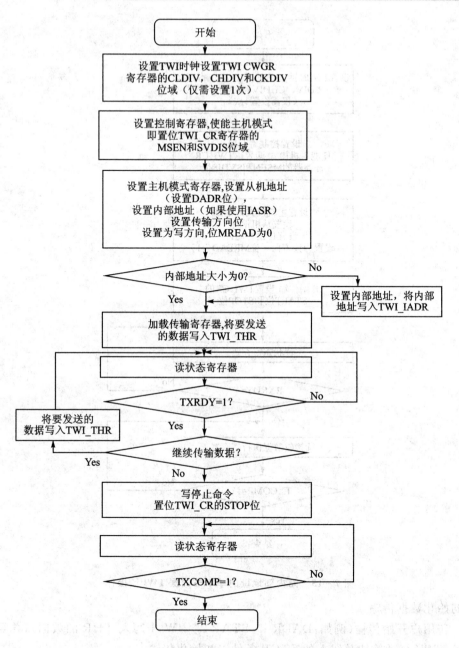

图 7 - 14　有或没有内部地址的多字节数据 TWI 写操作

或是从机可能被寻址。

　　a. TWI 只作为主机

　　在这种模式下,TWI 只作为主机(TWI_CR 寄存器 MSEN 位始终为 1),带有 ARBLST(仲裁丢失)标志的主机被驱动。若仲裁丢失(ARBLST = 1),必须编程重

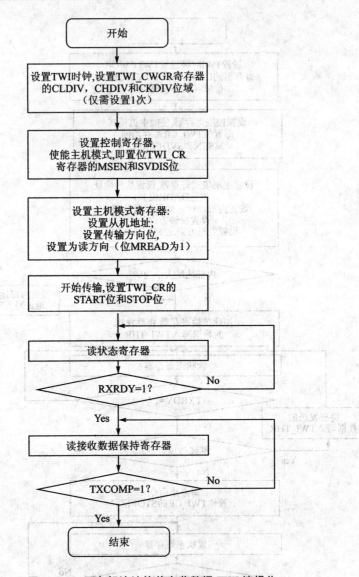

图 7 - 15　无内部地址的单字节数据 TWI 读操作

新初始化数据传输。

　　若用户开始传输(例如:DADR ＋ START ＋ W ＋写入 THR 的数据),并且总线忙,TWI 自动等待总线上的 STOP 条件以初始化传输。

　　b. TWI 可作为主机或从机

　　在丢失仲裁的情况下,不支持自动从主机转换到从机。在 TWI 可作为主机或从机的情况下,必须按照以下步骤来管理伪多主机模式。

　　ⓐ 设置 TWI 为从机模式(SADR ＋ MSDIS ＋ SVEN)并执行从机访问(若 TWI 被寻址)。

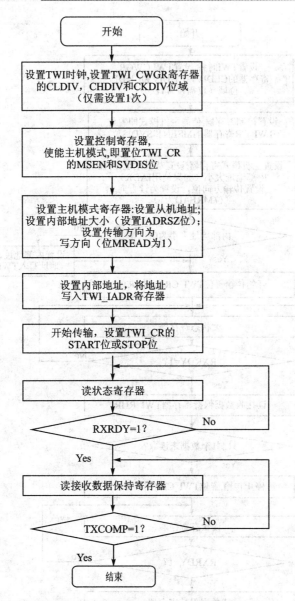

图 7 - 16　有内部地址的单字节数据 TWI 读操作

ⓑ 若 TWI 必须被设置成主机模式,则一直等待到 TXCOMP 标志为 1。

ⓒ 设置为主机模式(DADR ＋ SVDIS ＋ MSEN)并启动传输(例如:START ＋写入 THR 中的数据)。

ⓓ 一旦主机模式被允许,TWI 将扫描总线,检测总线忙还是空闲。总线空闲时,TWI 初始化发送。

ⓔ 一旦初始化发送,在发送 STOP 条件之前,发送都与仲裁相关,用户必须监视 ARBLST 标志。

ARM Cortex-M4 微控制器原理与应用——基于 Atmel SAM 4 系列

224

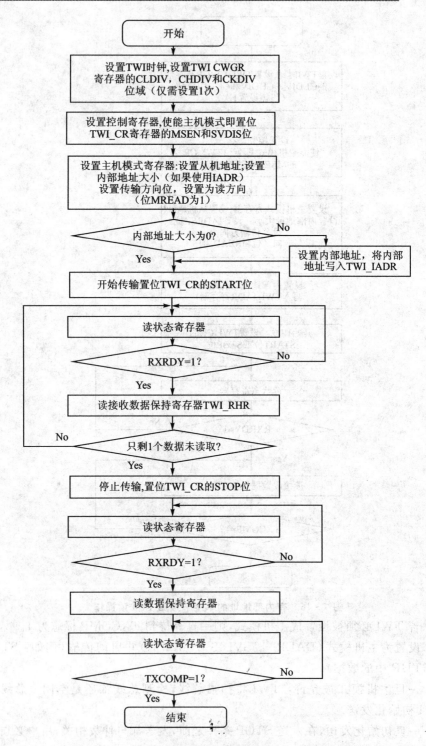

图 7-17　有或没有内部地址的多字节 TWI 数据读操作

ⓕ 若仲裁丢失（ARBLST 置 1），主机获取仲裁想要访问 TWI 时，必须编程使 TWI 进入从机模式。

ⓖ 若 TWI 必须被设置为从机模式，一直等待到 TXCOMP 标志为 1，然后编程设置为从机模式。

注意：在仲裁丢失且 TWI 被寻址的情况下，即使检测到 ARBLST 置 1，软件设置 TWI 为从机模式是不会生效的。

(3) 从机模式

① 定　义

从机模式是指一个设备从另一个称之为主机的设备接收时钟和地址的模式。在这种模式下，设备从不启动和结束传输（START、REPEATED_START 和 STOP 条件总是由主机提供）。

② 编程设置从机模式

在进入从机模式之前必须对下面的位域编程：

ⓐ 通过 TWI_SMR 寄存器设置从机地址：SADR 从机地址，用于主机在读或写模式中对从机的访问。

ⓑ 设置 TWI_CR 寄存器的 MSDIS 位：禁止主机模式。

ⓒ 设置 TWI_CR 寄存器的 SVEN 位：允许从机模式。

当设备接收到时钟时，向时钟波形产生寄存器（TWI_CWGR）写入操作是无效的。

③ 接收数据

当检测到启动或重复启动条件之后，若主机发送的地址与 SADR（从机地址）位域中的从机地址匹配，SVACC（从机访问）标志置位，TWI_SR 寄存器的 SVREAD（从机读）指示传输方向。

SVACC 保持为高电平，直到检测到一个 STOP 条件或重复启动条件后。检测到这样的条件后，EOSACC（从机访问结束）标志置位。

ⓐ 读序列

在读序列（SVREAD 为高电平），TWI 发送数据写入 TWI 发送保持寄存器（TWI_THR）中，直到检测到一个 STOP 条件或重复启动条件 REPEATED_START + 不同于 SADR 地址的状态为止。

注意：在读序列结束时，TXCOMP（发送完成）标志被置位，复位 SVACC 标志。

一旦数据写入 TWI_THR 寄存器中，TXRDY（发送保持寄存器就绪）标志复位，当移位寄存器为空且发送数据应答或无应答时，TXRDY 标志置位。若数据没有应答，NACK 标志置位。

注意：STOP 或者重复启动位之后总是跟随着一个 NACK。

ⓑ 写序列

在写序列（SVREAD 为低电平）中，当一个字符被接收到 TWI 接收保持寄存器

（TWI_RHR）时，RXRDY（接收保持寄存器就绪）标志置位；读 TWI_RHR 时，RXRDY 复位。

TWI 将连续接收数据，直到检测到一个 STOP 条件或 REPEATED_START 条件＋不同于 SADR 地址之后，TWI 停止接收数据。

注意：在写序列结束时，TXCOMP 标志被置位，SVACC 复位。

ⓒ 同步时钟序列

如果读/写 TWI_THR 或 TWI_RHR 寄存器不及时，则 TWI 执行一个时钟同步，时钟拉伸信息由 TWI_SR 寄存器的 SCLWS（时钟等待状态）位给出。

ⓓ 广播（GENERAL CALL）

当执行广播操作时，GACC（广播访问）标志被置位。GACC 置位后，要由编程者解释 GENERAL CALL 的意思，并译码编程序列的新地址。

④ 数据传输

ⓐ 读操作

读模式被定义为主机的数据请求，主机获取数据。当检测到一个 START 或 REPEATED_START 条件后，开始地址译码。若从机地址（SADR）被译码，SVACC 被置位，且 SVREAD 指示传输方向。

TWI 连续发送 TWI_THR 寄存器中的数据，直到检测到一个 STOP 或 REPEATED_START 条件后，TWI 停止发送加载到 TWI_THR 寄存器中的数据。若检测到一个 STOP 条件或一个 REPEATED_START 条件＋不同于 SADR 的地址状态，SVACC 将被复位。

ⓑ 写操作

写模式被定义为主机的数据发送，主机发送数据。当检测到一个 START 或 REPEATED_START 条件后，开始地址译码。若从机地址（SADR）被译码，SVACC 被置位，SVREAD 指示传输的方向（SVREAD 在这种情况下为低电平）。

TWI 将数据存储到 TWI_THR 寄存器中，直到检测到一个 STOP 或者 REPEATED_START 条件后，TWI 停止存储数据到 TWI_THR 中。若检测到一个 STOP 条件或一个 REPEATED_START 条件＋不同于 SADR 的地址状态，SVACC 将复位。

ⓒ 广　播

执行广播（GENERAL CALL）操作是为了改变从机地址。

若检测到一个 GENERAL CALL，GACC 置位。检测到广播后，要由编程者对随后到来的命令进行解码。在写命令 WRITE 中，编程者必须解码编程序列，若编程序列匹配则需要编程设置一个新的 SADR。

ⓓ 时钟同步

在读和写模式下，都可能出现这样的情况，在释放/接收一个新的字符之前 TWI_THR/TWI_RHR 缓冲器没有数据/不为空。这时，执行一个时钟拉伸机制，以避免发送/接收意想不到的数据。

读模式下时钟同步：若移位寄存器为空并且没有检测到一个 STOP 或 RE-PEATED_START 条件，则时钟信号被拉低直到移位寄存器中加载数据。

写模式下时钟同步：若移位寄存器和 TWI_RHR 满，则时钟被拉低。如果没有检测到一个 STOP 或 REPEATED_START 条件，时钟将保持低电平直到读 TWI_RHR 寄存器。

7.1.3 TWI 应用实例

TWI 与 I²C 总线有良好的兼容性。SAM4E 中有 2 个 TWI 接口（TWI0 和 TWI1，可分别配置为主机或从机），为了实验方便，实现这两个 TWI 接口之间的通信。

实验的内容是从串口终端输入一个字符，然后将这个字符从 TWI 主机发送至 TWI 从机，再用 TWI 主机从 TWI 从机处读回串口终端。

1. 电路设计

TWI0 引脚为 PA4（TWCK0）和 PA3（TWD0）；TWI1 引脚为 PB5（TWCK1）和 PB4（TWD1）。其中 TWI1 所使用的 PB4 和 PB5 引脚是 JTAG 所使用的 TDI 和 TDO 引脚。使用 TWI1，则不能使用 JTAG。不能使用 JTAG 进行程序的调试，也无法使用 JTAG 进行程序的烧写。

如果需要再次烧写程序，则需要先擦除已烧写的程序。这要用到开发板上的 E-RASE 跳线，即 JP7 跳线。具体的方法是：连通 JP7 跳线、接上电源、等待数秒、移除电源、断开 JP7 跳线。

对 TWI0 和 TWI1 引脚的配置可通过 MATRIX 的 CCFG_SYSIO 寄存器完成：

```
MATRIX-> CCFG_SYSIO |= CCFG_SYSIO_SYSIO4 | CCFG_SYSIO_SYSIO5;
```

注意：最好等到这条语句执行完毕之后，再把 TWI0 和 TWI1 的引脚连接起来。

2. 实现思路

(1) TWI 波特率设置

MCK 为 96 MHz，需要设置 TWI 波特率为 200 kbps。

TWI 的波特率的设置不是直接的，是通过分别设置 TWI 时钟的高电平和低电平持续时间实现的。另外由于 TWI 从机的时钟是从 TWI 主机处获取的，所以时钟的设置只对主机有效。

计算公式如下：

低电平：$T\_low = ((CLDIV \times 2^{\wedge} CKDIV) + 4) \times T\_MCK$

高电平：$T\_high = ((CHDIV \times 2^{\wedge} CKDIV) + 4) \times T\_MCK$

其中，CKDIV 最多 3 位，CLDIV 和 CHDIV 最多 8 位。

可以先计算出，一个 TWI 时钟周期的长度为 96 MHz/200 kbps＝480 个 MCK

时钟。可以简单地让 TWI 时钟的占空比为 50%，即低电平和高电平的持续时间分别为 240 个 MCK 时钟。将 CKDIV 的值设置为 2，CLDIV 和 CHDIV 的值设置为 60即可。

时钟的设置需要访问 TWI_CWGR 寄存器：

```
TWI0 -> TWI_CWGR = TWI_CWGR_CKDIV(2) | TWI_CWGR_CHDIV(60)
| TWI_CWGR_CLDIV(60);
```

(2) TWI 初始化

① GPIO 及 PMC 设置。注意设置 GPIO 之前设置好 CCFG_SYSIO 寄存储器。

② TWI 主机初始化。在设置好时钟后，访问 TWI_CR 选择 TWI 主机模式：

```
TWI0 -> TWI_CR = TWI_CR_MSEN | TWI_CR_SVDIS;
```

③ TWI 从机初始化。TWI 从机需要先设置好本机地址，然后访问 TWI_CR：

```
#define SV_DADR 0x5A
TWI1 -> TWI_SMR = TWI_SMR_SADR(SV_DADR);
TWI1 -> TWI_CR = TWI_CR_MSDIS | TWI_CR_SVEN;
```

(3) 数据传输

① 通过 PC 串口 UART 读取一个字符：

```
char c;
c = getchar();
```

② 通过 TWI 主机向从机发送数据：

```
//在发送数据前，需要设置好从机的地址及数据传输方向：
TWI0 -> TWI_MMR = TWI_MMR_DADR(SV_DADR) & (~TWI_MMR_MREAD);
//然后将数据写入 TWI_THR 寄存器即可自动触发发送操作：
TWI0 -> TWI_THR = TWI_THR_TXDATA(c);
//发送单字节后马上停止
TWI0 -> TWI_CR = TWI_CR_STOP;
//等待发送完成
while (! (TWI0 -> TWI_SR & TWI_SR_TXRDY));
while (! (TWI0 -> TWI_SR & TWI_SR_TXCOMP));
```

③ TWI 从机接收数据，并准备回写：

```
//等待数据接收
while(! (TWI1 -> TWI_SR & TWI_SR_RXRDY));
//准备回写
char c_s_rev = (char)TWI1 -> TWI_RHR;
TWI1 -> TWI_THR = TWI_THR_TXDATA(c_s_rev);
```

④ TWI 主机读回数据：

```
//在读取数据前,需要设置好从机的地址及数据传输方向:
TWI0 -> TWI_MMR = TWI_MMR_DADR(SV_DADR) | TWI_MMR_MREAD;
//开始接收数据,并在接收完一个数据之后马上停止
TWI0 -> TWI_CR = TWI_CR_START | TWI_CR_STOP;
//等待 TWI 数据读取完毕
while(! (TWI0 -> TWI_SR & TWI_SR_RXRDY));
//读取数据
char c_m_read = (char)TWI0 -> TWI_RHR;
//等待本轮传输过程完成(即主机 STOP 条件发送完毕)
while(! (TWI0 -> TWI_SR & TWI_SR_TXCOMP));
//将读取到的数据打印出来
printf(" - I - Character read from Slave TWI is´%c\r\n",c_m_read);
```

3. 软件实现

TWI 完整程序如下：

实例编号:7 - 01　　内容:TWI 应用实例　　路径:\Example\Ex7_01

```
/*-----------------------------------------------------*
* 文件名:TWI.cproj                                        *
* 硬件连接: TW0 引脚为 PA4(TWCK0)和 PA3(TWD0);TW1 引脚为 PB5(TWCK1)和 PB4(TWD1)。
           需要将 TW0 和 TW1 相应的引脚接起来,而且必须是在烧写完程序之后才接起
           来。另外,再次调试的时候需要进行擦除                        *
* 程序描述:从串口终端输入一个字符,然后将这个字符从 TWI 主机发送至 TWI 从机,再用
           TWI 主机从 TWI 从机处读取回串口终端                       *
* 目的:学习如何使用 TWI 接口                                      *
* 说明:提供 Atmel TWI 基本实例,供入门学习使用                        *
*                                                        *
*《ARM Cortex-M4 微控制器原理与应用——基于 Atmel SAM4 系列》教学实例      */


/*[头文件]*/
# include <asf.h>
# include <stdio.h>

# define SV_DADR 0x5A
# define TWI_CK   200000

# define MS_TWI TWI0
# define SV_TWI TWI1
```

229

```
/*[子程序]*/

/* *
 *    Configure UART for debug message output. 串口控制终端配置
 */
static void configure_console(void)
{
    const usart_serial_options_t uart_serial_options = {
        .baudrate = CONF_UART_BAUDRATE,
        .paritytype = CONF_UART_PARITY
    };

    /* Configure console UART. */
    sysclk_enable_peripheral_clock(CONSOLE_UART_ID);
    stdio_serial_init(CONF_UART, &uart_serial_options);
}
/* TWI 端口配置 */
void ConfigTWI()
{
    // PMC 配置
    PMC -> PMC_PCER0 = (1 << ID_TWI0);
    PMC -> PMC_PCER0 = (1 << ID_TWI1);
    // GPIO 配置
    MATRIX -> CCFG_SYSIO |= CCFG_SYSIO_SYSIO4 | CCFG_SYSIO_SYSIO5;
    PIOA -> PIO_PDR = PIO_PA3 | PIO_PA4;
    PIOB -> PIO_PDR = PIO_PB4 | PIO_PB5;
    PIOA -> PIO_ABCDSR[0] = 0;
    PIOA -> PIO_ABCDSR[1] = 0;
    PIOB -> PIO_ABCDSR[0] = 0;
    PIOB -> PIO_ABCDSR[1] = 0;
    // TWI 主机时钟设置
    volatile const uint32_t FREQ_MCK = sysclk_get_cpu_hz();
    volatile const uint32_t CK_DIV = FREQ_MCK / TWI_CK;
    volatile const uint32_t HL_CK_DIV = CK_DIV / 2;
    volatile const uint32_t CK_DIV_FILED = 2;
    volatile const uint32_t CHL_DIV_FILED = HL_CK_DIV / (1 << CK_DIV_FILED);
    //实际的算法是 (HL_CK_DIV - 4) / (1 << CK_DIV_FILED),但这样会造成较大的误差
    MS_TWI -> TWI_CWGR = TWI_CWGR_CKDIV(CK_DIV_FILED)
            | TWI_CWGR_CHDIV(CHL_DIV_FILED)
            | TWI_CWGR_CLDIV(CHL_DIV_FILED);
```

```c
    MS_TWI -> TWI_CR = TWI_CR_MSEN | TWI_CR_SVDIS;
    // TWI 从机设置
    SV_TWI -> TWI_SMR = TWI_SMR_SADR(SV_DADR);
    SV_TWI -> TWI_CR = TWI_CR_MSDIS | TWI_CR_SVEN;

}


/* [主程序] */
int main (void)
{
    sysclk_init();
    board_init();
    configure_console();
    ConfigTWI();
    printf(" - I - Test of TWI0 and TWI1\r\n")    ;
    printf(" - I - Please connect PA3 to PB4, PA4 to PB5...\r\n");
    char c;
    while(1)
    {
        // === 获取输入
        printf(" - I - Input a character...\r\n");
        c = getchar();
        // === MS_TWI 写入至 SV_TWI
        MS_TWI -> TWI_MMR = TWI_MMR_DADR(SV_DADR) & (~TWI_MMR_MREAD);
        MS_TWI -> TWI_THR = TWI_THR_TXDATA(c);
        //主机写入模式下,将数据写入 TWI_THR 后,会自动触发发送操作
        //无需写入 Start 位
        MS_TWI -> TWI_CR = TWI_CR_STOP;    //发送单字节后马上停止
        //等待发送完成
        printf(" - I - Sending message to Slave TWI...\r\n");
        while (! (MS_TWI -> TWI_SR & TWI_SR_TXRDY));
        while (! (MS_TWI -> TWI_SR & TWI_SR_TXCOMP));

        // === SV_TWI 中读取数据,并回写
        while(! (SV_TWI -> TWI_SR & TWI_SR_RXRDY));
        printf(" - I - Slave TWI is ready to send message back...\r\n");
        char c_s_rev = (char)SV_TWI -> TWI_RHR;
        SV_TWI -> TWI_THR = TWI_THR_TXDATA(c_s_rev);

        // === MS_TWI 从 SV_TWI 中读回数据
```

```
MS_TWI -> TWI_MMR = TWI_MMR_DADR(SV_DADR) | (TWI_MMR_MREAD);
MS_TWI -> TWI_CR = TWI_CR_START | TWI_CR_STOP; //接收一个字节后马上停止
printf(" - I - Reading message back from Slave TWI...\r\n");
while(! (MS_TWI -> TWI_SR & TWI_SR_RXRDY));
char c_m_read = (char)MS_TWI -> TWI_RHR;
while(! (MS_TWI -> TWI_SR & TWI_SR_TXCOMP));

// === 打印从 SV_TWI 收到的字符
printf(" - I - Character read from Slave TWI is `% c\r\n", c_m_read);

printf("\r\n");
    }

}
```

4. Atmel Studio 6.1 平台实例说明

Atmel Studio 6.1 平台提供了基于 ASF 库函数实现的 QTouch Sensor Example with I²C interface—SAM4E-EK 实例。此实例展示了如何利用 TWI(I²C)接口来配置 Qtouch 电容感应芯片及获得芯片数据,从而实现一个电容感应触摸控制实例。

7.2　控制器局域网络

7.2.1　CAN 总线概述

CAN 是 Controller Area Network 的缩写(以下称为 CAN),是 ISO 国际标准化的串行通信协议。在汽车产业中,出于对安全性、舒适性、方便性、低公害、低成本的要求,各种各样的电子控制系统被开发出来。由于这些系统之间通信所用的数据类型及对可靠性的要求不尽相同,由多条总线构成的情况很多,线束的数量也随之增加。为适应"减少线束的数量"、"通过多个 LAN,进行大量数据的高速通信"的需要,1986 年德国电气商博世公司开发出面向汽车的 CAN 通信协议。此后,CAN 通过 ISO11898 及 ISO11519 进行了标准化,在欧洲已是汽车网络的标准协议。

CAN 的高性能和可靠性已被认同,并被广泛地应用于工业自动化、船舶、医疗设备、工业设备等方面。现场总线是当今自动化领域技术发展的热点之一,被誉为自动化领域的计算机局域网。它的出现为分布式控制系统实现各节点之间实时、可靠的数据通信提供了强有力的技术支持,相对于 RS-485 总线,节点之间的数据通信实时性更强。

控制器局域网络(CAN)是一个多主串行通信协议,该协议能够有效地支持实时控制,有着极高的安全性及高达 1 Mbps 的波特率。

CAN 协议支持 4 种不同的帧类型：

数据帧：负责把数据从一个发射节点传送到接收节点。标准帧最大数据帧长度为 108 位,扩展帧为 128 位。

远程帧：目的节点可以通过发送一个远程帧向源节点请求数据,该远程帧带有一个匹配所请求的数据帧标识的标识符。

错误帧：任何节点一旦检测到总线错误便会产生一个错误帧。

超载帧：超载帧在前面的和后继的数据帧或远程帧之间提供一个额外的延时。

CAN 物理层的特性和总线仲裁、错误检测有关。CAN 的物理层,分别使用"显性电平"和"隐性电平"表示逻辑值 0 和 1。当有若干 CAN 设备尝试向总线发送数据时,只要有一个设备发送显性电平,则总线就会呈现出显性电平。CAN 利用这一点进行总线仲裁：各节点在向总线发送电平的同时,也对总线上的电平读取,并与自身发送的电平进行比较,如果电平相同继续发送下一位,不同则停止发送退出总线竞争。在发送数据帧和远程遥控帧时,CAN 节点会先发送 ID 作为仲裁段。

Atmel CAN 控制器为 CPU 提供全功能的 CAN protocol V2.0 Part A 和 V2.0 Part B,能减少在通信时的 CPU 负载消耗,数据链路层和某部分的物理层能由 CAN 控制器自动控制。CPU 通过 CAN 控制器邮箱读取或写入数据和消息,每个邮箱都分配有一个标识符,CAN 控制器封装或解码数据消息来生成或解密数据帧、远程帧、错误帧和超载帧,可在应用程序的监督下由 CAN 控制器自动处理。

SAM4E 芯片 CAN 总线特性：

- 完全兼容 CAN 2.0 Part A 和 2.0 Part B。
- 波特率高达 1 Mbps。
- 8 个面向对象的邮箱,并具有以下特性：
  - CAN 规范 2.0 Part A 或 Part B,可为每个消息编程。
  - 可为对象设置接收(覆盖或不覆盖)或发送模式。
  - 每个邮箱独立的 29 位标识和掩码设定。
  - 每个邮箱的数据对象都有 32 位数据寄存器。
  - 接收和发送消息使用 16 位的时间戳。
  - ID 掩码位字段和内部快速 ID 掩码处理器硬件串联。
- 用于网络同步和时间戳的 16 位内部定时器。
- 具有 8 个邮箱对象大小的可编程接收缓冲区。
- 传输邮箱之间独立的优先级管理。
- 自动波特率及接听模式。
- 低功耗模式及可通过总线活动或应用程序实现的可编程唤醒。
- 数据、远程、错误和超载帧处理。
- 写保护寄存器。

SAM4E CAN 系统结构图,如图 7-18 所示。

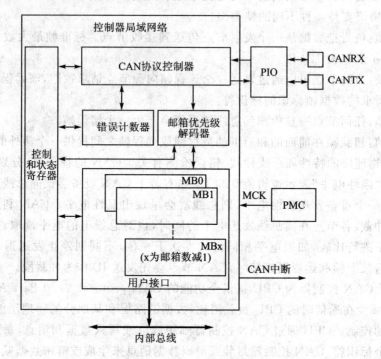

图 7-18　CAN 总线系统结构图

234

CAN 总线信号说明,如表 7-4 所列。

表 7-4　CAN 总线信号说明

名　称	描　述	类　型
CANRX	CAN 接收串行数据	输入
CANTX	CAN 发送串行数据	输出

(1) I/O 口

SAM4E 芯片两路 CAN 总线 CAN0 和 CAN1 接口说明如表 7-5 所列。

表 7-5　I/O 引脚

实　例	信　号	I/O 口	外　设
CAN0	CANRX0	PB3	A
CAN0	CANTX0	PB2	A
CAN1	CANRX1	PC12	C
CAN1	CANTX1	PC15	C

(2) 电源管理

在使用 CAN 之前,程序员必须先使能在功耗管理控制器(PMC)里的 CAN 时钟。CAN 控制器设有低功耗模式，如果应用程序不需要 CAN 操作，可以在不需要工作时暂时停止 CAN 时钟并可以在稍后重启。在停止时钟之前，CAN 控制器必须处于低功耗模式以完成当前的数据传输。在重启时钟之后，应用程序必须停止 CAN 控制器的低功耗模式。

(3) 中　断

CAN 中断线路连接在高级中断控制器的其中一个内部源，CAN0 中断号是 37，CAN1 中断号是 38。注意，并不推荐在边沿敏感模式下使用 CAN 中断。

7.2.2　CAN 控制器特性

1. CAN 寄存器

CAN 控制寄存器如表 7-6 所列。

表 7-6　CAN 控制寄存器

偏移量	名　称	寄存器	权　限	复位值
0x0000	模式寄存器	CAN_MR	读/写	0x00
0x0004	中断允许寄存器	CAN_IER	仅写	—
0x0008	中断禁止寄存器	CAN_IDR	仅写	—
0x000C	中断屏蔽寄存器	CAN_IMR	仅读	0x0
0x0010	状态寄存器	CAN_SR	仅读	0x0
0x0014	波特率寄存器	CAN_BR	读/写	0x0
0x0018	定时寄存器	CAN_TIM	仅读	0x0
0x001C	时间戳寄存器	CAN_TIMESTP	仅读	0x0
0x0020	错误计数寄存器	CAN_ECR	仅写	—
0x0024	传送命令寄存器	CAN_TCR	仅读	—
0x0028	终止命令寄存器	CAN_ACR	仅读	—
0x00E4	写保护模式寄存器	CAN_WPMR	读/写	0x0
0x00E8	写保护状态寄存器	CAN_WPSR	仅读	0x0
0x0200＋MB＊0x20＋0x00	邮箱模式寄存器	CAN_MMR	读/写	0x0
0x0200＋MB＊0x20＋0x04	邮箱验收屏蔽寄存器	CAN_MAM	读/写	0x0
0x0200＋MB＊0x20＋0x08	邮箱 ID 寄存器	CAN_MID	读/写	0x0
0x0200＋MB＊0x20＋0x0C	群 ID 寄存器	CAN_MFID	仅读	0x0
0x0200＋MB＊0x20＋0x10	邮箱状态寄存器	CAN_MSR	仅读	0x0
0x0200＋MB＊0x20＋0x14	邮箱数据低位寄存器	CAN_MDL	读/写	0x0
0x0200＋MB＊0x20＋0x18	邮箱数据高位寄存器	CAN_MDH	读/写	0x0
0x0200＋MB＊0x20＋0x1C	邮箱控制寄存器	CAN_MCR	仅读	—

2. CAN 邮箱结构

CAN 控制器有 8 个缓冲区,也称为通道或邮箱。每个活动的邮箱都有一个对应的 CAN 标识的标识符,消息标识符能够与标准帧或扩展帧匹配。在 CAN 初始化期间,标识符第一次生成,可动态地重新设置以便处理新的消息群。多个邮箱能够设置为同一个 ID,每个邮箱能够独立设置为接收模式或发送模式,邮箱对象类型在邮箱模式寄存(CAN_MMRx)的 MOT 域中定义。

(1) 消息接收步骤

如果邮箱 ID 寄存器(CAN_MIDx)的 MIDE 域被置位,邮箱可处理扩展帧标识符,否则,邮箱处理标准格式的标识符。当一个新的消息接收时,其标识符将会被邮箱验收屏蔽寄存器(CAN_MAMx)里的值作掩码处理,并与 CAN_MIDx 的值相比较。如果通过,消息 ID 将会被复制到 CAN_MIDx 寄存器(见图 7-19)。

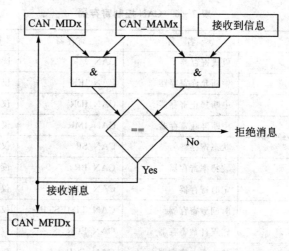

图 7-19　信息接收流程

如果一个邮箱是用于接收有着不同 ID 的多个消息,定义在 CAN_MAMx 寄存器的接收掩码必须对 ID 群的变量部分进行掩码运算。一旦一个消息被接收,应用程序必须解码在 CAN_MIDx 里的掩码位。为了加快解码处理,掩码位在群 ID 寄存器(CAN_MFIDx)组合起来,例如,如果接下来的 IDs 由同一个邮箱处理:

```
ID0 1010001001000100010000100 0 11 00b
ID1 1010001001000100010000100 0 11 01b
ID2 1010001001000100010000100 0 11 10b
ID3 1010001001000100010000100 0 11 11b
ID4 1010001001000100010000100 1 11 00b
ID5 1010001001000100010000100 1 11 01b
ID6 1010001001000100010000100 1 11 10b
ID7 1010001001000100010000100 1 11 11b
```

邮箱 x 的 CAN_MIDx 和 CAN_MAMx 必须初始化为以下的值：

```
CAN_MIDx = 001 1010001001000100100000100 x 11 xxb;
CAN_MAMx = 001 1111111111111111111111111 0 11 00b;
```

如果邮箱 x 接收 ID6 的信息，则可把 CAN_MIDx 和 CAN_MFIDx 配置如下：

```
CAN_MIDx = 001 1010001001000100100000100 1 11 10b;
CAN_MFIDx = 000000000000000000000000000000110b;
```

如果应用程序为每个消息 ID 关联一个处理函数，可以定义一组指向函数的指针的数组：

```
void ( * pHandler[8])(void);
```

当一个消息被接收，对应的处理函数将会通过 CAN_MFIDx 寄存器被调用并且不需要检查掩码位：

```
unsigned int MFID0_register;
MFID0_register = Get_CAN_MFID0_Register();
// Get_CAN_MFID0_Register()函数获取 CAN_MFID0 寄存器的值
pHandler[MFID0_register]();
```

（2）接收邮箱

当 CAN 模块收到一个消息，它会从最低 ID 开始寻找第一个可用的邮箱，并且将接收到的消息 ID 和邮箱 ID 进行比较，如果符合的邮箱被找到，消息将会保存在其数据寄存器里。根据设置，如果消息没有被程序确认（接收状态下），邮箱将会被关闭，或者，如果具有相同 ID 的新消息被接收，之前的消息将会被覆盖。邮箱可设置为消费者模式，在消费者模式下，每出现一个传输请求，自动传输一个远程帧。第一个收到的应答将会保存在对应的邮箱数据寄存器里，多个邮箱可以被串在一起形成接收缓冲数据。邮箱必须在接收模式下设置为同一个 ID，最后一个邮箱可设置为覆盖模式，可用来检测缓冲区溢出。

（3）发送邮箱

当传输一个消息时，消息长度和内容会被写入到有正确 ID 的传输邮箱。每一个传输邮箱都有一个优先级，控制器会自动先发送最高优先级的邮箱的消息（由 CAN_MMRx 寄存器里的 PRIOR 域设置）。邮箱可以被设置为生产者模式，在这个模式下，当邮箱接收一个远程帧，数据会自动发送。开启这个模式，只需要一个邮箱即可以实现生产者模式而不是两个（一个检测远程帧另一个发送应答）。

3. 时间管理单元

CAN 控制器集成了一个自由运行的 16 位内部定时器，计数器由 CAN 总线位时钟驱动，定时器会在 CAN 控制器开启时（CAN_MR 寄存器的 CANEN 置位）开启。在以下状况中，定时器会自动清零：

① 复位之后；

② CAN 控制器低功耗模式启动时（CAN_MR 的 LPM 置位和 CAN_SR 中的 SLEEP 置位）；

③ CAN 控制器复位（CAN_MR 寄存器中的 CANEN 复位）；

④ 在时间触发模式下，最后一个邮箱接收到消息（CAN_MSR 最后一个邮箱寄存器的 MRDY 信号的上升沿）。

应用程序也可以通过置位发送命令寄存器（CAN_TCR）中的 TIMRST 重置内部定时器，内部定时器的当前值可以通过读定时寄存器（CAN_TIM）获得。当定时器值从 FFFFh 跳到 0000h 时，CAN_SR 寄存器中的 TOVF（定时器溢出）信号被置位，CAN_SR 中的 TOVF 位可以通过读 CAN_SR 寄存器清零。根据中断屏蔽寄存器（CAN_IMR）中对应的中断掩码，TOVF 被置位，会产生一个中断。在 CAN 网络中，一些 CAN 设备可能会有一个很大的计数器。这种情况下，应用程序也可以在定时器到达 FFFFh 时冻结内部计数器并等待来自另一个设备的重启条件。这个特性可以通过置位 CAN_MR 寄存器里的 TIMFRZ 位实现，CAN_TIM 寄存器被冻结为 FFFFh。上面提到的清零条件可以重启定时器，定时器溢出（TOVF）中断被触发。为监控 CAN 总线活动，在每一个帧的开始或结束时，CAN_TIM 寄存器会被复制到时间戳寄存器（CAN_TIMESTP）并触发一个时间戳 TSTP 中断。如果 CAN_MR 寄存器 TEOF 位被置位，该值会在每个帧结束时被捕获，否则会在每个帧的开始时捕获。根据 CAN_IMR 寄存器对应的屏蔽位，当 CAN_SR 寄存器的 TSTP 位置位，可产生中断，TSTP 位可以通过读 CAN_SR 寄存器清零。

时间管理单元在以下两个模式之一进行操作：

① 时间戳模式：内部时钟的值在每个帧开始时或结束时捕获。

② 时间触发模式：当内部定时器达到邮箱的触发值时，邮箱传输操作启动。

时间戳模式可通过清零 CAN_MR 寄存器中的 TTM 域开启，时间触发模式可通过置位 CAN_MR 寄存器中的 TTM 域开启。

4. CAN 2.0 标准特性

(1) CAN 位定时器设置

CAN 总线上的所有控制器有着同样的波特率和比特长度，若在个别的控制器中需要不同的时钟频率，必须通过时间片段来调整波特率。

CAN 协议标准把标称位时间分为 4 个不同的段，如图 7-20 所示。

① 时间量

时间量（TQ）源自 MCK 周期的一个固定时间单元，一个位时的总时间量数可编程范围为 8~25。

② SYNC SEG：同步段

这个位时的部分用于同步总线上的不同节点，在这个段里会有一个边沿，它有 1TQ 长。

图 7 - 20　CAN 位时间分区

③ PROP SEG:传播段

这个位时的部分用于抵消网络里的物理延迟,其总长为信号在总线上的传播时间,输入比较器延迟或输出驱动延迟的总和的两倍。可被编程为 1～8TQ 的长度,这个参数在 CAN 波特率寄存器(CAN_BR)中的 PRORAG 域中设定。

④ PHASE SEG1, PHASE SEG2:相位段 1 和相位段 2

相位缓冲段用于补偿边沿相位误差,这些段可通过重同步被加长(PHASE SEG1)或缩小(PHA SE SEG2)。

相位段 1 可以被编程为 1～8TQ 的长度。

相位段 2 的长度至少为信息处理时间(IPT)并且不能超过相位段 1 的长度。

这些参数都在 CAN 波特率寄存器的 PHASE1 和 PHASE2 域中定义。

⑤ 信息处理时间

信息处理时间(IPT)指逻辑上决定一个采样位的位级时间。IPT 从一个采样点开始,以 TQ 来测量,并且 Atmel CAN 为固定 2TQ。由于相位段 2 同样在采样点开始并且是位时里的最后一个段,相位段 2 不应该少于 IPT。

⑥ 采样点

采样点就是总线电平被读取并作为该位的值的时间点,位于相位段 1 的结束阶段。

⑦ SJW:重同步跳跃宽度

重同步跳跃宽度定义了加长或缩短相位段的限制数量。SJW 可编程为相位段 1 和 4TQ 的最小值。如果 CAN_BR 寄存器的 SMP 域被置位,那么即将来到的位流会被采样三次,周期为 CAN 时钟周期的一半,其中心位于采样点。

在 CAN 控制器,CAN 总线上的位的长度由参数决定(BRP、PROPAG、PHASE1 和 PHASE2)具体时序如图 7 - 21 所示。

时间量计算:

$$t_{BIT} = t_{CSC} + t_{PRS} + t_{PHS1} + t_{PHS2}$$
$$t_{CSC} = (BRP + 1)/MCK$$

注意:BRP 域的范围必须为[1, 0x7F],例如,BRP=0 是非法的。

$$t_{PRS} = t_{CSC} \times (PROPAG + 1)$$
$$t_{PHS1} = t_{CSC} \times (PHASE1 + 1)$$

$$t_{PHS2} = t_{CSC} \times (PHASE2 + 1)$$

为了补偿总线上的不同控制器的时钟振荡器之间的相移,CAN 控制器必须在任何有关当前传输信号边沿重新同步。重同步缩短或延长位时,使采样点的位置随着检测到的边沿位移。重同步跳转宽度(SJW)定义了通过重新同步最多可缩短或延长的时间。

$$t_{SJW} = t_{CSC} \times (SJW + 1)$$

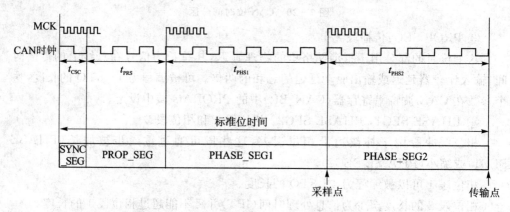

图 7 - 21　CAN 位时序

CAN 波特率为 500 kbps 时,位时的计算例子:

MCK = 48 MHz

CAN 波特率= 500 kbps 即位时= 2 μs

总线驱动延迟:50 ns

接收器延迟:30 ns

总线延迟(20 m):110 ns

一个位时里的时间量总数必选在 8~25 之间。如果固定位时(bit time)为 16 时间量,则 t_{csc}=1 时间量= 1 固定位时/ 16 = 125 ns

=> BRP = ($t_{csc} \times$MCK) − 1 = 48 MHz×125 ns−1=6−1=5

传播段时间等于两倍的信号在总线上传播时间,接收器延迟和输出驱动延迟的和为:

t_{prs}=2× (50+30+110) ns = 380 ns=3 t_{csc}

=> PROPAG = t_{prs}/t_{csc}−1=2

剩下的两个相位段的时间为:

t_{phs1} + t_{phs2} =固定位时− t_{csc} − t_{prs} =(16−1−3)t_{csc}

t_{phs1} + t_{phs2} =12 t_{csc}

由于数目为偶数,选择 t_{phs2} = t_{phs1}(否则选择 t_{phs2} = t_{phs1} + t_{csc})

t_{phs1} = t_{phs2} =(12/2) t_{csc} =6 t_{csc}

=> PHASE1 = PHASE2 = t_{phs1}/t_{csc}−1=5

重同步跳跃宽度必须大于或等于 t_{csc}，小于或等于 $4t_{csc}$ 与 t_{phs1} 之间的最小值。选择其中最大值：

$$t_{sjw} = Min(4\ t_{csc}, t_{phs1}) = 4\ t_{csc}$$
$$=> SJW = t_{sjw}/t_{csc} - 1 = 3$$

可得：CAN_BR = 0x00053255。

(2) CAN 总线同步

CAN 总线有两种同步类型：在一帧开始时的"硬同步"和帧内部的"重同步"。一个硬同步之后，位时会随着 SYNC_SEG 段的结束重启而忽略相位误差。重同步使位时增加或减少，因此，采样点的位置会根据检测到的边沿移动。

当造成重同步的边沿相位误差的幅度少于或等于重同步跳跃宽度(t_{SJW})的设定值时，重同步与硬同步的效果是一样的。

当相位误差的幅度大于重同步跳跃宽度时，并且相位误差正，那么相位段 1 延长一个重同步跳跃宽度；相位误差为负，相位段 2 缩短一个重同步跳跃宽度。

(3) 自动波特模式

自动波特模式通过置位模式寄存器(CAN_MR)的 ABM 域实现。在这个模式下，CAN 控制器只监听总线而不接收消息，不能发送任何消息，误差标志会被更新，位时会不断调整直到没有误差产生(最优设置被找到)。在这个模式下，误差计数器被冻结。CAN_MR 寄存器里的 ABM 域被清零，可返回到标准模式。

5. 错误检测

CAN 总线有 5 种不同的非互斥的错误类型，每一种错误只关注 CAN 数据帧的特定的区域(参考 Bosch CAN 标准)。

① CRC 错误：发送器从帧位的开始直到数据域的结束计算 CRC 位序列的校验和，CRC 序列出现在数据或远程帧的 CRC 域。

② 位填充错误(CAN_SR 寄存器里的 SERR 位)：在一个帧的位填充区域，如果一个节点连续检测到 6 个连续相等位，则在下一个位时产生一个错误帧。

③ 位错误(CAN_SR 寄存器里的 BERR 位)：如果一个发送器在总线上发送一个显性的位但检测到一个隐性的位，或者其在总线上发送一个隐性的位但检测到显性的位，会产生一个位错误，在下个位时到来时，一个错误帧会产生。

④ 形式错误(CAN_SR 寄存器里的 FERR 位)：如果一个发送器在固定格式段的 CRC 分隔符、ACK 分隔符或帧的结束检测到一个显性的位，会出现并产生一个形式错误。

⑤ 应答错误(CAN_SR 寄存器里的 AERR 位)：发送器检测由发送节点发送的以隐性位存在的应答槽是否包含显性位。如果是，那么至少一个其他的阶段已经正确收到帧；如果不是，那么会出现一个应答错误并且发送器会在下一次位时发送一个错误帧。

6. 超　载

当接收节点需要在下一个数据或者远程帧之前请求一个延迟时,或者需要标记一些暂停相关的错误信号时,可以使用超载帧。

在检测到下面的错误条件后,超载帧被传输:①在前两位的间歇检测出一个显性位;②在接收数据最后一个 EOF 位检测出显性位,或者在接收或发送数据最后一个错误位或过载帧分隔符检测出显性位。

通过置位 CAN_MR 寄存器的 OVL 位,在每条消息发送到其中一个 CAN 控制器邮箱后,CAN 控制器可以自动生成一个请求超载帧。甚至 CAN_MR 寄存器的 OVL 位没有被置位,通过 CAN 控制器过载帧会被自动响应,同时产生过载标志并作为一个错误标志,但错误计数器不增加。

7. 低功耗模式

在低功耗模式下,CAN 控制器不能发送或接收消息,所有邮箱是无效的。在低功耗模式下,CAN_SR 寄存器的 SLEEP 位会被设置,否则 CAN_SR 寄存器的 WAKEUP 位会被设置。这两个域是独立的,除了在 CAN 控制器复位(复位后 WAKEUP 位和 SLEEP 位为 0)后以外。上电复位后,只有检测总线上的 11 个连续隐性位后,低功耗模式会被禁用,WAKEUP 位会在 CAN_SR 寄存器被设置。

(1) 启用低功耗模式

软件应用程序可设置全局 CAN_MR 寄存器的 LPM 位启用低功耗模式。一旦所有待发送消息发送后,该 CAN 控制器就会进入低功耗模式。

当 CAN 控制器进入低功耗模式,在 CAN_SR 寄存器的 SLEEP 位会被置位。根据在 CAN_IMR 寄存器中相应的屏蔽位,当置位 SLEEP 位时,会产生一个中断。

一旦 WAKEUP 标志位被置位,在 CAN_SR 寄存器的 SLEEP 位会自动清零。一旦 SLEEP 标志位被置位,WAKEUP 标志位会自动清零。

当 SLEEP 位在 CAN_SR 寄存器被置位时,接收被禁用。

注意:在 LPM 置 1 后、进入低功耗模式前,比最后传输信息的优先级更高的信息仍可以被接收。

在低功耗模式下,CAN 控制器的时钟可通过功耗管理控制器(PMC)关闭。

当 SLEEP 位置位时错误计数器被禁用。因此,进入低功耗模式,软件应用必须:在 CAN_MR 寄存器设置 LPM 域,并等待 SLEEP 位上升。

CAN 控制器的时钟可通过编程功耗管理控制器(PMC)被禁用。

(2) 禁用低功耗模式

检测到 CAN 总线活跃后,CAN 控制器可被唤醒,总线活动检测通过一个可被嵌入在芯片的外部模块实现,当收到 CAN 总线活动的通知,软件应用程序通过对 CAN 控制器编程禁用低功耗模式。

要禁用低功耗模式,软件应用必须通过设置功耗管理控制器(PMC)启用 CAN 控制器时钟,并清除 CAN_MR 寄存器的 LPM 域。

通过检查 11 个连续的"隐性"位来同步 CAN 控制器与总线活动。一旦同步,CAN_SR 寄存器的 WAKEUP 标志位会被置位。

根据 CAN_IMR 寄存器中相应的屏蔽位,当 WAKEUP 标志位被置位时会产生一个中断。一旦 WAKEUP 标志位被置位,CAN_SR 寄存器的 SLEEP 位会自动清零;一旦 SLEEP 标志位被置位则 WAKEUP 标志位会自动清零。

如果没有消息被发送到总线上,低功耗模式停用后,CAN 控制器能够多次发送 11 位的消息。

在低功耗模式被禁用时,如果有总线活动,CAN 控制器在总线活动的下一帧间被同步,以前的邮件会丢失。

7.2.3 CAN 功能描述

1. CAN 控制器的初始化

CAN 总线初始化流程,如图 7-22 所示。

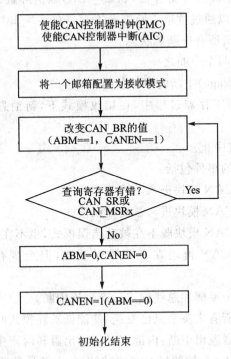

图 7-22　CAN 总线初始化流程图

上电复位后,CAN 控制器被禁用。CAN 控制器的时钟通过功耗管理控制器(PMC)启用,CAN 控制器中断通过中断控制器激活。

CAN 控制器必须通过 CAN 网络参数来初始化,位时间(bit time)量由波特率寄存器(CAN_BR)定义,在设置 CANEN 位前,要先设置 CAN_BR。

设置 CAN_MR 寄存器的 CANEN 位启用 CAN 控制器。在这一阶段内部 CAN 控制器复位,错误计数器值复位为 0,错误标志被重置为 0。

一旦 CAN 控制器启用,总线同步通过扫描 11 个隐性位自动完成。CAN 控制器同步(复位后 WAKEUP 位和 SLEEP 位为 0)后,CAN_SR 寄存器的 WAKEUP 位会被自动设置为 1。

CAN 控制器在自动波特率模式开始收听网络。在这种情况下,错误计数器被锁定,邮箱可配置为接收模式。通过扫描错误标志,CAN_BR 寄存器数值与网络同步,若未检测到错误,应用程序可清除 CAN_MR 寄存器的 ABM 域,禁止自动波特率模式。

2. CAN 控制器的中断处理

CAN 控制器有两种不同类型的中断:一种是消息中断,另一种是系统中断,处理错误或系统相关中断。通过中断禁止寄存器(CAN_IDR)设置相应位可屏蔽所有中断源,也可以通过设置中断允许寄存器(CAN_IER)取消屏蔽。上电复位后,所有中断源被禁止(屏蔽)。可以通过读取中断屏蔽寄存器(CAN_IMR)来检查中断屏蔽状态,CAN_SR 寄存器给出所有中断源状态。

以下事件可能引发两个中断之一:

(1) 引起消息(Message)中断的事件包括:

① 处理邮箱中数据寄存器过程中,在接收模式下,新消息被接收;在发送模式下,新消息发送成功。

② 一个发送传输被中止。

(2) 引起系统中断的事件包括:

① 总线关闭中断:CAN 模块进入总线关闭状态。

② 被动错误中断:CAN 模块进入被动错误模式。

③ 主动错误模式:CAN 模块既不在被动错误模式,也不在总线关闭模式。

④ 警告限制中断:CAN 模块在主动错误模式,但至少有一个错误计数值超过 96。

⑤ 唤醒中断:在一个唤醒和总线同步后产生该中断。

⑥ 睡眠中断:一旦所有未决消息已发送,使能低功耗模式时产生该中断。

⑦ 内部定时/计数器溢出中断:内部定时器溢出翻转时产生该中断。

⑧ 时间戳中断:接收或传输的帧开始或帧结束,内部计数器的值被复制到 CAN_TIMESTP 寄存器。

除了内部定时器计数器溢出中断和时间戳中断,通过清除中断源可将其他中断清零。读取状态寄存器(CAN_SR),可查看中断被清零。

3. CAN 控制器消息处理

(1) 接收消息处理

有两种模式可配置邮箱接收消息：接收模式，收到的第一条消息存储在邮箱数据寄存器；接收与覆盖模式，收到的最后一条消息保存在邮箱中。

① 简单接收邮箱

配置邮箱模式寄存器（CAN_MMRx）的 MOT 位域，邮箱进入接收模式，接收邮箱时序如图 7－23 所示。在传输模式开启之前，信息 ID 和信息接收掩码（Message Acceptance Mask）必须设置好。

当接收模式启用后，邮箱状态寄存器（CAN_MSRx）的 MRDY 标志自动清除直到收到第一条消息。第一条消息接收时，MRDY 标志被置位，邮箱的中断被挂起。设置 CAN_IMR 寄存器里的邮箱标志，这个中断能够被屏蔽。

消息数据保存在数据寄存器里，直到软件程序通知数据处理已结束。通过设置 CAN_MCRx 寄存器中的 MTCR 标志位，请求一个新的转移命令完成数据处理，同时自动清除 CAN_MSRx 寄存器的 MRDY 位。

CAN_MSRx 寄存器里的 MMI 标志位可告知程序邮箱有消息丢失，若 CAN_MSRx 的 MRDY 位被置位，当有消息接收时，MMI 会被置位，读取 CAN_MSRx 寄存器可清除这个标志。如果 CAN_MSRx 的 MRDY 标志被置位，接收邮箱会防止新消息覆盖第一条消息。

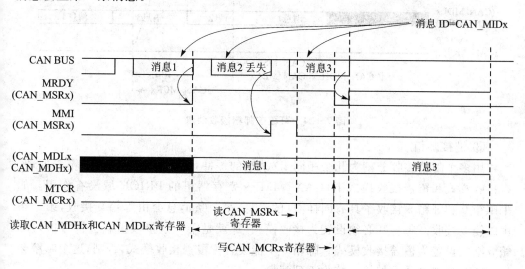

图 7－23　接收邮箱

② 用可覆盖的邮箱接收消息

配置邮箱模式寄存器（CAN_MMRx）的 MOT 位域，邮箱以覆盖模式接收数据，接收邮箱时序如图 7－24 所示。在接收模式开启之前，消息 ID 和消息接收掩码（Message Acceptance Mask）必须设置好。

当接收模式启用后,CAN_MSR 寄存器的 MRDY 标志自动清除直到收到第一条消息。第一条消息接收时,MRDY 标志被置位,邮箱中断挂起。设置 CAN_IMR 寄存器里的邮箱标志,这个中断能够被屏蔽。

若 MRDY 标志被置位,当收到一条新的消息时,这个新消息保存在邮箱数据寄存器中,覆盖之前的旧消息。CAN_MSRx 寄存器的 MMI 位域通知程序丢弃了一条消息,读 CAN_MSRx 寄存器可清除这个标志。

CAN 控制器可能会在程序读取 CAN 数据寄存器期间保存新的数据到 CAN 数据寄存器中,为了确保邮箱数据高位寄存器(CAN_MDHx)和邮箱数据低位寄存器(CAN_MDLx)属于同一条消息,在读取 CAN_MDHx 和 CAN_MDLx 寄存器之前和之后,程序必须检查 CAN_MSRx 寄存器里的 MMI 位域。如果在数据寄存器读取之后,MMI 又被置位,程序必须重新读取 CAN_MDHx 和 CAN_MDLx 寄存器的值。

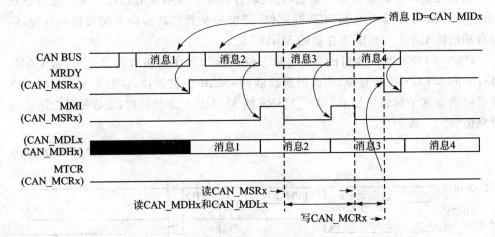

图 7-24　可覆盖邮箱接收消息

③ 链接邮箱

用多个邮箱接收分割为几个相同 ID 消息的缓冲,带有最低号码的邮箱先处理。在接收模式和覆盖接收模式下,CAN_MMRx 寄存器里的 PRIOR 域没有作用。如果邮箱 0 和邮箱 5 接收了具有同样 ID 的消息,第一条消息会由邮箱 0 接收,第二条由邮箱 5 接收。邮箱 0 必须设置为接收模式(那就是第一条接收消息会被考虑),邮箱 5 必须设置为覆盖接收模式。邮箱 0 不能设置为覆盖接收模式,否则,这个邮箱会接收所有的消息导致邮箱 5 接收不到消息。

如果多个邮箱被串联在一起接收分割为多个消息的缓冲,除了最后一个邮箱(最高号码)之外,其他所有邮箱必须设置为接收模式。那么,第一条接收的消息被第一个邮箱处理,第二条接收被第一个邮箱拒绝并被第二个邮箱接收,最后一个消息被前面的邮箱拒绝而被最后一个邮箱接收,链接 3 个邮箱接收一个缓冲区分成 3 个消息的时序如图 7-25 所示。

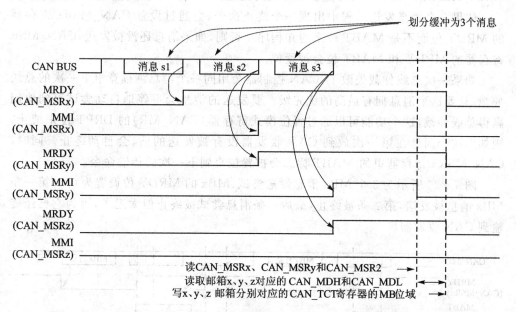

图 7-25　链接 3 个邮箱接收一个缓冲区分成 3 个消息

（2）发送消息处理

配置邮箱模式寄存器（CAN_MMRx）的 MOT 位域，邮箱进入发送模式。

当发送模式开启后，CAN_MSR 寄存器中的 MRDY 位自动置位直到第一条命令发送出去。当 MRDY 被置位时，程序通过写入邮箱数据寄存器（CAN_MDx）准备一条将要发送的消息。邮箱控制寄存器（CAN_MCRx）设置好消息数据长度，并置位 MTCR 位，消息即被发送出去。

消息未被发送出去或者终止，CAN_MSR 寄存器中的 MRDY 位保持为 0。如果 MRDY 位被清除，不允许访问邮箱数据寄存器。在 MRDY 位被置位期间，消息发送中断挂起，设置中断屏蔽寄存器（CAN_IMR），可屏蔽这个中断。

通过设置 CAN_MSR 寄存器的 MRTR 位而不是 MDLC 域来发送一个远程帧，远程帧的应答由另一个接收邮箱处理。在这种情况下，设备就像一个消费者，有两个邮箱，可只用一个设置为消费者模式的邮箱处理远程帧发送和应答接收。

多个消息可以同时尝试赢得总线仲裁，最高优先级的消息会首先被发送。同时可以通过置位传送命令寄存器（CAN_TCR）的 MBx 位同时产生多个转移请求命令。CAN_MMRx 寄存器的 PRIOR 域用于设置优先级，优先级 0 最高，15 最低，可为一部分消息 ID 设置 PRIOR 域。如果两个邮箱有同样的优先级，最低号码的邮箱会先发送消息。因此，如果邮箱 0 和邮箱 5 有同样的优先级并且都要发送消息，邮箱 0 的消息会先发送。

设置 CAN_MCRx 寄存器的 MACR 位可以终止发送，通过配置终止命令寄存器

（CAN_ACR）的 MBx 域可终止多个邮箱的发送。

　　如果一个消息发送过程中出现一个终止命令,会通过设置 CAN_MSRx 寄存器的 MRDY 位而不是 MABT 位来通知程序。否则,如果消息还没被发送,CAN_MSR 寄存器的 MRDY 和 MABT 位会被置位。

　　如果一次总线仲裁失败了,CAN 控制器会用同一个消息继续竞争下一次的总线仲裁,只要这个消息拥有最高的优先级。要发送的消息会不停地自动尝试直到他们赢得总线仲裁,这个功能可以通过置位模式寄存器(CAN_MR)的 DRPT 位来禁止,则如果这个消息在第一次放到 CAN 收发器没有被发送的话,会自动终止。同时,CAN_MSRx 寄存器里的 MABT 标志会被置位直到下一次的传输命令。

　　图 7-26 所示为 3 个 MBx 消息发送尝试(MBx 的 MRDY 位设置为 0)。第一条 MBx 消息被发送,第二条被终止,最后一条消息尝试被终止但太迟了,因为它已经传输到 CAN 收发器。

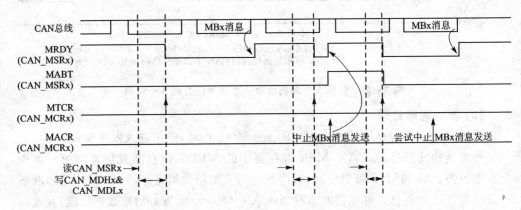

图 7-26　发送信息

（3）远程帧处理

　　生产/消费者模型是一种处理广播消息的有效手段,推送模型允许生产者广播消息,拉进模型允许消费请求消息,如图 7-27 所示。

　　在推送模型中,消费者发送一个远程帧给生产者。生产者收到一个远程帧,会发送一个应答,该应答被一个或者多个消费者接收。

　　消费者和发送者须使用发送邮箱和接收邮箱。消费者使用发送邮箱在发送模式发送远程帧,并且至少要一个接收邮箱在接收模式捕获生产者的应答。生产者使用一个接收邮箱接收远程帧,使用一个发送邮箱来应答。

　　邮箱可设置为生产者或消费者模式,单个邮箱能处理远程帧和应答。由于有 8 个邮箱,CAN 控制器能处理 8 个独立的生产者/消费者。

　　① 生产者设置

　　通过设置 CAN_MMRx 寄存器的 MOT 域可设置邮箱工作在生产者模式。开启生产者模式后,CAN_MSR 寄存器的 MRDY 标志自动置位直到第一个转移命令

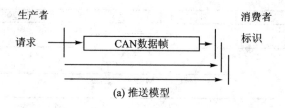

(a) 推送模型

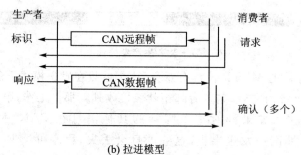

(b) 拉进模型

图 7-27　生产消费模式

出现。程序写 CAN_MDHx 和 CAN_MDLx 寄存器准备发送数据,置位 CAN_MCRx 寄存器的 MTCR 位。当收到远程帧之后,数据一旦赢得总线仲裁,便会发送出去。

数据未发出去或者终止,CAN_MSR 寄存器的 MRDY 标志会停留在 0。在 MRDY 域为 0 期间,不能访问邮箱数据寄存器。MRDY 标志置位期间,数据已发送中断挂起。可设置 CAN_IMR 寄存器,屏蔽这个中断。

当收到一个远程帧但没有数据可以发送时(CAN_MSRx 寄存器的 MRDY 位被置位),CAN_MSRx 寄存器的 MMI 信号被置位,读 CAN_MSRx 寄存器可清除这个位。

CAN_MSRx 的 MRTR 域没有意义,这个域只在使用接收模式和覆盖接收模式时才起作用。

接收一个远程帧之后,邮箱就像发送邮箱那样工作。具有最高优先级的消息被优先发送,发送出去的消息可通过置位 CAN_MCR 寄存器的 MACR 位终止,整个生产者处理时序如图 7-28 所示。

② 消费者设置

通过设置 CAN_MMRx 寄存器的 MOT 域可使邮箱进入消费者模式。消费者模式开启后,CAN_MSR 寄存器的 MRDY 标志自动清除直到第一条转移请求命令。程序通过设置 CAN_MCRx 寄存器的 MTCR 位或 CAN_TCR 寄存器的 MBx 位发送一个远程帧,由 CAN_MSRx 寄存器的 MRDY 标志置位得知收到应答,读取 CAN_MDHx 和 CAN_MDLx 寄存器的内容获取数据,如图 7-29 所示。当 MRDY 置位期间,数据已接收中断会挂起,这个中断可设置 CAN_IMR 寄存器来屏蔽。此时

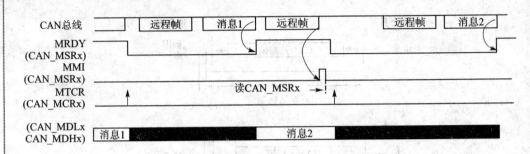

图 7 - 28 生产者处理

CAN_MCRx 寄存器的 MRTR 位没有意义,这个域只在发送模式下起作用。

发送了一个远程帧之后,消费者邮箱就像接收邮箱那样工作,第一条消息保存在邮箱数据寄存器里。如果针对这个邮箱的其他消息在 CAN_MSRx 寄存器的 MRDY 标志置位期间被发送出去,这些消息会丢失,程序可读取 CAN_MSRx 的 MMI 域得知消息丢失,读操作会自动清除 MMI 标志。

如果生产者应答了多个消息,CAN 控制器可能会有一个设置为消费者的邮箱,0 个或多个设置为接收模式的邮箱和一个设置为覆盖接收模式的邮箱。在这种情况下,消费者邮箱必须有一个低于覆盖接收邮箱的号码,设置 CAN_TCR 寄存器的 MBx 域可同时触发针对多个邮箱的转移命令。

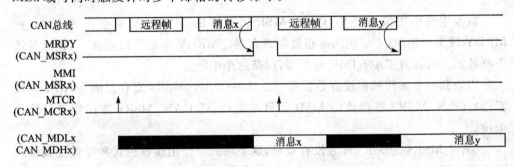

图 7 - 29 消费者处理

4. CAN 控制器定时模式

使用 16 位内部定时器,CAN 控制器可设置为时间戳模式或时间触发模式。

时间戳模式:内部定时器的值会在每个帧的开始和结束捕获。

时间触发模式:当内部定时器到了邮箱的触发点,邮箱转移操作会被触发。

清除 CAN_MR 寄存器的 TTM 位可开启时间戳模式,置位 CAN_MR 寄存器的 TTM 位可开启时间触发模式。

(1) 时间戳模式

每个邮箱都有各自的时间戳值,当邮箱发送或收到消息时,时间戳寄存器(CAN_TIMESTP)的 16 位 MTIMESTAMP 值会传到 CAN_MSRx 寄存器的 LSB 位。此时 CAN_MSRx 寄存器数值对应邮箱在处理帧开始和结束时的内部定时器值。如图 7 - 30 所示。

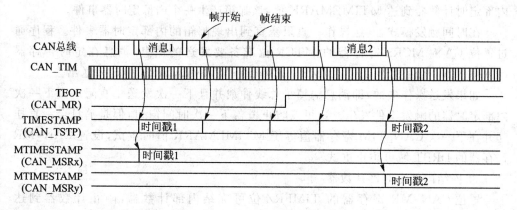

图 7 - 30　邮箱时间戳

(2) 时间触发模式

在时间触发模式下,基本循环可以分割为几个时间窗口,如图 7 - 31 所示。一个基本循环由一个参考帧开始,当从参考消息里定义出一个时间窗口时,在一个预定义的时间窗口内应出现一个发送操作。邮箱不能在之前的时间窗口赢得总线仲裁,如果邮箱争夺仲裁失败,不能在当前时间窗口重试。

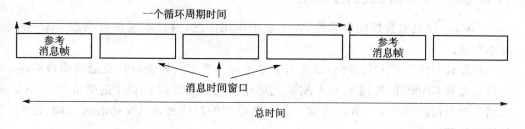

图 7 - 31　时间触发原理

置位 CAN_MR 寄存器里的 TTM 域可开启时间触发模式。在时间触发模式下,就如在时间戳模式一样,CAN_TIMESTP 域捕获内部计数器的值,但是 CAN_MSRx 的 MTIMESTAMP 域是非活动的,读取值为 0。

① 通过参考消息同步

在时间触发模式下,当最后一个邮箱收到一条新的消息时,内部定时计数器会自动重置。

重置操作发生在接收完帧结束之后,CAN_MSRx 寄存器的 MRDY 位上升沿。使接收到参考消息后,可进行内部定时计数器的同步并开启一个新的时间窗口。

② 在时间窗口内发送

每个邮箱都有时间标记,该标记定义在 CAN_MMRx 寄存器 16 位 MTIME-

MARK 域。

在每个内部定时器时钟周期,CAN_TIM 值与每个邮箱的时间标记进行比较,当内部定时计数器到达 MTIMEMARK 值,该邮箱产生一个内部定时器事件。

在时间触发模式,发送操作一直阻塞直到出现邮箱的内部定时器事件。程序通过置位 CAN_MCRx 寄存器的 MTCR 位准备要发送的消息,消息在定时寄存器(CAN_TIM)的值少于 CAN_MMRx 寄存器的 MTIMEMARK 值时发送出去。

如果发送操作失败,即消息输掉了总线仲裁并且下一次发送一直阻塞到下一次内部定时器的触发事件发生。这可以防止覆盖下一次时间窗口,但是消息会一直挂起并在下一次 CAN_TIM 寄存器值等于 MTIMEMARK 值时重试,设置 CAN_MR 寄存器的 DRPT 域可防止重试。

③ 冻结内部定时器计数器

置位 CAN_MR 寄存器的 TIMFRZ 位可冻结内部计数器,阻止计数器到达 FFFFh 时出现意外翻转。内部计数器自动冻结到重置发生,重置发生原因是最后一个邮箱收到消息或者其他重置计数器的操作。计数器被冻结时,CAN_SR 寄存器的 TOVF 位被置位,读取 CAN_SR 寄存器可清除 TOVF 位。设置 CAN_IMR 寄存器的对应中断屏蔽位,可使 TOVF 位被置位时,产生一个中断。

时间触发操作如图 7-32 所示。

7.2.4　CAN 总线应用实例

CAN 协议具有良好的可靠性,在工业中应用广泛,通过本实例可熟悉 CAN 的基本功能。

开发板有两个 CAN,每个 CAN 有 8 个邮箱。实例内容为:PC 机通过串口终端发送数据到 CAN0 的邮箱 0,从 CAN0 的邮箱 0 发送数据到 CAN1 的邮箱 0,CAN1 邮箱 0 的数据返回给 PC 串口终端。除本次使用的功能外,CAN 还有远程帧、强大的错误处理功能。

1. 电路设计

CAN 总线的使用,需要一个 CAN 收发器进行电平的转换与解释。开发板使用的 CAN 收发器为 SN65HVD234,电路如图 7-33 所示。

电路中 CANTXx 和 CANRXx 连接引脚可以复用为 CAN 的外设。使用 CAN 收发器时,须将 CANRXxEN 驱动为高电平以启用收发器的接收功能,将 CANTXxRS 驱动为低电平以启用发送功能。其中针对 CAN0,PE0、PB2、PE1 和 PB3 分别连接 CANTX0RS、CANTX0、CANRX0EN 和 CANRX0;针对 CAN1,PE2、PC15、PE3 和 PC12 分别连接 CANTX1RS、CANTX1、CANRX1EN 和 CANRX1。

实验时,需要将两个口(开发板上 J13 和 J14)使用线缆连接起来。

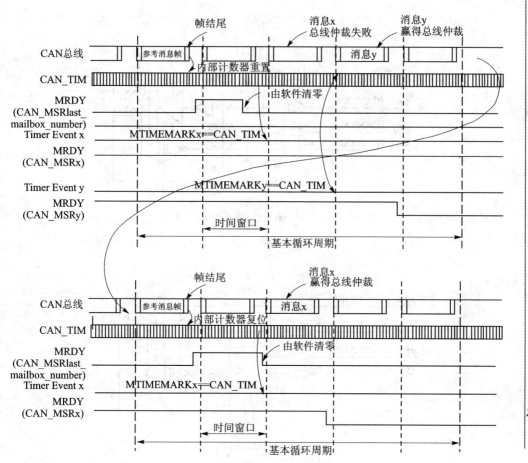

图 7-32　时间触发操作

2. 实现思路

(1) CAN 网络参数及波特率

设 MCK 为 96 MHz,需要设置的 CAN 波特率为 1000 kbps。

CAN 的波特率不是直接设置。CAN 定义了一个名为"原子时间(TQ)"的最小时间单位,把 1 位的传输过程分为若干阶段(同步段、传播时间段、相位缓冲段 1、相位缓冲段 2),每个阶段的时间均由 TQ 的数量表示。CAN 位传输时序如图 7-21 所示。

SAM4 中,时间 TQ 用"CAN 系统时钟(CSC)"表示。波特率相关的参数均通过 CAN 波特率寄存器(CAN_BR)设置。

① TQ(CSC)设置。组成每个位时间的 TQ 数量的范围为 8~25。为取整,将数量选择为 16。则 CAN 系统时钟的频率为 CAN 波特率的 16 倍,即 16 MHz。所以需要将 MCK6 分频。根据 BRP 字段的使用方法,将 BRP 字段设置为 5。可计算出每个 TQ 的长度为 62.5 ns。

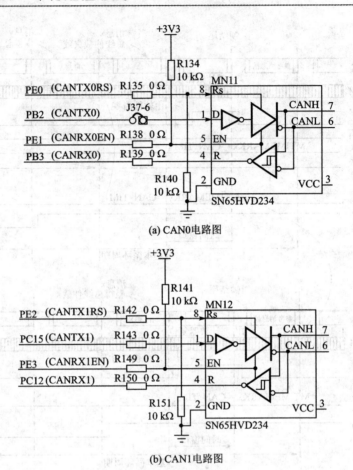

(a) CAN0电路图

(b) CAN1电路图

图 7 - 33　CAN0 和 CAN1 电路图

② 同步段固定为 1 TQ。

③ 根据硬件相关的信息确定传播时间段 PROP_SEG,用于吸收网络的物理(发送单元、总线、接收单元)延迟。该段的时间须为总物理延迟的 2 倍。在芯片手册的示例中,总物理延迟为 190 ns,则传播时间段的时长设置为 380 ns,即约 6 TQ。将 PROPAG 字段设置为 5 即可达到目的。

④ 剩下的 $16-1-6=9$ TQ,用于相位缓冲段。在 Atmel 的 CAN 中,需要 2 TQ 确定总线的电平。因为采样点位于相位缓冲段 2 的起始,所以其长度不能少于 2 TQ。相位缓冲段 1 和相位缓冲段 2 尽量等长,则相位缓冲段 1 设置为 4 TQ,段 2 设置为 5 TQ。将 PHASE1 和 PHASE2 分别设置为 3 和 4 即可。

⑤ 同步跳跃宽度。最小可配置为 1 TQ,最多可配置为相位缓冲段 1 和 4 TQ 间的较小值。这里配置为 4 TQ。将 SJW 段设置为 3 即可。

具体设置代码如下:

```
const uint32_t can_br = CAN_BR_BRP(5)
                | CAN_BR_PROPAG(5)
                | CAN_BR_PHASE1(3)
                | CAN_BR_PHASE2(4)
                | CAN_BR_SJW(3)
                | CAN_BR_SMP_ONCE;

CAN0 -> CAN_BR = can_br;
CAN1 -> CAN_BR = can_br;
```

(2) CAN 初始化

① GPIO 及 PMC 设置。注意将 PE1 和 PE3 驱动为高电平，PE0 和 PE2 驱动为低电平。

② 网络参数设置。在启用 CAN 之前，需要设置好网络参数。

③ 启用 CAN。CAN 使能后，需要和总线同步。在连续检测到 11 个隐性位时，CAN 进入唤醒状态，且 WAKEUP 位置位。

```
    CAN0 -> CAN_MR = CAN_MR_CANEN;

    CAN1 -> CAN_MR = CAN_MR_CANEN;

    while( ((CAN0 -> CAN_SR & CAN_SR_WAKEUP) == 0)
            || ((CAN1 -> CAN_SR & CAN_SR_WAKEUP) == 0) );
```

④ 邮箱设置。通过设置 CAN_MMR 的 MOT 字段即可设置邮箱的类型。这个设置是立即生效的，所以在设置这个字段时，需要先（或同时）完成其他相关信息的设置。同时，在修改设置时，应先关闭邮箱。

发送邮箱需要先设置好的只有优先级：

```
#define TX_MB    (CAN0 -> CAN_MB + 0)
 TX_MB -> CAN_MMR = CAN_MMR_PRIOR(0) | CAN_MMR_MOT_MB_TX;
```

接收邮箱需要先设置好 ID 相关的信息。简单起见，这里只使用标准格式的帧，即只指定 MIDvA 部分，同时 MIDE 位指定为 0（默认）。由于符合接收条件的 ID 设置为 1 个，即需要比较接收 ID 所有的位，所以将 CAN_MAM 的 MIDvA 字段全部置 1。

```
#define RX_MB    (CAN1 -> CAN_MB + 0)
#define CAN_COMM_ID 5
RX_MB -> CAN_MID = CAN_MID_MIDvA(CAN_COMM_ID);
RX_MB -> CAN_MAM = CAN_MAM_MIDvA(~(uint32_t)0);
RX_MB -> CAN_MMR = CAN_MMR_MOT_MB_RX;
```

3. 软件设计

CAN 完整实例程序如下：

实例编号:7 - 02　　　内容:CAN 应用实例　　　路径:\Example\ Ex7_02

```
/*------------------------------------------------*
* 文件名:CAN.cproj                                  *
* 硬件连接:针对 CAN0,PE0、PB2、PE1 和 PB3 分别连接 CANTX0RS、CANTX0、CANRX0EN 和 CAN-
            RX0;针对 CAN1,PE2、PC15、PE3 和 PC12 分别连接 CANTX1RS、CANTX1、CANRX1EN 和
            CANRX1 *
* 程序描述:实例内容为 PC 机通过串口终端发送数据到 CAN0 的邮箱 0,接着从 CAN0 的邮箱
            0 发送数据到 CAN1 的邮箱 0,最后 CAN1 邮箱 0 的数据返回给 PC 串口终端 *
* 目的:学习如何使用 CAN 接口                            *
* 说明:提供 Atmel CAN 基本实例,供入门学习使用              *
*                                                  *
*《ARM Cortex-M4 微控制器原理与应用——基于 Atmel SAM4 系列》教学实例 */

/*[头文件]*/
# include <asf.h>
# include <stdio.h>
# define TX_MB     (CAN0 -> CAN_MB + 0)
# define RX_MB     (CAN1 -> CAN_MB + 0)
# define CAN_COMM_ID   5

/*[子函数]*/
/* * *  Configure UART for debug message output.串口控制终端配置 */
static void configure_console(void)
{
    const usart_serial_options_t uart_serial_options = {
        .baudrate = CONF_UART_BAUDRATE,
        .paritytype = CONF_UART_PARITY
    };
    /* Configure console UART. */
    sysclk_enable_peripheral_clock(CONSOLE_UART_ID);
    stdio_serial_init(CONF_UART, &uart_serial_options);
}


/*配置 CAN 波特率*/
void ConfigCANBuad(void)
{
    const uint32_t can_br = CAN_BR_BRP(5)
            | CAN_BR_PROPAG(5)
            | CAN_BR_PHASE1(3)
            | CAN_BR_PHASE2(4)
```

```
                    | CAN_BR_SJW(3)
                    | CAN_BR_SMP_ONCE;
    CAN0 -> CAN_BR = can_br;
    CAN1 -> CAN_BR = can_br;
}


void ConfigCAN(void)
{
    /* GPIO 设置。注意将 PE1 和 PE3 驱动为高电平,PE0 和 PE2 驱动为低电平 */
    // The GPIO is configured in board_init()
    // Enable SN65
    PIOE -> PIO_SODR =  PIO_PE1 |  PIO_PE3;
    // Disable SN65 low power mode
    PIOE -> PIO_CODR = PIO_PE0 | PIO_PE2;
    // PMC    设置,开启时钟
    pmc_enable_periph_clk(ID_CAN0);
    pmc_enable_periph_clk(ID_CAN1);
    // 配置 CAN 波特率 1000 kbps
    ConfigCANBuad();
    //使能 CAN
    const uint32_t can_mr = CAN_MR_CANEN;
    CAN0 -> CAN_MR = can_mr;
    CAN1 -> CAN_MR = can_mr;
    while( ((CAN0 -> CAN_SR & CAN_SR_WAKEUP) == 0)
            || ((CAN1 -> CAN_SR & CAN_SR_WAKEUP) == 0) );
    // 设置邮箱,需要最后设置 MOT
    // 发送邮箱
    TX_MB -> CAN_MMR = CAN_MMR_PRIOR(0) | CAN_MMR_MOT_MB_TX;
    // 接收邮箱
    RX_MB -> CAN_MID = CAN_MID_MIDvA(CAN_COMM_ID)| CAN_MID_MIDvB(0);
    RX_MB -> CAN_MAM = CAN_MAM_MIDvA(~(uint32_t)0);
    RX_MB -> CAN_MMR = CAN_MMR_MOT_MB_RX;
}


/*[主程序]*/
void main (void)
{
    /* 初始化时钟以及开发板 */
sysclk_init();
```

ARM Cortex-M4 微控制器原理与应用——基于 Atmel SAM4 系列

258

```
board_init();
/* 配置标准输入输出串口,从而可以直接使用 printf,scanf 函数 */
configure_console();
/* 配置 CAN */
ConfigCAN();
printf("-I- Test of CAN0 and CAN1\r\n")        ;
int num;
while(1)
{
        //从串口 UART 输入一个数据
        printf("-I- Input a number...\r\n");
        scanf("%d", &num);
        /* 使用 tx_mb 邮箱发送数据 */
        /* 等待邮箱可用 */
        while(! (TX_MB -> CAN_MSR & CAN_MSR_MRDY));
        TX_MB -> CAN_MID = CAN_MID_MIDvA(CAN_COMM_ID);  //指定信息 ID
        TX_MB -> CAN_MDL = num;                         //低 4 字节数据
        TX_MB -> CAN_MCR = CAN_MCR_MDLC(4)              //数据长度为 4 字节
                        | CAN_MCR_MTCR;            //写入 MTCR 位以开始发送操作
        printf("-I- Sending message from TX mailbox...\r\n");
        /* 等待发送完成,在发送完成后,CAN_MSR 的 MRDY 位重新置位 */
        while(! (TX_MB -> CAN_MSR & CAN_MSR_MRDY));
        /* 从 rx_mb 邮箱读数据 */
        printf("-I- Waiting message in RX mailbox...\r\n");
    /* 通过查询 CAN_MSR 的 MRDY 位可以确定是否接收到数据 */
        while(! (RX_MB -> CAN_MSR & CAN_MSR_MRDY));
    /* 在 CAN_MSR 的 MDLC 字段可以确定信息长度 */
        const int rec_len = (RX_MB -> CAN_MSR & CAN_MSR_MDLC_Msk) >> CAN_MSR_
MDLC_Pos;
        if (rec_len == 4) {
        printf("-I- Data read from RX mailbox:%d\r\n",(int)RX_MB -> CAN_MDL);
        } else {
            printf("-E- transmit error! \r\n");
        }
    /* 需要向 CAN_MCR 写入 MTCR 字段以完成本次接收,从而允许下一次信息接收工作 */
        RX_MB -> CAN_MCR = CAN_MCR_MTCR;
        printf("\r\n");
    }
}
```

Atmel Studio6.1 平台提供了 ASF 库函数实现 CAN 总线的实例程序:CAN Example - SAM4E - EK,若需要利用 ASF 库函数实现 CAN 总线通信,可参考此实例。

第 **8** 章

SAM4 定时器/计数器相关模块

◆◇◆
　　本章主要讲解定时器/计数器相关模块,其中包括系统定时器(SysTick)、通
用定时器/计数器、实时定时器(RTT)、实时时钟(RTC)和 PWM 模块,并介绍
这些模块的基本特点、寄存器和功能。
◆◇◆

8.1　系统定时器

　　系统定时器(SysTick)是一个简单的系统时钟节拍计数器,属于 ARM Cortex-M
内核嵌套向量中断控制器 NVIC 里的一个功能单元,用于产生 SYSTICK 异常(异常
号-1),为整个系统提供时基。同时方便为移植到芯片上的操作系统产生所需要的
滴答中断,用于系统节拍定时。

　　SAM4 处理器的系统定时器(SysTick)是 24 位的,从重新加载的值一直倒计时
到 0,在下一个时钟沿时系统时间重载值寄存器(SYST_RVR)重新加载,并在接下来
的时钟倒计时。

　　当处理器因调试而停止时,计数器不递减。

　　SysTick 计数器运行在处理器时钟下,如果这个时钟信号因低功耗而停止,那么
Systick 计数器也会停止。确保软件用对齐的字访问来访问 SysTick 寄存器。

　　复位时 SysTick 计数器重载,当前值未定义。SysTick 计数器正确的初始化顺
序为:①程序重载值,把定时重载值写入系统时间重载值寄存器(SYS_RVR)中;②
清除当前值,对系统时间当前值寄存器(SYST_CVR)清零;③编程控制和状态寄存
器,设置系统时间控制器和状态寄存器(SYST_CSR),其中 ENABLE 位设置为 1 时
使能系统时钟计数;CLKSOURCE 位选择时钟源,当设置为 1 时选择处理器时钟,设
置为 0 时选择外部时钟;TICKINT 位设置为 1 时表示使能异常请求;检测 COUNT-
FLAG 位是否为 1 可以确定计数值是否计数到 0,从而可以通知系统到达一定的定
时时间间隔。

1. SysTick 寄存器

SysTick 寄存器说明如表 8-1 所列。

表 8 - 1　SysTick 寄存器

偏移量	名　称	寄存器	权　限	复位值
0xE000E010	系统时间控制器和状态寄存器	SYST_CSR	读/写	0x00000004
0xE000E014	系统时间重载值寄存器	SYST_RVR	读/写	未知
0xE000E018	系统时间当前值寄存器	SYST_CVR	读/写	未知
0xE000E01C	系统时间校准值寄存器	SYST_CALIB	仅读	0xC0000000

2. SysTick 应用实例

使用 SysTick 产生时间延迟控制 LED 灯闪烁。

(1) 硬件电路

通过 PA0 接口控制 LED 灯闪烁,硬件电路如图 3 - 15 所示。

(2) 实现思路

利用 SysTick 产生延迟时间,当 SysTick 定时器达到重载值时触发 SysTick 中断,在中断处理程序中切换 LED 状态,实现 LED 灯闪烁。

(3) 软件设计

完整的参考程序如下:

实例编号:8 - 01	内容:SysTick 应用实例	路径:\Example\Ex8_01

```
/*---------------------------------------------      *
* 文件名:SysTick.cproj                               *
* 硬件连接:通过 PA0 接口控制 D0 LED 灯闪烁。          *
* 程序描述:利用 SysTick 产生延迟时间,当 SysTick 定时器达到重载值时触发 SysTick 中
          断,实现 LED 灯闪烁                         *
* 目的:学习如何使用 SysTick 接口                      *
* 说明:提供 Atmel SysTick 基本实例,供入门学习使用 *
*                                                    *
*《ARM Cortex-M4 微控制器原理与应用——基于 Atmel SAM4 系列》教学实例        * /

/* [头文件] */
# include <sam.h>

/* 毫秒计数器 */
static volatile uint32_t ms_tick = 0;

/* [中断处理程序] */
void SysTick_Handler()
{
```

```
        ++ ms_tick;
    }


    /*[子程序]*/
    /*延迟*/
    void Delay( int ms)
    {
        uint32_t end_count = ms_tick + ms;
        while (ms_tick < end_count);
    }


    //配置 SysTick,使其每 1 ms 产生一次中断
    void ConfigSysTick()
    {
        // SysTick 的重载值和当前值在芯片重置时都是未定义的
        //设置重载值,使其每 1 ms 产生一次中断
        const uint32_t reload_v = CHIP_FREQ_MAINCK_RC_4MHZ / 1000;
        SysTick -> LOAD = reload_v & SysTick_LOAD_RELOAD_Msk - 1;
        //清空当前值
        SysTick -> VAL = 0;
        //配置
        SysTick -> CTRL = SysTick_CTRL_CLKSOURCE_Msk    //选择时钟源为处理器时钟
            | SysTick_CTRL_TICKINT_Msk                  //计数器递减至 0 时产生中断
            | SysTick_CTRL_ENABLE_Msk;                  //使能 SysTick
        //在 NVIC 中使能中断
        NVIC_ClearPendingIRQ(SysTick_IRQn);
        NVIC_EnableIRQ(SysTick_IRQn);
    }
    /*[主程序]*/
    void main (void)
    {
        /*让 PIO 控制器直接控制 PA0 引脚 PIO 使能 */
        PIOA -> PIO_PER = (uint32_t)0x01;
        /* PIO 输出使能 */
        PIOA -> PIO_OER = (uint32_t)0x01;
        /* PIO 输出写使能 */
        PIOA -> PIO_OWER = (uint32_t)0x01;
        ConfigSysTick();
        while (1) {
            //切换 led 灯对应的引脚电平
            Delay(500);
```

```
        /* 设置 PA0 引脚为高电平,灯灭 */
        PIOA -> PIO_SODR = (uint32_t)0x01;
        Delay(500);
        /* 设置 PA0 引脚为高电平,灯亮 */
        PIOA -> PIO_CODR = (uint32_t)0x01;
    }
    return 0;
}
```

8.2　通用定时器/计数器

8.2.1　TC 概述

SAM4E(144 引脚)有 3 个定时器/计数器(TC)单元 TC0、TC1、TC2(注意 100 引脚封装只包括 TC0 单元),并且每个单元有 3 路定时/计数通道,总计包括 9 个相同的 32 位定时器/计数器通道。每个定时器/计数器通道都可独立编程,提供频率测量、计数、间隔测量、脉冲生成、延迟时间和 PWM 调制等功能。

每个通道有 3 个外部时钟输入,5 个内部时钟输入和可由用户配置的两个多用途输入/输出信号。每个通道可驱动一个可编程内部中断信号产生处理器中断。

定时器/计数器(TC)单元中内嵌一个连接在 3 个定时器前面的正交解码器,由 3 个输入 TIOA0、TIOB0 和 TIOA1 驱动。允许正交解码器后,可对输入信号进行线性滤波,对正交信号进行解码,并与 3 个定时器/计数器(TC)通道相连,以便从用户接口读出电机等设备的位移和速度。定时器/计数器有两个作用于这 3 个 TC 通道的全局寄存器。块控制寄存器(TC_BCR)允许使用同一指令同时启动 3 个通道。块模式寄存器(TC_BMR)为每个通道定义外部时钟输入,允许将其链接。

表 8-2 所列为定时器/计数器输入时钟的分配,对于定时器单元 TC0~2 都是一样的。

表 8-2　定时器/计数器时钟分配

名　称	定　义
TIMER_CLOCK1	MCK/2
TIMER_CLOCK2	MCK/8
TIMER_CLOCK3	MCK/32
TIMER_CLOCK4	MCK/128
TIMER_CLOCK5	SLCK

TC0 定时器/计数器单元框图,如图 8-1 所示。TC1 和 TC2 与 TC0 相同。

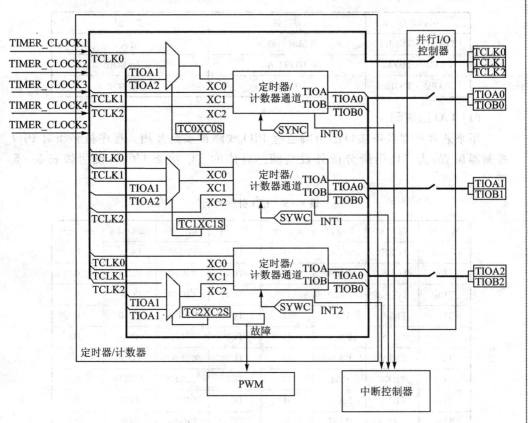

图 8-1　定时器/计数器框图

TC0 定时器/计数器单元信号名称描述如表 8-3 所列。

表 8-3　信号名称描述

块/通道	信号名称	描　述
通道信号	XC0,XC1,XC2	外部时钟输入
	TIOA	捕获模式,定时器/计数器输入 波形模式,定时器/计数器输出
	TIOB	捕获模式,定时器/计数器输入 波形模式,定时器/计数器输入/输出
	INT	中断信号输出
	SYNC	同步输入信号

TC0 定时器/计数器单元引脚如表 8-4 所列。

ARM Cortex-M4 微控制器原理与应用——基于 Atmel SAM4 系列

表 8-4　TC0 引脚列表

引脚名称	描　述	类　型
TCLK0 - TCLK2	外部时钟输入	输入
TIOA0 - TIOA2	I/O 口 A	输入/输出
TIOB0 - TIOB2	I/O 口 B	输入/输出

(1) I/O 口说明

用来兼容外部设备接口的引脚通过 PIO 线路被多路复用。程序员必须对 PIO 控制器编程，为 TC 引脚分配外设功能。具体的 TC 功能 I/O 口说明如表 8-5 所列。

表 8-5　I/O 引脚说明

实　例	信　号	I/O 口	外　设	实　例	信　号	I/O 口	外　设
TC0	TCLK0	PA4	B	TC1	TIOA5	PC29	B
TC0	TCLK1	PA28	B	TC1	TIOB3	PC24	B
TC0	TCLK2	PA29	B	TC1	TIOB4	PC27	B
TC0	TIOA0	PA0	B	TC1	TIOB5	PC30	B
TC0	TIOA1	PA15	B	TC2	TCLK6	PC7	B
TC0	TIOA2	PA26	B	TC2	TCLK7	PC10	B
TC0	TIOB0	PA1	B	TC2	TCLK8	PC14	B
TC0	TIOB1	PA16	B	TC2	TIOA6	PC5	B
TC0	TIOB2	PA27	B	TC2	TIOA7	PC8	B
TC1	TCLK3	PC25	B	TC2	TIOA8	PC11	B
TC1	TCLK4	PC28	B	TC2	TIOB6	PC6	B
TC1	TCLK5	PC31	B	TC2	TIOB7	PC9	B
TC1	TIOA3	PC23	B	TC2	TIOB8	PC12	B
TC1	TIOA4	PC26					

(2) 电源管理

TC 的时钟由功耗管理控制器(PMC)控制，因此允许 TC 之前必须先配置 PMC。

(3) 中断源

TC 有一条与中断控制器连接的中断线。处理 TC 中断前需对中断控制器编程，并配置 TC。

8.2.2　TC 功能描述

除了在正交解码器允许的情况之外，定时器/计数器 9 个通道是互相独立的，且这 9 个通道的操作是一样的。

1. TC 寄存器

TC 寄存器说明如表 8-6 所列。

表 8-6　TC 寄存器

偏移量	名　　称	寄存器	权　限	复位值
0x00 + channel×0x40 + 0x00	通道控制寄存器	TC_CCR	只写	—
0x00 + channel×0x40 + 0x04	通道模式寄存器	TC_CMR	读/写	0
0x00 + channel×0x40 + 0x08	步进电机模式寄存器	TC_SMMR	读/写	0
0x00 + channel×0x40 + 0x0C	AB 寄存器	TC_RAB	只读	0
0x00 + channel×0x40 + 0x10	计数器值寄存器	TC_CV	只读	0
0x00 + channel×0x40 + 0x14	寄存器 A	TC_RA	读/写	0
0x00 + channel×0x40 + 0x18	寄存器 B	TC_RB	读/写	0
0x00 + channel×0x40 + 0x1C	寄存器 C	TC_RC	读/写	0
0x00 + channel×0x40 + 0x20	状态寄存器	TC_SR	只读	0
0x00 + channel×0x40 + 0x24	中断允许寄存器	TC_IER	只写	—
0x00 + channel×0x40 + 0x28	中断禁止寄存器	TC_IDR	只写	—
0x00 + channel×0x40 + 0x2C	中断屏蔽寄存器	TC_IMR	只读	0
0x00 + channel×0x40 + 0x30	外部模式寄存器	TC_EMR	读/写	0
0xC0	块控制寄存器	TC_BCR	只写	—
0xC4	块模式寄存器	TC_BMR	读/写	0
0xC8	QDEC 中断允许寄存器	TC_QIER	只写	—
0xCC	QDEC 中断禁止寄存器	TC_QIDR	只写	—
0xD0	QDEC 中断屏蔽寄存器	TC_QIMR	只读	0
0xD4	QDEC 中断状态寄存器	TC_QISR	只读	0
0xD8	错误模式寄存器	TC_FMR	读/写	0
0xE4	写保护模式寄存器	TC_WPMR	读/写	0

265

2. 32 位计数器

每个通道都是围绕一个 32 位计数器来组织的,在所选时钟的每个正边沿计数器的值自增。当计数器的值达到 0xFFFF 并转为 0x0000 时,产生溢出,TC_SR 状态寄存器的 COVFS 位置位。

计数器当前值可通过计数器值寄存器 TC_CV 实时读取。计数器可由触发器复位,复位时,计数器值在所选时钟下一个有效边沿时变为 0x0000。

3. 时钟选择

通过配置 TC_BMR(块模式寄存器),可将每个通道的时钟输入连接到外部输入TCLK0、TCLK1、TCLK2 或连接到内部 I/O 信号 TIOA0、TIOA1、TIOA2 上。如

图 8-2 所示。

每个通道可独立选择使用内部或外部时钟源驱动计数器,如图 8-3 所示。

(1) 内部时钟信号:TIMER_CLOCK1、TIMER_CLOCK2、TIMER_CLOCK3、TIMER_CLOCK4 和 TIMER_CLOCK5。

(2) 外部时钟信号:XC0、XC1 或 XC2。

设置通道模式寄存器(TC_CMR)的 TCCLKS 位可选择时钟信号,所选时钟可通过 TC_CMR 寄存器的 CLKI 位实现反转,因此可使用时钟负边沿进行计数。

BURST 功能使只要一个外部信号为高时,时钟就有效。使用 TC_CMR 寄存器中的 BURST 位域可定义这个信号(none,XC0,XC1,XC2)。

注意:在所有的情况下,当使用外部时钟时,每个电平的持续时间必须要比主控时钟周期长。外部时钟频率不能超过主控时钟频率的 1/2.5。

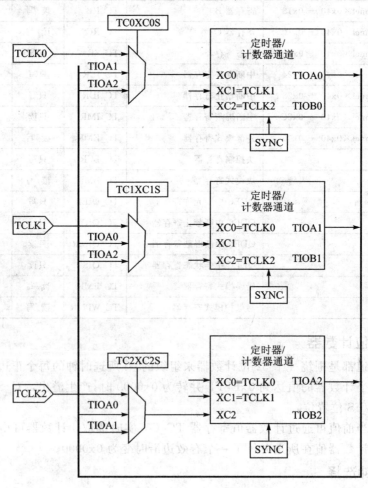

图 8-2　时钟连接选择

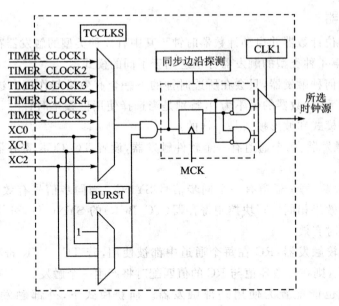

图 8-3 时钟选择

4. 时钟控制

每个计数器时钟有两种控制方式：允许/禁止或启动/停止。

① 用户可使用通道控制寄存器(TC_CCR)的 CLKEN 与 CLKDIS 位允许或禁止时钟。在捕获模式下，若 TC_CMR 寄存器的 LDBDIS 位被置为 1，通过 RB 加载事件可以将时钟禁止；在波形模式下，若 TC_CMR 寄存器的 CPCDIS 位被置为 1，通过 RC 比较事件可以将时钟禁止。当时钟禁止时，启动与停止命令无效，只有 TC_CCR 寄存器的 CLKEN 命令可重新允许时钟。当时钟被允许后，置位状态寄存器(TC_SR)的 CLKSTA 位。

② 时钟也可以被启动或停止：触发器(软件、同步、外部或比较)通常用来启动时钟。在捕获模式下，通过 RB 加载事件(TC_CMR 中 LDBSTOP＝1 时)可以停止时钟；在波形模式下，通过 RC 比较事件(TC_CMR 中 CPCS、TOP＝1 时)也可以停止时钟。只有当时钟允许时，启动与停止命令才有效。

5. TC 操作模式

每个通道可独立地工作在两种不同模式下：

- 捕获模式提供对信号的测量。
- 波形模式用来产生波形。

TC 操作模式由 TC 通道模式寄存器(TC_CMR)的 WAVE 位来设定。捕获模式下(WAVE＝0)，TIOA 与 TIOB 配置为输入。波形模式下(WAVE＝1)，TIOA 配置为输出，若 TIOB 未被选择作为外部触发器，TIOB 也作为输出。

6. 触发器

触发器复位计数器并启动计数器时钟。其中有 3 种类型的触发器在任何模式下都是一样的,第 4 种类型的触发器分别适用于不同的模式。

无论使用何种触发器,只会在所选时钟的下一个有效沿起作用。这意味着紧接着一个触发之后,计数器的值不为 0,特别是当选择使用低频率时钟时。以下 3 种触发器对于捕获模式和波形模式是一样的:

① 软件触发器:每个通道有一个软件触发器,设置 TC_CCR 寄存器的 SWTRG 位可使之有效。

② 同步触发:每个通道有一个同步信号 SYNC。当同步信号有效时,同步触发与软件触发器效果相同。写块控制寄存器(TC_BCR)的 SYNC 位,可使所有通道的 SYNC 信号同时有效。

③ RC 比较触发器:RC 在每个通道中都被使用,若 TC_CMR 寄存器中 CPC-TRG 位被置位,则在计数器值与 RC 的值匹配时将产生一个触发。

每个通道也能配置为使用外部触发器。捕获模式下,外部触发信号可选择 TIOA 或 TIOB;波形模式下,外部事件可以在下列信号中选择:TIOB、XC0、XC1 或 XC2。设置 TC_CMR 寄存器的 ENETRG 位域可允许外部事件,执行触发。若使用外部触发器,信号脉冲的持续时间必须比时钟周期长,以便外部事件被检测到。

7. 捕获工作模式

清除 TC_CMR 寄存器的 WAVE 位为 0 即可进入捕获工作模式。

捕获模式允许 TC 通道对脉冲时间、频率、周期、占空比及输入信号 TIOA 和 TIOB 的相位进行测量。

8. 捕获寄存器 A 与 B(RA 与 RB)

寄存器 A 与 B(RA 与 RB)可作为捕获寄存器使用。即当编程指定的事件在 TIOA 上出现时,RA 与 RB 将载入计数器的值。

TC_CMR 寄存器的 LDRA 定义了加载 RA 时 TIOA 上信号的有效边沿;LDRB 定义了加载 RB 时 TIOA 上信号的有效边沿。TC_CMR 寄存器的 SBSMPLR 位域针对选定的边沿可配置采样率,所以可选择在每 1、2、4、8 或 16 个选定的边沿加载 RA 和 RB 寄存器。

仅当触发后 RA 一直未被加载,或在 RA 最后一次被加载之后 RB 已被加载时,RA 才会被重新加载。

仅当触发后 RB 一直未被加载,或在 RB 最后一次被加载之后 RA 已被加载时,RB 才会被加载。如果在最后一次加载到 RA 或者 RB 的数值被读出之前又发生了加载事件的话,TC_SR 寄存器的溢出错误标志位 LOVRS 将会被设置。这种情况下,旧值将会被覆盖。

当使用 DMA 时,AB 寄存器(TC_RAB)地址必须被配置为传输的源地址。TC_

RAB 寄存器提供寄存器 A 和寄存器 B 中下一个未读值。在加载 RA 或 RB 时触发了一个请求后,由 DMA 读出。

9. 通过 PDC 进行传输

PDC 只能通过定时器到系统存储器进行访问。

图 8-4 所示为 RA 和 RB 寄存器是如何无需 CPU 干预下装载在系统存储器中。当 TIOA 信号发生边沿变化时,RA 和 RB 自动加载到存储器中。

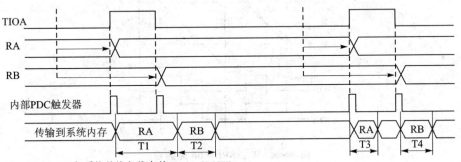

T1,T2,T3,T4=与系统总线负载有关(Tmin=8MCK)

图 8 - 4　PDC 传输示例

10. 触发条件

除 SYNC 信号、软件触发及 RC 比较触发外,还可定义外部触发。

设置 TC_CMR 寄存器的 ABETRG 位,可选择使用 TIOA 或 TIOB 输入信号作为外部触发。ETRGEDG 定义产生外部触发的检测边沿(上升沿、下降沿或两者皆可)。若 ETRGEDG = 0,禁用外部触发。

11. 波形工作模式

置位 TC_CMR 寄存器的 WAVE 位可以进入波形工作模式。

波形工作模式下,TC 通道产生 1 或 2 个频率相同、占空比可独立编程的 PWM 信号,或产生不同类型的单脉冲或重复脉冲。该模式下,TIOA 配置为输出,在 TIOB 未被定义成外部事件(TC_CMR 寄存器的 EEVT 位定义)时,也会被定义为输出。

12. 波形选择

根据 TC_CMR 寄存器中 WAVSEL 参数的不同,计数值寄存器(TC_CV)行为不同。任何情况下,RA、RB 及 RC 都可作为比较寄存器使用。RA 比较器用来控制 TIOA 输出,RB 比较器用来控制 TIOB 输出(若配置正确),RC 比较器用来控制 TIOA 与/或 TIOB 输出。

(1) WAVSEL = 00

当 WAVSEL=00 时,TC_CV 寄存器计数值由 0 递增到 0xFFFF。一旦达到 0xFFFF,TC_CV 值复位。然后 TC_CV 值重新递增且继续循环,如图 8-5 所示。

外部事件触发或软件触发可复位 TC_CV 值。

　　注意：触发任何时候都可出现，如图 8-6 所示。

　　该配置下 RC 比较器不能被编程用来产生触发。同时，RC 比较器可停止计数器时钟(TC_CMR 中 CPCSTOP＝1)"与/或"禁用计数器时钟(TC_CMR 中 CPCDIS＝1)。

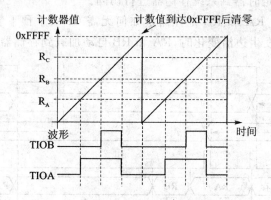

图 8-5　WAVSEL＝00 无触发

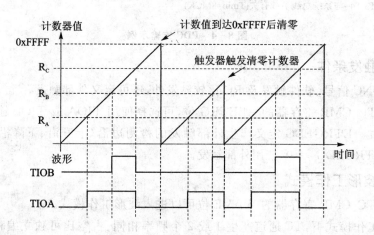

图 8-6　WAVSEL＝00 有触发

　　(2) WAVSEL＝10

　　当 WAVSEL＝10 时，TC_CV 值由 0 递增到 RC 值，然后自动复位；TC_CV 值复位之后又开始重新递增循环，如图 8-7 所示。

　　注意：若外部事件触发或软件触发器配置正确，TC_CV 可在任何时候被复位，如图 8-8 所示。此外，RC 比较器可停止计数器时钟(TC_CMR 中 CPCSTOP＝1)"与/或"禁用计数器时钟(TC_CMR 中 CPCDIS＝1)。

　　(3) WAVSEL ＝ 01

　　当 WAVSEL＝01，TC_CV 值由 0 递增到 0xFFFF，一旦达到 0xFFFF，TC_CV 值开始递减到 0，再重新递增到 0xFFFF，如此循环下去，如图 8-9 所示。

　　外部事件触发或软件触发可在任何时候修改 TC_CV。若 TC_CV 正在递增时出现触发,TC_CV 将开始递减;若 TC_CV 递减时出现触发,则 TC_CV 开始递增,如图 8-10 所示。

　　该配置模式下,不能配置 RC 比较器用来产生触发。与此同时,RC 比较器可停止计数器时钟(CPCSTOP=1)"与/或"禁用计数器时钟(CPCDIS=1)。

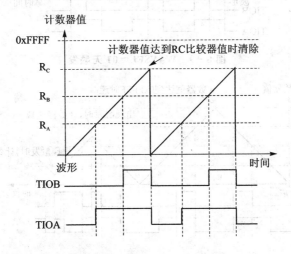

图 8-7　WAVSEL=10 无触发

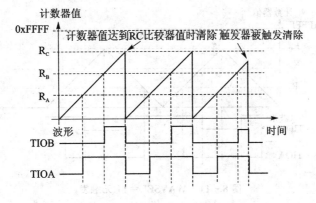

图 8-8　WAVSEL=10 有触发

(4) WAVSEL = 11

　　当 WAVSEL=11 时,TC_CV 值由 0 递增到 RC。一旦达到 RC,TC_CV 值开始递减到 0,然后再重新递增到 RC,如此循环下去,如图 8-11 所示。

　　外部事件触发或软件触发可随时修改 TC_CV。若 TC_CV 在递增时出现触发,TC_CV 开始递减;若在 TC_CV 递减时出现触发,则 TC_CV 开始递增,如图 8-12 所示。

　　RC 比较器可停止计数器时钟(CPCSTOP=1)"与/或"禁用计数器时钟(CPCDIS=1)。

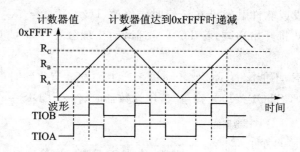

图 8 - 9　WAVSEL＝01 无触发

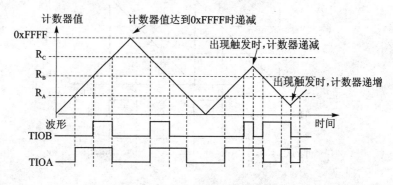

图 8 - 10　WAVSEL＝01 有触发

272

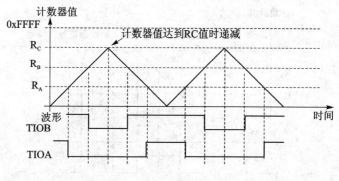

图 8 - 11　WAVSEL＝11 无触发

13. 外部事件 /触发条件

一个外部事件可以配置为在某个时钟源(XC0、XC1、XC2)或在 TIOB 上检测,选中的外部事件可用来作为触发器。

TC_CMR 寄存器的 EEVT 位域用来选择外部触发器。位域 EEVTEDG 定义每个可能的外部触发边沿(上升沿、下降沿或二者皆可)。若 EEVTEDG 清零,则没有定义外部事件。

若定义 TIOB 为外部事件输入信号(EEVT ＝ 0),TIOB 不再作为输出,且 RB 寄存器不被用来产生波形也不产生中断。在这种情况下,TC 通道只可在 TIOA 上

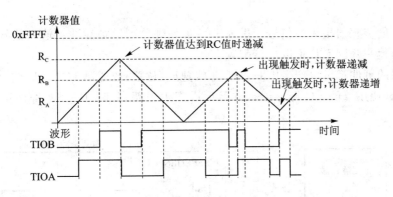

图 8-12 WAVSEL＝11 有触发

产生波形。

若定义了外部事件,通过设置 TC_CMR 寄存器的 ENETRG 位,可将外部事件作为触发器。

与捕获模式相同,SYNC 信号与软件触发同样可以作为触发器。RC 寄存器比较是否可作为触发器取决于 WAVSEL 的设置。

14. 输出控制器

输出控制器定义一个事件之后,TIOA 与 TIOB 上输出电平的变化。只有当 TIOB 定义为输出(不是外部事件)时,才能使用 TIOB 控制器。

软件触发器、外部事件及 RC 比较控制 TIOA 与 TIOB 上输出电平的变化,RA 比较控制 TIOA,RB 比较控制 TIOB。根据相应的 TC_CMR 寄存器设置,每个事件可配置为设置、清除或翻转输出。

15. 正交解码器

正交解码器由 TIOA0、TIOB0 和 TIOB1 3 个输入信号驱动,其输出信号驱动通道 0 和 1 的定时器/计数器。在进行速度测量时,通道 2 可用于提供一个时间基准。正交解码器连接如图 8-13 所示。

当向块模式寄存器(TC_BMR)的 QDEN 位写 0 时,正交解码器完全不起作用。

TIOA0 和 TIOB0 由两个专门的积分信号驱动,这两个积分信号由一个片外马达轴上的角度传感器提供。如果角度传感器可以提供 IDX 信号的话,这个 IDX 信号可以作为第 3 个信号从 TIOB1 输入到正交解码器,此信号对于解码正交信号 PHA、PHB 来说不是必须的。

TC_CMR 寄存器的 TCCLKS 域必须配置为选择 XC0 输入(即 0x101)。一旦正交解码器被启用,TC_BMR 寄存器的 TC0XC0S 域就无效了。

无论是速度还是位移/圈数都可以被测量,位移通道 0 通过累计输入信号 PHA、PHB 的边沿数,得到电机的精准位置;通道 1 累计传感器给出的 index 信号脉冲数,即转动的周数得到电机的精准位置。综合两个数值就能得到一个高精度的运动系统

273

的位置。

从角度传感器出来的信号在进入下一步处理前可以被滤波。输入信号的极性、相位和其他一些因素均可以进行配置。

不同的事件都可以产生中断。通道 0（速度/位置）或通道 1（转动圈数）可以使用比较功能（使用 TC_RC 寄存器），并且可以产生中断，此时 TC_SR 寄存器的 CPCS 位将置位。

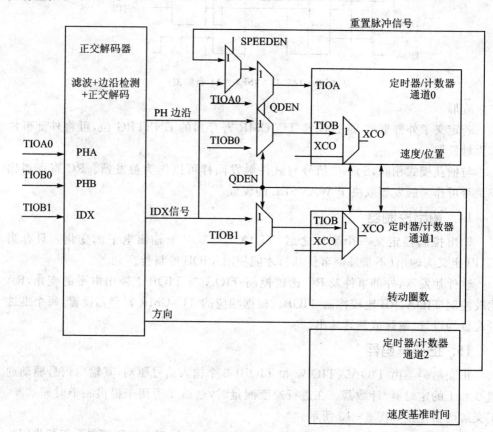

图 8-13　正交解码器连接图

（1）输入预处理

输入预处理主要包括：根据数字滤波器的配置，对角度传感器的一些参数进行定义，比如极性和相位。每个输入信号都能被取反，PHA 和 PHB 还能交换。

通过 TC_BMR 寄存器的 MAXFIKLT 域，可以配置脉冲保持有效的最短持续时间。当滤波器有效时，那些持续时间不足（MAXFILT+1）×t_{MCK} 的脉冲就不能进入下一级的处理中。

设置 TC_BMR 寄存器中的 FILTER 域，可以禁用滤波器。

输入滤波器可以有效地滤除在角度传感器码盘上的微小污染物所产生的伪

脉冲。

(2) 方向状态及其改变检测

滤波之后,分析正交信号以判断转动的方向,检测两个正交信号的边沿可以驱动定时器/计数器逻辑。

任何时候读取 QDEC 中断状态寄存器(TC_QISR)都可以直接得到方向状态。方向标志位的极性由 TC_BMR 寄存器的配置决定,INVA、INVB、INVIDX、SWAP位都能修改 DIR 标志的极性。转动方向的任何改变都在 TC_QISR 寄存器中反映出来,并可触发中断。

判断转动方向改变的条件是:在某一相信号的两个连续边沿之间,另一相信号有着相同的电平值并且该相信号上出现相同边沿。如果只是在某一相信号的两个连续边沿之间,另一相的信号有着相同的电平值,是不足以证明转动方向改变的。原因是传感器码盘上的微小污染物可能会遮住传感器上的一个或多个反射栅。

(3) 位移和旋转圈数的测量

当 TC_BMR 寄存器的 POSEN 位置 1 时,通道 0 进行位移测量(利用对 PHA、PHB 边沿的检测);通道 1 累计电机的转动圈数。这些数值可以通过读取 TC_CV0 和/或 TC_CV1(如果从 TIOB1 输入了 IDX 信号)寄存器得到。通道 0 和通道 1 必须配置为捕获模式(TC_CMR0 的 WAVE = 0)。同时,被累计在通道 0 中的边沿数目可以通过读 TC_CV0 寄存器获得。

因此,通过读取两个 TC_CV 寄存器组成一个 32 位的字可以得到精确的位移。在 IDX 信号的计数值每次增加时,定时器/计数器通道 0 被清 0。根据正交信号,可以解码出旋转方向并且允许定时器/计数器的通道 0 和通道 1 进行向上或者向下的计数。方向状态将在 TC_QISR 寄存器中反应。

(4) 速度测量

当 TC_BMR 寄存器的 SPEEDEN 位置 1 时,通道 0 允许速度测量。

必须通过写 TC_RC2 寄存器在通道 2 上定义一个时间基准,通道 2 必须被配置为波形模式(对 TC_CMR2 的 WAVE 位置1),WAVSEL 位域必须写入 0x10,ACPC域必须写入 0x11 以翻转 TIOA 的输出。

当 TC_BMR 寄存器 QDEN 和 SPEEDEN 被置位时,时间基准的输出自动连接到通道 0 的 TIOA 上。通道 0 必须被配置为捕获模式(TC_CMR0 的 WAVE =0)。TC_CMR 寄存器的 ABETRG 位域必须配置为 1,以使 TIOA 作为此通道的一个触发器。

EDGTRG 可被设置为 0x01,以在 TIOA 信号的上升沿清 0 计数器;且相应的 LDRA 域也要设置为 0x01,以在计数器被清 0 的同时把值加载到 TC_RA0 中(LDRB 必须设置成 0x01)。因此,在每个时间基准周期结束时就可以得到计算速度所需要的差值。

配置 TC_CR 寄存器的 CLKEN 和 SWTRG 位可开始这一处理过程。读 TC_CMR寄存器的 TC_RA0 可以得到速度值。通道 1 仍然可被用来记录电机转动的圈数。

8.2.3　TC 应用实例

使用 TC 定时器/计数器产生时间延迟控制 LED 灯闪烁。

(1) 硬件电路

通过 PA0 接口控制 D0 LED 灯闪烁,硬件电路如图 3 - 15 所示。

(2) 实现思路

利用 TC0 定时器产生延迟时间,通过 RC 比较触发器,当 TC0 定时器计数值计数达到 RC 设定的计数值时触发中断,在中断处理程序中改变 LED 状态从而实现控制 LED 灯闪烁。

(3) 软件设计

完整的参考程序如下:

实例编号:8 - 02　　　内容:TC 应用实例　　　路径:\Example\Ex8_02

```
/*-------------------------------------------------*
 * 文件名:TC.cproj                                    *
 * 硬件连接:通过 PA0 接口控制 D0 LED 灯闪烁。              *
 * 程序描述:利用 TC0 定时器产生延迟时间,通过 RC 比较触发器,当 TC0 定时器计数值计数
            达到 RC 设定的计数值时触发中断,在中断处理程序中改变 LED 状态从而实现
            控制 LED 灯闪烁                             *
 * 目的:学习如何使用 TC 接口                             *
 * 说明:提供 Atmel TC 基本实例,供入门学习使用             *
 *                                                  *
 *《ARM Cortex-M4 微控制器原理与应用——基于 Atmel SAM4 系列》教学实例   */

/*［头文件］*/
# include"sam.h"


/* 定义 LED 口,使用 PA0 */
# define LED_PIOC PIOA
# define LED_PIO PIO_PA0
/* 选择 TC0 通道 */
# define gUseTc TC0 -> TC_CHANNEL[0]
/*［中断处理程序］*/
void TC0_Handler(void)
{
    uint32_t status = gUseTc.TC_SR;

    /* 判断中断是否为 RC 比较触发的 */
```

```
    if (status & TC_SR_CPCS)
    {
        if ((LED_PIOC -> PIO_ODSR & LED_PIO))
        {
            LED_PIOC -> PIO_CODR = LED_PIO;
        }
        else
        {
            LED_PIOC -> PIO_SODR = LED_PIO;
        }
    }
}

/*[子程序]*/

/*设置定时器*/
void ConfigTC(void)
{
    /*使能 TC 时钟*/
    PMC -> PMC_PCER0 = (1 << ID_TC0);
    /*设置 TC 波形模式*/
    gUseTc.TC_CMR = TC_CMR_WAVE                 /*波形模式*/
            | TC_CMR_TCCLKS_TIMER_CLOCK4        /*时钟 4：MCK/128*/
            | TC_CMR_WAVSEL_UP_RC;   /*波形，仅上升，且 RC 比较时自动触发*/
    /*设置 RC*/
    gUseTc.TC_RC = TC_RC_RC(31250);
    /* RC 比较时产生中断*/
    gUseTc.TC_IER = TC_IER_CPCS;
    /*使能 TC 时钟*/
    gUseTc.TC_CCR = TC_CCR_CLKEN | TC_CCR_SWTRG;
    /*使能 TC0 中断*/
    NVIC_DisableIRQ(TC0_IRQn);
    NVIC_ClearPendingIRQ(TC0_IRQn);
    NVIC_SetPriority(TC0_IRQn,1);
    NVIC_EnableIRQ(TC0_IRQn);
}
/*配置 LED 灯口*/
void ConfigLEDPio(void)
{
```

```
        LED_PIOC -> PIO_PER = LED_PIO;
        LED_PIOC -> PIO_OER = LED_PIO;
        LED_PIOC -> PIO_OWER = LED_PIO;
        LED_PIOC -> PIO_SODR = LED_PIO;
}


/*［主程序］*/
int main (void)
{
    /*关掉看门狗*/
    WDT -> WDT_MR = WDT_MR_WDDIS;
    ConfigLEDPio();
    ConfigTC();
    while (1);
}
```

(4) Atmel Studio 6.1 平台自带实例

Atmel Studio 6.1 平台提供 ASF 库函数实现的 TC 应用实例：TC Capture Wave from Example - SAM4E - EK，可以参考此实例。这个实例说明如何将 TC 配置为波形模式和捕获模式。波形信号通过 TIOA1 产生并输入到 TIOA2。在捕获模式下，设定 RA 上升沿捕获，RB 下降沿捕获，当波形达到相应的触发条件（即 RA 和 RB 都被加载后）进入捕获中断处理程序获取在 RA 和 RB 上捕获到的数值，然后在后面的处理程序中通过 RB 的数值计算出频率，通过 RB 和 RA 的差值计算出脉宽，并通过串口 DBGU 口（UART0）送到电脑串口终端显示。

　　注意：串口设置波特率：115 200 bps，8 位数据位，1 位停止位，无校验。

8.3　脉宽调制控制器

8.3.1　PWM 概述

PWM 宏单元可独立控制 4 个通道，每个通道控制输出两个互补的方波。用户可通过接口配置输出波形的特性，如周期、占空比、极性与死区时间（也被称为死区或非重叠时间）。每个通道选择并使用一个由时钟发生器产生的时钟。时钟产生器提供的时钟都是由 PWM 主控时钟（MCK）分频而来的。

除了配置产生占空比的寄存器外，每个通道还包含一个寄存器用配置来产生输出波形的一个额外边沿。

可通过映射到外设总线的寄存器来访问 PWM 宏单元。所有的通道都集成了一个双缓存系统,以防止由于修改周期、占空比或是死区时间而产生不期望的输出波形。

可以把多个通道链接起来作为同步通道,同时更新其占空比或死区时间。对同步通道占空比的更新,可通过外设 DMA 控制器通道(PDC)来完成,PDC 可提供缓冲传输而不需要处理器的干预。

PWM 宏单元包含一个扩频计数器,允许输出波形周期连续变化(仅针对通道 0)。该计数器可有效减少电磁干扰及降低 PWM 驱动电机的噪声。

PWM 提供 8 个独立的比较单元,可将程序设定的值与同步通道的计数器(通道 0 的计数器)比较。通过比较可以产生软件中断、在 2 个独立事件线上的触发脉冲(目的是将 ADC 的转换分别与灵活的 PWM 输出进行同步)及触发 PDC 传输请求。

为了与计数器同步或异步,PWM 的输出可被覆盖。PWM 模块提供了故障保护机制,有 8 个故障输入,能够检测故障条件及异步地覆盖 PWM 的输出。(输出被置为 0、1 或高阻)。为了使用安全,一些控制寄存器是写保护的。

每个通道使用两个外部 I/O 引脚提供互补输出。引脚信号说明如表 8 - 7 所列。

表 8 - 7　信号说明

名　　称	描　　述	类　　型
PWMHx	通道 x 的 PWM 波形输出高	输出
PWMLx	通道 x 的 PWM 波形输出低	输出
PWMFIx	PWM 故障输入 x	输入

(1) I/O 口说明

PWM 接口的引脚与 PIO 引脚复用,因此程序员必须先对 PIO 控制器进行编程,将 PWM 所需的引脚配置成外设功能。如果 PWM 的 I/O 引脚未被应用程序使用,则这些引脚可被 PIO 控制器用于其他目的。所有 PWM 的输出都可以被允许或禁止。如果一个应用程序只需要 4 个通道,则只需为 PWM 的输出分配 4 个 I/O 线。

I/O 口说明如表 8 -8 所列。

(2) 电源管理

PWM 不需要持续有时钟。程序员在使用 PWM 之前必须先通过功耗管理控制器(PMC)允许 PWM 的时钟。如果应用程序不需要对 PWM 进行操作,则可以停止时钟,也可随后重启时钟。PWM 将从之前停止的位置重新恢复其操作。

在 PWM 的描述中,主控时钟(MCK)是 PWM 所连接到的外设总线时钟。

(3) 中断源

PWM 中断信号线连接到中断控制器的一个内部资源。使用 PWM 中断,需要先对中断控制器进行编程。PWM 中断 ID 号是 36。

注意:不推荐在边沿敏感模式中使用 PWM 中断线。

表 8 - 8 I/O 口引脚

实 例	信 号	I/O 口	外 设	实 例	信 号	I/O 口	外 设
PWM	PWMFI0	PA9	C	PWM	PWMH3	PB14	B
PWM	PWMH0	PA0	A	PWM	PWMH3	PC21	B
PWM	PWMH0	PA11	B	PWM	PWMH3	PD23	A
PWM	PWMH0	PA23	B	PWM	PWML0	PA19	B
PWM	PWMH0	PB0	B	PWM	PWML0	PB5	B
PWM	PWMH0	PC18	B	PWM	PWML0	PC0	B
PWM	PWMH0	PD20	A	PWM	PWML0	PC13	B
PWM	PWMH1	PA1	A	PWM	PWML0	PD24	A
PWM	PWMH1	PA12	B	PWM	PWML1	PA20	B
PWM	PWMH1	PA24	B	PWM	PWML1	PB12	A
PWM	PWMH1	PB1	A	PWM	PWML1	PC1	B
PWM	PWMH1	PC19	B	PWM	PWML1	PC15	B
PWM	PWMH1	PD21	A	PWM	PWML1	PD25	A
PWM	PWMH2	PA2	A	PWM	PWML2	PA16	C
PWM	PWMH2	PA13	B	PWM	PWML2	PA30	A
PWM	PWMH2	PA25	B	PWM	PWML2	PB13	A
PWM	PWMH2	PB4	B	PWM	PWML2	PC2	B
PWM	PWMH2	PC20	B	PWM	PWML2	PD26	A
PWM	PWMH2	PD22	A	PWM	PWML3	PA15	C
PWM	PWMH3	PA7	A	PWM	PWML3	PC3	B
PWM	PWMH3	PA14	B	PWM	PWML3	PC22	B
PWM	PWMH3	PA17	C	PWM	PWML3	PD27	A

(4) 故障输入

PWM 的故障（FAULT）输入连接到不同的模块。PWM 从 PIO 输入、PMC、ADC 控制器接收故障。

8.3.2 PWM 功能描述

PWM 宏单元主要由一个时钟发生器模块和 4 个通道组成。

时钟信号由主控时钟（MCK）提供，时钟发生器模块提供 13 个时钟。

每个通道可以独立地从时钟产生器的输出中选择其中一个作为自己的时钟。

每个通道可以产生一个输出波形，可以通过用户接口寄存器独立地为每个通道定义其输出波形的特性。

1. PWM 寄存器

PWM 寄存器说明如表 8-9 所列。

表 8-9　PWM 寄存器

偏移量	名　称	寄存器	权　限	复位值
0x00	时钟寄存器	PWM_CLK	读/写	0x0
0x04	允许寄存器	PWM_ENA	只写	—
0x08	禁止寄存器	PWM_DIS	只写	—
0x0C	状态寄存器	PWM_SR	只读	0x0
0x10	中断允许寄存器 1	PWM_IER1	只写	—
0x14	中断禁止寄存器 1	PWM_IDR1	只写	—
0x18	中断屏蔽寄存器 1	PWM_IMR1	只读	0x0
0x1C	中断状态寄存器 1	PWM_ISR1	只读	0x0
0x20	同步通道模式寄存器	PWM_SCM	读/写	0x0
0x28	同步通道更新控制寄存器	PWM_SCUC	读/写	0x0
0x2C	同步通道更新周期寄存器	PWM_SCUP	读/写	0x0
0x30	同步通道更新周期更新寄存器	PWM_SCUPUPD	只写	0x0
0x34	中断允许寄存器 2	PWM_IER2	只写	—
0x38	中断禁止寄存器 2	PWM_IDR2	只写	—
0x3C	中断屏蔽寄存器 2	PWM_IMR2	只读	0x0
0x40	中断状态寄存器 2	PWM_ISR2	只读	0x0
0x44	输出覆盖值寄存器	PWM_OOV	读/写	0x0
0x48	输出选择寄存器	PWM_OS	读/写	0x0
0x4C	输出选择置位寄存器	PWM_OSS	只写	—
0x50	输出选择清零寄存器	PWM_OSC	只写	—
0x54	输出选择置位更新寄存器	PWM_OSSUPD	只写	—
0x58	输出选择清零更新寄存器	PWM_OSCUPD	只写	—
0x5C	故障模式寄存器	PWM_FMR	读/写	0x0
0x60	故障状态寄存器	PWM_FSR	只读	0x0
0x64	故障清除寄存器	PWM_FCR	只写	—
0x68	故障保护值寄存器 1	PWM_FPV1	读/写	0x0
0x6C	故障保护可用寄存器	PWM_FPE	读/写	0x0
0x7C	事件线 0 模式寄存器	PWM_ELMR0	读/写	0x0
0x80	事件线 1 模式寄存器	PWM_ELMR1	读/写	0x0
0xA0	扩频寄存器	PWM_SSPR	读/写	0x0

偏移量	名　称	寄存器	权　限	复位值
0xA4	扩频更新寄存器	PWM_SSPUP	只写	—
0xB0	步进电机模式寄存器	PWM_SMMR	读/写	0x0
0xC0	故障保护值 2 寄存器	PWM_FPV2	读/写	0x0
0xE4	写保护控制寄存器	PWM_WPCR	只写	—
0xE8	写保护状态寄存器	PWM_WPSR	只读	0x0
0x100 — 0x128	保留为 PDC 寄存器	—	—	—
0x12C	保留			—
0x130	比较器 0 值寄存器	PWM_CMPV0	读/写	0x0
0x134	比较器 0 值更新寄存器	PWM_CMPVUPD0	只写	—
0x138	比较器 0 模式寄存器	PWM_CMPM0	读/写	0x0
0x13C	比较器 0 模式更新寄存器	PWM_CMPMUPD0	只写	—
0x140	比较器 1 值寄存器	PWM_CMPV1	读/写	0x0
0x144	比较器 1 值更新寄存器	PWM_CMPVUPD1	只写	—
0x148	比较器 1 模式寄存器	PWM_CMPM1	读/写	0x0
0x14C	比较器 1 模式更新寄存器	PWM_CMPMUPD1	只写	—
0x150	比较器 2 值寄存器	PWM_CMPV2	读/写	0x0
0x154	比较器 2 值更新寄存器	PWM_CMPVUPD2	只写	—
0x158	比较器 2 模式寄存器	PWM_CMPM2	读/写	0x0
0x15C	比较器 2 模式更新寄存器	PWM_CMPMUPD2	只写	—
0x160	比较器 3 值寄存器	PWM_CMPV3	读/写	0x0
0x164	比较器 3 值更新寄存器	PWM_CMPVUPD3	只写	—
0x168	比较器 3 模式寄存器	PWM_CMPM3	读/写	0x0
0x16C	比较器 3 模式更新寄存器	PWM_CMPMUPD3	只写	—
0x170	比较器 4 值寄存器	PWM_CMPV4	读/写	0x0
0x174	比较器 4 值更新寄存器	PWM_CMPVUPD4	只写	—
0x178	比较器 4 模式寄存器	PWM_CMPM4	读/写	0x0
0x17C	比较器 4 模式更新寄存器	PWM_CMPMUPD4	只写	—
0x180	比较器 5 值寄存器	PWM_CMPV5	读/写	0x0
0x184	比较器 5 值更新寄存器	PWM_CMPVUPD5	只写	—
0x188	比较器 5 模式寄存器	PWM_CMPM5	读/写	0x0
0x18C	比较器 5 模式更新寄存器	PWM_CMPMUPD5	只写	—
0x190	比较器 6 值寄存器	PWM_CMPV6	读/写	0x0
0x194	比较器 6 值更新寄存器	PWM_CMPVUPD6	只写	—

续表 8-9

偏移量	名　　称	寄存器	权　限	复位值
0x198	比较器 6 模式寄存器	PWM_CMPM6	读/写	0x0
0x19C	比较器 6 模式更新寄存器	PWM_CMPMUPD6	只写	—
0x1A0	比较器 7 值寄存器	PWM_CMPV7	读/写	0x0
0x1A4	比较器 7 值更新寄存器	PWM_CMPVUPD7	只写	—
0x1A8	比较器 7 模式寄存器	PWM_CMPM7	读/写	0x0
0x1AC	比较器 7 模式更新寄存器	PWM_CMPMUPD7	只写	—
0x200+ ch_num ×0x20 + 0x00	通道模式寄存器	PWM_CMR	读/写	0x0
0x200+ ch_num ×0x20 + 0x04	通道占空比寄存器	PWM_CDTY	读/写	0x0
0x200+ ch_num ×0x20 + 0x08	通道占空比更新寄存器	PWM_CDTYUPD	只写	—
0x200+ ch_num ×0x20 + 0x0C	通道周期寄存器	PWM_CPRD	读/写	0x0
0x200+ ch_num ×0x20 + 0x10	通道周期更新寄存器	PWM_CPRDUPD	只写	—
0x200+ ch_num ×0x20 + 0x14	通道计数器寄存器	PWM_CCNT	只读	0x0
0x200+ ch_num ×0x20 + 0x18	通道死区寄存器	PWM_DT	读/写	0x0
0x200+ ch_num ×0x20 + 0x1C	通道死区更新寄存器	PWM_DTUPD	只写	—
0x400+ ch_num ×0x20 + 0x00	通道模式更新寄存器	PWM_CMUPD	只写	—
0x400+ ch_num ×0x20 + 0x04	通道附加边沿寄存器	PWM_CAE	读/写	0x0
0x400+ ch_num ×0x20 + 0x08	通道附加边沿更新寄存器	PWM_CAEUPD	只写	—

注意：①一些寄存器带有索引 ch_num，索引范围为 0～3，因为 SAM4E 有 4 个 PWM，ch_num 0、1、2、3 分别是给这 4 个 PWM 的。

2. PWM 时钟发生器

时钟产生器模块对 PWM 主控时钟（MCK）进行分频，为所有的通道提供各种不同的时钟。每个通道都可以独立地从这些分频后的时钟中选择一个。时钟发生器框图的功能视图如图 8 - 14 所示。

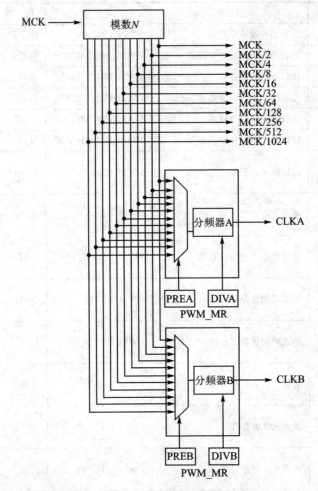

图 8 - 14　时钟发生器框图的功能图

时钟发生器分为 3 个部分：

① 一个模为 N 的计数器，提供了 11 种时钟：F_MCK、F_MCK/2、F_MCK/4、F_MCK/8、F_MCK/16、F_MCK/32、F_MCK/64、F_MCK/128、F_MCK/256、F_MCK/512 和 F_MCK/1024。

② 两个线性分频器 A 和 B(1,1/2,1/3,1/255)，提供两个独立的时钟 CLKA 和 CLKB。

每个线性分频器可独立地对一个模为 N 的计数器时钟分频。分频时钟的选择由 PWM 时钟寄存器(PWM_CLK)中的 PREA(PREB)字段决定。产生的时钟 CLKA(CLKB)频率为所选择的时钟频率除以 DIVA(DIVB)字段的值。

在复位 PWM 控制器后，DIVA(DIVB)和 PREA(PREB)被设置为 0。这意味

着，CLKA(CLKB)将在复位后关闭。

复位时，除了时钟"MCK"，所有提供的模 N 计数器的时钟被关闭。当通过功耗管理控制器关闭 PWM 主时钟时，情况亦相同。

注意：使用 PWM 宏单元之前，必须先在功耗管理控制器(PMC)中使能 PWM 时钟。

3. PWM 通道

(1) PWM 通道框图

PWM 通道框图如图 8 - 15 所示，在 4 个通道中，每一个通道都由 6 部分组成：

① 一个时钟选择器，选择一个由时钟发生器提供的时钟。

② 一个 16 位计数器，计数时钟选择器的输出。这个计数器根据通道配置和比较器的匹配递增或递减。

③ 一个比较器，根据计数器的值和配置，比较计算 OCx 输出波形。根据 PWM 同步通道模式寄存器(PWM_SCM)的 SYNCx 位，决定计数器的值是所选通道通道计数器还是通道 0 计数器的值。

④ 一个可配置的 2 位格雷计数器，驱动步进电机的驱动器，一个格雷计数器可驱动 2 个通道。

⑤ 一个死区生成器，提供两个互补的输出(DTOHx/DTOLx)，可以安全地驱动外部电源控制开关。

⑥ 一个输出覆盖模块，能够强制将两个互补的输出改变为编程设置的值(OOOHx/OOOLx)。

⑦ 一个异步的故障保护机制，有最高的优先级，当检测到故障时，能覆盖两个互补的输出(PWMHx/PWMLx)。

285

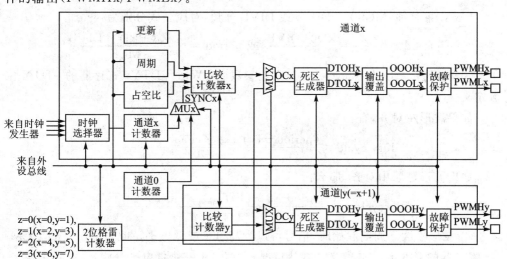

图 8 - 15　通道框图的功能视图

(2) 比较器

比较器不断地将计数器值与两个数值比较,用来产生一个输出信号OCx。其中一个数值为PWM通道周期寄存器(PWM_CPRDx)中CPRD位域定义的通道周期值,另一个为PWM通道占空比寄存器(PWM_CDTYx)中CDTY位域定义的占空比。

输出OCx的波形的不同特点有:

① 时钟选择,用于计数由时钟产生器所提供的时钟信号。通道参数由PWM通道模式寄存器(PWM_CMRx)的CPRE位域定义,复位后该域为0。

② 波形的周期,在PWM_CPRDx寄存器的CPRD域定义。

如果波形是左对齐,输出波形周期period取决于计数器源时钟,且可以由以下方法计算:

将PWM主控时钟(MCK)频率用一个预定标值X分频(X是1、2、4、8、16、32、64、128、256、512或1 024),计算周期公式为:

$$period = \frac{(X \times CPRD)}{MCK}$$

将PWM主控时钟(MCK)用DIVA或DIVB分频,对应周期公式分别为:

$$period = \frac{CPRD \times DIVA}{MCK} \quad 或 \quad period = \frac{CPRD \times DIVB}{MCK}$$

如果波形居中对齐,输出波形周期取决于计数器源时钟,且可如下计算:

将PWM主控时钟(MCK)用一个预定标值X分频(X是1、2、4、8、16、32、64、128、256、512或1024)。计算周期公式为:

$$period = \frac{2 \times X \times CPRD}{MCK}$$

PWM主时钟(MCK)被DIVA或DIVB分频,对应公式分别为:

$$period = \frac{2 \times CPRD \times DIVB}{MCK} \quad 或 \quad period = \frac{2 \times CPRD \times DIVB}{MCK}$$

③ 波形占空比(duty cycle)。占空比参数由PWM_CDTYx寄存器的CDTY位域定义。

如果波形左对齐,有:

$$duty\ cycle = \frac{(period - 1/f_{channel} \times clock \times CDTY)}{period}$$

如果波形是居中对齐,那么:

$$duty\ cycle = \frac{((period - 2) - 1/f_{channel} \times clock \times CDTY)}{period/2}$$

④ 波形极性。周期起始时,信号可以为高电平或低电平。此属性在PWM_CMRx寄存器的CPOL位域定义。默认情况下,信号由一个低电平开始。

⑤ 波形对齐。输出的波形可以左对齐或居中对齐。中心对齐波形可产生非重

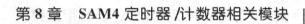

叠的波形，如图 8-16 所示。此属性在 PWM_CMRx 寄存器中 CALG 位域定义。默认模式为左对齐。

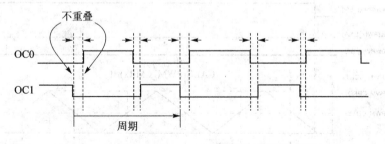

图 8-16 非重叠的中心对齐波形

中心对齐时，通道计数器递增直到 CPRD 值，再递减至 0，此时周期结束。

当左对齐时，通道计数器递增至 CPRD 值，并复位，周期结束。因此，对于相同的 CPRD 值，中心对齐的通道周期是左对齐的通道周期的两倍。

当设置为如下时，波形固定为 0：

CDTY=CPRD，同时 CPOL=0；

CDTY=0，同时 CPOL=1。

当设置为如下时，波形固定为 1（当通道被使能时）：

CDTY=0，同时 CPOL=0；

CDTY=CPRD，同时 CPOL=1。

在使用通道之前，必须设置波形极性，波形极性的设置将立即影响通道的输出电平。

通道已经启用时，修改 PWM_CMRx 寄存器中的 CPOL 位，会导致 PWM 驱动的设备出现异常。当一个通道启用前，重新设置 CPOL 位随时修改波形的极性，波形的极性将立即更新。只在下一个 PWM 周期（不是立即）修改波形极性，用户必须使用 PWM 比较器 x 模式更新寄存器（PWM_CMPMUPDx）中的 CPOLUP 位或 CPOLINVUP 位，而非 PWM_CMRx 寄存器中的 CPOL 位。

除产生输出信号 OCx 外，比较器也可以使用计数器的值产生中断。输出波形为左对齐，中断在计数器周期结束时发生。输出波形为中心对齐，PWM_CMRx 寄存器中的 CES 位定义了通道计数器中断发生的时间。如果 CES 被设置为 0，中断在计数器周期结束时发生；如果 CES 被设置为 1，中断在计数器周期结束时和计数器半个周期结束时发生。

图 8-17"波形属性"所示为不同配置下计数器的中断。

(3) 针对步进电机的 2 位格雷向上/向下计数器

可以配置一对通道，让设备在 2 路输出上提供一个 2 位的格雷码波形。这 2 个通道上的死区发生器和其他下游逻辑是可设置的。向上或向下计数模式可通过 PWM 步进电机模式寄存器（PWM_SMMR）在线配置。如图 8-18 所示。

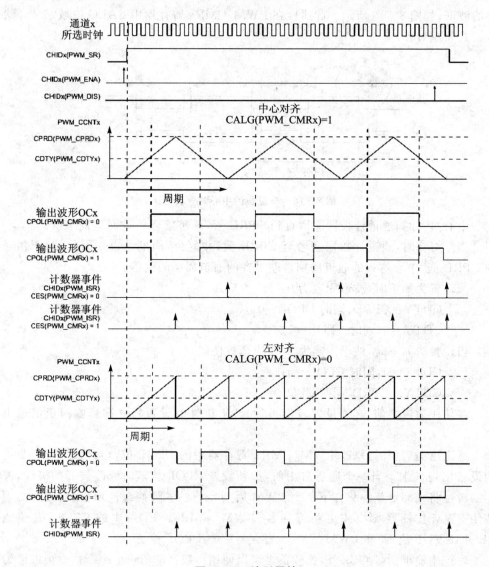

图 8 - 17　波形属性

当 PWM_SMMR 寄存器 GCEN0 位被设置为 1,通道 0 和通道 1 的输出由格雷计数器驱动。

(4) 死区时间发生器

死区时间生成器使用比较器的输出 OCx 提供两个互补输出 DTOHx 和 DTOLx,允许 PWM 宏单元安全地驱动外部电源控制开关。

通过设置 PWM_CMRx 寄存器中的 DTE 位为 1 或 0 使能死区时间发生器时,死区时间(也称为死带或不重叠的时间)被插入到两个互补的输出 DTOHx 和 DTOLx 的边缘之间。

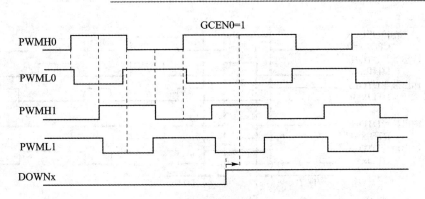

图 8 - 18　2 位格雷向上/向下计数器

注意：只有当通道被禁用时，才允许设置死区时间发生器的启用和禁用。

死区时间可以通过 PWM 通道死区时间注册寄存器（PWM_DTx）进行调节。两路死区时间发生器的输出可分别通过 DTH 和 DTL 进行调节。死区时间值可以通过 PWM 通道死区时间更新寄存器（PWM_DTUPDx）同步更新到 PWM 周期。

死区时间基于一个特定的计数器，使用相同的选定时钟为比较器的通道计数器提供计数信号。根据边沿和死区时间，DTOHx 和 DTOLx 被延迟，直到计数器达到 DTH 或 DTL 定义的值。每个输出都提供了一个反转配置位（寄存器 PWM_CMRx 中的 DTHI 和 DTLI 位）来反转死区时间输出。图 8 - 19 所示为死区时间发生器的波形。

（5）输出覆盖

两个互补的死区时间发生器的输出 DTOHx 和 DTOLx 可由软件强制改写为定义的值。

通过设置 PWM 输出选择寄存器（PWM_OS）中 OSHx 域和 OSLx 域，可以把死区时间发生器输出 DTOHx 和 DTOLx 覆盖为在 PWM 输出覆盖值寄存器（PWM_OOV）中 OOVHx 和 OOVLx 域中定义的值，如图 8 - 20 所示。

设置 PWM 输出选择置位寄存器（PWM_OSS）和 PWM 输出选择置位更新寄存器（PWM_OSSUPD）可启用覆盖某一通道的输出，而不影响其他通道。以同样的方式，清除 PWM 输出选择清零寄存器（PWM_OSC）和 PWM 输出选择清除更新寄存器（PWM_OSCUPD）禁用的某一输出通道的覆盖改写，而不影响其他通道。

当使用 PWM_OSSUPD 和 PWM_OSCUPD 寄存器，PWM 输出的选择将在下一个 PWM 周期开始时与通道计数器同步完成。

当写 PWM_OSS 和 PWM_OSC 寄存器时，PWM 输出的输出选择将与通道计数器是异步的。

PWM 输出选择将在寄存器被写入时立刻完成，并与通道计数器异步。读取 PWM_OS 寄存器可获取当前的输出选择值。

当 PWM 输出被覆盖改写时，通道计数器仍继续运行，PWM 输出被强制为用户

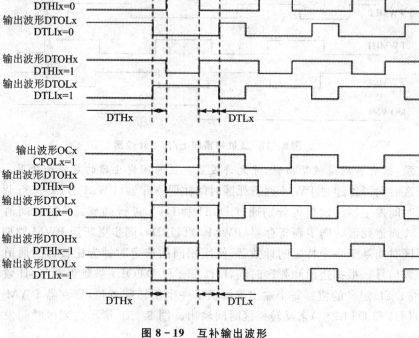

图 8-19　互补输出波形

定义的值。

(6) 故障保护

8 个输入都提供了故障保护功能,可将 PWM 输出强制为一个编程设定的值,其优先级高于输出覆盖。

输入故障的电平极性可通过 PWM 故障模式寄存器(PWM_FMR)的 FPOL 域进行设置。若故障输入来自内部外设,如 ADC、定时器计数器等,极性必须设置为 FPOL = 1。若故障输入来自外部 GPIO 引脚的电平极性则需根据用户的具体实现设定。

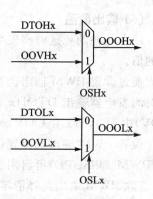

图 8-20　选择输出覆盖

故障激活模式 PWMC_FMR 的 FMOD 位的配置取决于外设产生的故障。如果相应的外设没有"故障清除"管理,则 FMOD 配置必须置 1,以避免虚假故障检测。

配置 PWM_FMR 寄存器中的 FFIL 位域,可选择是否过滤故障输入的毛刺信号。当过滤器被激活时,故障输入上宽度小于 PWM 主控时钟(MCK)周期的毛刺信号将被过滤掉。

一旦故障输入极性符合编程的设定值,相应的故障被激活。如果将 PWM_FMR

寄存器相应的 FMOD 位设置为 0,只要故障输入处于这个电平极性,该故障就一直保持激活。如果相应的 FMOD 位设置为 1,该故障保持激活直到故障输入不再处于这个电平极性,同时通过写 PWM 故障清除寄存器(PWM_FSCR)中的 FCLR 位清除故障。可以通过 FIV 位域读取当前故障输入的位状态,并可通过 FS 位域获知哪些故障在当前状态下是活跃的。

通过每个通道中的故障保护机制,可以选择处理或不处理某一故障。在处理通道 x 上的故障 y 时,须通过 PWM 故障保护允许寄存器(PWM_FPE1)中的 FPEx [y] 位使能。同步通道不使用自己的故障使能位,而是使用通道 0 上的位 FPE0 [y]。

当某一通道被允许,而且该通道上的任一故障被激活时,都会触发该通道的故障保护。即使 PWM 主控时钟没有运行,也可以触发故障保护,前提是故障输入没有被过滤掉。

当通道上的故障保护被触发时,故障保护机制复位通道上的计数器,并根据表 8-10 所列将通道输出强制为 PWM 故障保护值寄存器 1(PWM_FPV1)中 FPVHx/FPVLx 位域定义的值和 PWM 故障保护值寄存器 2(PWM_FPV2)中 FPZHx/FPZLx 位域的值。输出的强制转换是与通道计数器异步的。

表 8-10　PWM 输出故障保护的强制赋值

FPZH/Lx	FPVH/Lx	PWMH/Lx 的强制值
0	0	0
0	1	1
1	—	高阻抗状态(HI-Z)

注意: ①防止 PWM_FSR 寄存器的状态标志 FSy 被意外激活,只有在 FPOLy 位已被置为其最终值后,MODy 位才可以置为"1"。②防止通道 x 上的故障保护被意外激活,只有在 FPOLy 位已被置为其最终值后,FPEx [y] 位才可以设置为"1"。

当一个比较单元被启用,同时通道 0 上触发了故障时,比较操作将不被匹配。一旦一个通道上的故障保护被触发,中断(不同于在 PWM 周期结束时产生的中断)可以产生,但仅在其被启用的时候。读取中断状态寄存器可复位中断,即使故障保护被触发,中断状态依然保持活跃。

(7) 扩频计数器

PWM 宏包含了扩频计数器,允许生成一个不断变化占空比的 PWM 输出波形(仅为通道 0),可有效减少电磁干扰和降低 PWM 驱动电机噪声。

在一定范围内改变定义在 PWM 扩频寄存器(PWM_SSPR)中的 SPRD 位域中的有效周期可实现该功能。输出波形的有效周期是扩频计数器的值加上 PWM 通道周期寄存器(PWM_CPR0)中定义的波形周期 CPRD。

有效周期变化范围为 CPRD-SPRD~CPRD+SPRD,可产生一个周期不断变化的 PWM 输出波形。占空比为设定值,不变,所以周期发生变化。

扩频计数器的值有两种改变方式,这取决于对 PWM 扩频寄存器(PWM_SSPR)的 SPRDM 位的设置。

如果 SPRDM＝0 时,选择三角模式:当通道 0 使能时或重置后,扩频计数器开始计数。计数器从－SPRD 开始,在每个通道计数器周期向上计数。到达 SPRD 后,再从－SPRD 重新开始计数。

如果 SPRDM＝1 时,选择随机模式:在每个通道计数器周期中,一个新的随机值会被分配给扩频计数器,此随机值在－SPRD 到＋SPRD 之间均匀分布。

(8) 额外边沿

PWM 宏单元能够通过反转波形极性 CPOL,产生通道输出波形的额外边沿。

如下为几个用以反转极性的互补方式:

① 在任何时间反转极性:当为 PWM_CMRx 寄存器中的 CPOL 位写一个新值,输出波形的极性立即改变。

② 在下一个 PWM 周期边界反转极性:写 PWM 通道模式更新寄存器(PWM_CMUPD)中的 CPOLUP 位域,将与 PWM 周期同步更新极性。如果无论当前电流极性如何都反转极性,则在相同的寄存器的 CPOLINVUP 位写 1,在这种情况下,将极性反转与 PWM 周期同步,同时 CPOLUP 位不起作用。

③ 在 PWM 周期中的一个精确时刻反转极性:写 PWM 通道附加边沿寄存器(PWM_CAE)中的 ADEDGV 和 ADEDGM 位域。一旦通道计数器到达定义的 ADEDGV值,输出波形的极性立即反转。当通道用于现场 ADEDGM 中心对齐(CALG＝1,PWM 通道模式寄存器),ADEDGM＝0 时,额外的边沿在通道计数器递增时产生;当ADEDGM＝1 时,额外边沿在通道计数器递减时产生;当 ADEDGM＝2 时,额外边缘无论计数器是否递增都产生。

④ 在下一个 PWM 周期的一个精确时刻反转极性:写 PWM_CAE 寄存器中的ADEDGVUP 位域和 ADEDGMUP 位域。一旦通道计数器在下一个 PWM 周期达到由 ADEDGVUP 定义的值,输出波形的极性发生反转。当通道为中心对齐时(PWM 通道模式寄存器,CALG＝1),需要使用到 ADEDGMUP 位域。

当 ADEDGMUP＝0,额外的边沿在通道计数器递增时产生;当 ADEDGMUP＝1,额外边沿在通道计数器递减时产生;当 ADEDGMUP＝2,额外边沿在无论计数器是否递增都产生。

图 8－21 所示为各种通过反转波形极性在通道波形中插入额外边沿的方法。

(9) 同步通道

某些通道可以作为同步通道连接到一起,使用相同的时钟源,具有相同的周期和相同的对齐方式,并同时启动。同时,其计数器也是同步的。

同步通道使用 PWM 同步通道模式寄存器(PWM_SCM)中的 SYNCx 位定义,同时只能允许有一组的同步通道。

当一个通道被定义为同步通道,通道 0 自动被定义为一个同步通道,因为所有同

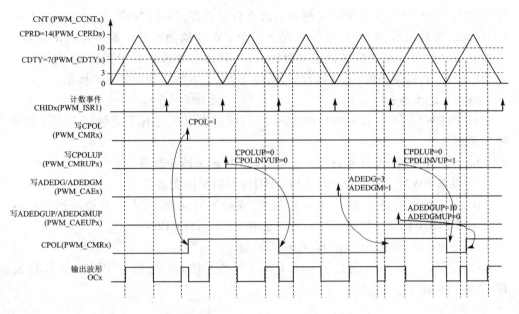

图 8 - 21　输出波形上插入额外边沿

步通道将使用通道 0 计数器的配置。

　　如果通道 x 被定义为同步通道,会使用通道 0 的配置位域,而不是自己的:PWM_CMR0 寄存器中 CPRE0 位域,而不使用 PWM_CMRx 寄存器中的 CPREx 位域(相同时钟源);PWM_CMR0 寄存器中 CPRD0 位域,而不使用 PWM_CMRx 寄存器中的 CPRDx 位域(相同周期);PWM_CMR0 寄存器中 CALG0 位域,而不使用 PWM_CMRx 寄存器中的 CALG x 位域(相同对齐方式)。因此,一个同步通道的这些位域中写入值对输出波形是无影响的(除了通道 0)。

　　因为同步通道的计数器必须在同一时间开始,所以在使能通道 0 时(使用 PWM_ENA 寄存器的 CHID0 位),所有同步计数器都被启用,当禁用通道 0 时(使用 PWM_DIS 寄存器的 CHID0 位),同步计数器都一起被禁用。然而,除通道 0 以外的同步通道 x 可以独立地被启用或禁用(使用 PWM_ENA 和 PWM_DIS 寄存器中的 CHIDx 位)。

　　只有通道处于被禁用的状态下(PWM_SR 寄存器 CHIDx = 0),才允许将其从一个异步通道定义为同步通道(通过将 PWM_SCM 寄存器的 SYNCx 位由 0 设为 1)。同样的,只有当通道被禁用时,才允许将其从一个同步通道更变为一个异步通道(通过将 SYNCx 位由 1 设为 0)。

　　PWM_SCM 寄存器中 UPDM 位域(更新模式)允许在下列 3 种方法中选择一个更新同步通道寄存器方法:

　　① 方法 1(UPDM= 0):周期值、占空比值和死区时间值必须由 CPU 写入到各自的更新寄存器中(分别为 PWM_CPRDUPDx、PWM_CDTYUPDx 和 PWM_

DTUPDx 寄存器)。一旦 PWM 同步通道更新控制寄存器(PWM_SCUC)中的 UP-DULOCK 位被设置为 1 时,更新将在下一个 PWM 周期触发。如果 UPDULOCK 位没有被设置为 1,更新将被锁定不能执行。UPDULOCK 位被置为 1 后,直到更新发生前,将一直保持该值,更新执行后,值将变为 0。方法 1 如图 8 - 22 所示。

方法 1 的步骤:

a) 将 PWM_SCM 寄存器中的 UPDM 位域设置为 0,选择手动填写占空比值和手动更新。

b) 设置 PWM_SCM 寄存器中的 SYNCx 位定义同步通道。

c) 设置 PWM_ENA 寄存器中的 CHID0 位启用同步通道。

d) 若需更新周期值和/或占空比值和/或死区时间值,写入需要更新的寄存器(PWM_CPRDUPDx、PWM_CDTYUPDx 和 PWM_DTUPDx)。

e) 将 PWM_SCUC 中的 UPDULOCK 置 1。

f) 寄存器更新将发生在下一个 PWM 周期开始时。此时,UPDULOCK 位复位,并转到步骤 d)。

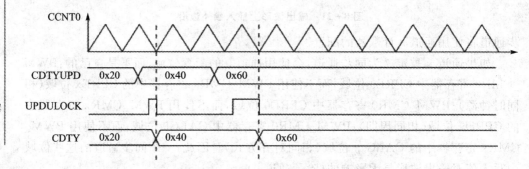

图 8 - 22   方法 1(UPDM= 0)

② 方法 2(UPDM= 1):手动写入占空比值和自动触发更新。周期值、占空比值、死区时间值和更新周期值必须由 CPU 写入到各自的更新寄存器(分别为 PWM_CPRDUPDx、PWM_CDTYUPDx、PWM_DTUPDx 和 PWM_SCUPUPD)。一旦 PWM 同步通道更新控制寄存器(PWM_SCUC)中的 UPDULOCK 位被设置为 1 时,周期值和死区时间值的更新将在下一个 PWM 周期被触发,占空比值和更新周期值将在一个更新周期后自动更新,该更新周期由 PWM 同步通道更新周期寄存器(PWM_SCUP)中的 UPR 域定义。

方法 2 步骤:

a) 设置 PWM_SCM 寄存器中的 UPDM 位域为 1,选择手动写占空比值和自动更新。

b) 设置 PWM_SCM 寄存器中的 SYNCx 位定义同步通道。

c) 设置 PWM_SCUP 寄存器中的 UPR 位域定义更新周期。

ARM Cortex-M4 微控制器原理与应用——基于 Atmel SAM4 系列

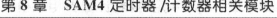

d) 设置 PWM_ENA 寄存器中的 CHID0 位启用同步通道。

e) 若必须更新周期值和/或死区时间值,则写需要更新的寄存器(PWM_CPR-DUPDx 和 PWM_DTUPDx),否则转到步骤 h)。

f) 将 PWM_SCUC 中的 UPDULOCK 置 1。

g) 这些寄存器的更新将发生在下一个 PWM 周期开始时。此时,UPDULOCK 将复位,并转到步骤 e)获取新的死区时间。

h) 若需要更新占空比值和/或更新周期,可以先查询 PWM 中断状态寄存器 2 (PWM_ISR2)中的 WRDY 标志(或通过相应的中断等待),检查是否可写入新的更新值。

i) 写需要被更新的寄存器(PWM_CDTYUPDx 和 PWM_SCUPUPD)。

j) 更新周期已过,寄存器的更新将发生在下一个 PWM 同步通道周期。转到步骤 h)获取新的占空比。

方法 2 运行时序图如图 8-23 所示。

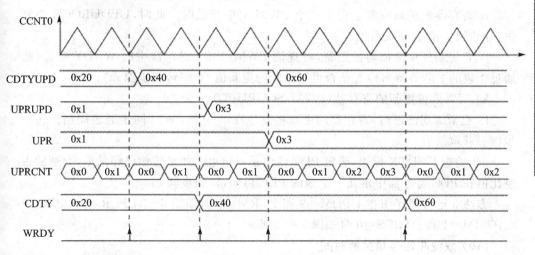

图 8-23　方法 2(UPDM = 1)

③ 方法 3(UPDM=2):自动写入占空比值和自动触发更新。除了所有同步通道占空比值由外设 DMA 控制器(PDC)写入外,其他同方法 2。用户可以设定 PWM_SCM 寄存器中的 PTRM 和 PTRCS 位域,选择将 PDC 传输请求与一个比较匹配同步。

使用 PDC 可去掉处理器在传输过程中的干预,以减少处理器开销。可显著减少一次数据传输所需的时钟周期数,提高微控制器的性能。

PDC 必须按同步通道的索引顺序写占空比值。例如,如果通道 0、1 和 3 是同步通道,则 PDC 必须先写通道 0 的占空比,再写通道 1 的占空比,并且最后写通道 3 的占空比。

方法 3 步骤：

a) 设置 PWM_SCM 寄存器中的 UPDM2 位域选择自动写占空比值和自动更新。

b) 设置 PWM_SCM 寄存器中的 SYNCx 位定义同步通道。

c) 设置 PWM_SCUP 寄存器中的 UPR 位域定义更新周期。

d) 设置 PWM_SCM 寄存器中 PTRM 位和 PTRCS 位域,定义在更新周期中,何时 WRDY 标志和相应的 PDC 传输请求必须被设置(更新周期结束或一个比较操作匹配时)PTRM 的位和 PTRCS 位域。

e) 在 PDC 传输设置中定义占空比值,并在 PDC 寄存器中启用。

f) 写在 PWM_ENA 寄存器中的 CHID0 位启用同步通道。

g) 若必须更新周期值和/或死区时间值,则写需要更新的寄存器(PWM_CPR-DUPDx 和 PWM_DTUPDx),否则转到步骤 j)。

h) 将 PWM_SCUC 中的 UPDULOCK 位置为 1。

i) 寄存器的更新将发生在下一个 PWM 周期开始时。此时,UPDULOCK 将复位,并转到步骤 g)获取新值。

j) 若更新周期值需要被更新,可查询 PWM_ISR2 寄存器中的 WRDY 标志(或通过相应的中断等待),检查是否可写入新的更新值,否则转到步骤 m)。

k) 写需要被更新的寄存器(PWM_SCUPUPD)。

l) 更新周期已过时,寄存器的更新将发生在下一个 PWM 同步通道周期。转到步骤 j)获取新值。

m) 检查 ENDTX 标识,确定 PDC 传输是否结束。如果传输已经结束,为新的占空比值在 PDC 寄存器中定义一个新的 PDC 传输,转到步骤 e)。

方法 3 运行时序图在 UPDM＝2 和 PTRM＝0 时如图 8-24 所示,在 UPDM＝2,PTRM＝1 和 PTRCS＝0 时如图 8-25 所示。

(10) 双缓冲寄存器更新时间

为了防止在修改周期、扩频值、极性、占空比、附加边缘值、死区时间、输出覆盖和同步通道更新周期等参数的过程中出现意外的输出波形,所有通道都集成了双缓冲系统。

更新寄存器为:PWM 同步通道更新周期更新寄存器、PWM 输出选择置位更新寄存器、PWM 输出选择清除更新寄存器、PWM 扩频更新寄存器、PWM 通道占空比更新寄存器、PWM 通道周期更新寄存器、PWM 通道死区时间更新寄存器、PWM 通道模式更新寄存器和 PWM 通道附加边沿更新寄存器。

当更新寄存器中的某一个被写入后,写入值被保存,但该值只在一个 PWM 周期边沿被更新。在左对齐模式(CALG ＝ 0)中,更新发生在通道计数器达到周期值 CPRD 时。在中心对齐模式中,更新发生在通道计数器的值递减至 0 时。

在中心对齐模式下,有可能在下半期边界触发极性、占空比、附加边沿值等的更

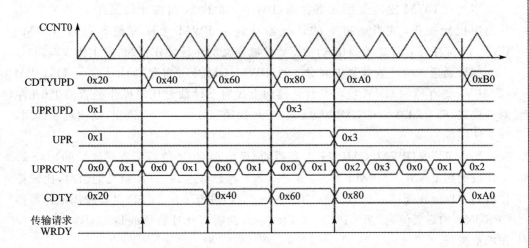

图 8 - 24　方法 3(UPDM=2 和 PTRM = 0)

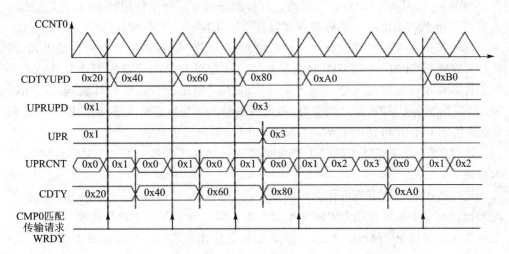

图 8 - 25　方法 3(UPDM=2,PTRM=1 和 PTRCS= 0)

新。涉及的更新寄存器为:PWM 通道占空比更新寄存器、PWM 通道模式更新寄存器和 PWM 通道附加边沿更新寄存器。

　　更新发生在更新寄存器写入后的一个半周期,(无论是当通道计数器值递增到 CPRD 周期值,或当通道计数器值递减到 0 值),要激活更新模式,用户必须将 PWM 通道模式寄存器中的 UPDS 位写 1。

4. PWM 比较单元

　　PWM 提供了 8 个独立的比较单元(这是所有的同步通道的计数器,见"同步通道")的通道 0 计数器的当前值与设定值比较。这些比较会产生脉冲事件,触发软件中断,并触发 PDC 传输请求同步通道的传输。

当通过 PWM 比较 x 模式寄存器(PWM_CMPMx 对应比较操作 x)中的 CEN 位启用比较操作,且当通道 0 的计数器达到由 PWM 比较 x 值寄存器(PWM_CMPMx 寄存器对应比较操作 x)中 CV 位域定义的比较操作值时,发生比较匹配。

如果通道 0 的计数器是中间对齐的(PWM_CMPMx 寄存器 CALG = 1),PWM_CMPVx 寄存器的 CVM 位定义计数器向上或向下计数时比较操作是否发生(在左对齐模式,即 CALG = 0,CVM 位无效)。如果通道 0 上有一个错误,则比较被禁用,并无法匹配。

用户可定义 PWM_CMPVx 寄存器的 CTR 和 CPR 位域实现周期性的比较 x,当比较周期 PWM_CMPMx 寄存器 CPRCNT 计数器达到 CTR 定义的值时,比较操作将周期性地在通道 0 计数器每 CPR+1 个周期进行 1 次。CPR 是比较周期计数器 CPRCNT 的最大值,如果 CPR = CTR = 0,在通道 0 计数器的每个周期内比较操作都被执行。

通道 0 正处于使用状态时,比较操作 x 的配置可使用 PWM 比较 x 模式更新寄存器(PWM_CMPMUPDx)进行修改。同样当通道 0 正处于使用状态时,比较操作 x 的值可以由 PWM 比较 x 值更新寄存器(PWM_CMPVUPDx)进行修改。

比较操作 x 配置和比较操作 x 值的更新在比较 x 更新周期后周期性地触发,可使用 PWM_CMPMx 中的 CUPR 位域定义。比较单元中的更新周期计数器独立于周期计数器用以触发此更新。当 PWM_CMPMx 中比较更新周期计数器 CUPRCNT 的值达到由 CUPR 定义的值时,则更新被触发。当通道 0 处于使用状态时,比较 x 更新周期 CUPR 可使用 PWM_CMPMUPDx 寄存器更新。

注意:寄存器 PWM_CMPVUPDx 的写入必须在寄存器 PWM_CMPMUPDx 写入后进行。

比较匹配和比较更新可作为中断源,当其被启用且未被屏蔽时可使用。比较匹配和比较更新中断可使用 PWM 中断允许寄存器 2 和 PWM 中断禁止寄存器 2 来启用和禁止。读取 PWM 中断状态寄存器 2,可复位比较匹配中断和比较更新中断。

5. PWM 事件

PWM 提供 2 个独立的事件线用以触发其他外围设备(特别是 ADC(模拟数字转换器))的操作。

当至少一个所选择的比较发生匹配时,一个脉冲(一个主控时钟(MCK)周期)在一个事件上产生。可通过 PWM 事件线 x 寄存器(PWM_ELMRx 针对事件线 x)的 CSEL 位独立地选择或取消选择比较。

事件线路框图如图 8-26 所示。

6. PWM 控制器操作

(1) 初始化

使能通道之前,应用程序必须对通道进行配置:

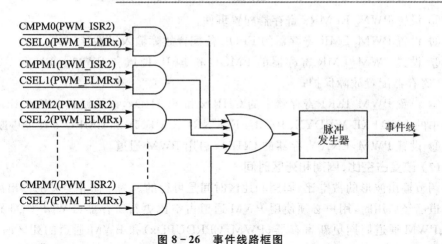

图 8 - 26　事件线路框图

① 写 PWM 写保护控制寄存器(PWM_WPCR)的 WPCMD 位域解锁用户接口;

② 需要时,配置时钟发生器 PWM_CLK 寄存器中 DIVA、PREA、DIVB 和 PREB;

③ 设置 PWM_CMRx 寄存器的 CPRE 位域选择每个通道的时钟;

④ 设置 PWM_CMRx 寄存器的 CALG 位域为每个通道配置对应的波形;

⑤ 如果 CALG = 1,PWM_CMRx 寄存器的 CES 位域对每个通道选择计数器事件选择;

⑥ 设置 PWM_CMRx 寄存器中的 CPOL 位为每个通道配置输出波形的极性;

⑦ 设置 PWM_CPRDx 寄存器中的 CPRD 位域为每个通道配置周期。当通道禁用时,写入寄存器 PWM_CPRDx 仍是可行的。通道可用后,用户必须使用 PWM_CPRDUPDx 寄存器更新 PWM_CPRDx;

⑧ 设置 PWM_CDTYx 寄存器中的 CDTY 位域为每个通道配置占空比。当通道禁用时,写入寄存器 PWM_CDTYx 仍是可行的。通道可用后,用户必须使用 PWM_CDTYUPDx 寄存器更新 PWM_CDTYx;

⑨ 设置 PWM_CMRx 寄存器的 DTE 位启动死区时间产生器,并通过 PWM_DTx 中的 DTH 和 DTL 位为每个通道配置死区时间。当通道禁用时,写入 PWM_DTx 寄存器仍是可行的,通道可用后,用户必须使用 PWM_DTUPDx 寄存器更新 PWM_DTx;

⑩ 设置 PWM_SCM 寄存器中的 SY NCx 位选择同步通道;

⑪ 设置 PWM_SCM 寄存器中的 PTRM 和 PTRCS 位,选择何时设置 WRDY 标志和相应的 PDC 传输请求;

⑫ 设置 PWM_SCM 寄存器中 UPDM 位域配置更新模式;

⑬ 如有需要通过设置 PWM_SCUP 寄存器中 UPR 位域配置更新周期;

⑭ 设置 PWM_CMPVx 和 PWM_CMPMx 寄存器配置比较;

⑮ 设置 PWM_ELMRx 寄存器配置事件；

⑯ 设置 PWM_FMR 寄存器的 FPOL 位配置故障输入极性；

⑰ 设置 PWM_FMR 寄存器的 FMOD 和 FFIL 位域和 PWM_FPV 和 PWM_FPE1 寄存器配置故障保护；

⑱ 设置 PWM_IER1 寄存器中的 CHIDx 和 FCHIDx，以及设置 PWM_IER2 寄存器中的 ENDTXE WRDYE、TXBUFE、UNRE、CMPMx 和 CMPU x 使能中断；

⑲ 设置 PWM_ENA 寄存器的 CHIDx 启用 PWM 通道。

(2) 改变占空比、周期和死区时间

调节输出波形的占空比、周期和死区时间是可行的。为了防止意外的输出波形，当通道已经启用时，用户必须使用 PWM 通道占空比更新寄存器(PWM_CDTYUPDx)、PWM 通道周期更新寄存器(PWM_CPRDUPDx)和 PWM 通道的死区时间更新寄存器(PWM_DTUPDx)更改波形参数。

① 如果通道是异步通道(PWM 同步通道模式寄存器(PWM_SCM)中 SYNCx=0)，更新寄存器保存新的周期、占空比和死区时间值，直到当前 PWM 周期结束，在下一个周期更新这些值。

② 如果通道是同步通道且选择了更新方法 0(PWM_SCM 寄存器中，SYNCx=1 和 UPDM=0)，更新寄存器保存新周期、占空比和死区时间值，直到通道 PWM 同步更新控制寄存器(PWM_SCUC)中的 UPDULOCK 位被写为 1，且当前 PWM 周期结束，在下一个周期更新这些值。

③ 如果通道是同步通道且选择了更新方法 1 或 2(PWM_SCM 寄存器中，SYNCx=1 和 UPDM=1 或 2)：

- PWM_CPRDUPDx 和 PWM_DTUPDx 寄存器保存新周期和死区时间值，直到 PWM_SCUC 寄存器的 UPDULOCK 位被写为 1，且当前 PWM 周期结束，在下一个周期更新这些值。
- PWM_CDTYUPDx 寄存器保存新占空比值，直到同步通道更新周期结束(当 UPRCNT 等于 PWM 同步通道更新周期寄存器(PWM_SCUP)中的 UPR)且当前 PWM 周期结束，在下一个周期更新该值。

注意：如果更新 PWM_CDTYUPDx、PWM_CPR DUPDx 和 PWM_DTUPDx 寄存器在两次更新之间写入多次，只有最后写入的值有效。

(3) 更改同步通道更新周期

在通道处于已启用的状态下，修改同步通道的更新周期是可行的。(见"方法 2：手动写入占空比值和自动触发更新"和"方法 3：自动写入占空比值和自动触发更新"。)

为了防止意外地更新同步通道寄存器，当通道仍处于启用状态时，用户必须使用 PWM 同步通道更新周期更新寄存器(PWM_SCUPUPD)改变同步通道的更新周期。该寄存器将保存新的值直到同步通道的更新周期结束(当 UPRCNT 等于 PWM 同步通道周期寄存器(PWM_SCUP)中 UPR)，当前 PWM 周期结束时，在下一个周期

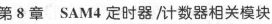

更新该值。

注意：①如果更新 PWM_SCUP UPD 在两次更新之间被写入多次，则只有最后写入的值有效。②只有存在一个或多个同步通道且选择了更新方法 1 或 2(PWM 同步通道模式寄存器中 UPDM = 1 或 2)，更新周期的改变才有效。

(4) 修改比较值和比较配置

当通道 0 处于启用状态时，改变比较值和比较配置是可行的。

为了防止意外的比较匹配，当通道 0 仍处于启用状态时，用户必须使用 PWM 比较 x 值更新寄存器(PWM_CMPVUPDx)和 PWM 比较 x 模式更新寄存器(PWM_CMPMUPDx)分别改变比较值和比较配置。这些寄存器保存新的值，直到比较更新周期结束(CUPRCNT 等于 PWM 比较 x 模式寄存器(PWM_CMPMx)中 CUPR)且当前 PWM 周期结束，并在下一个周期更新该值。

注意：PWM_CMPVUPDx 寄存器的写入必须在寄存器 PWM_CMPMUPDx 写入后进行。

如果 PWM_CMPVUPDx 和 PWM_CMPMUPDx 寄存器在两次更新之间写入多次，只有最后写入的值有效。

(5) 中　断

结合 PWM_IMR1 和 PWM_IMR2 寄存器的中断屏蔽位，中断可以在相应通道周期结束时(PWM_ISR1 寄存器中 CHIDx)、发生故障后(PWM_ISR1 寄存器中 FCHIDx)、比较匹配后(PWM_ISR2 寄存器中 CMPMx)、比较更新后(寄存器 PWM_ISR2 中 CMPUx)或根据同步通道传输模式(PWM_ISR2 寄存器中 ENDTX，WRDY，TXBUFE 和 UNRE)产生。

如果中断由 PWM_ISR1 寄存器中的标志 CHIDx 或 FCHIDx 所产生，中断将保持有效直到 PWM_ISR1 寄存器的读操作出现。如果中断由 PWM_ISR2 寄存器标志 WRDY 或 UNRE 或 CMPMx 或 CMPUx 产生，中断将保持有效直到 PWM_ISR2 寄存器的读操作出现。设置中断使能寄存器 PWM_IER1 和 PWM_IER2 相应的位启用通道中断，设置中断禁止寄存器 PWM_IDR1 和 PWM_IDR2 相应的位禁止通道中断。

8.3.3　PWM 应用实例

利用 PWM 实现"呼吸灯"效果，即渐灭渐亮效果。PWM 在高频情况下，一个很好的用处就是通过控制占空比来控制输出的功率，比如控制风扇转速、LED 灯的亮度等。此节实例利用 PWM 的中断功能，连续改变脉冲的占空比，实现"呼吸灯"的效果。

(1) 硬件电路

硬件电路：通过 PA0 接口控制 D0 LED 灯实现渐灭渐亮效果，如图 3-15 所示。其中 PA0 在配置为外设 A 功能时，作为 PWMH0。

(2) 实现思路

PWM 可选择让计数器在周期结束时产生中断(在周期中央对齐时,也可以选择在周期中央也产生中断),并且可在运行时动态地调整占空比、周期、极性等属性。可在中断处理函数中动态地改变占空比以改变 LED 灯的亮度。

在每个周期结束后,会产生一个中断。在中断处理函数中,改变占空比。需要注意的是,在 PWM 使能时,需要通过写入 PWM 占空比更新寄存器(PWM_CD-TYUPD)来改变占空比。默认情况下,该修改在下一个周期生效。为得到更好的效果,可以在两次呼吸之间设置一段间隔。

(3) 软件设计

完整的参考程序如下:

实例编号: 8 - 03	内容: PWM 应用实例	路径: \Example\Ex8_03

```
/*-------------------------------------------------               *
 * 文件名:PWM.cproj                                                *
 * 硬件连接:通过 PA0 接口控制 D0 LED 灯实现渐灭渐亮效果              *
 * 程序描述:利用 PWM 实现"呼吸灯"效果,即渐灭渐亮效果               *
 * 目的:学习如何使用 PWM 接口                                       *
 * 说明:提供 Atmel PWM 基本实例,供入门学习使用                     *
 *                                                                 *
 *《ARM Cortex-M4 微控制器原理与应用——基于 Atmel SAM4 系列》教学实例 * /

/*[头文件]*/
# include"sam.h"

/* 定义 LED 渐变参数 */
# define PERIOD_VALUE           400
# define BREATH_INTERVAL_PERIOD      200    /* LED 暗下来一段时间 */

/*[中断处理程序]*/
void PWM_Handler(void)
{
    static uint32_t ul_duty = 0;          /* PWM 占空比 */
    static uint8_t fade_in = 1;           /* LED 淡入标志 */
    static uint8_t dark_period = 0;       /* LED 完全暗下来时间 */
    /* 读取 PWM_ISR1 寄存器,同时可以拉低中断 */
    uint32_t events = PWM -> PWM_ISR1;
    /* 先确定是否是指定的中断,PWM_ISR1_CHID0 表示 PWM_ISR1 寄存器的 CHID0 位 */
    if ((events & PWM_ISR1_CHID0)! = 0)
```

```
    {
        if (dark_period != 0)
        {
            dark_period--;
            return;
        }

        /*淡入渐亮*/
        if (fade_in)
        {
            ul_duty++;
            if (ul_duty == PERIOD_VALUE)
            {
                fade_in = 0;
            }
        }
        else
        {
            /*淡出渐灭*/
            ul_duty--;
            if (ul_duty == 0)
            {
                fade_in = 1;
                /* LED 暗下来一定的周期再渐亮 */
                dark_period = BREATH_INTERVAL_PERIOD;
            }
        }
        /*设置新的占空比*/
        PWM -> PWM_CH_NUM[0].PWM_CDTYUPD = PWM_CDTY_CDTY(ul_duty);
    }
}


/*[子程序]*/
void ConfigPIO(void)
{
    /*引脚由外设控制*/
    PIOA -> PIO_PDR = PIO_PA0;
    /*选择外设*/
    /* PIOA 选择外设 A(将影响 PA 所有引脚) */
    PIOA -> PIO_ABCDSR[0] = 0;
```

```
        PIOA -> PIO_ABCDSR[1] = 0;
}
/* 配置 PWM */
void ConfigPWM(void)
{
        /* 外设时钟启用,PWM 的 ID 大于 31,需要在 PMC_PCER1 中启用 */
        PMC -> PMC_PCER1 = 1 << (ID_PWM - 32);
        /* 禁用通道 0,以进行配置 */
        PWM -> PWM_DIS = PWM_DIS_CHID0;
        /* 配置通道 0,计数器时钟选择为 32 分频,周期左对齐,先输出低电平,不使用死区
           发生器。
           这里需要用到较高频率的时钟,所以选择使用主时钟经 32 分频后的时钟
           (12.5 kHz)。计数器周期为 400,即输出脉冲频率为 125000/400 = 312.5 Hz */
        PWM -> PWM_CH_NUM[0].PWM_CMR = PWM_CMR_CPRE_MCK_DIV_32;
        /* 启用中断 */
        PWM -> PWM_IER1 = PWM_IER1_CHID0;
        PWM -> PWM_CH_NUM[0].PWM_CPRD = PWM_CPRD_CPRD(PERIOD_VALUE); /* 设置周期 */
        PWM -> PWM_CH_NUM[0].PWM_CDTY = PWM_CDTY_CDTY(0);         /* 设置占空比 */
        /* 使能中断 */
        NVIC_ClearPendingIRQ(PWM_IRQn);
        NVIC_SetPriority(PWM_IRQn, 0);
        NVIC_EnableIRQ(PWM_IRQn);
        /* 使能 PWM */
        PWM -> PWM_ENA = PWM_ENA_CHID0;
}


/* [主程序] */
int main(void)
{
        /* 关掉 WDT */
        WDT -> WDT_MR = WDT_MR_WDDIS;
        ConfigPWM();
        ConfigPIO();
        while (1);
        return 0;

}
```

(4) Atmel Studio 6. 1 平台自带实例

有关 ASF 库函数实例可以参考 Atmel Studio 6.1 平台提供 PWM LED Example - SAM4E - EK 和 PWM SYNCExample - SAM4E - EK 实例程序。

其中 PWM LED Example - SAM4E - EK 也是控制 LED 灯渐亮渐灭,通过 2 路 PWM(PD20,PD21)控制 D3 和 D4 灯渐亮渐灭。

PWM SYNCExample - SAM4E - EK 说明了如何配置 2 个 PWM 同步通道不同的占空比信号,这个占空比信号会通过 PDC 自动更新,同时这两路 PWM 信号分别连接 D3 和 D4 LED 从而控制这两个 LED 灯重复闪烁。

8.4　实时定时器

8.4.1　RTT 概述

实时定时器(RTT)基于一个 32 位的计数器,用来对可编程 16 位预分频器的翻转次数进行统计。预分频器对 32 kHz 慢时钟源进行计数,从而统计经过的秒数。实时定时器可产生周期性的中断和/或设定值触发的报警。

通过配置,RTT 可以被 RTC 产生的 1 Hz 信号驱动,可利用这个精确的 1 Hz 时钟产生精确的定时。RTT 不需要时可以完全禁用慢时钟源,以降低功耗。

SAM4E 芯片 RTT 具有的特性包括:①对预分频慢时钟或 RTC 校准 1 Hz 时钟计数的 32 位自由运行计数器;②16 位可配置的预分频器;③中断报警。

8.4.2　RTT 功能描述

RTT 寄存器说明如表 8 - 11 所列。

表 8 - 11　RTT 寄存器

偏移量	名　称	寄存器	权　限	复位值
0x00	模式寄存器	RTT_MR	读/写	0x0000_8000
0x04	报警寄存器	RTT_AR	读/写	0xFFFF_FFFF
0x08	数值寄存器	RTT_VR	只读	0x0000_0000
0x0C	状态寄存器	RTT_SR	只读	0x0000_0000

实时定时器基于一个 32 位计数器构成,被用于计算经历的时间(秒)。此计数器时钟由慢时钟经过一个可设置 16 位值分频后提供,分频值可以在 RTT 模式寄存器(RTT_MR)的 RTPRES 域中设置。

将模式寄存器(RTT_MR)的 RTPRES 位域设置为 0x00008000,相当于给实时计数器提供一个 1 Hz 的信号(如果慢时钟是 32.738 kHz)。32 位的计数器可以计数到 2^{32} 秒,相当于 136 年多,然后回转到 0。

实时定时器还可以被当作一个具有低时基的自由运行定时器。将 RTT_MR 寄存器的 RTPRES 设置为 3,可以获得最好的精度。将 RTPRES 设置为 1 或 2 也可以,但有可能导致丢失状态事件,因为状态寄存器在读操作后 2 个慢时钟周期之后将被清除。

因此,如果 RTT 被配置为触发一个中断,此中断就会在读状态寄存器(RTT_SR)后 2 个慢时钟周期之内产生。为了阻止某些中断处理程序的执行,在中断处理程序中必须禁止中断,并在状态寄存器清零时重新允许中断。

实时定时器值(CRTV)在实时值寄存器(RTT_VR)中,任何时间都可读取。由于此值可以从主控时钟中被异步更新,因此建议读取时连续读两次,如果两次相同则信任该值,这样可以提高返回值的准确度。

计数器当前值会与写入实时报警寄存器(RTT_AR)的值作比较。如果计数器值与报警值匹配,则 RTT_SR 寄存器中的 SLM 位被置位。复位后,RTT_AR 寄存器被设置为其最大值,也就是 0xFFFF_FFFF。

RTT_SR 寄存器中的 RTTINC 位在实时计数器每次递增后被置位。此位可被用于开启一个周期中断,当 RTPRES 被设置为 0x8000,且慢时钟为 32.768 kHz 时,周期为 1 s。

读 RTT_SR 状态寄存器将复位此寄存器的 RTTINC 和 ALMS 位。

向 RTT_MR 寄存器中的 RTTRST 位设置为 1 后,时钟分频器会立即装载新的分频值,并重新启动,同时也复位 32 位计数器。

设置 RTT_MR 寄存器的 RTTDIS 位为 1,可禁用实时定时器,从而减少动态功耗。

8.4.3 RTT 应用实例

通过 RTT 模块实现控制 LED 灯闪烁。

(1) 电路说明

如图 8-27 所示。

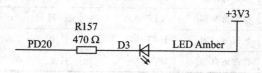

图 8-27 RTT 实例电路

本实例通过 PD20 引脚控制 D3 灯闪烁。

(2) 实现思路

利用 RTT 的报警时间寄存器(RTT_AR)数值作为 LED 闪烁延迟时间,并使能中断。当计数值达到 RTT_AR 寄存器的设定值时发生 RTT 中断,并在 RTT 中断处理程序中翻转 LED 灯状态,从而实现延迟一定时间(报警时间)的 LED 灯闪烁。

(3) 软件设计

完整的参考程序如下：

实例编号:8 - 04　　内容:RTT 应用实例　　路径:\Example\ Ex8_04

```
/*------------------------------------------------------*
    * 文件名:RTT.cproj                                    *
    * 硬件连接:通过 PD20 接口控制 D3 LED 灯闪烁              *
    * 程序描述:通过利用 RTT 的报警时间寄存器(RTT_AR)数值作为 LED 闪烁延迟时间,
              并使能中断,实现 LED 灯闪烁                    *
    * 目的:学习如何使用 RTT 接口                           *
    * 说明:提供 Atmel RTT 基本实例,供入门学习使用           *
    *                                                     *
    *《ARM Cortex-M4 微控制器原理与应用——基于 Atmel SAM4 系列》教学实例  */


/*[头文件]*/
#include"sam.h"
#define PRESCALE (1u << 10)
/* LED 使用的 GPIO 引脚 */
#define LED1_GPIO PIO_PD20
/* LED 闪烁的周期 */
#define LED1_OFF_MS 200
#define LED1_ON_MS   300


/*[子程序]*/
/* 读取 RTT 数值寄存器 RTT_VRR */
uint32_t ReadRTT_CRTV(void)
{
    uint32_t v1;
    uint32_t v2;
    /* 通过连续读取两次 RTT_VR 的值以增加准确性 */
    while(1)
    {
        v1 = (RTT -> RTT_VR) & RTT_VR_CRTV_Msk;
        v2 = (RTT -> RTT_VR) & RTT_VR_CRTV_Msk;
        if (v1 == v2)
        {
            return v1;
        }
    }
}
```

```
/* 计算设定时间,RTT 记数器应增加的值 */
inline uint32_t CalcRTTNeedInc(unsigned int ms)
{
    /* 计数器加一的频率 */
    const uint32_t freq = CHIP_FREQ_SLCK_RC / PRESCALE;
    /* 计算延迟后,计数器需要增加的值
     * need_inc = ms /1000 / (1/freq) */
    return (ms * freq / 1000);
}


/*[中断程序]*/
/* RTT 中断处理函数
* 在这里主要就进行 LED1 引脚电平的切换了 */
void RTT_Handler(void)
{
    /* 通过读取状态寄存器清除 Alarm */
    uint32_t a = RTT-> RTT_SR;
    /* 读取当前的计数值 */
    uint32_t begin_rttv = ReadRTT_CRTV();
    uint32_t int_gap_ms ;
    uint32_t need_inc;
    if ((PIOD-> PIO_ODSR & LED1_GPIO) == 0)
    {
        /* 现在引脚电平为低,LED 是亮的 */
        /* 灭灯 */
        PIOD-> PIO_SODR = LED1_GPIO;
        /* 设置下次中断唤醒间隔的时间 */
        int_gap_ms = LED1_OFF_MS;
    }
    else
    {
        /* 现在引脚电平为高,LED 是灭的 */
        /* 亮灯 */
        PIOD-> PIO_CODR = LED1_GPIO;
        /* 设置下次中断唤醒间隔的时间 */
        int_gap_ms = LED1_ON_MS;
    }
    /* 计算并设置下一次中断的条件 */
    need_inc = CalcRTTNeedInc(int_gap_ms);
```

```
    /*设定报警值*/
    RTT-> RTT_AR = RTT_AR_ALMV(begin_rttv + need_inc - 1);
    return;
}


/*[主程序]*/
int main(void)
{
    /*关闭看门狗*/
    WDT-> WDT_MR = WDT_MR_WDDIS;
    /*初始化 PIO,让 PIO 控制器直接控制引脚*/
    PIOD-> PIO_PER = LED1_GPIO;
    /*引脚输出使能*/
    PIOD-> PIO_OER = LED1_GPIO;
    /*引脚输出写使能*/
    PIOD-> PIO_OWER = LED1_GPIO;
    /*启用中断*/
    NVIC_ClearPendingIRQ(RTT_IRQn);
    NVIC_EnableIRQ(RTT_IRQn);
/*设置 RTT 时钟分频,重置 32 位计数器,报警会触发中断,其中 RTT_MR_xx 表示 RTT_MR
    寄存器 xx 位域*/
    RTT-> RTT_MR = RTT_MR_RTPRES(PRESCALE)      /*RTT 时钟分频*/
              | RTT_MR_RTTRST    /*重置 32 位计数器*/
              | RTT_MR_ALMIEN;  /*使 RTT_SR 寄存器报警位 ALMIEN 触发中断*/
    /*计算第一次中断的时间,RTT_AR 寄存器存储报警时间设定值*/
    RTT-> RTT_AR = RTT_AR_ALMV(ReadRTT_CRTV() + CalcRTTNeedInc(LED1_ON_MS) - 1);
    while(1);
}
```

309

(4) Atmel Studio 6.1 平台自带实例

可参考 Atmel Studio 6.1 平台提供 ASF 库函数实现的 RTT 应用实例 RTT Example - SAM4E - EK。此实例通过串口 DBGU 口和电脑进行交互,在串口终端上可以设置报警时间,RTT 计数运行达到报警计数时,进入 RTT 中断并向串口发回 RTT 的计数信息。

8.5　实时时钟

8.5.1　RTC 概述

实时时钟(RTC)专为低功耗要求而设计,包含一个带报警功能的完整日期时钟和一个 200 年的日历,能产生可编程周期中断。报警与日历寄存器均可通过 32 位数据总线访问。

时间与日历值编码成 BCD 格式。时间格式可为 24 小时模式或有 AM/PM 指示的 12 小时模式。

可通过 32 位数据总线上的一个并行捕获来更新时间和日历域及配置报警域。为避免寄存器加载一个与当前月/年/世纪格式或与 BCD 格式不兼容的数据,需要进行入口控制。

时钟分频器校准电路,可补偿晶振频率的不精确。RTC 的输出可编程来产生不同的波形,包括源自 32.768 kHz 的预分频时钟。

RTC 框图如图 8-28 所示。

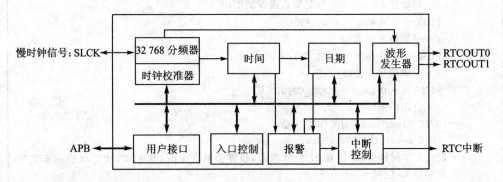

图 8-28　RTC 框图

(1) 电源管理

实时时钟工作在 32.768 kHz 的连续时钟下,功耗管理控制器对 RTC 工作无影响。

(2) 中　断

RTC 中断线路连接到中断控制器的一个中断源,中断编号是 2。中断处理需要在配置 RTC 之前对中断控制器进行编程。

8.5.2　RTC 功能描述

(1) RTC 寄存器

RTC 寄存器说明如表 8-12 所列。

表 8-12　RTC 寄存器

偏移量	名　　称	寄存器	权　限	复位值
0x00	控制寄存器	RTC_CR	读/写	0x0
0x04	模式寄存器	RTC_MR	读/写	0x0
0x08	时间寄存器	RTC_TIMR	读/写	0x0
0x0C	日历寄存器	RTC_CALR	读/写	0x01a11020

续表 8 - 12

偏移量	名　　称	寄存器	权　限	复位值
0x10	时间报警寄存器	RTC_TIMALR	读/写	0x0
0x14	日历报警寄存器	RTC_CALALR	读/写	0x01010000
0x18	状态寄存器	RTC_SR	只读	0x0
0x1C	状态清除指令寄存器	RTC_SCCR	只写	—
0x20	中断允许寄存器	RTC_IER	只写	—
0x24	中断禁止寄存器	RTC_IDR	只写	—
0x28	中断屏蔽寄存器	RTC_IMR	只读	0x0
0x2C	有效入口寄存器	RTC_VER	只读	0x0

（2）参考时钟

参考时钟为慢时钟（SLCK）。可由内部或外部的 32.768 kHz 晶振驱动。在处理器低功耗模式下，对振荡器运行和功耗均有严格要求。晶振的选择需要考虑当前功耗及由于温度漂移产生的精度影响。

（3）定　时

普通模式下，RTC 以秒更新内部的秒计数器，以分更新内部分计数器，其他类推。考虑到芯片复位，以及 RTC 的异步操作，为确定从 RTC 寄存器所读取的值有效且稳定，必须对这些寄存器读取两次。若两次值相同，则该值有效。因此最少需要访问两次，最多需要访问三次。

（4）报　警

RTC 有 5 个可编程域：月、日期、时、分、秒。根据报警设置需要，各个域均可被允许或禁用：

① 若所有域都被允许，在给定的月、日期、时、分、秒将产生报警标志（相应标志位有效，且允许产生中断）。

② 若仅有"秒"域允许，则每分钟均产生一个报警。

根据允许这些域的组合，用户可用的有效报警时间范围可从"分"到"365/366 天"。

（5）编程时错误检查

在访问世纪、年、月、日期、时、分、秒及报警时，用户接口数据需要确认。按 BCD 格式检查非法数据，例如非法数据作为月数据、年数据或世纪数据来配置。

若某个时间域中有错误，数据不会被载入寄存器/计数器，并置位寄存器的相应标志位。用户不能复位该标志，只有设置一个有效时间值后该标志位才会复位。这可避免对硬件的任何副作用。对于报警的处理步骤，与之类似。

错误检查将执行下列检查：

① 世纪（检查是否在 19～20 间）；

② 年（BCD 入口检查）；

③ 日期（检查是否在 01～31 间）；

④ 月（检查是否在 01～12 间，检查"日期"是否合法）；

⑤ 星期（检查是否在 1～7 间）；

⑥ 时（BCD 检查：24 小时模式，检查是否在 00～23 间，及检查 AM/PM 标志是否未置位；12 小时模式，检查是否在 01～12 间；

⑦ 分（检查 BCD 及是否在 00～59 间）；

⑧ 秒（检查 BCD 及是否在 00～59 间）。

注意：若通过模式寄存器（RTC_MR）选择 12 小时模式，可对 12 小时值编程，时间寄存器（RTC_TIMR）中返回值为对应的 24 小时值。入口控制将检查 AM/PM 指示器值（RTC_TIME 寄存器的第 22 位）以确定检查范围。

(6) 更新时间/日历

要修改时间/日历域中的任何地方，都必须先设置控制寄存器（RTC_CR）中的相应位以停止 RTC。更新时间域（时、分、秒）需要设置 UPDTIM 位，更新日历域（世纪、年、月、日期）则需要设置 UPDCAL 位。

用户需轮询或等待状态寄存器（RTC_SR）中的 ACKUPD 位中断（若其被允许）。一旦该位为 1，就必须写状态清零指令寄存器（RTC_SCCR）中的相应位来清除该标志。此时，用户可写相应的时间寄存器和日历寄存器。

更新一结束，用户必须复位 RTC_CR 寄存器中的 UPDTIM 与/或 UPDCAL 位。当对日历域进行编程时，时间域将保持允许工作。当对时间域编程时，时间域和日历域将都被停止。这是由日历逻辑电路的位置决定的（放在下游是为了降低功耗）。建议在进入编程设置模式之前，一定要准备好所有的域。在连续更新操作中，用户必须保证对 RTC_CR 寄存器中的 UPDTIM/UPDCAL 位的复位之后 1 s，才能再次设置这些位。这是由于在设置 UPDTIM/UPDCAL 位之前等待 RTC_SR 寄存器的 SEC 标志的原因。对 UPDTIM/UPDCAL 重新设置后，SEC 标志也将清除。

(7) RTC 精确时钟校准

驱动 RTC 的晶振由于温度变化可能不会和期望的那样精准，因此 RTC 装备了可以校准慢时钟晶振偏移的电路。

(8) 波形生成

在 RTC 处于仅有的通电电路（低功率操作模式，备份（backup）模式）或者任何激活的模式下，可利用 RTC 固有的预分频，生成波形。进入备份或低功率操作模式不会影响波形的产生和输出。

RTC 输出（RTCOUT0 和 RTCOUT1）的驱动源有 7 种可能的选择。

选择 0 相关的输出为 0（这是复位的值，能够用来在任何时间阻止波形的产生）。

选择 1～4 相应地选择 1 Hz、32 Hz、64 Hz 和 512 Hz。32 Hz 或 64 Hz 可作为 TN LCD 背板信号；1 Hz 可驱动 TN LCD 上显示一段基础时间（小时，分钟）的"："闪烁的字符。

选择5提供当RTC闹钟到达时的切换信号。

选择6提供闹钟标记的一份拷贝,当闹钟产生时,相关的输出设置为高(逻辑1),并且这个设置会在软件清除闹钟的中断源后被立即清除。

选择7提供高电平持续15 μs的1 Hz信号,可降低功耗或用于其他任何目的,可用来驱动外部设备。

如果RTC_MR寄存器相应的域RTCOUT0和RTCOUT1不是0,关联到RTC输出的PIO线会自动选择相应的波形。

(9) RTC应用实例说明

Atmel Studio6.1平台提供了ASF库函数实现RTC Example - SAM4E - EK实例程序,可参考此实例。在这个实例中RTC使时间和日期便于管理,并且使用户可以监控报警事件、秒变化和日历变化等。用户通过串口DBGU口和电脑进行交互,通过串口终端显示时间设置界面,可设置时间、日期、时间报警和日期报警。并可获取当前的时间和报警状态,显示在串口终端上。

第9章

SAM4 模拟电压相关模块

本章主要讲解模拟数字相关模块,包括模拟前端控制器(AFEC)、数字/模拟转换控制器(DACC)和模拟比较控制器(ACC)这三种和模拟信号相关的模块。其中,AFEC 是以 12 位模拟数字转换器(ADC)为基础,并管理着 12 位模拟数字转换器的模块。

9.1 模拟前端控制器

9.1.1 AFEC 概述

模拟前端控制器(AFEC)是以 12 位模拟数字转换器(ADC)为基础,并管理着 12 位模拟数字转换器的模块,其框图如图 9-1 所示。

AFEC 集成了 16 选 1 的模拟多路选择器,实现 16 路模拟数字转换,转换范围为 0 V~ADVREF。APEC 支持 10 位或 12 位分辨率模式,可以扩展到 16 位分辨率的数字均值,转换结果输出放在所有通道共用的寄存器及一个通道专用寄存器。可配置选择触发方式为软件触发、ADTRG 引脚上升沿外部触发或定时计数器产生的内部触发。

比较电路允许自动检测出低于或高于一个阈值,或在给定范围内或外的值,阈值和范围完全可配置。

AFEC 内部故障的输出直接连接到 PWM 故障输入,可通过比较电路输出判定,使 PWM 输出在一个安全的状态(纯组合路径)。

AFEC 还集成睡眠模式和时序转换,且连接一个 PDC 通道,可减少功耗和处理器干预。

AFEC 可选择单端或全差分输入,有一个 2 位的可编程增益。参考电压内部由单一等同模拟电源电压的外部参考电压节产生,外接去耦电容用于滤除噪声。

一种基于多位冗余位(RSD)算法的数字纠错电路被用来减少 INL 和 DNL 误差。

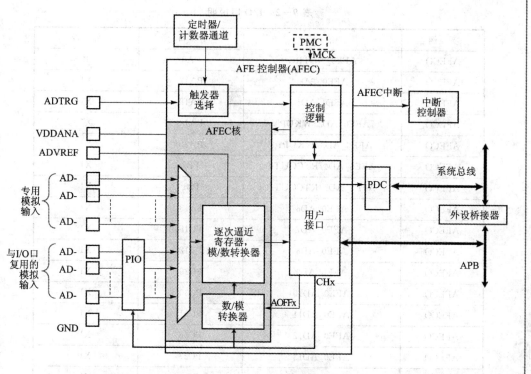

图 9-1 模拟前端控制器框图

用户可以配置 AFEC 时间,如启动时间和跟踪时间。

AFEC 输入信号描述如表 9-1 所列。

表 9-1 AFEC 引脚说明

引脚名称	描　述
ADVREF	参考电压
AD0~AD15[①]	模拟输入通道
ADTRG	外触发

注:①AD15 不是实际引脚而被连接到一个温度传感器。

(1) I/O 口

ADTRG 引脚通过 PIO 控制器与其他外围接口功能共享,PIO 控制器应根据分配给 AFEC 功能的引脚进行设置。I/O 口说明如表 9-2 所列。

(2) 电源管理

程序员在使用 AFEC 之前,功耗管理控制器(PMC)必须使能 AFEC 主控时钟(MCK)。应用程序不需要 AFEC 操作时,可停止 AFEC 时钟,在需要的时候可重新启动。配置 AFEC 时不需要启用 AFEC 时钟。

表 9－2　I/O 口说明

实　例	信　号	I/O 口	外　设
AFEC0	AFE0_ADTRG	PA8	B
AFEC0	AFE0_AD0	PA17	X1
AFEC0	AFE0_AD1	PA18	X1
AFEC0	AFE0_AD2/WKUP9	PA19	X1
AFEC0	AFE0_AD3/WKUP10	PA20	X1
AFEC0	AFE0_AD4/RTCOUT0	PB0	X1
AFEC0	AFE0_AD5/RTCOUT1	PB1	X1
AFEC0	AFE0_AD6	PC13	X1
AFEC0	AFE0_AD7	PC15	X1
AFEC0	AFE0_AD8	PC12	X1
AFEC0	AFE0_AD9	PC29	X1
AFEC0	AFE0_AD10	PC30	X1
AFEC0	AFE0_AD11	PC31	X1
AFEC0	AFE0_AD12	PC26	X1
AFEC0	AFE0_AD13	PC27	X1
AFEC0	AFE0_AD14	PC0	X1
AFEC1	AFE1_AD0/WKUP12	PB2	X1
AFEC1	AFE1_AD1	PB3	X1
AFEC1	AFE1_AD2	PA21	X1
AFEC1	AFE1_AD3	PA22	X1
AFEC1	AFE1_AD4	PC1	X1
AFEC1	AFE1_AD5	PC2	X1
AFEC1	AFE1_AD6	PC3	X1
AFEC1	AFE1_AD7	PC4	X1

(3) 中断源

AFEC 中断口连接中断控制器的一个内部源,使用 AFEC 中断首先需要编程中断控制器。AFEC0 中断 ID 号是 30,AFEC1 中断 ID 号是 31。

(4) 模拟输入

模拟输入引脚可多路复用 PIO 口。通道启用寄存器(AFEC_CHER)被启用,则 AFEC 输入就会被自动指定。默认情况下,复位后 PIO 口配置为上拉输入模式,AFEC 输入连接到 GND。

(5) 温度传感器

温度传感器连接到 AFEC 的通道 15,提供与绝对温度(PTAT)成正比的输出电

316

压 V_T。置位 TSON 位（AFEC_ACR 寄存器）可激活温度传感器。

(6) 定时器触发

定时/计数器是否被用来作为硬件触发器取决于用户的需要。因此一些或所有的定时/计数器可能是无关的。

(7) PWM 事件

PWM 事件是否被用来作为硬件触发器取决于用户的需要.

(8) 故障输出

AFEC 将其故障输出连接到 PWM 的故障输入。

9.1.2　AFEC 功能描述

1. AFEC 寄存器

AFEC 寄存器说明如表 9-3 所列。

表 9-3　模拟前端控制器(AFEC)寄存器

偏移量	名　　称	寄存器	权　　限	复位值
0x00	控制寄存器	AFEC_CR	只写	—
0x04	模式寄存器	AFEC_MR	读/写	0x00000000
0x08	扩展模式寄存器	AFEC_EMR	读/写	0x00000000
0x0C	通道序列 1 寄存器	AFEC_SEQR1	读/写	0x00000000
0x10	通道序列 2 寄存器	AFEC_SEQR2	读/写	0x00000000
0x14	通道启用寄存器	AFEC_CHER	只写	—
0x18	通道禁用寄存器	AFEC_CHDR	只写	—
0x1C	通道状态寄存器	AFEC_CHSR	只读	0x00000000
0x20	最后转换数据寄存器	AFEC_LCDR	只读	0x00000000
0x24	中断允许寄存器	AFEC_IER	只写	—
0x28	中断禁止寄存器	AFEC_IDR	只写	—
0x2C	中断屏蔽寄存器	AFEC_IMR	只读	0x00000000
0x30	中断状态寄存器	AFEC_ISR	只读	0x00000000
0x4C	溢出状态寄存器	AFEC_OVER	只读	0x00000000
0x50	比较窗口寄存器	AFEC_CWR	读/写	0x00000000
0x54	通道增益寄存器	AFEC_CGR	读/写	0x00000000
0x5C	偏移补偿寄存器	AFEC_COCR	读/写	0x00000000
0x60	通道差分寄存器	AFEC_DIFFR	读/写	0x00000000
0x64	通道选择寄存器	AFEC_CSELR	读/写	0x00000000
0x68	通道数据寄存器	AFEC_CDR	只读	0x00000000

偏移量	名　　称	寄存器	权　限	复位值
0x6C	通道偏移补偿寄存器	AFEC_COCR	读/写	0x00000000
0x70	温度感知寄存器	AFEC_TEMPMR	读/写	0x00000000
0x74	温度比较窗口寄存器	AFEC_TEMPCWR	读/写	0x00000000
0x94	模拟控制寄存器	AFEC_ACR	读/写	0x00000100
0xE4	写保护模式寄存器	AFEC_WPMR	读/写	0x00000000
0xE8	写保护状态寄存器	AFEC_WPSR	只读	0x00000000

2. 模拟前端转换

AFEC 利用 AFEC 时钟,可将一个单一的模拟值转换为 12 位数字数据,需要在 AFEC 模式寄存器(AFEC_MR)的 TRACKTIM 字段中定义跟踪时钟,在 TRANS‑FER 字段中定义传输时钟。AFEC 的时钟频率可通过 AFEC_MR 寄存器中的 PRESCAL 选择。跟踪阶段在上一个通道的转换过程中开始,如果跟踪时间比转换时间长,跟踪阶段延长到转换结束时。PRESCAL 必须被编程以提供一个时钟频率,该频率根据产品电气特性部分给出的参数值而定。如果 PRECAL 为 0,AFEC 时钟是 MCK/2;如果 PRESCAL 被设置为 255(0xFF),表示 MCK/512。

3. 转换参考

参考电压引脚 ADVREF 需外接参考电压,0～ADVREF 电压范围内的模拟输入信号到数字值的转换是线性的。

4. 转换分辨率

AFEC 支持 10 位或 12 位的原始分辨率,设置 AFEC 扩展模式寄存器(AFEC_EMR)中的 RES 位域选择 10 位分辨率。默认情况下,复位后最高分辨率是 12 位,且数据寄存器中的 DATA 字段被充分利用。设置 RES 位域,AFEC 可切换到最低分辨率,且转换的结果可以在数据寄存器的最低有效位中读出,RES 位域写入 0 时采用 12 位分辨率,RES 位域写入 1 时采用 10 位分辨率,通道数据寄存器(AFEC_CDR)中 DATA 位域的最高位及最后转换数据寄存器(AFEC_LCDR)中 LDATA 位域的最高位为 0。写入 2、3 或者更多到 RES 位域,可以启用增强分辨率模式。

此外,当 PDC 通道连接到 AFEC 时,12 位或 10 位分辨率设置传输请求的大小为 16 位。

可采用增强分辨率模式。当 AFEC_EMR 寄存器中的 RES 位域被选择 13 位、14 位、15 位和 16 位模式时,增强分辨率模式会自动启用。在这种模式下,AFEC 通过平均多个样本以提高转换准确性。在输入信号有噪音时,通过平均多个样品来提高准确性是很重要的,为了获得良好的平均性能,噪音水平应在 1～2 个 LSB 峰峰值之间。启动 13 位模式的性能开销是 4 次 AFEC 采集,AFEC 有效性能降低的因子

318

是 4;如果选择 14 位模式则这个因子为 16;如果选择 15 位模式则这个因子为 64;如果选择 16 位模式则因子为 256。例如,14 位模式时,有效采样速率是最大 AFEC 采样率除以 16。

5. 转换结果

转换完成后,得到的数字值存储在内部寄存器(每通道有 1 个这样的寄存器),可通过数据寄存器(AFEC_CDR)读出,数字值还存储在 AFEC 最后数据转换寄存器(AFEC_LCDR)。设置 AFEC_EMR 寄存器的 TAG 位,AFEC_LCDR 寄存器的 CHNB 位域显示与最后一个转换数据有关的通道数。

中断状态寄存器(AFEC_ISR)中的 EOC 位和 DRDY 位均被置位,在连接一个 PDC 通道的情况下,DRDY 位变高会触发一个数据传送请求。在任何情况下,EOC 位和 DRDY 位都可以触发中断。读取 AFEC_CDR 寄存器可清除 EOC 位,其中 AFEC_CDR 寄存器值对应于通道选择寄存器(AFEC_CSELR)的 CSEL 位域以前的设置值,读取 AFEC_LCDR 寄存器可清除对应于最后一个转换通道的 DRDY 位和 EOC 位。

如果在输入新的数据转换之前 AFEC_CDR 寄存器未被读取,则溢出状态寄存器(AFEC_OVER)中相应的溢出错误(OVREx)标志被置位。当 DRDY 位为高时,新转换数据会置位 AFEC_ISR 寄存器中的 GOVRE 位(一般溢出错误),读取 AFEC_OVER 寄存器时 OVREx 标志位被自动清除,当读取 AFEC_ISR 寄存器时 GOVRE 标志位也被自动清除。

6. 转换触发器

启动模拟通道的转换需要软件或硬件触发。将控制寄存器(AFEC_CR)的 START 位置 1 可实现软件触发。

硬件触发可以是定时计数器通道的一个 TIOA 输出、PWM 事件或者 AFEC(ADTRG)的外部触发器输入。硬件触发模式寄存器(AFEC_MR)的 TRGSEL 位域用来设定硬件触发模式,被选择的硬件触发只有在 AFEC_MR 寄存器的 TRGEN 位置位时才可以启用。根据寄存器 AFEC_MR、AFEC_CHSR、AFEC_SEQR1 和 AFEC_SEQR2 的配置,2 个连续的触发事件之间的最小时间必须严格大于最长转换序列的持续时间。如果一个硬件触发被选择,一个转换在一个延迟之后被触发,该延迟开始在硬件触发信号的每个上升沿。由于异步操作,延迟可能会有所不同,范围为 2 个 MCK 时钟周期到 1 个 AFEC 时钟周期。如果一个 TIOA 输出被选择,相应的定时/计数器通道必须配置为波形模式。

启动所有通道的转换序列只需一个启动命令,AFEC 硬件逻辑自动执行活跃通道的转换,然后等待一个新的请求。通道启用寄存器(AFEC_CHER)和通道禁用寄存器(AFEC_CHDR)允许模拟通道被独立地启用或禁用。

如果 AFEC 连接了 PDC,则只有启用通道的转换数据传输才能被执行,且最终的数据缓冲区需要进行相应的解析。

7. 睡眠模式和转换序列

AFEC 睡眠模式能在 AFEC 不进行数据转换时自动停用,以最大限度地节能。置位 AFEC_MR 寄存器中 SLEEP 位来可选择睡眠模式。睡眠模式由一个转换序列器自动管理,可在最低功耗的情况下自动地进行所有通道的转换。AFEC 睡眠模式可在当 2 个连续触发事件之间的最小时间周期大于模拟数字转换器的启动周期时使用。

一个开始转换请求发生时,AFEC 自动激活。由于模拟通道需要启动时间,逻辑通道在这段时间就会等待,直到启用通道时转换开始。当所有的转换都完成时,AFEC 被停用直到下一次触发,在转换序列期间触发器的触发不会被处理。

快速唤醒模式可在 AFEC 模式寄存器(AFEC_MR)中设置,可作为节能策略和响应速度之间的折中。将 FWUP 位设置为 1 可以启动快速唤醒模式。在快速唤醒模式下 AFEC 通道在没有转换要求时并不完全处于非活跃状态,较少的节能却可以较快地唤醒。

转换序列在最小处理器干预和优化功耗的情况下自动处理。转换序列可利用一个定时/计数器输出或 PWM 事件周期性地执行。

利用 PDC,一些周期性的采集可以在没有任何处理器的干预下自动处理,可对序列通道寄存器 AFEC_SEQR1 和 AFEC_SEQR2 编程及设置 AFEC_MR 寄存器的 USEQ 位为 1 自定义序列。用户可以选择通道的一个特定顺序,且可以通过编程产生高达 16 种转换序列。

用户完全可以通过在 AFEC_SEQR1 和 AFEC_SEQR2 寄存器中写通道数来创建特定转换序列,不仅可以在任何序列中写通道数,且通道数可重复几次。只要启用序列位域被转换,随之 15 个转换序列可被编程,用户可方便禁用 AFEC_CHSR[15]。

8. 比较窗口

AFEC 提供自动比较功能,根据扩展模式寄存器(AFEC_EMR)中选择的 CMPMODE 功能,可将转换后的值与一个低阈值或高阈值或两者进行比较。这种比较可以在所有通道或只在 AFEC_EMR 寄存器 CMPSEL 位域中指定的通道进行。置位 AFEC_EMR 寄存器的 CMP_ALL 位,可比较所有通道。

此外,一个过滤选项可通过写连续比较误差的数目来设置,这个数字可以在 AFEC_EMR 寄存器中的 CMPFILTER 位域进行读写。标志可以在中断状态寄存器(AFEC_ISIR)的 COMPE 位进行读且还可以触发中断,高阈值和低阈值可以在比较窗口寄存器(AFEC_CWR)进行读/写。

9. 差分输入

AFEC 可单端输入(通道差分寄存器 AFEC_DIFFR 的 DIFF 位为 0),也可全差分输入(DIFF 位为 1),复位后,AFEC 默认为在单端模式下。如果 AFEC_MR 寄存器的 ANACH 位被置位,则 AFEC 可控制每个通道工作于不同模式,否则 CH0 的参数应用于所有通道。相同的输入可以用于单端或差分模式。在单端模式下,输入被一个 16 选 1 通道模拟多路复用器管理;在差分模式下,输入由 8 选 1 通道模拟多路复用器管理。如表 9 - 4 和表 9 - 5 所列。

表 9 - 4　单端模式下输入引脚和通道号

输入引脚	通道号	输入引脚	通道号
AD0	CH0	AD8	CH8
AD1	CH1	AD9	CH9
AD2	CH2	AD10	CH10
AD3	CH3	AD11	CH11
AD4	CH4	AD12	CH12
AD5	CH5	AD13	CH13
AD6	CH6	AD14	CH14
AD7	CH7	AD15	CH15

表 9 - 5　差分模式下输入引脚和通道号

输入引脚	通道号	输入引脚	通道号
AD0 - AD1	CH0	AD8 - AD9	CH8
AD2 - AD3	CH2	AD10 - AD11	CH10
AD4 - AD5	CH4	AD12 - AD13	CH12
AD6 - AD7	CH6	AD14 - AD15	CH14

10. 输入增益和偏移

AFEC 每个通道有一个内置的可编程增益放大器(PGA)和可编程偏移(通过一个 DAC 实现)。可编程增益放大器的增益可设置为 1/2、1、2 和 4,可用于单端或差分模式。

如果置位 AFEC_MR 寄存器的 ANACH 位则 AFEC 可对每个通道应用不同的增益和偏移。否则,CH0 的参数应用于所有通道。增益通过通道增益寄存器(AFEC_CGR)的增益位进行配置,如表 9 - 6 所列。

表 9 - 6　获得的采样和保持单位:GAIN 位和 DIFF 位

GAIN<0:1>	GAIN(DIFF=0)	GAIN(DIFF=1)
00	1	0.5
01	1	1
10	2	2
11	4	2

AFEC 的模拟偏移可以通过通道的偏移补偿寄存器（AFEC_COCR）的 AOFF 位域进行配置，该偏移只在单端模式下可用。当 AOFF 配置为 0，偏移量为 0；当配置为 4095 时，偏移量就为 ADVREF—1LSB。所有可能的偏移值都在这 2 个极限之间，偏移值计算式为：

$$AOFF \times (ADVREF/4096)$$

11. AFEC 定时

每个 AFEC 都有自己的最小启动时间，该时间通过 AFEC_MR 寄存器中的启动字段 STARTUP 位域进行编程。

AFEC 的最小跟踪时间可保证两通道切换时获得最佳转换值，这个时间通过 AFEC_MR 寄存器中的 TRACKTIM 位域进行设置。

当模拟通道的增益、偏移或差分输入参数在两个通道之间变化时，模拟通道可能在开始跟踪阶段之前需要一个特定的时间。在这种情况下，控制器可自动在 AFEC_MR 寄存器的 SETTLING 域中定义的时间内等候。但需置位 ANACH 位，否则这个时间便是无用的。

注意：需要考虑在给 AFEC_MR 寄存器的 TRACKTIM 位域设置精确值过程中，AFEC 没有包含用于输入信号分隔的输入缓冲放大器。

12. 温度传感器

温度传感器连接 ADC 通道 15，温度测量可通过 AFEC 以不同的方式完成，测量的方法取决于 AFEC_MR 寄存器中的 TRGEN 位和 AFEC_CHSR 寄存器的 CH15 位。

温度测量可以像其他通道一样通过启动对应的转换通道 15 来触发，设置通道启用寄存器（AFEC_CHER）的 CH15 位可启动对应的转换通道 15。

即使用户序列被使用（在这种情况下，序列的最后一个元素总是温度传感器通道），可通过置位通道状态寄存器（AFEC_CHSR）的 CH15 位使温度传感器通道启动，如果温度传感器与用户序列一起使用则应使用 AFEC_CHSR 寄存器的 CH15 位。

只有当 AFEC_MR 寄存器中的 TRGEN 位被禁用时，才可以手动启动温度传感器。当 AFEC_CR 寄存器的起始位 START 置位时，温度传感器通道的转换连同其他被启用的通道（若有的话）一起被启动，转换的结果放置在内部寄存器，可从 AFEC_CDR 寄存器读取（在读 AFEC_CDR 之前须编程 AFEC_CSELR 寄存器），置位 AFEC_ISR 寄存器相应的标志 EOC15。

如果置位 AFEC_MR 寄存器的 TRGEN 位，则温度传感器的通道可以同其他启用通道一样定期转换。如果置位温度比较窗口寄存器（AFEC_TEMPMR）的 RTCT 位，则结果放在 AFEC_LCDR 寄存器和内部寄存器（可通过 AFEC_CDR 寄存器读取）。

温度转换结果是 PDC 缓冲区的一部分，温度通道可以在任何时间启用或禁用，

但这对于下面的操作未必是最佳的,如图 9 - 2 所示。AFEC_CHSR[TEMP]= 1,
AFEC_MR. TRGEN=1 及 AFEC_TEMPMR. RTCT = 0。

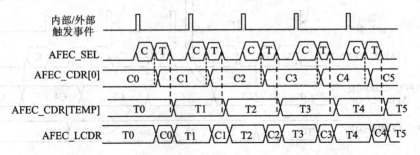

C—经典 AFEC 转换序列；　T—温度传感器通道

假定 AFEC_CHSR[0]=1,AFEC_CHSR[TEMP]=1
TEMP 为温度传感器通道编号。

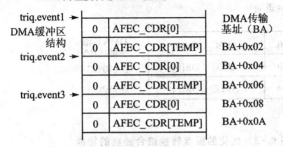

图 9 - 2　非优化的温度转换

温度变化缓慢,和其他转换通道完全不同,当 AFEC_TEMPMR 寄存器中的
RTCT 位被置位,AFEC_CHSR 寄存器的 CH15 未被置位时,AFEC 允许一个不同
的触发方式测量温度。

在这些条件下,RTC 每秒产生一个内部触发触发每秒测量且其始终启用,完全
独立于其他通道的触发。该触发器通过 AFEC_MR 寄存器中的 TRGSEL 位域选
择。这种操作模式下温度传感器只被供电一段时间,其中包括启动时间和转换时间。
每一秒在通道 15 安排一个转换,转换的结果仅仅上传到内部寄存器(由 AFEC_CDR
寄存器读出)并没有上传到 AFEC_LCDR 寄存器。温度通道的转换方式使 PDC 缓
冲结构没有任何变化,只有被启用的通道被保存在缓冲区。温度通道的转换结束由
AFEC_ISR 寄存器的 EOC15 标志显示。

如果 RTCT = 1,TRGEN 被禁用且所有通道被禁用(AFEC_CHSR = 0),则只
有通道 15 以每秒 1 次的转换率进行转换,如图 9 - 3 所示。其中,AFEC_CHSR
[TEMP]= 0, AFEC_MR. TRGEN=1 及 AFEC_TEMPMR. RTCT=1。

AFEC 控制器的睡眠操作模式为温度测量提供了低功耗模式(假设没有其他
AFEC 转换安排在高采样率或根本没有其他通道转换),如图 9 - 4 所示。其中,
AFEC_CHSR= 0, AFE_MR. TRGEN=0 及 AFEC_TEMPMR. RTCT = 1。

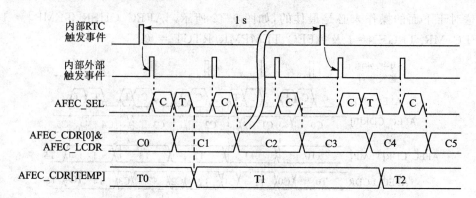

C—经典AFEC转换序列；T—温度传感器通道

假定AFEC_CHSR[0]=1,A_CHSR[TEMP]=1
TMP为温度传感器通道编号。

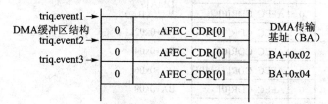

图 9 - 3　优化的温度转换结合经典的转换

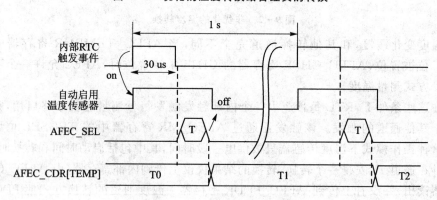

图 9 - 4　只进行温度转换

　　另外,只有在温度测量有预定的变化时有可能产生一个标志。用户可以在 AFEC_TEMPCWR 寄存器定义温度范围或者阈值,在 AFEC_TEMPMR 寄存器 TEMPCMPMOD 位域定义比较模式。这些值定义了 AFEC_ISR 寄存器中 TEMPCHG 标志产生的方式。如果系统中有引起温度变化的更新/修改,TEMPCHG 标志可触发中断。在任何情况下,如果配置好温度值传感器测量,该温度值可以在任何时候从 AFEC_CDR 中读取(在读取 AFEC_CDR 之前 AFEC_

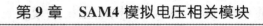

CSELR 必须进行相应的编程）而无需任何具体的软件干预。

13. 增强的分辨率模式和数字均值函数

AFEC 扩展模式寄存器（AFEC_EMR）的 RES 位域设置为 13 位的分辨率或更高时，增强的分辨率模式启用 FREERUN 模式会被支持。

注意：如果温度传感器测量通道被 RTC 事件触发则温度传感器没有平均值。

在这种模式下，AFEC 控制器通过平均多个采样提高转换准确性，并提供数字低通滤波器功能。

当 1 位增强分辨率被选择（AFEC_EMR 寄存器中的 RES = 2）时，AFEC 有效采样速率为最大 AFEC 采样率除以 4，因此，过采样率为 4。

当 2 位增强分辨率被选择（AFEC_EMR 寄存器中 RES = 3）时，AFEC 有效采样速率为最大 AFEC 采样率除以 16，过采样率为 16。

当 3 位增强分辨率被选择（AFEC_EMR 寄存器中 RES = 4）时，AFEC 有效采样速率为最大 AFEC 采样率除以 64，过采样率为 64。

当 4 位增强分辨率被选择（AFEC_EMR 寄存器中 RES = 5）时，AFEC 有效采样速率为最大 AFEC 采样率除以 256，过采样率为 256。

所选的过采样率适用于所有启用通道（除了由于 RTC 事件触发的温度传感器通道之外）。

当置位 AFEC_ISR 寄存器 EOCn（n 对应于通道的编号）标志，且 AFEC_OVER 寄存器中的 OVREn 置位标志被清除时，平均结果在内部寄存器（通过 AFEC_CDR 寄存器读出）有效。当置位 DRDY，且 AFEC_ISR 寄存器中的 GOVRE 被清除时，平均结果对于所有通道都有效。

采样可以通过不同的方式实现平均功能，该方式取决于在扩展模式寄存器（AFEC_EMR）的 STM 位和模式寄存器（AFEC_MR）的 USEQ 位的配置。

USEQ 被清除时，通过触发事件有 2 种可能方式产生平均值。如果 AFEC_EMR 寄存器中的 STM 位被清除，每一个触发事件为每个启用通道生成一个采样，如图 9-5 所示。因此，当 RES=2 时需要 4 次触发事件才能得到平均结果。图 9-5 条件为 AFEC_EMR. RES=2 STM=0, AFEC_CHSR[1:0]= 0x3 及 AFEC_MR. USEQ=0。

如果 AFEC_EMR 寄存器中 STM = 1，AFEC_MR 寄存器中 USEQ = 0，则 AFEC_CHSR 寄存器定义被转换的序列自动重复 n 次（n 对应于 AFEC_EMR 寄存器中 RES 位域所定义的过采样率），得到平均函数的结果只需有 1 个触发，如图 9-6 所示。其中，AFEC_EMR. RES=2 STM=1, AFEC_CHSR[1:0]= 0x3 及 AFEC_MR. USEQ=0。

置位 USEQ 时，用户可以通过配置 AFEC_SEQRx 寄存器和 AFEC_CHER 寄存器定义被转换的通道序列，在平均周期通道不会被交错。在这些条件下，为每一次转换结束定义了一个采样，如图 9-7 所示。其中，AFEC_EMR. EMR=2, STM=1, AFEC_

ARM Cortex-M4 微控制器原理与应用 ——基于 Atmel SAM4 系列

326

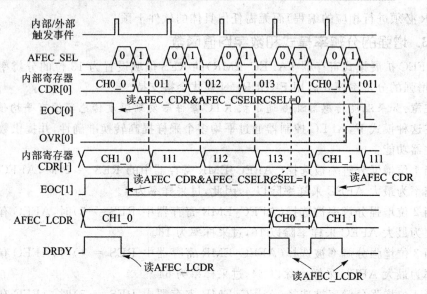

注：0i1、0i2、0i3、1i1、1i2、1i3 是平均函数的中间结果，CH0/1_0/1 为平均函数的最终结果。

图 9-5 数字平均函数波形的多个触发事件

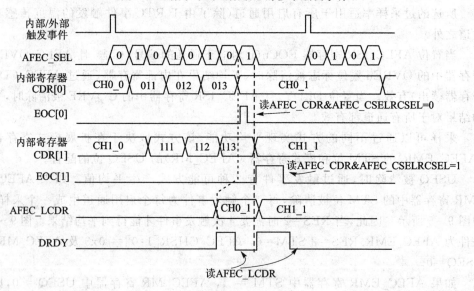

注：0i1、0i2、0i3、1i1、1i2、1i3 为平均函数的中间结果，CH0/1_0/1 为平均函数的最终结果。

图 9-6 单一的触发事件的数字平均函数波形

CHSR[7:0] = 0xFF 和 AFEC_MR. USEQ=1，AFEC_SEQ1R = 0x1111_0000。

如果相同的通道被配置为连续进行 4 次转换，且扩展模式寄存器（AFEC_EMR）的 RES = 2，每次触发事件会把平均结果送到相应的通道内部数据寄存器（通过 AFEC_CDR 寄存器读出）和最后转换的数据寄存器（AFEC_LCDR）。在这种情况下，AFEC 有效采样速率是最大的 AFEC 采样率除以 4。

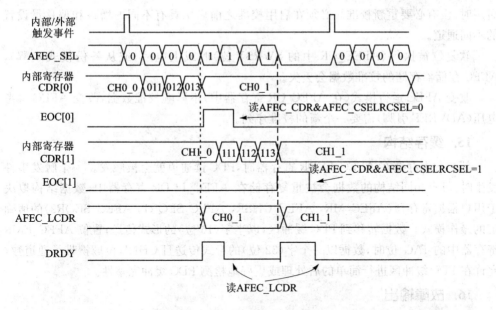

注：0i1、0i2、0i3、1i1、1i2 和 1i3 为平均函数的中间结果，CH0/1_0/1 为平均函数的最终结果。

图 9 - 7　单触发事件，非交错的数字平均函数波形

当 USEQ＝1 及 RES 位域启动增强分辨率模式时，用户序列必须是 4 的整数倍序列（即在通道状态寄存器 AFEC_CHSR 中启用的通道数必须是 4 的整数倍，同时 AFEC _SEQRx 必须是同一系列的通道编号的 4 倍）。当使用 AFEC_TEMPMR 寄存器 RTCT 位时，增强分辨率模式不适用于温度传感器通道（如图 9 - 3 所示）。

14. 自动校准

AFEC 以自动校准（AUTOCALIB）模式为特征用于增益误差（校准），向 AFEC 控制寄存器（AFEC_CR）的 AUTOCAL 位写 1，可以在任何时间启动自动校准序列。校准序列的结束由中断状态寄存器（AFEC_ISR）的 EOCAL 位决定，如果 EOCAL 中断已启用（AFEC_IER），则产生校准结束中断。

如果使用 FREERUN 模式，则自动校准必须在启用 FREERUN 模式之前运行，任何情况下，自动校准都不应该在 FREERUN 模式激活状态时启动。

校准序列执行所有已启用通道的自动校准，在启用 AUTOCALIB 序列之前所有启用通道的增益必须被设定。每个校准通道在启用自动校准序列之前应将 AFEC_CDOR 寄存器中相应的 OFF 位设置为 1.

指定通道的增益（AFEC_CGR 寄存器）发生变化时，AUTOCALIB 序列必须重新开始，校准数据（一个或多个启用通道）被存储在内部 AFEC 存储器中。一个新的转换开始（在一个或多个启用通道）时，转换后的值（通过 AFEC_CDR 寄存器读取 AFEC_ LCDR 寄存器或内部数据寄存器）是一个校准值。

一个增益和偏移量的结合已被校准，且一个有相同设置的新通道在初始校准后被启用时,没有必要重新校准。必须在启用校准之前启用具有不同的增益和偏移量设置的不同通道。

软复位被执行(AFEC_CR 中的 SWRST 位)时或上电后(或从备份模式唤醒),AFEC 存储器存储的校准数据会丢失。

改变 AFEC 运行模式(在 AFEC_CR 寄存器中)不影响校准数据,改变 AFEC 参考电压(ADVREF 引脚)需要一个新的校准序列。

15. 缓存结构

新的数据存储在 AFEC_LCDR 寄存器时,PDC 读通道就会被触发。一个触发事件发生时,具有相同结构的数据会被重复存储在 AFEC_LCDR 寄存器中,数据结构取决于用户根据寄存器(AFEC_MR,AFEC_CHSR,AFEC_SEQR1,AFEC_SEQR2)的值确定的操作模式。数据转移到 PDC 缓冲区,以半字(16 位)的形式传送;置位 AFEC_EMR 寄存器中的 TAG 位时,数据以一个字(32 位)的形式传送且 CHNB 位域携带了通道数,允许在 PDC 缓冲区进行简单的后处理或更好地检测 PDC 缓冲完整性。

16. 故障输出

AFEC 控制器内部故障输出直接连接到 PWM 故障输入,故障输出可以根据扩展模式寄存器(AFEC_EMR)和比较窗口寄存器(AFEC_CWR)的配置及转换后的值判定。当比较发生时,AFEC 故障输出产生一个主时钟周期的 PWM 故障输入脉冲,这个故障输入可以在 PWM 模块被启用或禁用,是否应该被 AFEC 控制器激活和判定,应与 PWM 输出立即被放置在一个安全的状态(纯组合路径)有关。

注意:连接到 PWM 的 AFEC 故障输出不是 COMPE 位,因此 PWM 配置里的故障模式(FMOD)必须是 FMOD = 1。

9.1.3　AFEC 应用实例

SAM4E 芯片中 ADC 由 AFEC 管理,AFEC 可以使用多路复用器选择需要转换的信号通道,也可以通过平均多次 ADC 的转换结果提高转换精确度。

本实例是测量开发板搭载的滑动变阻器(VR1)的电压,把 ADC 转换的结果通过 UART 打印出来。

1. 硬件电路

ADC 采集电路与参考电压电路如图 9 - 8 所示。顺时针方向旋转该变阻器,PB1 引脚电压将增大,电压变化范围为 0~3.3 V。使用的 AFEC 为 AFEC0,通道编号为 5。通过 JP3 可以选择参考电压的大小。默认情况下参考电压为 3.3 V,需要注意的是,短接 JP3 的 2、3 脚时,参考电压为 3.0 V。

2. 实现思路

AFEC 有效的时钟范围为 1~20 MHz,最大采样频率是 1 MHz。手册中启动、跟踪、设置等时间如表 9 - 7 所列,这在使用 AFEC 时会用到。另外,传送时间在芯片手册

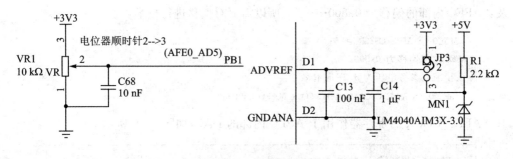

图 9-8　ADC 采集电路与参考电压电路

中没有详细说明，只说明将 TRANSFER 位域设置为 1。

表 9-7　AFEC 时间参数

符　号	参　数	测试条件	最小值	典型值	最大值	单　位
t_{ADC}	ADC 时钟频率		1		20	MHz
t_{CP_ADC}	ADC 时钟周期		50		1000	ns
t_s	采样频率				1	MHz
$t_{START-UP}$	ADC 启动时间	从关闭模式转到普通模式 —参考电压关闭 —模拟电路关闭 从标准模式转到普通模式 —参考电压打开 —模拟电路关闭		16 4	32 8	μs
$t_{TRACKTIM}$	跟踪和保持时间		160			ns
t_{CONV}	转换时间			20		T_{CP_ADC}
t_{cal}	标准时间				306	T_{CP_ADC}
t_{SETILE}	设置时间	设定改变偏移和增益的时间	100			ns

　　在程序中需要使用较高波特率进行 UART 通信，将 MCK 设置为 96 MHz。则能设置的最高 AFEC 时钟频率为 16 MHz（将 AFEC_MR 寄存器的 PRESCAL 参数设置为 2），即每个 AFEC 时钟的周期为 62.5 ns。

　　由此可以计算出，从关闭状态下，完全启动 AFEC 最多需要 512 个 AFEC 时钟。在实际应用中，这个数字可以减小。

　　在运行该示例时，发现当滑动变阻器 VR1 逆时钟旋至极限，即 PB1 引脚电压为 0 V 时，ADC 的输出为 2 048 左右。当 PB1 电压约为 3.3 V 的一半时，ADC 输出值约为 4 095——即达到输出的最大值。

　　注意到 PB1 的最大电压和 ADC 默认的参考电压均为 3.3 V，可以推测出存在一个约为 2 048 的偏移误差。这个误差在 Atmel Studio 6.1 平台提供的 ASF 示例中被提

及:"AFEC 内部的偏移为 0x800……"。所以需要对偏移进行校准:

```
AFEC0 -> AFEC_CSELR = 5;
//AFEC 内部偏移为 0x800
//该校准在参考电压为 3.3V 时有效
AFEC0 -> AFEC_COCR = AFEC_COCR_AOFF(0x800);
```

AFEC_COCR 的寄存器作用于 AFEC 内部的 DAC,如图 9-9 所示。

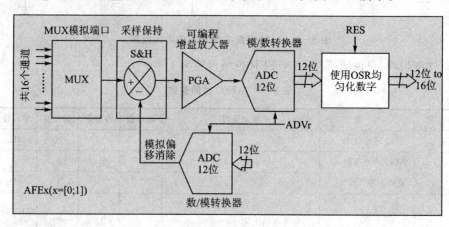

图 9-9　AFEC 内部 DAC

由模块图可知增益与偏移校准作用于输入 V 的方式如下:

- 偏移电压:

$$V_{offset} = (offset/4\ 096) \times V_{ref}$$

- ADC 进行转换的电压:

$$V_{adc\_in} = (V - V_{offset}) \times gain$$

最后,将转换的数值加上 0x800。

3. 软件设计

完整的参考程序如下:

实例编号:9-01　　　内容:ADC 应用实例　　　路径:\Example\Ex9_01

```
/* ----------------------------------------------------------- *
 * 文件名:ADC.cproj                                             *
 * 硬件连接:PB1 模拟输入,使用的 AFEC 为 AFEC0,通道编号为 5      *
 * 程序描述:本实例是测量开发板搭载的滑动变阻器(VR1)的电压,然后把 ADC 转换的结果
 *          通过 UART 打印出来,波特率 115200,数据位 8 位,停止位 0     *
 * 目的:学习如何使用 ADC 接口                                    *
 * 说明:提供 Atmel ADC 基本实例,供入门学习使用                   *
 *                                                              *
```

```
*《ARM Cortex-M4 微控制器原理与应用——基于 Atmel SAM4 系列》教学实例        */
/*[头文件]*/
#include"sam.h"
#include<asf.h>
/* 定义 LED 口,使用 PA0 */
#define LED_PIOC PIOA
#define LED_PIO PIO_PA0
/* 选择 TC0 通道 */
#define gUseTc TC0 -> TC_CHANNEL[0]
/*[中断处理程序]*/
void TC0_Handler(void)
{
    uint32_t status = gUseTc.TC_SR;

    /* 判断中断是否为 RC 比较触发的 */
    if (status & TC_SR_CPCS)
    {
        if ((LED_PIOC -> PIO_ODSR & LED_PIO))
        {
            LED_PIOC -> PIO_CODR = LED_PIO;
        }
        else
        {
            LED_PIOC -> PIO_SODR = LED_PIO;
        }
    }
}
/*[子程序]*/
/* 配置 UART,实现串口标准输入输出 */
static void configure_console(void)
{
    const usart_serial_options_t uart_serial_options = {
        .baudrate = CONF_UART_BAUDRATE,
        .paritytype = CONF_UART_PARITY
    };

    /* 配置 UART */
    sysclk_enable_peripheral_clock(CONSOLE_UART_ID);
    stdio_serial_init(CONF_UART, &uart_serial_options);
}
```

```
/ * 配置 AFEC 接口 * /
void ConfigAFEC(void)
{
    / * 配置 PMC 和 GPIO * /
    / * 启动 AFEC0 时钟 * /
    PMC -> PMC_PCER0 = 1 << ID_AFEC0;
    / * 使能 PB1 PIO 口 * /
    PIOB -> PIO_PER = PIO_PB1;
    / * 禁用 PB1 为输出口 * /
    PIOB -> PIO_ODR = PIO_PB1;
    AFEC0 -> AFEC_MR = AFEC_MR_TRGEN_DIS        //关闭硬件触发
                   | AFEC_MR_SLEEP               //转换完成后进入睡眠模式
                   | AFEC_MR_PRESCAL(2)          // PRESCAL = 2,AFEC CLK = 96 MHz/6 = 16 MHz
                   | AFEC_MR_STARTUP_SUT512      // 启动时间 512 个 AFEC 时钟周期
                   | AFEC_MR_SETTLING_AST3       // 模拟设定时间 3 个 AFEC 时钟周期
                   | AFEC_MR_ANACH_ALLOWED       //容许不同的通道单独设定
                   | AFEC_MR_TRACKTIM(2)         //跟踪时间,3 个 AFEC 时钟周期
                   | AFEC_MR_TRANSFER(1)         //转换时间,5 个 AFEC 时钟周期
                   | AFEC_MR_USEQ_NUM_ORDER;     //控制通道顺序按照数字序列
    / * 进行 12 位采样 * /
    AFEC0 -> AFEC_EMR = AFEC_EMR_RES_NO_AVERAGE;
    / * 通道 5 增益为 1 * /
    AFEC0 -> AFEC_CGR = AFEC_CGR_GAIN5(0);
    / * 通道 5 不使用差分模式,单端模式 * /
    AFEC0 -> AFEC_DIFFR &= ~((uint32_t)1 << 5);        //不使用差分模式
    / * 选择通道 5 * /
    AFEC0 -> AFEC_CSELR = 5;
    / * AFEC 内部偏移为 0x800,该校准在参考电压为 3.3V 时有效 * /
    AFEC0 -> AFEC_COCR = AFEC_COCR_AOFF(0x800);
    / * 使能通道 5 * /
    AFEC0 -> AFEC_CHER = AFEC_CHER_CH5;
}


uint16_t GetADCValue(int ch)
{
    / * 软触发以开始转换 * /
    AFEC0 -> AFEC_CR = AFEC_CR_START;
    / * 等待转换完成(通过查询相应的 EOC 位判断转换是否完成)* /
    while ((AFEC0 -> AFEC_ISR & (1 << ch)) == 0);
```

```
    /*设置通道选择寄存器,使 AFEC_CDR 显示所需通道的转换结果 */
    AFEC0 -> AFEC_CSELR = AFEC_CSELR_CSEL(ch);
    /*返回获得的 ADC 数值 */
    return AFEC0 -> AFEC_CDR;
}

/*[主程序]*/
int main (void)
{
    sysclk_init();
    board_init();
    configure_console();
    printf(" - I - ADC Testing...\n\r");
    /*配置 AFEC */
    ConfigAFEC();
    /*设置阈值 */
    const int min_diff = 10;
    int diff;
    uint16_t adcv;                    //存储 ADC 转换的结果
    uint16_t last_adcv = ~0;
    while(1)
    {
        adcv = GetADCValue(5);
        /*判断电压波动是否超过阈值 */
        diff = (int32_t)adcv - last_adcv;
        if (! (diff > ( - min_diff) && diff < min_diff))
        {
            last_adcv = adcv;
            printf("% d\n\r", (int)adcv);
        }
        // 等待
        for (volatile int i = 0; i< 0xFFFF; ++ i);
    }
}
```

4. Atmel Studio 6.1 平台自带实例

Atmel Studio6.1平台提供了 ASF 库函数实现的一些 AFEC 实例程序,如图 9-10 所示。可参考这些实例程序。

其中,AFEC Automatic Comparison Example 展示了模拟电压自动比较功能,

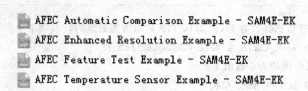

图 9 - 10 AFEC 实例程序

模拟电压通道 5 连接滑动变阻器 VR1,当改变滑阻时改变通道 5 的模拟电压,并且和设定的阈值电压进行比较。通过串口 DBGU 口和电脑进行交互(波特率 115 200 bps,8 位数据位,1 位停止位,无校验),并通过串口终端显示模拟输入电压值及与阈值的比较结果。

AFEC Enhanced Resolution Example 展示了如何提高模拟采样分辨率精度,模拟电压通道 5 连接滑动变阻器 VR1,作为模拟输入。通过串口 DBGU 口和电脑进行交互(波特率 115 200 bps,8 位数据位,1 位停止位,无校验),并通过串口终端的分辨率设置界面,可以选择设置 12 位或 16 位的采集分辨率精度,并且最终输出采集的结果。

AFEC Feature Test Example 对模拟电压采集的多种模式进行了演示,在此实例中,AFEC0 通道 5 连接滑动变阻器,AFEC1 通道 0 连接外部输入。改变输入模拟电压增益测试中,AFEC0 通道 4 连接外部输入;双通道采集测试中,AFEC0 转换每 3 s 由软件触发,AFEC1 转换每 1 s 由定时器触发,AFEC0 通道 5 连接滑动变阻器,AFEC1 通道 0 连接外部输入;差分输入测试中,AFEC0 通道 4 为正,AFEC0 通道 5 为负,电压范围 $-1.65\sim +1.65$ V;连续采集测试中,AFEC0 通道 0 和通道 1 连接外部输入;典型应用测试中,对连接 AFEC0 通道 4 的外部输入进行了增大分辨率、改变增益和偏差补偿测试。通过串口 DBGU 口和计算机进行交互(波特率 115 200 bps,8 位数据,1 位停止位,无校验),并通过串口终端显示测试界面,根据选项测试以上的各种功能。

AFEC Temperature Sensor Example 演示了如何使用温度传感器,使用通道 15 默认温度传感器,设置 RTCT 为 1,TRGEN 不使能并且所有通道不起作用,只有通道 15 每秒钟转换 1 次,在得到采集的电压值后根据数据手册计算出温度值。通过串口 DBGU 口和计算机进行交互(波特率 115 200 bps,8 位数据位,1 位停止位,无校验),并通过串口终端显示测量的温度值。

9.2 数字/模拟转换控制器

9.2.1 DACC 概述

数字/模拟转换控制器(DACC)提供 2 个独立的模拟输出。

DACC 支持 12 位的分辨率,要转换的数据被发送到一个所有通道通用的寄存器中,可配置为外部触发或自由运行模式。

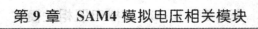

DACC集成了睡眠模式并与PDC通道相连,可降低功耗,减少处理器的干预。用户可以配置DACC时序,如启动时间和刷新周期。

数字/模拟转换控制器(DACC)系统框图如图9-11所示。

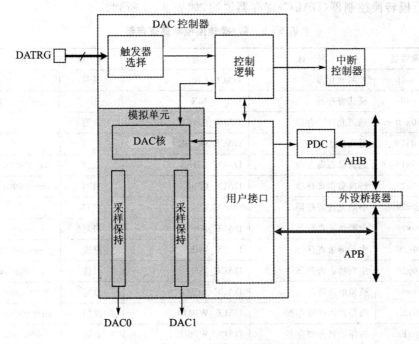

图9-11　数字/模拟转换控制器图

数字/模拟转换控制器(DACC)信号说明如表9-8所列。

表9-8　DACC引脚说明

引脚名称	描　述
DAC0~DAC1	模拟输出通道
DATRG	外部触发

(1) 电源管理

在使用DACC之前,程序员必须先启用位于功耗管理控制器(PMC)中的DAC控制器时钟。当一个转换请求出现时,DACC就会被激活并且至少一个通道被启用。当没有通道被启用时,DACC会自动停用。

(2) 中断源

DACC中断是中断控制器的内部中断源之一,使用DACC中断要求先对中断控制器编程,DACC中断ID是32。

ARM Cortex-M4 微控制器原理与应用——基于 Atmel SAM4 系列

9.2.2 DACC 功能描述

(1) DACC 寄存器

数/模转换控制器(DACC)寄存器说明,如表 9-9 所列。

表 9-9 数/模转换控制器寄存器

偏移量	名　　称	寄存器	权　　限	复位值
0x00	控制寄存器	DACC_CR	只写	—
0x04	模式寄存器	DACC_MR	读/写	0x00000000
0x10	通道允许寄存器	DACC_CHER	只写	—
0x14	通道禁止寄存器	DACC_CHDR	只写	—
0x18	通道状态寄存器	DACC_CHSR	只读	0x00000000
0x20	转换数据寄存器	DACC_CDR	只写	0x00000000
0x24	中断允许寄存器	DACC_IER	只写	—
0x28	中断禁止寄存器	DACC_IDR	只写	—
0x2C	中断屏蔽寄存器	DACC_IMR	只读	0x00000000
0x30	中断状态寄存器	DACC_ISR	只读	0x00000000
0x94	模拟电流寄存器	DACC_ACR	读写	0x00000000
0xE4	写保护模式寄存器	DACC_WPMR	读写	0x00000000
0xE8	写保护状态寄存器	DACC_WPSR	只读	0x00000000

336

(2) 数/模转换

DACC 使用主控时钟(MCK)执行转换,这个主控时钟 2 分频或 4 分频被命名为 DACC 时钟。如果 MCK 时钟频率在 100 MHz 以上,DACC 模式寄存器(DACC_MR)中 CLKDIV 位必须设置 1。一旦转换开始,DACC 需要 25 个时钟周期在选定的模拟输出上给出模拟结果。

(3) 转换结果

转换完成后,产生的模拟值在选定的 DACC 通道输出,DACC 中断状态寄存器中的 EOC 位被置位,读中断状态寄存器(DACC_ISR)时将 EOC 位清零。

(4) 转换触发器

在自由运行模式下,有一个通道被启用时,转换就会开始,并且数据被写入 DACC 转换数据寄存器(DACC_CDR)中。25 个 DACC 时钟周期后,转换数据可在相应的模拟输出得到。

在外部触发模式下,在转换选定触发器的上升沿后开始。

注意:禁用外部触发模式将自动设置 DACC 为自由运行模式。

(5) 转换 FIFO

4 个半字的 FIFO 被用来处理被转换的数据。只要 DACC 中断状态寄存器

(DACC_ISR)的 TXRDY 标志有效,DAC 控制器接收转换请求,写入数据到 DACC 转换数据寄存器。同时,被转换的数据被存储在 DACC FIFO 中。

当 FIFO 已满或 DACC 还没有准备好接收转换请求,TXRDY 标志是无效的。

DACC 模式寄存器的 WORD 位域允许用户在写入 FIFO 时进行半字和字传输的切换。

在半字传输模式下,只有数据转换寄存器(DACC_CDR)数据的 16 个 LSB 数据被考虑在内,即 DACC_CDR[15:0]被存储到 FIFO。

如果置位 DACC_MR 寄存器的 TAG 位域,则 DACC_CDR[11:0]用作数据位域,DACC_CDR[15:12]位域用来进行通道选择。

在字传输模式下,每次 DACC_CDR 寄存器被写入的 2 个数据项被存储在 FIFO 中,转换的第一个采样数据位于 DACC_CDR[15:0],第二个位于 DACC_CDR 的[31:16]。

如果置位 DACC_MR 寄存器中的 TAG 位域,则 DACC_CDR[15:12]和 DACC_CDR[31:28]位域用于通道选择。

注意:当 TX RDY 标志无效时,向 DACC_CDR 寄存器中写数据会破坏 FIFO 中的数据。

(6) 通道选择

在执行数据转换时,有两种方法来选择通道。

默认情况下,使用 DACC_MR 寄存器的 USER_SEL 位域选择通道。

在选择通道进行数据转换时一个更灵活的选项是使用标签模式,设置 DACC_MR 寄存器 TAG 域为 1。在这种方式下,未使用 DACC_CDR[13:12]这 2 位,用同 USER_SEL 域同样的方式选择通道。如果 WORD 位域已被设置,DACC_CDR[13:12]这 2 位被用于第一个数据通道选择,DACC_CDR[29:28]这 2 位用于第二个数据的通道选择。

(7) 休眠模式

DACC 休眠模式在不被用于转换时会自动停用 DACC,以最大限度地节约电能。

当启动转换请求时,DACC 被自动激活。因为模拟单元需要一个启动时间,逻辑单元在这段时间内等待,然后在选定的通道开始转换。当完成所有的转换请求后,DACC 被关闭,直到下一个转换请求到来。

DACC_MR 寄存器具有快速的唤醒模式,作为省电策略和响应能力之间的一种折衷。将 FASTW 位设置为 1 可启用快速唤醒模式,在快速唤醒模式,当没有转换请求时 DACC 并未完全停用,节约的电能有所减少,但唤醒的速度更快(4 倍)。

(8) DACC 时序

DACC 的启动时间必须由用户在 DACC_MR 寄存器的 STARTUP 位域定义。

这一启动时间根据睡眠模式的快速唤醒模式使用情况的不同而不同,用户必须根据对应的快速唤醒模式设置启动时间,而不是使用标准的启动时间。

将 DACC_MR 寄存器的 MAXS 位设置为 1 使用最大速度模式,此时,DAC 控制器不再等待 DACC 块检测到周期信号的结束以开始下一次转换,而是使用一个内部的计数器,此模式在每一个连续的转换中获得 2 个 DACC 时钟周期。

注意:使用这种模式时,DACC_IER 寄存器的 EOC 中断不应被使用,因为它有 2 个 DACC 时钟周期的延迟。

由于转换后的数据产生的模拟电压将在 20 μs 后开始下降,因此,有必要按照一定规律定期刷新通道,以防止这种电压的损失。这就是 DACC_MR 寄存器中 REFRESH 字段的用处,用户可定义模拟信道刷新的时间周期。

注意:刷新周期字段设置为 0 将禁用 DACC 通道的刷新功能。

(9) DACC 应用实例说明

Atmel Studio 6.1 平台提供了基于 ASF 库函数实现的 DAC Sinewave Example - SAM4E - EK 实例产生出正弦波形,可参考此实例。在程序中,通过串口 DBGU 口和计算机进行交互(波特率 115 200 bps,8 位数据位,1 位停止位,无校验),并通过串口终端显示正弦波形的设置菜单,可以设置波形频率 200 Hz~3 kHz,转换数据寄存器 DACC_CDR(波形幅值)设置为 100~4095。

9.3　模拟比较控制器

9.3.1　ACC 概述

设置模拟比较控制器(ACC)可配置模拟比较器,并产生相应的中断。在模拟比较器的输入嵌入了 8 选 1 的复用模块。

模拟比较器比较两个输入电压,产生比较结果输出。用户可选择高速和低功耗模式。此外,迟滞电平、边沿检测和极性是可配置的,ACC 还可以生成 PWM 比较事件。

模拟比较控制器(ACC)特点:

- 有 8 个模拟输入量可用来比较;
- 4 种电压基准可选择比较:温度传感器、ADVREF、DAC0 和 DAC1;
- 可产生中断;
- 可生成被 PWM 使用的比较事件故障。

系统框图如图 9 - 12 所示。

模拟比较控制器信号描述如表 9 - 10 所列。

(1) I/O 口说明

模拟输入引脚(AD0~AD7 和 DAC01)复用为 PIO 口,设定 ACC 模式寄存器(SELMINUS 和 SELPLUS)使能相应的输入口,ACC 输入被自动指定。I/O 引脚说明如表 9 - 11 所列。

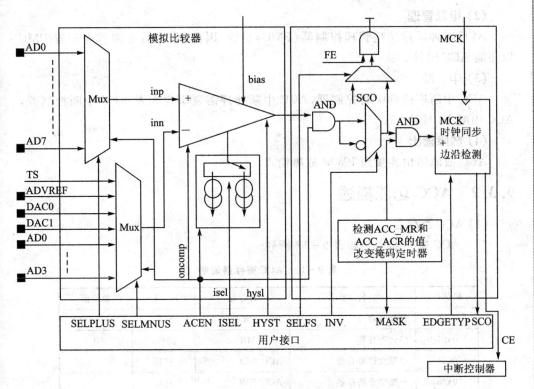

图 9-12 模拟比较器控制框图

表 9-10 信号描述

引脚名称	描 述	类 型
AD0~AD7	模拟输入	输入
TS	片上温度传感器	输入
ADVREF	ADC 模拟参考	输入
DAC0,DAC1	片上 DAC 输出	输入
FAULT	驱动中断 PWM 默认输入	输出

表 9-11 I/O 口说明

多路正输入	多路负输入	多路正输入	多路负输入
AFE0_AD0	温度传感器	AFE0_AD4	AFE0_AD0
AFE0_AD1	ADVREF	AFE0_AD5	AFE0_AD0
AFE0_AD2	DAC0	AFE1_AD0	AFE0_AD0
AFE0_AD3	DAC1	AFE1_AD1	AFE0_AD0

(2) 电源管理

ACC 时钟通过功耗管理控制器（PMC）设置，因此，程序员必须首先配置 PMC 以使能 ACC 时钟。

(3) 中　断

ACC 中断连接到中断控制器，ACC 中断处理需要事先配置 ACC 中断控制器，ACC 中断 ID 号是 33。

(4) 故障输出

ACC 故障输出连接到 PWM 故障输入。

9.3.2　ACC 功能描述

(1) ACC 寄存器

ACC 寄存器说明如表 9-12 所列。

表 9-12　ACC 寄存器说明

偏移量	名　称	寄存器	权　限	复位值
0x00	控制寄存器	ACC_CR	只写	—
0x04	模式寄存器	ACC_MR	读/写	0
0x24	中断允许寄存器	ACC_IER	只写	—
0x28	中断禁止寄存器	ACC_IDR	只写	—
0x2C	中断屏蔽寄存器	ACC_IMR	只读	0
0x30	中断状态寄存器	ACC_ISR	只读	0
0x94	模拟控制寄存器	ACC_ACR	读/写	0
0xE4	写保护模式寄存器	ACC_WPMR	读/写	0
0xE8	写保护状态寄存器	ACC_WPSR	只读	0

(2) ACC 描述

模拟比较控制器（ACC）控制对模拟比较器设置，处理模拟比较器的输出。模拟比较器输出被屏蔽时，输出无效，对 ACC 的设置修改时屏蔽模拟比较器输出。可选择模拟比较器输出事件的下降沿、上升沿或任何边沿触发方式触发模拟比较器的输出比较标志，并产生中断。

(3) 模拟设置

用户可以选择输入迟滞，配置高速或低速的选项：最短的传播延时/最高电流消耗；最长传播延迟/电流消耗降至最低。

(4) 自动输出屏蔽阶段

当模拟比较器的设定变更时，针对模拟控制寄存器（ACC_ACR）的 ISEL 位设定的电流持续时间输出是无效的。在模式寄存器（ACC_MR）或模拟控制寄存器（ACC_ACR）执行写操作，屏蔽阶段被自动触发。当 ACC_ACR 寄存器的 ISEL 位为 0 时，

屏蔽时间为 $8\times t_{MCK}$，否则为 $128\times t_{MCK}$。当从中断状态寄存器（ACC_ISR）读到负值（第 31 位为 1 代表负），表明为输出屏蔽阶段。

（5）故障模式

使用组合逻辑产生故障输出并被直接连接到 PWM 故障输入，故障输出可用来传输比较匹配并立即执行。

（6）ACC 应用实例说明

Atmel Studio 6.1 平台提供了基于 ASF 库函数实现的 ACC Example - SAM4E - EK 实例程序，展示了如何利用 ACC 接口检测输入比较事件。在程序中，分别把 DAC0 和 AD5 作为 2 路输入，其中 DAC0 的范围为 $(1/6)\times$ ADVREF$\sim(5/6)\times$ AD-VREF；AD5 输入电压范围为 $0\sim$ ADVREF，并可通过开发板上的 VR1 滑阻调节。通过串口 DBGU 口和计算机进行交互（波特率 115 200 bps，8 位数据位，1 位停止位，无校验），并通过串口终端显示 ACC 的设置菜单，可以设置 DAC0 输出电压，并可以显示 AD5 输入和 DAC0 输入的比较结果。

第 10 章

SAM4 高级通信模块

本章主要讲述两种高级通信模块:以太网通信模块(GMAC)和 USB 全速串行通信模块,其中包括寄存器说明及各串行通信接口功能描述。

10.1 以太网 MAC

10.1.1 GMAC 概述

以太网 MAC(GMAC)模块实现了 10/100 Mbps 以太网 MAC 与 IEEE 802.3 标准的兼容,可在所有支持的速度下工作于半双工或全双工模式。使用网络配置寄存器选择速度、双工方式和接口类型(MII)。

GMAC 包括两个组成部分:

① GEM_MAC:控制发射、接收、检查和回送地址。

② GEM_TSU:计算 IEEE 1588 定时器的值。

GMAC 模块有如下的嵌入式特征:

- 与 IEEE 标准 802.3 兼容;
- 10/100 Mbps 操作;
- 所支持的操作速度下进行全双工和半双工操作;
- RMON/MIB 统计计数器寄存器;
- MII 接口的物理层;
- 综合物理编码;
- 外部存储器的直接存储器存取(DMA)接口;
- DMA 编程的突发长度和字节存储序列;
- 接收和发送完成及错误产生中断信号;
- 对发送帧作循环冗余校验(CRC);
- 接收和发送 IP、TCP 和 UDP 校验和卸载,支持 IPv4 和 IPv6 数据包类型;
- 针对 4 个 48 位地址的地址检查逻辑,其中包括 4 个类型 ID;

- 管理数据输入/输出（MDIO）接口的物理层；
- 多至 10 240 字节的巨型框架支持；
- 进入暂停帧识别的全双工流量控制和传输帧暂停硬件生成；
- 通过强迫碰撞对收到的帧进行半双工流量控制；
- 支持标记了 VLAN 识别的 802.1Q VLAN 和优先级标记的帧；
- 支持基于优先流量控制的 802.1Qbb；
- 可编程 Inter Packet Gap(IPG) 伸展；
- IEEE 1588 PTP 帧识别；
- IEEE 1588 时间戳单元（TSU）；
- 支持 802.1AS 的定时和同步。

GMAC 系统框图如图 10 - 1 所示。

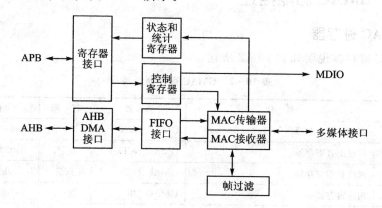

图 10 - 1　GMAC 系统框图

GMAC 包括以下信号接口：

① 外部 PHY 的 MII 接口。

② 外部 PHY 管理的 MDIO 接口。

③ 访问 GMAC 寄存器的 APB 总线接口。

④ 内存访问的主 AHB 接口。

接口说明如表 10 - 1 所列。

表 10 - 1　不同模式下的 GMAC 连接

信号名称	功　能	MII 接口
GTXCK	发送时钟和参考时钟	TXCK
GTXEN	发送启用	TXEN
GTX[3:0]	发送数据	TXD[3:0]
GTXER	发送编码错误	TXER
GRXCK	接收时钟	RXCK

续表 10 - 1

信号名称	功　能	MII 接口
GRXDV	接收数据有效	RXDV
GRX[3:0]	接收数据	RXD[3:0]
GRXER	接收错误	RXER
GCRS	载波检测和数据有效	CRS
GCOL	碰撞检测	COL
GMDC	管理数据时钟	MDC
GMDIO	管理数据输入/输出	MDIO

10.1.2　GMAC 功能描述

1. MAC 寄存器

GMAC 寄存器说明如表 10 - 2 所列。

表 10 - 2　GMAC 寄存器说明

偏移量	名　　称	寄存器	权　限	复位值
0x000	网络控制寄存器	GMAC_NCR	读/写	0x0000_0000
0x004	网络配置寄存器	GMAC_NCFGR	读/写	0x0008_0000
0x008	网络状态寄存器	GMAC_NSR	只读	0b01x0
0x00C	用户寄存器	GMAC_UR	读/写	0x0000_0000
0x010	DMA 配置寄存器	GMAC_DCFGR	读/写	0x0002_0004
0x014	传输状态寄存器	GMAC_TSR	读/写	0x0000_0000
0x018	接收缓冲区队列基址寄存器	GMAC_RBQB	读/写	0x0000_0000
0x01C	发送缓冲区队列基址寄存器	GMAC_TBQB	读/写	0x0000_0000
0x020	接收状态寄存器	GMAC_RSR	读/写	0x0000_0000
0x024	中断状态寄存器	GMAC_ISR	只读	0x0000_0000
0x028	中断允许寄存器	GMAC_IER	只写	—
0x02C	中断禁止寄存器	GMAC_IDR	只写	—
0x030	中断屏蔽寄存器	GMAC_IMR	只读	0x07FF_FFFF
0x034	PHY 维护寄存器	GMAC_MAN	读/写	0x0000_0000
0x038	接收暂停量子寄存器	GMAC_RPQ	只读	0x0000_0000
0x03C	传输暂停量子寄存器	GMAC_TPQ	读/写	0x0000_FFFF
0x080	哈希寄存器底部 [31:0]	GMAC_HRB	读/写	0x0000_0000
0x084	哈希寄存器顶部[63:32]	GMAC_HRT	读/写	0x0000_0000
0x088	特定地址 1 底部[31:0]寄存器	GMAC_SAB1	读/写	0x0000_0000

偏移量	名　　称	寄存器	权　限	复位值
0x08C	特定地址 1 顶部[47:32]寄存器	GMAC_SAT1	读/写	0x0000_0000
0x090	特定地址 2 底部[31:0]寄存器	GMAC_SAB2	读/写	0x0000_0000
0x094	特定地址 2 顶部[47:32]寄存器	GMAC_SAT2	读/写	0x0000_0000
0x098	特定地址 3 底部[31:0]寄存器	GMAC_SAB3	读/写	0x0000_0000
0x09C	特定地址 3 顶部[47:32]寄存器	GMAC_SAT3	读/写	0x0000_0000
0x0A0	特定地址 4 底部[31:0]寄存器	GMAC_SAB4	读/写	0x0000_0000
0x0A4	特定地址 4 顶部[47:32]寄存器	GMAC_SAT4	读/写	0x0000_0000
0x0A8	类型 ID 比较寄存器 1	GMAC_TIDM1	读/写	0x0000_0000
0x0AC	类型 ID 比较寄存器 2	GMAC_TIDM2	读/写	0x0000_0000
0x0B0	类型 ID 比较寄存器 3	GMAC_TIDM3	读/写	0x0000_0000
0x0B4	类型 ID 比较寄存器 4	GMAC_TIDM4	读/写	0x0000_0000
0x0BC	IPG 伸展寄存器	GMAC_IPGS	读/写	0x0000_0000
0x0C0	VLAN 栈寄存器	GMAC_SVLAN	读/写	0x0000_0000
0x0C4	PFC 传输暂停寄存器	GMAC_TPFCP	读/写	0x0000_0000
0x0C8	特定地址 1 掩码底部 [31:0]寄存器	GMAC_SAMB1	读/写	0x0000_0000
0x0CC	特定地址 1 掩码顶部 [47:32]寄存器	GMAC_SAMT1	读/写	0x0000_0000
0x100	位组传输[31:0]寄存器	GMAC_OTLO	只读	0x0000_0000
0x104	位组传输[47:32]寄存器	GMAC_OTHI	只读	0x0000_0000
0x108	帧传输寄存器	GMAC_FT	只读	0x0000_0000
0x10C	广播帧传输寄存器	GMAC_BCFT	只读	0x0000_0000
0x110	组播帧传输寄存器	GMAC_MFT	只读	0x0000_0000
0x114	暂停帧传输寄存器	GMAC_PFT	只读	0x0000_0000
0x118	64 字节帧传输寄存器	GMAC_BFT64	只读	0x0000_0000
0x11C	65~127 字节帧传输寄存器	GMAC_TBFT127	只读	0x0000_0000
0x120	128~255 字节帧传输寄存器	GMAC_TBFT255	只读	0x0000_0000
0x124	256~511 字节帧传输寄存器	GMAC_TBFT511	只读	0x0000_0000
0x128	512~1 023 字节帧传输寄存器	GMAC_TBFT1023	只读	0x0000_0000
0x12C	1 024~1 518 字节帧传输寄存器	GMAC_TBFT1518	只读	0x0000_0000
0x130	大于 1 518 字节的帧传输寄存器	GMAC_GTBFT1518	只读	0x0000_0000
0x134	低载传输寄存器	GMAC_TUR	只读	0x0000_0000
0x138	单冲突帧寄存器	GMAC_SCF	只读	0x0000_0000
0x13C	多冲突帧寄存器	GMAC_MCF	只读	0x0000_0000
0x140	过度冲突寄存器	GMAC_EC	只读	0x0000_0000

ARM Cortex-M4 微控制器原理与应用
——基于 Atmel SAM4 系列

346

偏移量	名　称	寄存器	权　限	复位值
0x144	延迟碰撞寄存器	GMAC_LC	只读	0x0000_0000
0x148	延迟传输帧寄存器	GMAC_DTF	只读	0x0000_0000
0x14C	载波检测错误寄存器	GMAC_CSE	只读	0x0000_0000
0x150	位组接收[31:0]寄存器	GMAC_ORLO	只读	0x0000_0000
0x154	位组接收[47:32]寄存器	GMAC_ORHI	只读	0x0000_0000
0x158	帧接收寄存器	GMAC_FR	只读	0x0000_0000
0x15C	广播帧接收寄存器	GMAC_BCFR	只读	0x0000_0000
0x160	组播帧接收寄存器	GMAC_MFR	只读	0x0000_0000
0x164	暂停帧接收寄存器	GMAC_PFR	只读	0x0000_0000
0x168	64 字节帧接收寄存器	GMAC_BFR64	只读	0x0000_0000
0x16C	65～127 字节帧接收寄存器	GMAC_TBFR127	只读	0x0000_0000
0x170	128～255 字节帧接收寄存器	GMAC_TBFR255	只读	0x0000_0000
0x174	256～511 字节帧接收寄存器	GMAC_TBFR511	只读	0x0000_0000
0x178	512～1 023 字节帧接收寄存器	GMAC_TBFR1023	只读	0x0000_0000
0x17C	1 024～1 518 字节帧接收寄存器	GMAC_TBFR1518	只读	0x0000_0000
0x180	1 519～最大字节帧接收寄存器	GMAC_TMXBFR	只读	0x0000_0000
0x184	过短帧接收寄存器	GMAC_UFR	只读	0x0000_0000
0x188	过大帧接收寄存器	GMAC_OFR	只读	0x0000_0000
0x18C	超时接收寄存器	GMAC_JR	只读	0x0000_0000
0x190	帧校验序列错误寄存器	GMAC_FCSE	只读	0x0000_0000
0x194	帧长度域错误寄存器	GMAC_LFFE	只读	0x0000_0000
0x198	接收标志错误寄存器	GMAC_RSE	只读	0x0000_0000
0x19C	调正错误寄存器	GMAC_AE	只读	0x0000_0000
0x1A0	接收源错误寄存器	GMAC_RRE	只读	0x0000_0000
0x1A4	接收过载寄存器	GMAC_ROE	只读	0x0000_0000
0x1A8	IP 头部校验和错误寄存器	GMAC_IHCE	只读	0x0000_0000
0x1AC	IP 校验和错误寄存器	GMAC_TCE	只读	0x0000_0000
0x1B0	UDP 校验和错误寄存器	GMAC_UCE	只读	0x0000_0000
0x1C8	1588 同步选通秒定时器寄存器	GMAC_TSSS	读/写	0x0000_0000
0x1CC	1588 同步选通纳秒定时器寄存器	GMAC_TSSN	读/写	0x0000_0000
0x1D0	1588 秒单位定时器寄存器	GMAC_TS	读/写	0x0000_0000
0x1D4	1588 毫微秒单位定时器寄存器	GMAC_TN	读/写	0x0000_0000
0x1D8	1588 定时器调整寄存器	GMAC_TA	只写	

偏移量	名　　称	寄存器	权限	复位值
0x1DC	1588 定时器增量寄存器	GMAC_TI	读/写	0x0000_0000
0x1E0	PTP 事件帧传输秒寄存器	GMAC_EFTS	只读	0x0000_0000
0x1E4	PTP 事件帧传输毫微秒寄存器	GMAC_EFTN	只读	0x0000_0000
0x1E8	PTP 事件帧接收秒寄存器	GMAC_EFRS	只读	0x0000_0000
0x1EC	PTP 事件帧接收毫微秒寄存器	GMAC_EFRN	只读	0x0000_0000
0x1F0	PTP 对等事件帧传输秒寄存器	GMAC_PEFTS	只读	0x0000_0000
0x1F4	PTP 对等事件帧传输毫微秒寄存器	GMAC_PEFTN	只读	0x0000_0000
0x1F8	PTP 对等事件帧接收秒寄存器	GMAC_PEFRS	只读	0x0000_0000
0x1FC	PTP 对等事件帧接收毫微秒寄存器	GMAC_PEFRN	只读	0x0000_0000

2. MAC 控制器

MAC 控制器的传输模块从 FIFO 获取数据,然后添加前导,且在必要的情况下,添加填充和帧校验序列(FCS)。其支持以太网的半双工和全双工模式。在半双工模式下,MAC 传输模式根据载波监听多路访问冲突检测(CSMA / CD)协议传输数据。如果载波监听(CRS)是活跃的,则传输会被推迟,如果在传输过程中存在碰撞(COL),则断定存在一个干扰序列且传输在随机推迟后重试。CRS 和 COL 信号在全双工模式下没有影响。

MAC 接收模块检查有效的前导、FCS、对齐和长度,并将数据提供给 MAC 地址检查模块和 FIFO。软件可以配置 GMAC 以便收到最多有 10 240 字节的大型帧,且可以有选择地在接收到的帧传输到 FIFO 之前将其 CRC 取出。

地址检查可以识别出 4 种特定的 48 位地址,4 种不同类型的 ID 值,并包含一个 64 位的 Hash 寄存器,该寄存器可以按照要求匹配组播和单播地址。可识别所有的广播地址,复制所有帧,MAC 也可以拒绝所有不含 VLAN 标记帧和识别局域网唤醒事件。

MAC 接收模块支持卸载 IP、TCP 和 UDP 校验和计算(支持 IPv4 和 IPv6 数据包类型),并且能自动丢弃坏校验帧。

3. 1588 时间戳单元

1588 时间戳单元(TSU)是一个定时器,实现了一个 62 位寄存器的功能。高 32 位数秒,低 30 位数纳秒。当定时 1 秒低 30 位翻转一次,定时器在每个 MCK 周期以纳秒级增加且可访问 APB 寄存器进行调节(递增或递减)。

4. AHB 直接存储器存取接口

GMAC 提供一个 AHB DMA 接口,被配置为使用 DMA 时,DMA 连接到 MAC 模块的 FIFO,以提供 scatter/gather 类型的数据储存(即所需传输数据的地址可以

ARM Cortex-M4 微控制器原理与应用——基于 Atmel SAM4 系列

是分散的)。

GMAC 的 DMA 控制器在 AHB 总线上执行 6 种操作,当 GMAC DMA 配置为内部 FIFO 模式,优先次序为:接收缓冲区管理器的读/写;传输缓冲区管理器的读/写;接收数据的 DMA 写;数据传输的 DMA 读。

(1) 接收 AHB 总线缓冲区

接收到的帧,可选择性地连同 FCS 被写入接收存储器中的 AHB 缓冲区,接收缓冲区的长度由 DMA 配置寄存器设置,其可编程范围为 64～16 KB,默认值为 128 B。

每个接收 AHB 缓冲区的开始位置存储在存储器列表中的接收缓冲区描述符中,其地址由接收缓冲队列指针指出,接收缓冲队列指针的基地址由接收缓冲队列的基地址寄存器配置。

每个列表包含两个字(word),第一个是接收 AHB 总线缓冲区的地址,第二个是接收状态字。如果接收帧超过 AHB 缓冲区的长度,则所使用的缓冲区的状态字被写入零,"帧开始"位例外,其总是检测到在帧的第一个缓冲后置位。地址字段的零位写入 1 表明缓冲区已被使用,接收缓冲区管理器读取下一个接收 AHB 缓冲的位置,并用接收帧数据的下一部分填补。填充 AHB 总线缓冲区直到数据帧完整为止,最终的缓冲区描述符状态字包含完整的帧的状态,表 10-3 所列接收缓冲区描述符为接收缓冲区描述符列表的详细信息。

每个接收 AHB 缓冲区的起始位置是字对齐的,一帧中的第一个 AHB 缓冲区的起始可以多达 3 字节的偏移,这取决于网络配置寄存器中写入位[14]和位[15]的值。如果 AHB 缓冲起始位置是偏移的,则第一个 AHB 缓冲区的可用长度会因为相应的字节数而降低。

表 10-3　接收缓冲区描述符

位	功　能
0 字	
31:2	缓冲区起始地址
1	包—在接收缓冲区描述符列表的最后描述符标志
0	所有权—GMAC 的接收缓冲区写入数据需要清零,当成功写一帧数据到存储器后 GMAC 将其设置为 1。在这个缓冲区被使用之前软件需要清除该位。
1 字	
31	全局所有的广播地址被检测
30	多组播哈希匹配
29	单组播哈希匹配
28	—
27	特定地址寄存器相匹配,位[25]和位[26]描述哪个特定地址寄存器产生匹配

位	功　能
26:25	特定地址寄存器匹配： 00-特定地址寄存器 0 匹配 01-特定地址寄存器 1 匹配 10-特定地址寄存器 2 匹配 11-特定地址寄存器 3 匹配 如果多于 1 个特定地址发生匹配，根据 4 到 1 的优先级级别只有一个被响应
24	根据是否启用 RX 校验和卸载，这位有不同含义 禁用 RX 校验和卸载：(清除位[24]的网络配置) 类型 ID 寄存器匹配，位[22]和位[23]描述哪个类型 ID 寄存器产生匹配 启用 RX 校验和卸载：(置位[24]位的网络配置) 0-这帧不是 SNAP 编码，有 VLAN 标签并且规范格式标准(CFI)位置位 1-这帧是 SNAP 编码，没有 VLAN 标签并且 CFI 位没有被置位
23:22	根据是否启用 RXchecksum offloading，该位有不同含义 禁用 RXchecksum offloading：(清除位[24]的网络配置) 类型 ID 寄存器匹配编码为： 00-类型 ID 寄存器 1 匹配 01-类型 ID 寄存器 2 匹配 10-类型 ID 寄存器 3 匹配 如果多于 1 个特定地址发生匹配，根据 4 到 1 的优先级级别只有一个被响应 启用 RXchecksum offloading：(设置网络配置寄存器的位[24]) 00-IP 报头校验和 TCP/UDP 校验都未被检查 01-IP 报头校验被检查，无论是 TCP 还是 UDP 校验都未被检查 10- IP 报头校验和 TCP 校验都被检查，且检查正确 11- IP 报头校验和 UDP 校验都被检查，且检查正确
21	VLAN 标签检测-0x8100 的类型 ID。分组合并堆叠 VLAN 数据包处理功能的特征，如果第二个 VLAN 标签具有 0x8100 类型 ID,则此位将被置位
20	优先级标记检测-0x8100 的类型 ID 和无效 VLAN 标识符。分组合并堆叠 VLAN 数据包处理功能的特征，如果第二个 VLAN 标签有一个 0x8100 的类型 ID 和一个空的 VLAN 标识符则此位将被置位
19:17	VLAN 优先级-只有位[21]被置位时才有效
16	规范格式指示器(CFI)位(只有当位[21]置位时才有效)
15	帧的结束-当设置缓冲区包含一个帧结束时。如果没有设置结束帧，则唯一有效的状态位是帧的起始位(位[14])
14	帧的起始-当设置缓冲区包含一帧起始时。如果位[15]和位[14]被置位，则该缓冲区包含一个完整的帧

续表 10 - 3

位	功 能
13	该位根据巨型帧模式和忽视 FCS 模式是否启用具有不同的含义。如果没有模式启用则该位为零 巨型帧模式启用:(网络配置寄存器的位[3]被置位)帧长度的附加位(位[13]),并与位[12:0]级联 忽略 FCS 模式启用和禁用:(网络配置寄存器的位[26]被设置和网络配置寄存器的位[3]被清除)表示每帧的状态如下: 0-帧具有良好的 FCS 1-帧具有坏的 FCS,忽视 FCS 模式启用时会被复制到存储器中
12:0	表示接收帧的长度,是否包括 FCS 取决于 FCS 丢弃模式是否启用 FCS 丢弃模式禁用:(网络配置寄存器的位[17]被清除)包含 FCS 的帧长度的最重要的位[12]。如果启用了巨型帧,位[12]与以上描述的位[13]级联 FCS 丢弃模式启用:(网络配置寄存器的位[17]被置位)不包括 FCS 的帧长度的最重要的位[12]。如果启用了巨型帧,位[12]与以上描述的位[13]级联。

对于接收帧来说,AHB 缓冲区描述符必须通过在每个列表项的第一个字的位[31:2]编写一个合适的地址才可以初始化,位[0]必须写零,位[1]是包位且在缓冲区描述符列表中表明最后一项。

在接收启用之前,接收缓冲区描述符列表的开始位置必须写入接收缓冲区队列基址(网络控制寄存器接收使能)。若接收使能,则任何写入接收缓冲队列基地址寄存器的值都会被忽略。当读取时,基址寄存器将返回描述符列表的当前指针的位置,尽管只在禁用接收时才稳定。

如果过滤块表示帧被复制到存储器中,则接收数据的 DMA 操作开始写数据到接收缓冲区中。如果发生错误,则该缓冲区回收。

GMAC 的内部计数器代表接收缓冲队列指针,不能通过 CPU 接口直接访问,接收缓冲队列指针在每个缓冲区被使用后递增两个字,任何描述符的包位被设置,都将重新初始化接收缓冲队列的基地址。

当接收 AHB 缓冲区使用时,AHB 接收缓冲区管理器将描述符的第 0 位设置为1,以表示 AHB 缓冲已被使用。

软件通过搜索 AHB 缓冲区描述符中的"已使用"位发现已经收到帧数,并检查起始帧和结束帧位的设置情况。

对于一个正常工作的 10/100 以太网系统不应具有过长帧或大于 128 字节的CRC 错误帧,碰撞碎片要小于 128 字节长,因此当使用 128 字节的默认值作为接收缓冲区的大小时,在接收 AHB 缓冲区中很难找到一个帧片段。

当接收缓冲区管理器读取接收 AHB 缓冲区的位置时,如果接收缓冲区描述符的零位已被置1,则缓冲区早已被使用且不能再次使用直到软件已处理帧及零位被

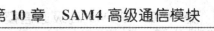

清除。在这种情况下,接收状态寄存器中的"缓冲区不可用"位置位且触发中断,登记的接收资源错误统计也增加。

(2) 发送 AHB 缓冲区

需要传输的帧存储在一个或多个传输 AHB 总线缓冲区,传输帧的长度可为 1～16 384 字节,所以能够发送比在 IEEE 802.3 标准中指定的最大长度还要长的帧。应当指出零长度的 AHB 缓冲区是被允许的,且允许每个传输帧的最大缓冲区数是128 字节。

每个传输 AHB 缓冲区的起始位置存储在存储器中,在发送缓冲区描述符的列表中其位置由传输缓冲区队列指针指出,这个队列指针的基地址在软件中通过使用传输缓冲区队列基址寄存器进行设置。每个列表包含两个字,第一个是发送缓冲区的字节地址,第二个是包含传送控制和状态字节。配置了 32 位数据路径的基于 FIFO 的 DMA,该缓冲区地址是一个字节地址。

帧可以在自动或不自动生成 CRC 的情况下进行传输。如果 CRC 是自动生成的,则填充也将自动产生以使帧达到 64 字节的最小长度;当 CRC 不是自动产生的(就像在发送缓冲区描述符的第一个字或通过 FIFO 控制总线所定义的),则会假定帧至少为 64 字节长,不产生填充。

任何一个在发送缓冲区描述符列表中的描述符都在表 10-4"发送缓冲区描述符"中描述。

为了传输帧,缓冲区描述符必须通过在每个描述符列表的第一个位[31:0]写一个适当的字节地址来初始化。

不管 MAC 是否附加 CRC 及缓冲区中是否为该帧中最后一个缓冲区,发送缓冲区描述符的第二个字由具有指示该帧长度的控制信息来初始化。在传输后状态位连同使用位写回到第一个缓冲区的第二个字。位[31]是使用位,且如果传输发生,控制字被读取时其必须为 0,一旦帧被传输则其被置为 1;位[29:20]表示各种传输错误条件;位[30]是包位且可以在一个帧的任意缓冲中被置位,如果没有包位时则队列指针继续增加。

发送缓冲区队列基址寄存器只能在传输被禁用或停止时更新,否则将忽略任何写尝试。当传输停止时,发送缓冲区队列指针将保持其值。因此,当传输重新启动时,将会从上一次传输完成时描述符队列的下一项中获取新的描述符;当传输禁用时(网络控制寄存器的位[3]设置为低),发送缓冲区队列指针重置为指向传输缓冲区队列基址寄存的地址。请注意,禁用接收对接收缓冲队列指针不具有相同的效果。

传输队列初始化后,向网络控制寄存器的发送起始位(位[9])写入/启动传输。当读到一个缓冲区描述符的使用位为 1,或发生传输错误,或向网络控制寄存器写入发送停止位时,发送停止。如果接收一个暂停帧,且网络配置寄存器的暂停允许位置位则传输被暂缓。传输进行时允许重写起始位,此时,TXGO 变量(传输状态寄存器的位[3])是可读的。

如下情况时 TXGO 变量可重置：①传输禁用；②一个缓冲区描述符及其他所有位被设置为读；③写网络控制寄存器的 THALT 位（位[10]）；④有传输错误如重试次数太多，或传输欠载。

设置 TXGO，需通过网络控制寄存器的 TSTART 位（位[9]）停止传输，但传输停止不会生效直到任何正在进行的传输完成为止。

如果 DMA 配置为内部 FIFO 模式，则传输将自动从帧的第一个缓冲区重新启动。

通过多缓冲帧读取使用位传输被视为一个传输错误，传输将停止，GTXER 被判定且 FCS 将被破坏。

如果传输由于传输错误或使用位被读取而停止，则当发送起始位改写时传输将从帧的第一个缓冲区描述符重新开始。

表 10-4　发送缓冲区描述符

位	功　能
	0 字
31:0	缓冲区的字节地址
	1 字
31	使用位-为了使 GMAC 将数据读取到发送缓冲区必须为零，一旦第一个缓冲区被成功地传输 GMAC 将此设置为 0。 软件必须在缓冲区可以再次使用之前清除该位
30	包-发送缓冲区描述符列表中标记最后一个描述符，可在帧内的任何缓冲区中置位
29	超出重试限制，传输错误检测
28	正在传输-当分组数据的起始已被写入到 FIFO 时，或者传送状态寄存器 HRESP 位错误，或发送数据无法及时读取时，又或者当缓冲区发生溢出时
27	由于 AHB 错误，传输帧损坏-如果中途发生错误可以通过从 AHB 读取传输帧置位，包括 HRESP 错误和帧中缓冲区衰竭（在传输过程中如果缓冲区用完则传送输停止，FCS 被破坏且检测到 GTXER 错误）
26	最近一次碰撞，检测到传输错误
25:23	保留
22:20	传输 IP / TCP / UDP 校验和生成卸载错误： 000-没有错误 001-数据包被确定为 VLAN 型，但头部不完全，或有一个错误 010-数据包被确定为 SNAP 型，但头部不完全，或有一个错误 011-该包是不是一种 IP 类型，或者 IP 数据包无效，或者 IP 不是 IPv4/IPv6 类型 100-该包未被确定为 VLAN、SNAP 或者 IP 101-不支持数据包分段，针对 IPv4 数据包，生成和插入 IP 校验 110-数据包类型的检测不是 TCP 或 UDP，未产生 TCP/UDP 校验。针对 IPv4 数据包，生成和插入 IP 校验和 1110-检测出分组过早结束且不能生成 TCP/UDP 校验

续表 10 - 4

位	功　　能
19:17	保留
16	MAC 没有附加 CRC。当置位时,意味着在缓冲区中的数据早已包含一个有效的 CRC,因此没有 CRC 或填充物要利用 MAC 附加到当前帧 该控制位必须设置在一帧的第一个缓冲区中,且其在一帧的后续缓冲区中将被忽略。 请注意,该位必须在使用传输 IP／TCP／UDP 校验和生成卸载时被清除,否则校验码的生成和替代不会发生。
15	最后一个缓冲区,当置位此位时,表示当前帧中的最后一个缓冲区已到达
14	保留
13:0	缓冲区的长度

(3) AHB 总线上 DMA Burst

DMA 使用 SINGLE 或 INCR 类型的 AHB 存取进行缓冲管理操作。数据传输时,可使用 DMA 配置寄存器位[4:0]编程处理 AHB 突发长度,则在 SINGLE、INCR或固定长度的突发(INCR4、INCR8 或 INCR16)都可以在 DMA 传输中使用。

当有足够的空间和足够的传输数据时,固定突发长度的程序将被使用。如果没有足够的数据或空间可用,例如当在一个缓冲区的开始或结束时,SINGLE 类型的访问会被使用。同样 SINGLE 类型的访问也使用 1 024 B 的边界,这样 1 KB 边界不会因为每一次的 AHB 要求而突发。

353

DMA 不会过早地终止一个固定长度的突发,除非在 AHB 中发生了错误,或者接收或发送被禁用。

5. MAC 传输模块

MAC 传输机以半双工或全双工模式操作,传输帧以太网 IEEE 802.3 为标准。在半双工模式下,遵循 IEEE 802.3 规范的 CSMA/CD 协议。

一个小的输入缓冲区通过 FIFO 接收数据,缓冲区大小取决于网络配置寄存器的 DMA 总线宽度控制位,数据抽取为 32 位形式,所有后续的处理在最后输出之前以字节形式完成。

数据传输通过 MII 接口(见 10.1.4 小节 GMAC 应用实例)完成,帧集成从添加前导码和帧起始定界符开始,数据从 FIFO 中一次一个字提取,如果有必要,要对帧进行填充以使其长度为 60 字节。CRC 用一个 32 位的多项式计算,取反后附加到帧末尾,使帧长度为最小 64 字节。如果一个传输帧的最后一个缓冲区描述符的第二个字无 CRC 位(no CRC bit)置位,则填充和 CRC 都不会添加,无 CRC 位也可以通过FIFO 设置。

在全双工模式下(以所有的数据速率)帧立即发送,为保证帧间的差距,相邻帧的发送间隔至少为 96 位传输时间。

在半双工模式下,传输器侦测载波信号。如果检测到信号,则发送端等待信号变为无效,在 96 位传输时间的帧间距后开始传输。如果在传输过程中检测出碰撞信号,则发送端发送来自数据寄存器的 32 位阻塞序列,然后在退避时间结束后重新发送数据。如果任何前导或帧起始定界符(SFD)发生碰撞,则这些字段会在干扰序列生成之前被发送完成。

退避时间基于来自 FIFO 的数据中 10 个最低有效位和一个 10 位的伪随机数发生器数据,使用的位数取决于碰撞次数。在第一次碰撞后 1 位被使用,紧接着第二位被使用等,最多可达 10 位,10 次以上的碰撞均使用 10 位,如果连续多达有 16 次碰撞则显示错误且不会再传输。此操作与 IEEE 802.3 标准的 4.2.3.2.5 协议兼容,参考截断二进制指数后退算法。

在 10/100 M 模式下,碰撞和碰撞后的处理是完全相同的,后退和重试将被执行 16 次。这种状况由发送缓冲区描述符字 1 表示(碰撞后,位[26]),或由发送状态寄存器(碰撞后,位[7])表示。一个中断也可以在发生这种异常时产生(如果已启用),中断状态寄存器的位[5]也将被置位。

在所有的操作模式下,如果传输 DMA 在运行,则当阻塞插入和 GTXER 信号被断定时,一个坏的 CRC 使用相同的机制自动添加,对于正确的配置系统,这应该永远不会发生。

当网络配置寄存器(GMAC_NCFGR)的位[28](IPGSEN)置位时,内部数据包的间距(Inter Packet Gap,IPG)可能超出 96 位,这取决于先前发送的帧的长度和写入 IPG 伸展寄存器(GMAC_IPGS)的值。IPG 伸展寄存器低 8 位(位[7:0])乘以先前帧的长度(包括前导),帧的长度除以接着的 8 位(位[15:8])(+1 以免除零)产生 IPG。IPG 伸展只在全双工模式下及当网络配置寄存器的位[28]被置位时才起作用,IPG 伸展寄存器不能被用来缩小 IPG 使其低于 96 位。

如果网络控制寄存器的 BP 位(back pressure bit)置位,或如果 GMAC_UR 寄存器(10M 或 100M 的半双工模式)HDFC 位置位,传输块传输 64 位数据,包含半字节 1011 共 16 个或以位率模式发送的 64 个 1,提供一种在半双工模式下实施流量控制的方法。

6. MAC 接收模块

在 MAC 接收模块上的所有处理通过一个 16 位的数据路径实现,MAC 接收块检查有效的前导、FCS、对齐和长度,将接收帧放在 FIFO 且通过地址检查块存储要使用帧的目的地址。

如果在帧接收期间发现帧太长,则发送一个坏帧指示到 FIFO,接收器逻辑停止发送数据到存储器中。

在帧接收结束时接收模块向 DMA 模块指示该帧是好还是坏,如果该帧是坏帧则 DMA 模块将恢复当前的接收缓冲区。

以太网帧通常存储在 DMA 存储器,FCS 存储在 FIFO,设置网络配置寄存器

(GMAC_NCFGR)的 FCS 移除位将在报告的帧长度字段减少 4 字节。

当对齐、CRC(FCS)、短帧、帧长、逾限或接收符号错误发生时,接收模块向寄存器模块发出信号记录这些异常。

如果 GMAC_NCFGR 寄存器的 IRXFCS 位置位,则 CRC 错误被忽略且 CRC 错误帧不会被丢弃,帧校验序列误差统计寄存器(GMAC_FCSE)仍将增加。此外,如果配置为使用 DMA 和未启用 JUMBO 帧模式,则接收描述符字 1 的位[13]将被更新为显示特定帧的 FCS 有效。这对应用程序如 EtherCAT 是有用的且有 FCS 错误的单个帧必须是确定的。

置位 GMAC_NCFGR 寄存器 LFERD 位可进行接收帧长度字段的错误检查。接收端将帧的测量长度与从帧中提取的长度字段(13 和 14 字节)进行比较,如果测量长度较短则丢弃该帧。这个检查程序可检查长度在 64 字节和 1 518 字节之间的接收帧。每一个被丢弃的帧都被放在 10 位长度字段错误统计寄存器中,长度字段大于或等于 0x0600 的帧不会被检查。

7. TCP 和 UDP 的校验

GMAC 在接收和发送时可以通过编程执行 IP、TCP 和 UDP 校验和卸载,置位网络配置寄存器(GMAC_NCFGR)的 RXCOEN 位用于接收校验;置位 DMA 配置寄存器(GMAC_DCFGR)的 TXCOEN 位用于发送校验。

为了计算校验需要对数据包的每个字节进行处理,对于 TCP 和 UDP 来说需要大量的处理能力,校验和计算利用硬件实现可以使性能显著改进。

对于 IP、TCP 或 UDP 来说利用硬件完成校验是有意义的,操作系统包含的协议栈必须意识到可以使用硬件进行校验。

接收校验:

当 GMAC 的接收校验已启用时,按照 RFC 791 进行 IPv4 报头校验,其数据包符合下列标准:

① 存在 VLAN 头,且必须是四字节长,CFI 位不能置位。

② 封装必须是 RFC 894 以太网类型编码或 RFC 1042 SNAP 编码。

③ IPv4 数据包。

④ IP 头部是有效长度。

如果符合以下标准,GMAC 按照 RFC 793 进行 TCP 校验,或按照 RFC 768 进行 UDP 校验:

① IPv4 和 IPv6 数据包。

② 良好的 IP 头部校验(如果是 IPv4)。

③ 没有 IP 碎片。

④ TCP 或者 UDP 数据包。

当一个 IP、TCP 或 UDP 帧被接收时,如果 GMAC 能够验证校验和,则接收缓冲区描述符提供相应指示。如果帧已经进行 SNAP 封装(IEEE 802.3 的一个标准)也有相应指示,接收校验已启用时,指示位将取代类型 ID 匹配指示位。了解指示位的详情请参考表 10-3"接收缓冲区描述符"。

如果任何校验和通过 GMAC 验证为错误,数据包会被丢弃且适当的统计计数器会递增。

8. MAC 过滤模块

过滤模块决定哪些帧应写入 FIFO 和可选的 DMA,一个帧是否通过过滤器取决于网络配置寄存器中的启用内容、外部匹配引脚的状态、具体地址的内容、类型和哈希寄存器及帧的目的地址和类型字段。

如果网络配置寄存器(GMAC_NCFGR)的允许半双工模式帧接收 EFRHD 位未置位,则当 GMAC 在半双工模式下传输时,帧将不会被复制到存储器,即使当时目的地址已被接收。

以太网帧一次发送一字节,从最低有效位开始。以太网帧的前 6 字节(48 位)构成目的地址。目的地址的第一位,即该帧的第一个字节的 LSB,是广播位或单播位,该位为 1,表示是一个广播地址,为 0 则表示一个单播地址。所有位均为 1 的地址是特殊的广播地址。

GMAC 支持 4 个具体的地址识别,每一个具体的地址需要 2 个寄存器:特定地址底部[31:0]寄存器和特定地址顶部[47:32]寄存器。特定地址底部[31:0]寄存器存储目的地址的头 4 字节,特定地址顶部[47:32]寄存器包含最后 2 字节,该地址存储可以是特定的、组、局部或全局。

一旦特定地址寄存器被启用,则接收帧目的地址与存储在特定地址寄存器的数据就会进行比较,地址在复位时或者当其相应的特定地址底部寄存器被写时是无效的。当特定地址顶部寄存器被写入时它们被激活,如果接收帧地址匹配一个活跃的地址,如果 FIFO 或 DMA 被使用,则该帧会被写入到 FIFO 和 DMA 存储器上。

帧可以使用匹配的类型 ID 字段进行过滤,GMAC 寄存器地址空间有 4 种类型 ID 比较寄存器[GMAC_TIDM1..GMAC_TIDM4],写 1 到类型 ID 匹配寄存器的 MSB(位[31])可启用匹配。当一个帧被接收时,通过各种类型或功能完成匹配。

每种类型 ID 比较寄存器的内容(当启用时)与被接收帧的长度/类型 ID 进行比较(例如,在非 VLAN 和非 SNAP 封装帧的 13 字节和 14 字节),如果找到匹配则复制到存储器。如果接收到的硬件校验和(checksum offload)被禁用,则设置在接收缓冲区描述符状态的编码类型 ID 匹配位(字 0,位[22]和位[23]),说明类型 ID 比较寄存器已产生匹配。类型 ID 比较寄存器复位状态为零,因此,每个类型 ID 比较寄存器的最初状态都被禁用。

下面示例阐释了对于 21:43:65:87:A9:CB 的 MAC 地址来说地址和寄存器类型 ID 匹配的使用:

SFD	D5	帧起始分隔符
DA (Octet 0 – LSB)	21	目标地址
DA (Octet 1)	43	
DA (Octet 2)	65	
DA (Octet 3)	87	
DA (Octet 4)	A9	
DA (Octet 5 – MSB)	CB	
SA (LSB)	00[(1)]	源地址
SA	00[(1)]	
SA	00[(1)]	
SA	00[(1)]	
SA	00[(1)]	
SA (MSB)	00[(1)]	
Type ID (MSB)	43	类型 ID
Type ID (LSB)	21	

注:(1)包含传输设备的地址。

上面的顺序显示了以太网帧的头部,传输字节顺序从上到下。为使特定地址 1 匹配成功,需要作以下设置:

特定地址 1 底部[31:0]寄存器(GMAC_SAB1)(地址 0x088)0x87654321
特定地址 1 顶部[47:32]寄存器(GMAC_SAT1)(地址 0x08c)0x0000cba9

为使类型 ID1 匹配成功,需要做出以下设置:

类型 ID 匹配 1 寄存器(GMAC_TIDM1)(地址 0x0a8)0x80004321

9. 广播地址

只有网络配置寄存器(GMAC_NCFGR)的 NBC 位(无广播位)设置为零时,地址为 0xFFFFFFFFFFFF 的广播帧才会被存储到存储器中。

10. 哈希地址

64 位长哈希(Hash)地址寄存器,占用了内存映射的两个位置,最低有效位存储在哈希底部寄存器(GMAC_HRB),最高位在哈希顶部寄存器(GMAC_HRT)。

网络配置寄存器(GMAC_NCFGR)单播和组播的哈希启用位(UNIHEN 位和 MTIHEN 位)能够使哈希匹配帧接收启用,目的地址使用如下的散列函数减少到 6 位索引且放于 64 位哈希寄存器中,哈希函数是目的地址的每第 6 位异或。

```
hash_index[05] = da [05]^da [11]^da [17]^da [23]^da [29]^da [35]^da [41]^da [47]
hash_index[04] = da [04]^da [10]^da [16]^da [22]^da [28]^da [34]^da [40]^da [46]
hash_index[03] = da [03]^da [09]^da [15]^da [21]^da [27]^da [33]^da [39]^da [45]
hash_index[02] = da [02]^da [08]^da [14]^da [20]^da [26]^da [32]^da [38]^da [44]
hash_index[01] = da [01]^da [07]^da [13]^da [19]^da [25]^da [31]^da [37]^da [43]
hash_index[00] = da [00]^da [06]^da [12]^da [18]^da [24]^da [30]^da [36]^da [42]
```

da[0]代表接收第一字节的最低有效位,是多播/单播指示器,da[47]代表最后接收的一个字节的最高有效位。

如果散列索引指向哈希寄存器中一个被置位的位,则该帧将根据该帧是组播还是单播进行匹配。

如果置位组播哈希允许位则一个多播匹配将会被进行,da[0]是逻辑 1 且 Hash 索引指向哈希寄存器中一个被置位的位。

如果置位单播哈希允许位则一个单播匹配将会被进行,da[0]是逻辑 0 且 Hash 索引指向哈希寄存器中一个被置位的位。

为了接收所有的组播帧,所有的哈希寄存器应被设置且网络配置寄存器的组播哈希启用位应置位。

11. 复制所有帧(混杂模式)

如果网络配置寄存器(GMAC_NCFGR)的复制所有帧位(CAF 位)置位,则所有的帧(除了那些太长,太短,在接收过程中有 FCS 错误或有 GRXER 接收错误的帧)将被复制到存储器中,如果网络配置寄存器 IRXFCS(位[26])置位则有 FCS 错误的帧也会被复制。

12. 禁止复制暂停帧

暂停帧可通过置位网络配置寄存器的 DCPF 位(暂停帧禁用复制控制,第 23 位)来防止被写入存储器。此时无论 CAF 位(复制所有帧位)的状态如何,在此过程中是否发现一个哈希匹配、类型 ID 匹配被识别或者找到目的地址匹配时,暂停帧都不会被复制到存储器。

13. VLAN 支持

以太网编码 802.1Q VLAN 标签如表 10-5 所列。

表 10-5　802.1Q VLAN 标签

TPID(协议标记 ID)16 位	TCI(标志控制信息)16 位
0x8100	包括 3 位优先级、CFI 位和 12 位 VID(VLAN 标识符)

VLAN 标签插入到帧的第 13 字节且添加一个额外的 4 字节,为了支持这些额外的 4 字节,GMAC 设置网络配置寄存器的 MAXFS 位(1 536 是最大帧长度)使其可接受的帧长度为 1 536 字节。

如果 VID(VLAN 标识符)为空(0x000)表明是一个优先标记(priority-tagged)帧,在接收缓冲区描述符状态字的以下位状态给出了有关 VLAN 标记帧的信息:

如果接收的帧有 VLAN 标记则第 21 位置位(即 0x8100 的类型 ID)。

如果接收的帧有优先标记则第 20 位置位(即 0x8100 的类型 ID 和空 VID)。(如果第 20 位置位,则第 21 位也将置位)。

如果第 21 位置位则第 19 位、第 18 位和第 17 位被设置为较高优先级。

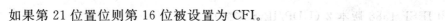

如果第 21 位置位则第 16 位被设置为 CFI。

GMAC 可置位网络配置寄存器,丢弃非 VLAN 帧位,配置 VLAN 标记帧,拒绝其他所有帧。

14. IEEE 1588 支持

IEEE 1588 是局域网络内的精确时间同步标准,与特殊精密时间协议(PTP)帧一起工作,PTP 消息可以在 IEEE 802.3/Ethernet、IPv4 或 IPv6 下传输,如 IEEE P1588.D2.1 的附件中描述一样.

GMAC 输出引脚表示所有帧的消息时间戳点(在开始分组分隔符判定和在帧结束判定)和 PTP 事件帧的通道(在 PTP 事件帧检测时判定和在帧结束判定)。

主从时钟之间的同步是一个两阶段过程:

首先,主从时钟之间的偏移量由主机发送同步帧给从机,接着发送包含准确时间的同步帧进行校正。硬件辅助模块在主、从侧准确地检测出什么时候同步帧被主机发送,以及什么时候同步帧被从机接收,从机校正时钟以便与主时钟匹配。

其次,主从之间的传输延迟被校正,从机发送一个延迟请求帧给主机,主机则发送延迟响应帧回复。主机和从机的硬件辅助模块准确检测出什么时候从机发送了延迟请求帧,以及什么时候主机接收了延迟请求帧,从机有足够的信息调整引起延迟的时钟。例如,假如从机为零延迟,则实际延迟将为发送和接收延迟请求帧时间之差的一半(假设发送和接收时间相等),因为从时钟早就由于延迟时间而滞后于主时钟。

当消息时间戳点经过时钟时间戳点时时间戳被取走,对于以太网来说报文时间戳点为 SFD 接口,时钟时间戳点为 MII 接口。(IEEE 1588 规范指的同步和 delay_req 消息都称为事件消息,都需要时间戳。延迟响应与管理信息不需要时间戳,被称为一般消息)。

IEEE 1588 版本 2 中定义了两个额外的 PTP 事件消息,这些都是同节点的延迟请求(Pdelay_Req)和同节点的延迟响应(Pdelay_Resp)消息。这些消息被用来计算链路上的延迟,链路两端节点都发送这两种帧类型(无论是否含有主从时钟)。Pdelay_Resp 消息包含 Pdelay_Req 接收时间且其本身就是事件消息,Pdelay_Resp 收到消息的时间是以 Pdelay_Resp_Follow_Up 消息返回的。

IEEE 1588 版本 2 引入有两种类型的透明时钟(transparent clocks):点到点(P2P)和端到端(E2E)。

透明时钟通过桥来测量事件消息的传输时间和修改消息里的校正字段以便进行传输,P2P 透明时钟使用从对等延迟帧聚集的信息对链路的接收路径所产生的延迟进行校正。P2P 透明时钟的 delay_req 信息不被用来测量链路延迟,简化了协议并使更大的系统变得更稳定.

GMAC 能识别 4 种不同的封装的 PTP 事件消息:

① IEEE 1588 版本 1(UDP/IPv4 多播)

② IEEE 1588 版本 2(UDP/IPv4 多播)

③ IEEE 1588 版本 2（UDP/IPv6 多播）

④ IEEE 1588 版本 2（Ethernet 多播）

IEEE 1588 版本各种格式下的例子如下：

（1）IEEE 1588 版本 1 格式下的同步帧的例子：

Preamble/SFD	55555555555555D5
DA（Octets 0 – 5）	
SA（Octets 6 – 11）	
类型（Octets 12 – 13）	0800
IP stuff（Octets 14 – 22）	
UDP（Octet 23）	11
IP 填充（Octets 24 – 29）	
IP DA（Octets 30 – 32）	E00001
IP DA（Octet 33）	81 or 82 or 83 or 84
源 IP 端口（Octets 34 – 35）	
目的 IP 端口（Octets 36 – 37）	013F
其他填充（Octets 38 – 42）	
PTP 版本（Octet 43）	01
其他填充（Octets 44 – 73）	
控制（Octet 74）	00
其他填充（Octets 75 – 168）	

（2）IEEE 1588 版本 1 格式下的延迟请求帧的例子：

Preamble/SFD	55555555555555D5
DA（目标地址）（Octets 0 – 5）	
SA（源地址）（Octets 6 – 11）	
类型（Octets 12 – 13）	0800
IP 填充（Octets 14 – 22）	
UDP（Octet 23）	11
IP 填充（Octets 24 – 29）	
IP DA（Octets 30 – 32）	E00001
IP DA（Octet 33）	81 or 82 or 83 or 84
源 IP 端口（Octets 34 – 35）	
目的 IP 端口（Octets 36 – 37）	013F
其他填充（Octets 38 – 42）	
PTP 版本（Octet 43）	01
其他填充（Octets 44 – 73）	
控制（Octet 74）	01
其他填充（Octets 75 – 168）	

对于 IEEE 1588 版本 1 的消息来说，帧类型字段指示 TCP/IP 和 UDP 协议，目的 IP 地址为 224.0.1.129/130/131 或 132（其中 224.0.1 对应 E00001,129/130/131

或 132 对应 0x81/0x82/0x83 或 0x84),目的 UDP 端口为 319(0x13F),控制字段是正确的,则同步及延迟请求帧由 GMAC 指示。用于同步帧的控制字段为 0x00,用于延迟请求帧的控制字段为 0x01。

对于 IEEE 1588 版本 2 的消息来说,该帧类型由 PTP 帧的第一个字节的消息类型字段确定,一个帧是版本 1 或版本 2,由版本 1 和版本 2 的 PTP 帧的第 2 字节中位置的 PTP 域所确定。

在版本 2 的消息中同步帧有一个值为 0x0 的消息类型,delay_req 有一个值为 0x1 的消息类型,pdelay_req 有一个值为 0x2 的消息类型,pdelay_resp 有一个值为 0x3 的消息类型。

(3) IEEE 1588 版本 2(UDP/IPv4)格式下的同步帧的例子:

Preamble/SFD	55555555555555D5
DA (Octets 0 – 5)	
SA (Octets 6 – 11)	
类型(Octets 12 – 13)	0800
IP 填充(Octets 14 – 22)	
UDP (Octet 23) 11	
IP 填充(Octets 24 – 29)	
IP DA (Octets 30 – 33)	E0000181
源 IP 端口(Octets 34 – 35)	
目的 IP 端口(Octets 36 – 37) 013F	
其他填充(Octets 38 – 41)	
消息类型(Octet 42)	00
PTP 版本(Octet 43)	02

(4) IEEE 1588 版本 2(UDP/IPv4)格式下的 pdelay_req 帧的例子:

Preamble/SFD	55555555555555D5
DA (Octets 0 – 5)	
SA (Octets 6 – 11)	
类型(Octets 12 – 13)	0800
IP 填充(Octets 14 – 22)	
UDP (Octet 23) 11	
IP 填充(Octets 24 – 29)	
IP DA (Octets 30 – 33)	E000006B
源 IP 端口(Octets 34 – 35)	
目的 IP 端口(Octets 36 – 37) 013F	
其他填充(Octets 38 – 41)	
消息类型(Octet 42)	02
PTP 版本(Octet 43)	02

(5) IEEE 1588 版本 2(UDP/IPv6)格式下的同步帧的例子:

```
Preamble/SFD                    55555555555555D5
DA (Octets 0 - 5)
SA (Octets 6 - 11)
类型(Octets 12 - 13)            86dd
IP 填充(Octets 14 - 19)
UDP (Octet 20)                  11
IP 填充(Octets 21 - 37)
IP DA (Octets 38 - 53)          FF0X00000000018
源 IP 端口(Octets 54 - 55)
目的 IP 端口(Octets 56 - 57)    013F
其他填充(Octets 58 - 61)
消息类型(Octet 62)              00
其他填充(Octets 63 - 93)
PTP 版本(Octet 94)             02
```

(6) IEEE 1588 版本 2(UDP/IPv6)格式下的 pdelay_resp 帧的例子:

```
Preamble/SFD                    55555555555555D5
DA (Octets 0 - 5)
SA (Octets 6 - 11)
类型(Octets 12 - 13)            86dd
IP 填充(Octets 14 - 19)
UDP (Octet 20)                  11
IP 填充(Octets 21 - 37)
IP DA (Octets 38 - 53)          FF0200000000006B
源 IP 端口(Octets 54 - 55)
目的 IP 端口(Octets 56 - 57)    013F
其他填充(Octets 58 - 61)
消息类型(Octet 62)              03
其他填充(Octets 63 - 93)
PTP 版本(Octet 63)             02
```

(7) IEEE 1588 版本 2 格式下的同步帧的例子(以太网组播)。对于多播地址 011B19000000 来说同步和延迟请求帧根据消息类型字段确认,00 为同步请求,01 则为延迟请求。

```
Preamble/SFD                    55555555555555D5
DA (Octets 0 - 5)               011B19000000
SA (Octets 6 - 11)
类型(Octets 12 - 13)            88F7
消息类型(Octet 14)              00
PTP 版本(Octet 15)             02
```

(8) IEEE 1588 版本 2 格式下的一个 pdelay_req 帧的例子(以太网组播),需要

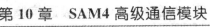

一个特殊的多播地址,可以通过生成树协议封锁端口。对于多播地址 0180C200000E 来说同步帧、pdelay 请求帧和 pdelay 响应帧应根据消息类型字段识别,00 表示同步帧,02 表示 pdelay 帧,03 表示 pdelay 响应帧。

前导/SFD	5555555555555D5
DA(Octets 0 - 5)	0180C200000E
SA(Octets 6 - 11)	
类型(Octets 12 - 13)	88F7
消息类型(Octet 14)	00
PTP 版本(Octet 15)	02

15. 时间戳单元

时间戳单元 TSU 由定时器和寄存器组成,可捕捉 PTP 事件帧跨越消息时间戳的时间,当捕获寄存器更新时可产生一个中断。

定时器是一个 62 位寄存器,其中高 32 位计秒,低 30 位计毫微秒,当低 30 位计数 1 秒时会翻转重新计数。每增加 1 s 会产生一个中断。定时器的值可以读/写,可通过 APB 总线接口调整。

定时器对 MCK(主控时钟)定时,定时器在每个时钟周期增量所产生的总量由 1588 定时器增量寄存器(GMAC_TI)所控制,位[7:0]是纳秒增量值,如果该寄存器的剩余部分被写入 0 则定时器在每个时钟周期的增量值为[7:0]的值。增量寄存器的位[15:8]为选择增加的纳秒值(Alternative Count Nanoseconds),使用选择增量值后,位[23:16]为增量数,如果位[23:16]为 0,选择的增量值将不被使用。

8 位长度增量字段以 200 kHz 的分辨精度进行配置,从而可支持高达 50 MHz 的频率,如果没有选择增量字段则时钟周期将限制在纳秒级的整数倍,支持的时钟频率为 8、10、20、25、40、50、100、125、200 和 250 MHz。

GMAC 配置为 PTP 从机,定时器寄存器增量正常,定时器的值被复制到同步选通寄存器(GMAC_TSSS 和 GMAC_TSSN 寄存器)。

有 6 个附加的 62 位寄存器用来捕获当 PTP 事件帧被发送和接收时的时间,当这些寄存器被更新时发生中断。

16. MAC 802.3 暂停帧支持

MAC 802.3 暂停帧的起始如表 10 - 6 所列。

表 10 - 6　802.3 暂停帧的起始

目的地址	源地址	类型(Mac 控制帧)	暂停操作码	暂停时间
0x0180C2000001	6 字节	0x8808	0x0001	2 字节

GMAC 支持在接收到暂停帧时暂停传输,也可以主动发送暂停帧。

(1) 802.3 暂停帧接收

网络配置寄存器(GMAC_NCFGR)的 PEN 位(允许暂停)使接收控制启用暂

停,如果此位被设置且接收到一个非零的暂停量子帧则传输将暂停。

接收到一个有效暂停帧则暂停时间寄存器被更新为新帧的暂停时间,而不管之前暂停帧是否活跃。可触发一个中断(可以是中断状态寄存器(GMAC_ISR)的位[12]或位[13]),但需要启用相关的中断(中断屏蔽寄存器(GMAC_IMR)的位[12]和位[13])。其中,中断状态寄存器的中断位[12]指示接收非零量子暂停帧,中断状态寄存器的位[13]指示接收零量子暂停帧。

暂停时间寄存器被加载且当前正在传输的帧传输完成,则不传输新帧直到暂停时间为零。一个新暂停时间的加载,以及由此而产生的暂停传输,只会在 GMAC 配置为全双工操作时发生。如果 GMAC 配置为半双工则没有传输暂停,但接收中断的暂停帧仍会被触发。有效暂停帧被定义为匹配存储在特定地址寄存器 1 的目的地址或匹配 0x0180C2000001 保留地址的目的地址,必须有 0x8808 的 MAC 控制帧类型 ID 和 0x0001 的暂停码。

帧校验序列(FCS)或其他错误的暂停帧被视为无效而被丢弃。在基于优先的流量控制(PFC)协商后被接收的 802.3 暂停帧也会被丢弃,接收到有效暂停帧将增加接收暂停帧统计寄存器的值。

传输停止后,每 512 位传输时间暂停时间寄存器(Pause Time Register)递减 1。为了可进行测试,置位重试测试位(网络配置寄存器的位[12]),导致传输停止时暂停时间寄存器的递减周期改为每个 GTXCK(传输时钟或参考时钟)周期。

暂停时间寄存器递减到零(若中断屏蔽寄存器的位[13]已启用),或接收到零量子暂停帧时,中断(中断状态寄存器的位[13])被挂起。

(2) 802.3 暂停帧传输

置位网络控制寄存器(GMAC_NCR)的传输暂停帧位可传输暂停帧。如果网络控制寄存器的位[11]或位[12]被写入逻辑 1,并假定已选择网络配置寄存器(GMAC_NCFGR)的全双工模式且网络控制寄存器的传输块被启用,则一个 802.3 暂停帧将会被传输。

传输暂停帧包含如下内容:

01-80-C2-00-00-01 的目的地址。

来自特定地址寄存器 1 的源地址。

88-08 的类型 ID(MAC 控制帧)。

00-01 暂停码。

一个暂停量子寄存器。

为了使帧达到最小长度而填补 00。

有效的 FCS。

在生成帧中使用的暂停量子将取决于帧的触发来源,如下:

① 如果网络控制寄存器位[11]被写入 1,则暂停量子会从传输暂停量子寄存器(GMAC_TPQ)中被取出。假定暂停量子为默认值,则 GMAC_TPQ 寄存器会重置,

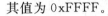

其值为 0xFFFF。

②如果网络控制寄存器位[12]被写入 1,则暂停量子为零。

传输暂停帧后,产生中断(中断状态寄存器的位[14])且唯一会增加值的统计寄存器是暂停帧传输寄存器(GMAC_PFT),暂停帧也可以使用普通帧传输方法由 MAC 传输。

17. MAC PFC 基于优先级的暂停帧支持

基于优先级的流量控制(PFC)暂停帧的起始如表 10 - 7 所列。

表 10 - 7　PFC 暂停帧的起始

目的地址	源地址	类型(MAC 控制帧)	暂停码	优先级启用向量	暂停时间
0x0180C2000001	6 字节	0x8808	0x1001	2 字节	8×2 字节

GMAC 支持基于优先级的 PFC 暂停的传输和接收,在接收 PFC 暂停帧之前,必须置位网络控制寄存器(GMAC_NCR)的位[16]。

(1) PFC 暂停帧接收

置位网络控制寄存器的位[16]启用接收和编码 PFC,GMAC 将匹配典型的 802.3 暂停帧或者 PFC 暂停帧。当一个暂停帧被接收和匹配时在 GMAC 上只会匹配暂停帧(这是 802.1Qbb 要求,也就是 PFC 协商)。一旦暂停帧被协商,则不会执行任何接收到的 802.3x 格式的帧。

接收到有效的暂停帧后,GMAC 解码帧决定 8 个优先级中哪些要求被暂停,从帧中抽取 8 个暂停时间更新 8 个暂停时间寄存器,无论先前暂停操作是活跃的还是不活跃的。中断被启用时(中断屏蔽寄存器位[12]或位[13]),暂停帧被接收会触发中断(中断状态寄存器位[12]或位[13])。中断状态寄存器位[12]指示收到非零量子暂停帧,中断状态寄存器的位[13]指示收到零量子的暂停帧。只有当 GMAC 为全双工操作时,一个新的暂停帧时间才会被装载到暂停时间计数器。如果 GMAC 为半双工,则暂停时间计数器将不会被装载,但是接收到的暂停帧仍将触发中断。一个有效的暂停帧被定义为有一个匹配特定地址寄存器 1 或者匹配 0x0180C2000001 保留地址的目的地址,必须有 0x8808 的 MAC 控制帧类型 ID 和 0x0101 的暂停码。

有帧校验序列(FCS)或其他错误的暂停帧将会被视为无效且被丢弃,收到的有效暂停帧将会增加接收暂停帧统计寄存器的值。

传输停止,每 512 位传输时间暂停时间寄存器(Pause Time Register)递减 1。为了进行测试,置位重试测试位(网络配置寄存器的位[12]),导致传输停止时,暂停时间寄存器的递减周期改为每个 GTXCK(传输时钟或参考时钟)周期。

暂停时间寄存器递减到零(若中断屏蔽寄存器的位[13]已启用)或接收到零量子暂停帧时,中断(中断状态寄存器的位[13])被挂起。

(2) PFC 暂停帧传输

设置网络控制寄存器的传输暂停帧位可传输暂停帧。如果网络控制寄存器位

[17]被写入逻辑 1,则传输 PFC 暂停帧。假定选择网络配置寄存器的全双工模式,且网络控制寄存器的传输块被启用,当网络控制寄存器位[17]置位时,基于优先的暂停帧的字段将会通过使用存储在暂停帧传输寄存器(GMAC_PFT)的值构建。

传输暂停帧包含如下内容:

① 01—80—C2—00—00—01 的目的地址。

② 来自特定地址寄存器 1 的源地址。

③ 88—08 的类型 ID(MAC 控制帧)。

④ 00—01 暂停码。

⑤ 取自 PFC 传输暂停寄存器(GMAC_TPFCP)的优先启用向量。

⑥ 8 个暂停量子寄存器。

⑦ 为了使帧达到最小帧长度而填补 00。

⑧ 有效的 FCS。

在生成帧中使用的暂停量子将取决于帧的触发来源,如下:

如果网络控制寄存器位[17]写入 1,则基于优先级暂停帧的优先级使能向量将被设定为存储在 PFC 传输暂停寄存器(GMAC_TPFCP)[7:0]的数据。针对 GMAC_TPFCP 寄存器[15:8]中等于 0 的位,暂停帧的暂停量子域与传输暂停量子寄存器(GMAC_TPQ)的位有联系。针对在 GMAC_TPFCP 寄存器[15:8]中等于 1 的位,暂停量子与传输暂停量子寄存器(GMAC_TPQ)相应为 0 的位相关。

传输暂停量子寄存器(GMAC_TPQ)的重置值为 0xFFFF,默认提供最大的暂停量子。

传输暂停帧后,会产生中断(中断状态寄存器的位[14])且唯一值会增加的统计寄存器是暂停帧传输寄存器。PFC 暂停帧也可以使用普通帧传输方法由 MAC 进行传输。

18. PHY 接口

以太网 MAC 支持的物理层接口为 MII。

MII 接口设置为 10/100 Mbps 操作且其使用 txd [3:0]和 rxd[3:0]。

19. 10/100 操作

用网络配置寄存器的 10/100 Mbps 速度位选择 10 Mbps 或 100 Mbps。

20. 巨型帧

网络配置寄存器的巨型帧启用位允许 GMAC 在默认的配置中接收巨型帧的大小达 10 240 字节。这个操作没有组成 IEEE 802.3 规范的一部分且通常是禁用的,当巨型帧可用时,接收到的大于 10 240 字节的帧被丢弃。

10.1.3 GMAC 编程接口

1. 初始化

(1) 初始化配置

GMAC 的初始化配置(例如回环模式、频率比)必须在发送和接收电路被禁用时完成。可通过配置网络控制寄存器和网络配置寄存器进行设置。

改变回环模式,必须遵循操作顺序为:①设置网络控制寄存器禁止发送和接收;②设置网络控制寄存器改变回环模式;③设置网络控制寄存器重新启用发送或接收。

注意:写入网络控制寄存器的上述操作不能以任何方式结合。

(2) 接收缓冲区列表

接收到的数据被写入系统内存的数据区中(即缓冲区),这些数据区被列在其他数据结构中,同时也驻留在主存储器中。这个数据结构(接收缓冲队列)是一个描述符列表序列,如表 10-3 所列"接收缓冲区描述符"。接收缓冲队列指针寄存器指向这个数据结构,如图 10-2 所示。

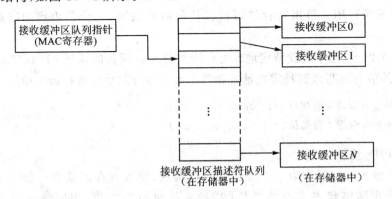

图 10-2 接收缓冲队列

创建接收缓冲列表:

① 在系统内存中分配一个 X 字节的缓冲数(N),其中 X 是 DMA 配置寄存器中编程的 DMA 缓冲长度。

② 为系统内存中的接收缓冲区描述符列表分配一个 $8N$ 字节区域以及在列表中创建 N 条目,标记 GMAC 所拥有列表的所有条目,0 字的 0 位设置为 0。

③ 用包位标记队列中最后一个描述符(0 字中的 1 位设置为 1)。

④ 写接收缓冲区描述符列表和控制信息到 GMAC 寄存器接收缓冲队列指针。

⑤ 写地址识别寄存器和网络控制寄存器可启用接收。

(3) 发送缓冲区列表

从系统内存的数据区域(缓冲区)读取传输数据,这些缓冲区被列在另一个数据结构中,同时也驻留在主存储器中。这个数据结构(传输缓冲区队列)是一个描述符条目序列,如表 10-4 所列"发送缓冲区描述符",发送缓冲区队列指针寄存器指向这个数据结构。

创建发送缓冲区列表:

① 在系统内存中分配一个 1~2 047 字节之间的发送数据缓冲区的数(N),每帧数据可允许高达 128 个缓冲区。

② 为系统内存中的发送缓冲区描述符列表分配一个 $8N$ 字节区域,以及在列表中创建 N 条条目,标记 GMAC 所拥有的列表的所有条目,0 字的 31 位设置为 0。

③ 用包位标记队列中最后一个描述符(1 字中的 31 位设置为 1)。

④ 写发送缓冲区描述符列表和控制信息到 GMAC 寄存器发送缓冲队列指针。

⑤ 写入网络控制寄存器可启用发送。

(4) 地址匹配

GMAC 寄存器组的哈希地址和 4 个特定地址寄存器必须被写入所需的值,每组寄存器都包括底部寄存器和顶部寄存器,其中底部寄存器首先被写。地址匹配在底部寄存器被写入之后对于一个特殊的寄存器配对来说是禁用的,当栈顶寄存器被写入时又会重新启用。每组寄存器可以在任何时候被写,无论是否启用或禁用接收电路。

举一个例子,为了设置特定地址寄存器 1 使其识别目的地址 21:43:65:87:A9:CB,下面的值会被写入到特定地址寄存器 1 底部和特定地址寄存器 1 顶部:

特定地址寄存器 1 底部位 31:0(0x98):8765_4321

特定地址寄存器 1 顶部位 31:0(0x9c):0000_cba9

(5) PHY 维护

PHY 维护寄存器作为一个移位寄存器实现,写入寄存器就会开始一个移位操作,此操作在网络状态寄存器的位[2]被置位时视为完成(当网络配置寄存器位[18:16]被设置为 010 时,此后大约有 2 000 个 MCK 周期),当该位置位时产生中断。

在这段时间内,PHY 维护寄存器的 MSB 在 MDIO 引脚输出,每个管理数据时钟(MDC)周期,MDIO 引脚更新为寄存器的 LSB,实现 MDIO 的一个 PHY 管理帧的传输。

在移位操作过程中读取 PHY 维护寄存器返回该移位寄存器当前内容,在管理操作结束时该位将移回到其原来的位置。对于一个读操作通过从 PHY 读取数据进行更新,把正确的值写到该寄存器是很重要的,可以以此来保证产生一个有效的 PHY 管理帧。

根据 IEEE 802.3 标准所定义,管理数据时钟(MDC)的频率不应该超过 2.5 MHz(最小周期 400 ns),MDC 是 MCK 分频产生的,网络配置寄存器的 3 位指定 MDC 为 MCK 的分频数。

(6) 中　断

在 GMAC 中检测到 18 个中断条件,可形成一个单一的中断。根据整个系统的设计可使用一个高级的中断集(中断控制器)产生中断。接收到中断信号时,CPU 进入中断处理程序,读取中断状态寄存器,确定 GMAC 中断具体类型。

复位时,所有中断被禁用。向中断使能寄存器相关中断位写入 1 可启用一个中断;向中断禁用寄存器的相关中断位写入 1 可禁用中断;可读中断屏蔽寄存器检查是否有中断被启用,如果某位被设置为 1,则中断被禁用。

(7) 发送帧

创建一个发送帧步骤:

① 在网络控制寄存器中启用发送。

② 为传输数据分配系统内存区,不要求一定是连续的,如果以字节边界作为结束则可以使用不同的字节长度。

③ 将缓冲区地址写入控制字 0,启动缓冲传输。写入控制字 1,设置控制发送缓冲区发送长度寄存器的缓冲区地址列表。

④ 写发送数据到描述符指向的缓冲区。

⑤ 写第一个缓冲区描述符的地址到发送缓冲区描述符队列指针。

⑥ 启用合适的中断。

⑦ 设置网络控制寄存器的发送起始位(TSTART)。

(8) 接收帧

当接收到一帧数据且接收电路被启用,则 GMAC 检查地址。在下列情况下,帧被写入到系统存储器:

① 如果数据帧与 4 个特定地址寄存器中的一个匹配。

② 如果数据帧与 4 个类型 ID 寄存器中的一个匹配。

③ 如果数据帧与哈希地址函数匹配。

④ 如果数据帧是一个广播地址(0xFFFFF FFFFFFF)且广播是允许的。

⑤ 如果 GMAC 被配置为"复制所有帧"。

寄存器接收缓冲队列指针指向接收缓冲区描述符列表的下一个条目,且 GMAC 使用该条目中说明的缓冲区地址作为系统内存中帧要被写入的地址。

成功接收到帧并被写入系统存储器后,GMAC 以地址匹配的原因更新接收缓冲区描述符(如表 10-3,"接收缓冲区描述符"),同时标记软件所拥有的区域。完成这个过程后,接收完成中断被触发,由软件负责复制数据到应用区域并释放缓冲区(通过写所有位为 0)。

如果 GMAC 无法以匹配输入帧的速度写数据,则接收超时中断被触发。如果没有接收缓冲区,即下一个缓冲区仍然属于软件,则不可使用的接收缓冲区中断被触发。如果帧未成功接收,则一个统计寄存器值将递增,且帧可以不通知软件而被丢弃。

2. 统计寄存器

统计寄存器块为 0x100~0x1B0,由以下被列出来的寄存器组成:

- 字节发送[31:0]寄存器
- 字节发送[47:32]寄存器
- 帧发送寄存器
- 广播帧发送寄存器

- 广播帧接收寄存器
- 多播帧接收寄存器
- 暂停帧接收寄存器
- 64 字节帧接收寄存器

- 多播帧发送寄存器
- 暂停帧发送寄存器
- 64 字节帧发送寄存器
- 65～127 字节帧发送寄存器
- 128～255 字节帧发送寄存器
- 256～511 字节帧发送寄存器
- 512～1 023 字节帧发送寄存器
- 1 024～1 518 字节帧发送寄存器
- 高于 1 518 字节帧发送寄存器
- 运行下的发送寄存器
- 单个碰撞帧寄存器
- 多碰撞帧寄存器
- 过度碰撞寄存器
- 晚碰撞寄存器
- 延迟传输帧寄存器
- 载波监听错误寄存器
- 字节接收[31:0]寄存器
- 字节接收[47:32]寄存器
- 帧接收寄存器
- 65～127 字节帧接收寄存器
- 128～255 字节帧接收寄存器
- 256～511 字节帧接收寄存器
- 512～1 023 字节帧接收寄存器
- 1 024～1 518 字节帧接收寄存器
- 1 519 到最大字节帧接收寄存器
- 小尺寸的帧接收寄存器
- 大尺寸的帧接收寄存器
- Jabbers 接收寄存器
- 帧校验序列错误接收寄存器
- 长度字段错误寄存器
- 接收标志错误寄存器
- 对齐错误寄存器
- 接收资源错误寄存器
- 接收超时寄存器
- IP 报头校验错误寄存器
- TCP 校验错误寄存器
- UDP 校验错误寄存器

这些寄存器在读取后会复位为零,但当其计数超过最大值(所有位为 1)时仍然会保持所有位为 1 的状态。应经常读取这些寄存器以防止数据丢失。

为了降低整体的设计区域,如果统计寄存器被认为对于一个特定的设计来说是不必要的,则可在配置文件中选择性地将其删除。

接收统计寄存器只在网络控制寄存器的接收允许位置位时才会递增。

一旦一个统计寄存器被读取,则其值将被自动清除,位[31:0]应该在位[47:32]之前被读取以确保可靠操作。

10.1.4　GMAC 应用实例

本实例对以太网通信过程中,需要用到的硬件部分进行初始化,并介绍发送和接收数据的方法。由于较为复杂,所以使用了 ASF 框架,完整的 ASF 实例可见 Atmel Studio 平台提供的 GMAC Example-SAM4E-EK。

1. MAC、PHY 和 MII

IEEE 802.3 定义了物理层(Physical Layer,PHY)和介质访问控制层(Media Access Control,MAC)的标准,是现在常用的以太网标准。另外,在 OSI 模型中,MAC 则处于数据链路层的底层。

在硬件实现上,SAM4E 使用的 GMAC 外设实现了 802.3 中 MAC 的功能。开发板携带型号为 KSZ8051MNL 的 PHY 芯片及 RJ45 接口实现了物理层的功能。

MAC 和 PHY 之间交互的接口是介质独立接口（Media Independent Interface，MII）。MII 包含一个数据通信接口及一个管理接口（Management Data Input/Output，MDIO）。由于 PHY 的接口是面向 MAC 的，所以需要通过 MAC 对 PHY 进行管理及数据交互。

另外，更早制定的 EthernetII 帧则是现在以太网传输中常使用的帧格式。

2. GMAC 的 DMA 缓冲区

GMAC 使用一个 DMA 接口，和 SAM4E 通用 DMAC 一样，可自动进行多次传输，但方式稍微有点区别。GMAC 的 DMA 对发送和接收使用不同的缓冲区列表，缓冲区描述符列表是一个数组，而不是 DMAC 所使用的链表。数组的起始位置保存在寄存器（GMAC_RBQB、GMAC_TBQB）中，且缓冲区描述符中的一个字段（Wrap）指示其是否为数组中的最后一个描述符。接收缓冲队列如图 10-2 所示。

在工作过程中，DMA 顺序访问每个缓冲区描述符，在访问最后一个描述符时，会重新开始遍历。

对于接收缓冲，列表中每一个缓冲区的长度是一样的，这个长度由 DMA 配置寄存器（GMAC_DCFGR）中的 DRBS 字段指定。在 DMA 将数据写入接收缓冲时，设置描述符相应的字段，以表明每帧的起始与结束；同时标注相关的信息，如是否为广播帧等。

对于发送缓冲，其帧长度、是否需要添加 CRC 等控制信息也在描述符中表示。准备好数据后，向 GMAC_NCR 寄存器写入 TSTART 字段即可触发发送操作。

3. 使用 ASF 初始化 GMAC

由于 PHY 是通过 MAC 访问的，在设置 PHY 前要完成 GMAC 的设置。

GMAC 约有 94 个寄存器，其中有 40 个为统计寄存器，15 个寄存器与 1588 和 PTP 相关，15 个寄存器与特殊地址和 ID 有关。另外，在有些状态寄存器中，需要向特定位写入 1 才会清除该位的状态。

使用的 ASF 模块为 EthernetGMAC，在 conf_eth.h 中可以设置 MAC 地址、IP 地址、子网掩码、网关和缓冲区大小等参数。

调用 gmac_dev_init( ) 函数即可对 GMAC 进行初始化：

```
pmc_enable_periph_clk(ID_GMAC);
//MAC 地址
uint8_t mac_address[] =
        { ETHERNET_CONF_ETHADDR0, ETHERNET_CONF_ETHADDR1,
          ETHERNET_CONF_ETHADDR2,ETHERNET_CONF_ETHADDR3,
          ETHERNET_CONF_ETHADDR4, ETHERNET_CONF_ETHADDR5
          };
//GMAC 选项
gmac_options_t gmac_option;
gmac_option.uc_copy_all_frame = 0;          //不复制所有帧
```

```
gmac_option.uc_no_boardcast = 0;                    //不忽略广播
memcpy(gmac_option.uc_mac_addr,
mac_address, sizeof(mac_address));                  //复制 MAC 地址
// GMAC 驱动设置
gmac_device_t gmac_dev;
gs_gmac_dev.p_hw = GMAC;                            //指定 GMAC 寄存器基址
//初始化 GMAC
gmac_dev_init(GMAC, &gmac_dev, &gmac_option);
```

gmac_dev_init(Gmac * p_gmac, gmac_device_t * p_gmac_dev, gmac_options_t * p_opt) 函数完成以下的工作：

① 禁用发送接收，禁用 GMAC 所有中断；清除统计寄存器，以及发送接收状态寄存器。

② 设置 GMAC_NCFGR 寄存器。根据 p_opt，判断是否复制所有帧，以及是否忽略广播。同时，置 GMAC_NCFGR_PEN 和 GMAC_NCFGR_IRXFCS 位为 1。

③ 设置好 DMA 缓冲，调用 gmac_init_mem( ) 对缓冲区描述符等进行初始化。这个函数里也会使能发送和接收，同时也会启用一系列的中断。设置完成后，DMA 缓冲的信息将储存在 p_gmac_dev 中。

④ 将 MAC 地址写入特定地址寄存器 1。

4. PHY 地址

在 MDIO 通信过程中，每个 PHY 都有一个 4 位的地址。开发板携带的 KSZ8051MNL 芯片，可以在上电或复位时，根据引脚设置地址的低 3 位，如图 10-3 所示用方框标注出来的地方。

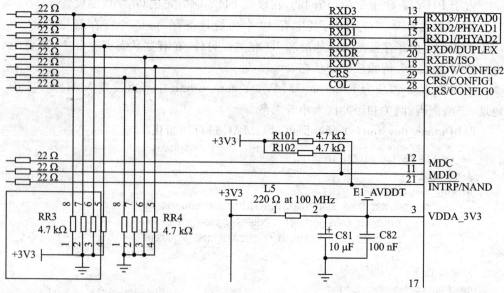

图 10-3　PHY 硬件地址

5. 通过 ASF 使用 PHY

使用的模块为 Ethernet Physical Transceiver。需要在 conf_board.h 中声明宏：

```
/* 使用 ETH PHY: KSZ8051MNL */
#define CONF_BOARD_KSZ8051MNL
```

(1) 初始化

在 PHY 上电后，需要等待一段时间让其运行稳定，之后就可以对其进行初始化了：

```
if(ethernet_phy_init(GMAC, BOARD_GMAC_PHY_ADDR, sysclk_get_cpu_hz())) != GMAC_OK)
{
    puts("PHY Initialize ERROR! \r");
    return -1;
}
```

在 ethernet_phy_init() 函数中，完成了以下工作：

① 设置 MDIO 的时钟 MDC。

② 通过 MDIO 向 PHY 发送重置命令。

③ 检查地址是否正确。检查的逻辑是先读取 PHY 的 PHYID1 的内容，再判断读出的内容是否正确。KSZ8051MNL 芯片中，寄存器的值是 0x22。

④ 如果地址无效，MDIO 有效地址只有 32 个，就遍历这些地址。使用检查出的新地址重新发送一次重置命令。

⑤ 如果初始化成功，则返回 GMAC_OK。

(2) 自协商

需要让 PHY 协商通信速率、双工模式：

```
ethernet_phy_auto_negotiate(GMAC, BOARD_GMAC_PHY_ADDR);
 if(ethernet_phy_set_link(GMAC, BOARD_GMAC_PHY_ADDR, 0) ! = GMAC_OK) {
        puts("Set link ERROR! \r");
        return -1;
}
```

ethernet_phy_auto_negotiate() 函数会完成 PHY 的协商工作，根据协商的结果设置 GMAC 的速率、双工模式。ethernet_phy_set_link() 函数检查链路的状态，同时可根据参数（第 3 个）将 PHY 的自协商结果应用于 GMAC 中。

(3) 中断处理

ASF 的 GMAC 模块需要获取相关的中断，以进行相关的工作：如更新发送缓冲区描述符相关的信息，或是调用用户定义的回调函数等。

```
//需要在 NVIC 中启用相关中断
void GMAC_Handler(void)
```

```
}
    gmac_handler(&gs_gmac_dev);
}
```

（4）数据接收

准备好一个缓冲区，就可以调用 gmac_dev_read() 读取出接收到的帧的内容。

```
#defineGMAC_FRAME_LENTGH_MAX        1536
uint8_t eth_buffer[GMAC_FRAME_LENTGH_MAX];
uint32_t frm_size;
gmac_dev_read(&gmac_dev, (uint8_t *) eth_buffer,sizeof(eth_buffer), &frm_size);
```

（5）数据发送

```
gmac_dev_write(&gmac_dev, (uint8_t *)eth_buffer,frm_size, NULL);
```

通过函数 gmac_dev_write() 即可使用 GMAC 发送数据，第 4 个参数是发送完成后的回调函数。该回调函数在 gmac_handler() 中被调用。

10.2　USB 设备端口

10.2.1　UDP 概述

全速 USB 设备端口符合通用串行总线 2.0 规范。每一端点均可以配置为传输类型之一，可与 1 个双端口 RAM 的 1 个或 2 个 BANK 相关联，该 RAM 用来存储有效数据。如果使用 2 个 BANK，则其中一个 DPR BANK 由处理器控制读/写，另一个由 USB 外围设备控制读/写，等时传输端点必须满足该特性。因此，使用连接了 DPR 的两个 BANK 端点，UDP 模块将保持最大带宽（1 MB/秒）。

USB 端点描述如表 10-8 所列。

表 10-8　USB 端点描述

终端编号	助记符	双 BANK	最大终端大小	终端类型
0	EP0	否	64	控制/Bulk/中断
1	EP1	是	64	Bulk/ISO/中断
2	EP2	是	64	Bulk/ISO/中断
3	EP3	否	64	控制/Bulk/中断
4	EP4	是	512	Bulk/ISO/中断
5	EP5	是	512	Bulk/ISO/中断
6	EP6	是	64	Bulk/ISO/中断
7	EP7	是	64	Bulk/ISO/中断

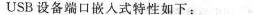

USB 设备端口嵌入式特性如下：
- USB V2.0 全速兼容，12 Mbps；
- 嵌入式 USB V2.0 全速收发器；
- 集成 DP 上拉；
- 8 个端点；
- 嵌入式双端口 RAM 端点；
- 挂起/恢复逻辑；
- 乒乓模式（2 个内存 BANK）用于同步和 Bulk 端点。

芯片集成了 USB 物理收发器，双向差分信号 DDP 和 DDM。一个 I/O 口可由应用程序用于检查 VBUS 是否仍然对于主机是可用的，自供电的设备可以使用这个接口接收主机已被断电的通知。在这种情况下，必须禁止在 DP 上的上拉，以防止电流馈送到主机上。应用程序应该断开收发器，去除上拉。

系统框图如图 10-4 所示。

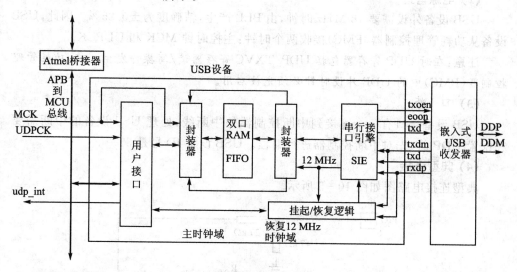

图 10-4　系统框图

通过 APB 总线接口可访问 UDP，通过读/写 APB 寄存器 8 位值可实现 FIFO 方式读/写数据。

UDP 外设需要两个时钟：主控时钟（MCK）使用的外设时钟和由 12 MHz 时钟产生的 48 MHz 时钟（UDPCK）。

信号 udp_int 是可选的，允许 UDP 外设在系统模式下唤醒，随后设备请求恢复的消息将通知到主设备，该可选的功能须在枚举过程中与主设备进行协议。

信号说明如表 10-9 所列。

表 10 - 9　UDP 信号名称

信号名称	描　　述	类　型
UDPCK	48 MHz 时钟	输入
MCK	主控时钟	输入
udp_int	连接到中断控制器的中断线	输入
DDP	USB D+Line	I/O
DDM	USB D−Line	I/O

(1) I/O 口

USB 与 PIO 线共用引脚。默认情况下 USB 功能被激活时，DDP 和 DDM 将用于 USB 引脚，要将 DDP 或 DDM 配置为 PIO，用户需要配置在 MATRIX 中的系统 I/O 配置寄存器(CCFG_SYSIO)。

(2) 电源管理

USB 设备外设需要 48 MHz 时钟，由 PLL 产生，精确度为 ±0.25%。因此，USB 设备从功耗管理控制器(PMC)接收两个时钟：主控时钟 MCK 和 UDPCK。

注意：在对 UDP 寄存器包括 UDP_TXVC 寄存器读/写操作发生之前，功耗管理控制器(PMC)中的 UDP 外设时钟必须先被启用。

(3) 中　断

USB 设备接口有一个连接到中断控制器的中断线，处理 USB 设备的中断需要在配置 UDP 前，先对中断控制器进行编程。USB 设备 ID 号是 35。

(4) 典型连接

典型连接电路图如图 10 - 5 所示。

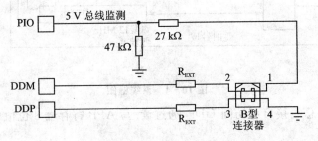

图 10 - 5　USB 模块典型连接

USB 设备收发器

产品嵌入了 USB 设备收发器，满足以下几种要求：①应用程序检测 USB 规范中定义的所有设备状态：VBUS 监控；②断开主机可降低功耗；③线路终止。

VBUS 监测

VBUS 监测需要检测主机连接，VBUS 监测使用一个禁止了内部上拉的标准 PIO。当主机关闭时，被视为断开，上拉必须被禁止，以防止通过上拉电阻向主机输出电流。

当主机断开且收发器为启用状态时,DDP 和 DDM 是浮动的,这会导致过度消耗。一个解决方案是通过设置 UDP 收发器控制寄存器(UDP_TXVC),禁用收发器(TXVDIS= 1)启用集成下拉,去除上拉(PUON= 0)。DDP 和 DDM 上必须连接终止串行电阻,电阻值在产品电气规范(R_{EXT})中有定义。

10.2.2　UDP 功能描述

1. USB V2.0 全速介绍

USB 全速 2.0 接口在主机和连接的 USB 设备之间提供通信服务,每个器件都提供一组与每个端点连接的通信流(管道),主机通过运行在其上的软件发送一系列指令流与 USB 设备通信。图 10-6 所示为 USB V2.0 全速通信控制的例子。

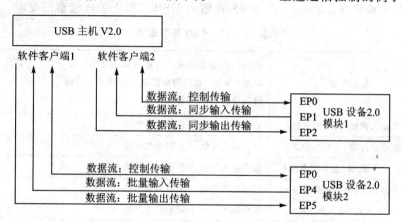

图 10-6　USB V2.0 全速通信控制的例子

当 USB 设备(USB v2.0 规范)首次配置完成后,控制传输端点 EP0 始终处于使用状态。

(1) USB V2.0 全速传输类型

USB 协议为 USB 设备定义了 4 种类型的通信流,每个 USB 设备通过提供一些逻辑管道与主机通信,每个逻辑管道都与一个端点相关联。传输类型为以下 4 种:

控制传输(Control):用于在设备连接时对设备进行配置,还用于设备的一些其他专门用途,包括对设备的其他管道的控制。

批量数据传输(Bulk):用于大批量数据传输及传输数据大小变化较大的情况。

中断数据传输(Interrupt):用于及时可靠的数据传输。例如,字符传输、人为精确控制传输或用于交互响应的情况。

同步传输(Isochronous):占用预先分配好的 USB 带宽并且传输满足预先算好的延迟(也被称作流实时传输)。

这 4 种传输的具体特性如表 10-10 所列。

ARM Cortex-M4 微控制器原理与应用——基于 Atmel SAM4 系列

表 10-10　USB 通信流

传输类型	方　向	占有带宽	终端缓存大小/B	是否错误侦测	是否重试
控制	双向	不确定	8,16,32,64	是	自动
同步	单向	确定	512	是	否
中断	单向	不确定	≤64	是	是
批量	单向	不确定	8,16,32,64	是	是

(2) USB V2.0 全速总线传输

USB 总线上的每次传输将导致一次或多次的事务,有 3 种处理以包的形式经过总线,包括:Setup 事务、Data IN 事务、Data OUT 事务。

(3) USB 传输事件定义

USB 传输事件如表 10-11 所列,传输由 USB 总线上的连续事件发起。

表 10-11　USB 传输事件

控制传输	设置传输 ＞数据输入传输＞ 状态输出传输 设置传输 ＞ 数据输出传输 ＞状态输入传输 设置传输 ＞状态输入传输
中断输入传输(设备到主机)	数据输入传输 ＞数据输入传输
中断输出传输(主机到设备)	数据输出传输 ＞数据输出传输
同步 输入传输(设备到主机)	数据输入传输 ＞数据输入传输
同步输出传输(主机到设备)	数据输出传输 ＞数据输出传输
块输入传输(设备到主机)	数据输入传输 ＞数据输入传输
块输出传输(主机到设备)	数据输出传输 ＞数据输出传输

注:①控制传输必须使用无乒乓属性的端点;②同步传输必须使用带乒乓属性的端点。③控制传输可以被一个阻塞握手中止。

一个状态事务是一种仅用于控制传输的主机到设备的特殊事务类型,控制传输必须通过使用无乒乓属性的端点来执行。根据控制序列(读或写),USB 设备发送或接收一个状态事务,控制读和写的事务处理序列如图 10-7 所示。

2. UDP 寄存器

UDP 寄存器说明如表 10-12 所列。

表 10-12　UDP 寄存器

偏移量	名　称	寄存器	访问权限	复位值
0x000	帧数目寄存器	UDP_FRM_NUM	仅读	0x0000_0000
0x004	全局状态寄存器	UDP_GLB_STAT	读/写	0x0000_0010
0x008	功能地址寄存器	UDP_FADDR	读/写	0x0000_0100

偏移量	名　　称	寄存器	访问权限	复位值
0x010	中断允许寄存器	UDP_IER	仅写	
0x014	中断禁止寄存器	UDP_IDR	仅写	
0x018	中断屏蔽寄存器	UDP_IMR	仅读	0x0000_1200
0x01C	中断状态寄存器	UDP_ISR	仅读	
0x020	中断清除寄存器	UDP_ICR	仅写	
0x028	重置端点寄存器	UDP_RST_EP	读/写	0x0000_0000
0x030	端点控制和状态寄存器 0	UDP_CSR0	读/写	0x0000_0000
…	…	…	…	…
0x030＋0x4×7	端点控制和状态寄存器 7	UDP_CSR7	读/写	0x0000_0000
0x050	端点 FIFO 数据寄存器 0	UDP_FDR0	读/写	0x0000_0000
…	…	…	…	…
0x050＋0x4×7	端点 FIFO 数据寄存器 7	UDP_FDR7	读/写	0x0000_0000
0x074	收发器控制寄存器	UDP_TXVC	读/写	0x0000_0000

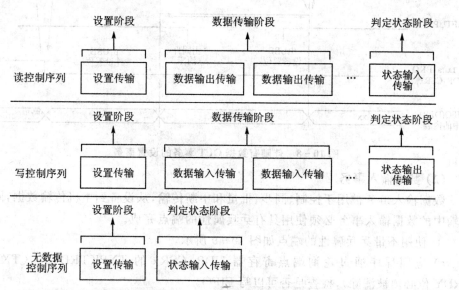

注：①在状态输入阶段，主机等待一个来自使用 DATA1 PID 设备的零长度数据包
（没有数据的数据输入事务）。②在状态输出阶段，主机发出一个零
长度数据包到设备（没有数据的数据输出事务）。

图 10 - 7　控制读写序列

3. USB V2.0 外设的事务处理

(1) 设置事务

设置事务用于控制传输主机到设备的一种特殊事务类型，控制传输必须使用无乒乓属性的端点来执行。设置事务是用来发送从主机到设备的请求,需由固件尽快处理。请求将由 USB 设备处理,且可能需要更多的参数。参数将通过紧跟在设置事务后的数据 OUT 事务发送到设备,请求也可能返回数据。数据通过紧跟在设置事务后的下一个数据 IN 事务发送到主机,控制传输由一个状态事务结束。

当 USB 端点接收到设置事务时:①USB 设备自动确认设置包;②端点控制和状态寄存器(UDP_CSRx)的 RXSETUP 位置位;③当 RXSETUP 不被清零时,产生一个端点中断。如果此端点允许中断,中断将发送至微控制器。整个过程如图 10-8 所示。

因此,固件必须轮询 UDP_CSRx 寄存器来检测 RXSETUP 或捕获中断,读取在 FIFO 中的设置包,然后清除 RXSETUP 位。在读取 FIFO 中的设置数据包之前,RXSETUP 位不能被清除。否则,USB 设备将接收下一个 OUT 传输数据,覆盖在 FIFO 中的设置包。

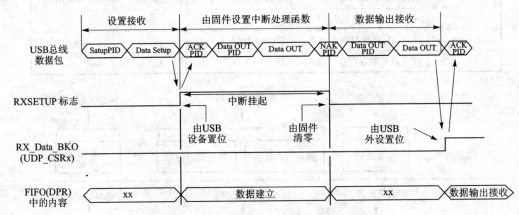

图 10-8　伴随有数据 OUT 事务的设置事务

(2) 数据输入事务

数据输入事务被用于控制、同步、批量和中断传输,从设备到主机传输数据,同步传输中的数据输入事务必须使用具有乒乓属性的端点完成。

① 使用不带乒乓属性的端点如图 10-9 所示。

a) 应用程序通过轮询端点寄存器 UDP_CSRx 的 TXPKTRDY 位(TXPK-TRDY 位必须被清除),检查是否可以写 FIFO。

b) 应用程序写入要发送端点的 FIFO 中的数据的第一个数据包,在端点 FIFO 数据寄存器(UDP_FDRx)中写入零个或多个字节值。

c) 应用程序设置端点寄存器 UDP_CSRx 的 TXPKTRDY 位,通知 USB 外设应用程序的工作已经完成。

d) 当端点寄存器 UDP_CSRx 的 TXCOMP 位置位,应用程序将被通知端点的 FIFO 已被 USB 设备释放,在 TXCOMP 位被置位时,相应端点的中断挂起。

e) 微控制器写入要发送端点的 FIFO 中的数据的第二个数据包,在端点寄存器 UDP_FDRx 中写入零个或多个字节值,

f) 微控制器设置端点寄存器 UDP_CSRx 的 TXPKTRDY 位,通知 USB 外设微控制器的工作已经完成。

g) 应用程序清除端点寄存器 UDP_CSRx 的 TXCOMP 位。

最后一个数据包发送后,一旦 TXCOMP 置位,应用程序必须将其清除。当收到针对数据 IN 数据包的 ACK PID 信号时,TXCOMP 被 USB 设备置位,相应端点的中断挂起。

注意:TX_PKTRDY 被置位后,必须清除 TX_COMP。

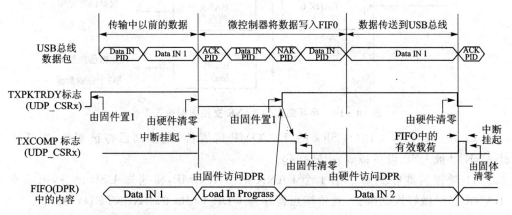

图 10-9　非乒乓端点数据传输

② 使用带乒乓属性的端点:

同步传输过程中,使用带乒乓属性的端点是必要的。这也将使得在批量传输中能处理速度能达到 USB 规范中定义的最大带宽。为了能够保证一个恒定的最大带宽,USB 正发送数据时,微控制器必须准备好下一个有效数据载荷。因此,使用 2 个 BANK 内存,当一个被微控制器访问时,另一个被 USB 设备占用锁定,如图 10-10 所示。

当使用一个乒乓端点时,需要下列过程来完成数据 IN 传输,如图 10-11 所示:

a) 微控制器通过轮询端点寄存器 UDP_CSRx 的 TXPKTRDY 位(TXPK-TRDY 必须被清除),检查是否可以写 FIFO。

b) 微控制器写入第 1 个到发送 FIFO(BANK0)的数据载荷,在端点寄存器 UDP_FDRx 写零个或多个字节值。

c) 微控制器置位端点寄存器 UDP_CSRx 的 TXPKTRDY 位,通知 USB 外设 FIFO 中的 BANK 0 中的写入已完成。

d) 不等待 TXPKTRDY 位被清除,微控制器在 FIFO(BANK1)写第 2 个要发送的有效数据载荷,在端点寄存器 UDP_FDRx 中写零个或多个字节值。

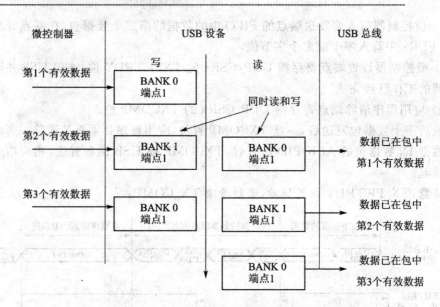

图 10 - 10 乒乓端点的 BANK 交换数据输入传输

e) 端点寄存器 UDP_CSRx 的 TXCOMP 位置位,微控制器将被通知,第 1 个 BANK 已被 USB 设备释放,中断挂起。

f) 微控制器收到对于第 1 个 BANK 的 TXCOMP,将通知 USB 设备,第 2 个 BANK 已经做好发送准备,置位端点寄存器 UDP_CSRx 的 TXPKTRDY 位。

g) 这时 BANK0 已可用,微控制器可以准备第 3 个要发送的有效数据载荷。

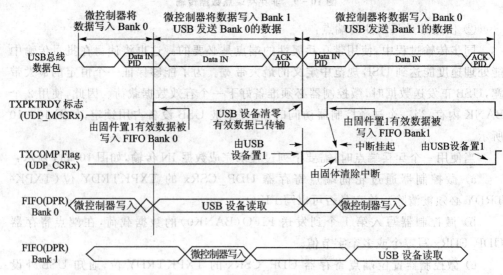

图 10 - 11 乒乓端点数据输入传输

注意:①在实际情况下,有一软件关键步骤,即,当第 2 个 BANK 被填充完,驱动

程序必须等待 TX_COMP 置位 TX_PKTRDY,如果在接收中 TX_COMP 置位和 TX_PKTRDY 置位之间的延迟过长,有些数据包可能被出错取消,从而减少带宽。

② 置位 TX_PKTRDY 后,TX_COMP 必须清零。

(3) 数据输出事务

数据输出事务被用于控制、同步、批量和中断传输,组织从主机到设备的数据传输。同步传输中的数据输出事务,必须使用具有兵乓属性的端点完成。

① 使用非乒乓端点,整个过程如图 10 - 12 所示。

a) 主机生成一个数据输出的数据包。

b) 此数据包被 USB 设备端点接收到,当该端点相关联的 FIFO 正在被微控制器使用时,一个 NAK PID 返回到主机。一旦 FIFO 可用,数据被 USB 设备写入到 FIFO,且自动返回一个 ACK 到主机。

c) 微控制器轮询端点 UDP_CSRx 寄存器的 RX_DATA_BK0 获知 USB 设备已接收到一个数据有效载荷,RX_DATA_BK0 被设置,这个端点的中断将挂起。

d) 读取端点寄存器 UDP_CSRx 的 RXBYTECNT 可获取 FIFO 中的有效字节数。

e) 微控制器将从读取端点寄存器 UDP_FDRx 获取接收到的端点内存数据,并将数据转到其内存中。

f) 微控制器清零端点寄存器 UDP_CSRx 的 RX_DATA_BK0 位通知 USB 装置,它已经完成了传输。

g) USB 设备可以接收一个新的数据输出数据包。

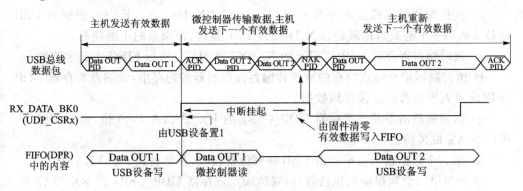

图 10 - 12　非乒乓端点数据输出传输

当寄存器 UDP_CSRxR 的 RX_DATA _BK0 位被设置时,中断被挂起。USB 设备、FIFO 和微控制器的内存之间在 RX_DATA _BK0 已被清除之前不能进行内存传输,否则 USB 设备将接收下一个数据输出传输,覆盖当前 FIFO 中的数据输出数据包。

② 使用乒乓属性的端点:

在同步传输中,使用带乒乓属性的端点是强制性的。为了能够保证一个恒定的带宽,微控制器必须读取以前由主机发送的有效数据载荷,同时目前的有效数据载荷将被 USB 设备收到,因此使用 2 个 BANK 的内存,当微控制器可访问一个时,另一个被 USB 设备占用锁定。如图 10 - 13 所示。

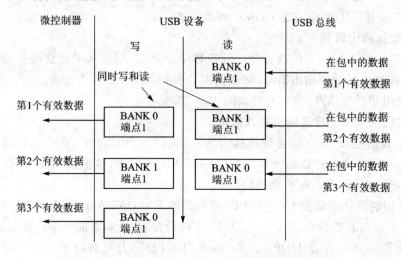

图 10 - 13　乒乓端点的 BANK 交换数据输出传输

使用乒乓端点,整个过程如图 10 - 14 所示,需要下列步骤来执行数据输出事务:

a) 主机生成一个数据输出数据包。

b) 该数据包由 USB 设备终端接收,写在端点的 FIFO BANK0。

c) 该 USB 设备发送一个 ACK 的 PID 包到主机,主机可以立即发送第二个数据输出数据包,数据包被设备接收,并被复制到 FIFO BANK1。

d) 微控制器轮询端点寄存器 UDP_CSRx 的 RX_DATA_BK0 位,当获知 USB 设备接收到一个有效数据载荷,RX_DATA_BK0 置位,该端点的中断挂起。

e) 读取端点寄存器 UDP_CSRx 的 RXBYTECNT 可获得 FIFO 中的字节数。

f) 微控制器把在端点内存的数据传输到微控制器的内存中,读端点寄存器 UDP_FDRx 可判断是否已经接收到数据。

g) 微控制器清零端点寄存器 UDP_CSRx 的 RX_DATA_BK0 位,通知 USB 外围设备已完成传输。

h) 第三个数据输出数据包由 USB 外围设备接收,并复制到 FIFO BANK0。

i) 如果第二个数据输出包已收到,置位端点寄存器 UDP_CSRx 的 RX_DATA_BK1 标志通知微控制器,RX_DATA_BK1 置位时,该端点的中断挂起。

j) 微控制器将从端点内存接收到的数据转到其内存中,可通过读取端点 UDP_FDRx 寄存器获取接收到的数据。

k) 微控制器清零端点寄存器 UDP_CSRx 的 RX_DATA_BK0 位通知 USB 装置,已经完成传输。

l) 微控制器通过清零端点的寄存器 UDP_CSRx 的 RX_DATA_BK1 通知 USB 装置,已经完成传输。

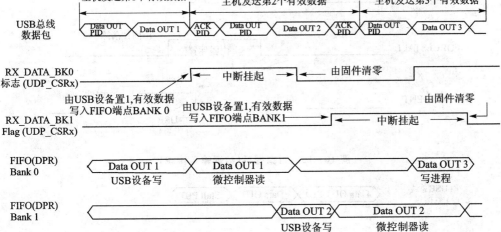

图 10-14　乒乓端点数据输出传输

注意：当 RX_DATA_BK0 或 RX_DATA_BK1 标志置位时，中断挂起。

警告：当 RX_DATA_BK0 和 RX_DATA_BK1 都置位，无法确定哪一个应先清除，因此软件必须保持内部计数器，确定要清除 RX_DATA_BK0 或者 RX_DATA_BK1。这种情况可能发生：软件应用程序正忙于其他事务，而两个 BANK 都被 USB 主机填满，一旦应用程序回来到 USB 驱动中，这两个标志都被设置。

（4）阻塞握手

阻塞握手可用于下列两个不同的场合之一：

① 设置了端点相关的停止功能时，将使用功能阻塞。

② 为了中止当前的请求，可使用协议阻塞，但仅用于控制传输。

下面的过程将产生阻塞包：

① 微控制器置位端点寄存器 UDP_CSRx 的 FORCESTALL 标志。

② 主机接收到阻塞包。

③ 轮询 STALLSENT，微控制器可获知该设备是否发送了阻塞包。当 STALLSENT 被设置时，端点中断挂起，微控制器必须清除 STALLSENT 以清除中断。

在阻塞握手后，设置事务被接收时，STALLSENT 必须清除，以防止由 STALLSENT 置位引起的中断。

数据 IN 传输阻塞握手如图 10-15 所示，数据 OUT 传输阻塞握手如图 10-16 所示。

（5）发送数据取消

某些端点具有双 BANK，某些端点只有一个 BANK。下面描述了取消在这些 BANK 中保存的传输数据的步骤。

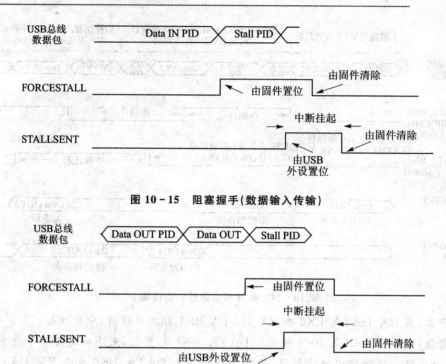

图 10-15　阻塞握手(数据输入传输)

图 10-16　阻塞握手(数据输出传输)

① 单 BANK 的端点

有两种可能性:一种是端点寄存器 UDP_CSR 的 TXPKTRDY 位已置位;另一种是 TXPKTRDY 位未被置位。

TXPKTRDY 未被置位:复位端点,清除 FIFO(指针)。

TXPKTRDY 已经置位:清除 TXPKTRDY,没有准备好发送的报文;复位端点,清除 FIFO(指针)。

② 双 BANK 端点

有两种可能性:一种是端点寄存器 UDP_CSR 的 TXPKTRDY 位已置位。另一种是 TXPKTRDY 位未被置位。

TXPKTRDY 未被置位:复位端点,清除 FIFO(指针)。

TXPKTRDY 已经置位:清除 TXPKTRDY 位并读回,直到实际读取 0;置位 TXPKTRDY 位并读回,直到实际读取 1;清除 TXPKTRDY 位,没有准备好发送的报文;复位端点,清除 FIFO(指针)。

4. 控制设备状态

一个 USB 设备有几种可能的状态,从一个状态到另一个状态的行为,取决于 USB 总线上的状态或者通过控制事务经由默认端点(端点 0)发送的标准请求。总线在一段时间内无活动后,USB 设备进入暂停模式,强制接收来自 USB 主机的暂停/

恢复请求。在暂停模式下,对总线供电的应用的限制是非常严格,设备可能无法在 USB 总线上消耗超过 $500\ \mu A$ 的电流。

在暂停模式下,主机可能会发送恢复信号(总线活动)或 USB 设备向主机发送唤醒请求,如,移动 USB 鼠标唤醒一台 PC。对所有设备,唤醒功能并不是强制性的,必须主机协商。

(1) 非供电状态

自供电的设备可以使用一个 I/O 口检测 5 V VBUS,当 USB 设备不连接到主机时,UDP 可禁用 MCK、UDPCK 和收发器等以减少设备的电源消耗,DDP 和 DDM 线使用 330 kΩ 电阻下拉。

(2) 进入连接状态

置位收发器控制寄存器(UDP_TXVC)的 PUON 位可启用集成上拉。

注意:写寄存器 UDP_TXVC,必须启用 UDP 的 MCK 时钟,在功耗管理控制器中完成该操作。上拉连接后,器件进入供电状态,必须在功耗管理控制器中启用 UDPCK 和 MCK,收发器可保持禁用状态。

(3) 从供电状态到默认状态

连接到一个 USB 主机后,USB 设备等待一个总线复位,中断状态寄存器(UDP_ISR)中不可屏蔽的 ENDBUSRES 标志置位,并触发中断,器件进入默认状态。这种状态下 UDP 软件必须:

① 启用默认端点,置位寄存器 UDP_CSR 中的 EPEDS 标志,对中断使能寄存器(UDP_IER)写 1 使能端点 0 的中断,开始控制传输的枚举过程。

② 配置中断屏蔽寄存器。

③ 清除收发器控制寄存器(UDP_TXVC)的 TXVDIS 标志,启用收发器。

在这种状态下,必须启用 UDPCK 和 MCK。

警告:每次 ENDBUSRES 中断触发,中断屏蔽寄存器和寄存器 UDP_CSR 均被复位。

(4) 从默认状态到地址状态

在一组地址标准设备请求后,USB 主机外设进入地址状态。

注意:设备进入地址状态之前,必须实现控制传输的状态输入事务,即,当寄存器 UDP_CSR 的 TXCOMP 标志已置位并清除,UDP 设备设置新地址。为了转到地址状态,驱动程序软件置位全局状态寄存器(UDP_GLB_STAT)的 FADDEN 标志,设置其新的地址,并置位功能地址寄存器(UDP_FADDR)的 FEN 位。

(5) 从地址状态到配置状态

收到一个有效的设备配置的标准请求并被确认后,设备设置 UDP_CSRx 寄存器中的 EPEDS 和 EPTYPE 位域,把端点设置为对应的配置,并可启用寄存器 UDP_IER 中相应的中断。

（6）进入挂起状态

检测到暂停（在 USB 总线上没有总线活动），寄存器 UDP_ISR 的 RXSUSP 位置位，如果 UDP_IMR 寄存器上相应的位置位，则触发一个中断，写寄存器 UDP_ICR 可清除寄存器 UDP_IMR 挂起的位，然后设备进入挂起模式。

在挂起模式，总线供电设备必须在 5V VBUS 上将电流降至 500 μA 以下。例如将微控制器切换到慢时钟，禁用 PLL 和主振荡器，进入空闲模式，或关闭系统中的其他设备。

USB 设备外设时钟可以被关闭，恢复事件通过异步检测。可以在功耗管理控制器中关闭 MCK 和 UDPCK，置位寄存器 UDP_TXVC 的 TXVDIS 位域来禁用 USB 收发器。

注意：只有 MCK 对 UDP 外设是启用时，才允许读/写 UDP 寄存器操作。为 UDP 外设关闭 MCK 必须在写入寄存器 UDP_TXVC 和确认 RXSUSP 的最后一个操作。

（7）接收主机恢复

在暂停模式下，USB 总线上的一个恢复事件可被异步检测到，收发器和时钟被禁止（但不能去除上拉）。

当在总线上检测到恢复时，寄存器 UDP_ISR 的 WAKEUP 信号会置位。如果 UDP_IMR 寄存器中相应的位置位，则产生一个中断，用于唤醒内核，使能 PLL 和主振荡器及配置时钟。

注意：只有 MCK 对 UDP 外设是启用时，才允许读/写 UDP 寄存器操作。在清除寄存器 UDP_ICR 的 WAKE UP 位和寄存器 UDP_TXVC 的 TXVDIS 位之前，必须为 UDP 启用 MCK。

（8）发送设备远程唤醒

在暂停状态下，发送一个外部恢复唤醒主机。

① 在发送一个外部的恢复之前，设备必须已在暂停状态下等待了至少 5 ms。

② USB 设备开始漏电流和强制 K 状态到恢复主机有 10 ms 时间（注：D－为高电平时 D＋一定为低电平称为 K 状态）。

③ 设备必须强制 K 状态 1～15 ms 来恢复主机。

K 状态发送到主机之前，MCK、UDPCK 和收发器必须启用，为启用远程唤醒功能，寄存器 UDP_GLB_STAT 的 RMWUPE 位必须启用。要在线路上强制 K 状态，寄存器 UDP_GLB_STAT 的 ESR 位必须由 0 变为 1，在 ESR 位先写 0，再写 1 实现这种转变。K 状态根据 USB 2.0 规范自动生成和释放。

10.2.3　UDP 应用实例

Atmel Studio 6.1 平台针对 USB 接口提供了较多的实例，其中包括图 10-17 所示实例。

```
📁 USB Composite Device Example CDC and MSC - SAM4E-EK
📁 USB Composite Device Example HID keyboard and MSC - SAM4E-EK
📁 USB Composite Device Example HID mouse and MSC - SAM4E-EK
📁 USB Composite Device Example HIDs, CDC and MSC - SAM4E-EK
📁 USB Device CDC Example - SAM4E-EK
📁 USB Device CDC Multiple Example - SAM4E-EK
📁 USB Device HID Generic Example - SAM4E-EK
📁 USB Device HID Keyboard Example - SAM4E-EK
📁 USB Device HID Mouse Example - SAM4E-EK
📁 USB Device MSC Example - SAM4E-EK
📁 USB Device MSC Example with FreeRTOS - SAM4E-EK
📁 USB Device PHDC Example - SAM4E-EK
📁 USB Device Vendor Class Example - SAM4E-EK
📁 USB Standard I/O (stdio) Example - SAM4E-EK
```

图 10 - 17　Atmel Studio 6.1 USB 接口实例

其中,USB Composite Device Example CDC and MSC 展示了 USB 的 CDC 和 MSC 功能,CDC 功能为一个虚拟串口。烧写程序后 CDC 功能会弹出安装驱动的对话框,其中驱动程序(atmel_devices_cdc. inf)自动生成在工程文件夹下。安装完成后可以在设备管理里看到有一个虚拟的串口。MSC 功能利用本地的 MSC 驱动,驱动安装完后可以看到有个磁盘被挂载出来。

USB Composite Device Example HID keyboard and MSC 展示了 USB 的 HID 键盘和 MSC 功能。烧写程序后利用本地的 HID 设备和 MSC 设备驱动,自动完成安装。按下开发板上的按键 BP2 时,模拟出一系列的键盘事件。MSC 功能会挂载出磁盘。

USB Composite Device Example HID mouse and MSC 展示了 USB 的 HID 键盘和 MSC 功能。烧写程序后利用本地的 HID 设备和 MSC 设备驱动,自动完成安装。按下开发板上的按键时,会模拟出一系列的鼠标事件,按 BP2 会弹出右键菜单,BP5 鼠标下移,BP4 鼠标上移。MSC 功能会挂载出磁盘。

USB Device HID Generic Example 展示了 USB 的 HID 功能。烧写程序后自动完成安装。利用提供的工具(见文件夹 Generic HID),按动开发板上的按键时,可以看到相应的效果,软件里的 LED 按钮则可以控制板上的灯,如图 10 - 18 所示。

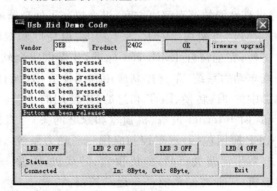

图 10 - 18　Usb Hid Demo

第 **11** 章

SAM4 数字信号处理模块

> SAM4 作为一种 Cortex-M4 核的芯片，相对 Cortex-M3 等其他单片机，具有很好的数字信号处理能力，芯片内部包括了 FPU 浮点数运算单元及 DSP 指令系统，本章主要对 SAM4 的数字信号处理功能进行讲解。

Cortex-M4 处理器是一个专为微控制器设计的高性能 32 位处理器，具有高性能的数字信号控制，采用扩展的单周期乘法累加(MAC)指令、优化的 SIMD 运算、饱和运算指令和一个可选的单精度浮点单元(FPU)，具备较佳的数字信号处理操作所需的所有功能，还结合了深受市场认可的 Cortex-M 系列处理器的低功耗特点。SAM4 是一种 Cortex-M4 微处理器，具有较佳的数字信号处理功能。

11.1 SAM4 FPU 单元及浮点数运算

11.1.1 FPU 模块介绍

FPU(Float Point Unit，浮点运算单元)是专门用于浮点运算的处理器，以前的 FPU 是一种单独芯片，在 486 之后英特尔把 FPU 集成在 CPU 之内。Cortex-M4 FPU 单元的核心使用了 ARM 的向量浮点(VFP，Vector Floating Point，或称"协处理器")体系结构，提供高性能的浮点解决方案，极大提高了处理器的整型和浮点运算性能。

ARM 浮点架构（VFP）为半精度、单精度和双精度浮点运算中的浮点操作提供硬件支持，完全符合 IEEE 754 标准，并提供完全软件库支持。ARM VFP 的浮点功能为汽车动力系统、车身控制应用和图像应用(如打印中的缩放、转换和字体生成以及图形中的 3D 转换、FFT 和过滤)中使用的浮点运算提供增强的性能。下一代消费类产品(如 Internet 设备、机顶盒和家庭网关)可直接从 ARM VFP 受益。

VFP 应用包括：汽车控制应用——动力系统，ABS、牵引控制和主动悬架；3D 图形——数字消费类产品，如机顶盒、游戏机；图像——激光打印机、静态数码相机、数码摄像机；工业控制系统——运动控制。

工业和汽车领域中的许多实时控制应用都得益于 ARM VFP 提供的浮点的动态范围和准确性。汽车动力系统、防抱死制动系统、牵引控制和主动悬架系统都是关键业务应用,其对准确性和可预测性的要求较高。

(1) VFP 架构版本

在 ARMv7 架构之前,VFP 代表用于矢量运算的矢量浮点架构。对于许多应用来说,设置硬件浮点至关重要,并且硬件浮点可用作使用高级设计工具(如 MatLab、MATRIXx 和 LabVIEW)直接对系统建模和派生应用程序代码的片上系统(SoC)设计流程的一部分。在与 NEON 多媒体处理功能结合使用时,可增强图像应用程序的性能(如缩放、2D 和 3D 转换、字体生成和数字过滤)。

迄今为止,VFP 主要有 3 个版本:

VFPv1 已废弃。要获取详细信息,可向 ARM 发送相关请求。

VFPv2 是对 ARMv5TE、ARMv5TEJ 和 ARMv6 架构中 ARM 指令集的可选扩展。

VFPv3 是对 ARMv7 - A 和 ARMv7 - R 配置文件中 ARM、Thumb&reg 和 ThumbEE 指令集的可选扩展。可使用 32 个或 16 个双字寄存器实现 VFPv3。术语 VFPv3 - D32 和 VFPv3 - D16 用于区别这两个实现选项。扩展 VFPv3 使用半精度扩展,可在半精度浮点和单精度浮点之间提供双向转换功能。

(2) Cortex-M4 FPU

FPU 是 Cortex-M4 浮点运算的可选单元,是一个专用于浮点任务的单元。这个单元通过硬件提升性能,能处理单精度浮点运算,并与 IEEE - 754 标准兼容,完成了 ARMv7 - M 架构单精度变量的浮点扩展。

(3) Cortex-M4 VFP 指令

Cortex-M4 VFP 主要指令如表 11 - 1 所列。

表 11 - 1　Cortex-M4 VFP 指令集

运　算	描　述	编译器	周　期
绝对值	单精度绝对值	VABS. F32	1
加法	单精度加法	VADD. F32	1
比较	单精度与寄存器数据或 0 比较	VCMP. F32	
数据类型转换	将定点数或整数转换为单精度数,将单精度数转换为整数或定点数	VCVT. F32	1
除法	单精度除法	VDIV. F32	14
加载	加载多个双精度数	VLDM. 64	$12 \times N$,其中 N 是双精度浮点数量
	加载多个单精度数	VLDM. 32	$1+N$,其中 N 是单精度浮点数量
	加载双精度数	VLDR. 64	3
	加载单精度数	VLDR. 32	2

ARM Cortex-M4 微控制器原理与应用——基于 Atmel SAM 4 系列

392

运　算	描　述	编译器	周　期
传送	ARM 寄存器与半个双精度寄存器数据传送	VMOV	1
	单精度数寄存器与 ARM 寄存器数据传送	VMOV	1
	2 个单精度数/1 个双精度数与 2 个 ARM 寄存器数据传送 1 个单精度数与 1 个 ARM 寄存器数据传送	VMOV	2
	VFP 系统寄存器传送到 ARM 寄存器	VMRS	1
	ARM 寄存器传送到 VFP 系统寄存器	VMSR	1
乘法	单精度数乘	VMUL. F32	1
	单精度数乘加	VMLA. F32	3
	单精度数乘减	VMLS. F32	3
	单精度数求反乘加	VNMLA. F32	3
	单精度数求反乘减	VNMLS. F32	3
否定	单精度数求反	VNEG. F32	1
	单精度数求反乘法	VNMUL. F32	1
弹出堆栈(pop)	双精度数寄存器弹出堆栈	VPOP. 64	$12 \times N$,其中 N 是双精度寄存器数量
	单精度数寄存器弹出堆栈	VPOP. 32	$1+N$,其中 N 是单精度寄存器的数量
压 入 堆 栈 (push)	双精度数寄存器压入堆栈	VPUSH. 64	$12 \times N$,其中 N 是双精度寄存器数量
	单精度数寄存器压入堆栈	VPUSH. 32	$1+N$,其中 N 是单精度寄存器数量
平方根	单精度数平方根	VSQRT. F32	14
储存	存储多个双精度寄存器	VSTM. 64	$12 \times N$,其中 N 是双精度数量
	存储多个单精度寄存器	VSTM. 32	$1+N$,其中 N 是单精度数量
	存储双精度寄存器	VSTR. 64	3
	存储单精度寄存器	VSTR. 32	2
减法	单精度数减法	VSUB. F32	1

(4) SAM4 FPU 寄存器

浮点(FPU)寄存器说明如表 11 - 2 所列。

表 11-2　浮点单元(FPU)寄存器说明

偏移量	名　　称	寄存器	权　限	复位值
0xE000ED88	协处理器访问控制寄存器	CPACR	读/写	0x0000 0000
0xE000EF34	浮点上下文控制寄存器	FPCCR	读/写	0x0000 0000
0xE000EF38	浮点上下文地址寄存器	FPCAR	读/写	—
—	浮点状态控制寄存器	FPSCR	读/写	—
0xE000E01C	浮点默认状态控制寄存器	FPDSCR	读/写	0x0000 0000

① 协处理器访问控制寄存器(CPACR):指定了对协处理器的访问权限。主要设置的权限形式如:全部拒绝访问、仅特权可以访问、保留、所有访问。

② 浮点模式控制寄存器(FPCCR):设置或返回 FPU 控制数据。包括:自动硬件状态保存和恢复、Lazy 状态自动保存、调试状态是否就绪、总线故障是否启用、是否开启存储管理和允许设置优先级、是否优先允许设置硬件故障处理、是否为线程模式、Lazy 状态保存是否激活。

③ 浮点模式地址寄存器(FPCAR):保存浮点寄存器位于一个异常帧的位置。

④ 浮点状态控制寄存器(FPSCR):提供所有必要的浮点系统的用户级别的控制。包括:负条件、零条件、进位条件、溢出条件、其他的半精度控制、默认的 NaN 模式控制、Flash-to-zero 模式控制、Round 模式控制、非标准输入累积异常、不精确的累积异常、下溢累积异常、上溢累积异常、除零累积异常和无效的操作累积异常。

⑤ 浮点默认状态控制寄存器(FPDSCR):保存了浮点状态寄存器的默认数据。包括:AHP、DN、FZ、RMode。

11.1.2　SAM4 FPU 应用实例

1. 编译器设置

Atmel Studio 6.1 SP2 中,使用的编译器为 arm-none-eabi-gcc.exe,版本为 4.7.3。其中"none"表示没有指定操作系统,"eabi"表示使用的二进制文件接口是 eabi。

① 在 ARM GCC 中,可以使用-mfloat-abi 选项设置浮点数的 ABI:

* soft:调用软浮点库支持浮点运算。在 GCC 中采用常用指令模拟浮点运算。
* softfp:使用 FPU 进行浮点数运算。但是在函数调用时,仍然使用通用的寄存器传递浮点数参数。这需要额外的类型转换的开销。
* hard:使用 FPU 进行浮点数运算。而且在函数调用时,使用 FPU 的寄存器传递浮点数参数。

Atmel Studio 6.1 使用的编译器,默认情况下使用 soft 选项。而为了使用 FPU,这里将使用 softfp 选项。

② 使用-mfpu 选项设置 FPU 硬件的类型。

SAM4E 搭载了 Cortex-M4F FPU，实现了 FPv4-SP 版本（SP 表示单精度）的浮点数扩展。另外，SAM4E 也搭载了 32 个 32 位的单精度寄存器，将-mfpu 赋值为 fpv4-sp-d16，其中，d16 表示有 16 个 64 位寄存器。这些寄存器就可以被当作 16 个 64 位的双精度寄存器以执行 load、store 和 move 操作。

③ Atmel Studio 6.1 设置。

在解决方案管理器中，右键单击工程，进入属性页面。选中"Toolchain"选项卡，再选择"ARM/GUN C Complier"下的"Miscellaneous"选项，就可以看到自定义的编译器的选项，如图 11-1 所示。

可以看到，默认情况下已经追加了"-mfloat-abi=softfp-mfpu=vfpv4"的选项了。vfpv4 默认表示 vfpv4-D32，表示实现了完全的 FPV4 的版本，且配有 32 个 64 位寄存器。很明显，这是一个不怎么正确的设置，需要更改为"-mfloat-abi=softfp-mfpu=fpv4-sp-d16"：

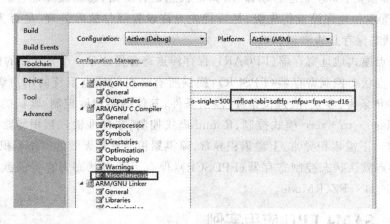

图 11-1　Atmel Studio 6.1 FPU 设置

2. 启用 FPU

开发板重置时，FPU 是禁止访问的。但是 Atmel Studio 6.1 中使用的 startup 文件会根据编译器设置启用 FPU。

(1) 启用 FPU 思路

向 FPU 的寄存器 CPACR 的 CP10 和 CP11 字段写入 0b11 即可开放 FPU 的完全访问权限。**注意：在特权模式下才能读/写该寄存器。**

在 CMSIS 中寄存器 CPACR 的地址被定义成了保留地址。但是在 fpu.h 中提供了相应的 API：

```
# include <fpu.h>        //会和 sam.h 的宏定义冲突，使用 board.h 即可
fpu_enable();
```

其中 fpu_enable() 的实现如下：

```
/ * * CPACR 寄存器 * /
#define ADDR_CPACR 0xE000ED88
#define REG_CPACR   ( * ((volatile uint32_t * )ADDR_CPACR))
/ * 保存 CPU 当前中断的状态,并屏蔽之 * /
irqflags_t flags;
flags = cpu_irq_save();
/ * * 修改 CPACR 寄存器 * /
REG_CPACR | =   (0xFu << 20);
__DSB();   / * * 等待寄存器修改完成 * /
__ISB();   / * * 清空处理器流水线 * /
/ * * 根据设置决定是否重新启用中断 * /
cpu_irq_restore(flags);
```

(2) Atmel Studio 6 程序中启用 FPU

开发板使用的 Atmel Studio 6 的工程模板中,程序的入口函数是 Reset_Handler()。

• 在调用 main()函数之前,该函数会执行以下代码:

```
#if __FPU_USED
fpu_enable();
#endif
```

• __FPU_USED 在以下代码中定义:

```
//...
/ * 判断使用的编译器是否为 GCC * /
#elif defined ( __GNUC__ )
/ * 判断是否启用浮点运算,且运算不是用软件实现的 * /
#if defined (__VFP_FP__) && ! defined(__SOFTFP__)
/ * 判断目标平台是否有 FPU * /
#if (__FPU_PRESENT == 1)
#define __FPU_USED        1
#else
//...
```

• __FPU_PRESENT 在 sam4e16e.h 中定义:

```
/ * * < SAM4E16E does provide a FPU * /
#define __FPU_PRESENT          1
```

所以,只需要设置好了编译器的参数,就可以自动启用 FPU 了。

其中,—GNUC—在 GCC 编译器预定义的宏;—VFP_FP—在 GCC 启用浮点运算时预定义;—SOFTFP—是使用软模拟浮点运算时预定义的宏。GCC 可以使用"—dM – E"参数打印出预定义的宏。

3. 实例测试

对控制 LED 灯闪烁实例(见实例 3－01),延迟函数空循环的循环体修改为对一个浮点数的运算,然后观察是否使用硬件 FPU 时,LED 闪烁的频率的差别。

实例编号:11－01	内容:FPU 应用实例	路径:\Example\Ex11_01

```
/*--------------------------------------------------------*
 * 文件名:FPU.cproj                                        *
 * 硬件连接: PAO 连接 LED 蓝色指示灯                         *
 * 程序描述:控制 LED 灯闪烁实例,延迟函数空循环的循环体修改为      *
 *          对一个浮点数的运算                               *
 * 目的:学习如何使用 FPU 模块                                *
 * 说明:提供 FPU 基本实例,供入门学习使用                       *
 *                                                        *
 *《ARM Cortex-M4 微控制器原理与应用——基于 Atmel SAM4 系列》教学实例 */

/*[头文件]*/
# include <board.h>
# include <fpu.h>

/*[子程序]*/
/* 在 Dalay 函数的空循环中加入 f * = 1.1f 浮点乘法 */
void Delay(int num)
{
    volatile float f = 1.0f;
    for (volatile int i = 0; i < 1024 * 64 * num; ++i)
    {
        f * = 1.1f;
    }
}

/*[主程序]*/
int main (void)
{
    /* 让 PIO 控制器直接控制 PAO 引脚 PIO 使能 */
    PIOA-> PIO_PER = (uint32_t)0x01;
    /* PIO 输出使能 */
    PIOA-> PIO_OER = (uint32_t)0x01;
    /* PIO 输出写使能 */
    PIOA-> PIO_OWER = (uint32_t)0x01;
```

```
    while (1) {
        Delay(2);
        /* 设置 PA0 引脚为高电平,灯灭 */
        PIOA -> PIO_SODR = (uint32_t)0x01;
        Delay(2);
        /* 设置 PA0 引脚为高电平,灯亮 */
        PIOA -> PIO_CODR = (uint32_t)0x01;
    }
    return 0;
}
```

分别使用"-mfloat-abi＝softfp"和"-mfloat-abi＝soft"选项编译并执行程序,观察 LED 闪烁的频率,利用浮点 FPU 模块运算的闪烁频率快。

11.2　SAM4 DSP 指令及 DSP 库

11.2.1　DSP 模块介绍

Cortex-M4 DSP 指令集扩展增加了高性能应用中 ARM 解决方案的 DSP 处理能力,同时通过便携式、电池电源设备提供所需的低能耗。DSP 扩展已经过优化,适用于众多软件应用(包括伺服马达控制、Voice over IP(VOIP)和视频/音频编解码器),其中此扩展可增强 DSP 性能,使其能够有效处理所需任务。

(1) Cortex-M4 DSP 特点
- 单周期 16×16 和 32×16MAC 实现;
- 与基于 ARM7 处理器的 CPU 产品相比,DSP 性能提高了 2~3 倍;
- 零开销饱和扩展支持;
- 用于加载和存储寄存器对的新指令,包含增强的寻址模式;
- 新的 CLZ 指令改进了算术运算标准化,提高了除法性能;
- 在 ARMv5TE、ARMv6 和 ARMv7 体系结构中完全支持 DSP 扩展。

Cortex-M4 主要应用于音频编码/解码(MP3:AAC、WMA)、伺服马达控制(HDD/DVD)、MPEG4 解码、语音和手写识别、嵌入式控制、位准确算法(GSM-AMR)。

用于 ARM 架构的编译器可以使用这些 DSP 扩展来改进标准 C 和 C++软件的代码生成过程,或者允许软件开发人员要求通过内部函数或内联汇编代码显式使用这些扩展。

(2) Cortex-M4 DSP 性能
ARM DSP 扩展改进了 DSP 性能,且无需非常高的时钟频率。几乎不增加典型实现中的功耗即可获得此性能。DSP 扩展广泛应用于智能手机,以及需要大量信号处理的类似嵌入式系统,从而避免使用其他硬件加速器。DSP 扩展可与 32 位 ARM 和 16 位 Thumb 指令集完全兼容,从而确保所有现有操作系统和应用程序代码都可在支持 DSP 且基于 ARM 处理器的设备上重用。这些扩展广泛适用于大量细分市场,包括无线、大容量存储、汽车、消费娱乐和数字图像。

11.2.2　DSP 模块功能

1. Cortex-M4 单周期 16、32 位 MAC 扩展

Cortex-M4 处理器采用扩展的单周期乘法累加(MAC)指令,32 位乘法累加(MAC)包括新的指令集和针对 Cortex-M4 硬件执行单元的优化,能够在单周期内完成一个 $32 \times 32 + 64 \rightarrow 64$ 的操作或两个 16×16 的操作。如表 11-3 所列为这个单元的计算能力。

表 11-3　MAC 指令表

计　算	指　令	周　期
$16 \times 16 = 32$	SMULBB, SMULBT, SMULTB, SMULTT	1
$16 \times 16 + 32 = 32$	SMLABB, SMLABT, SMLATB, SMLATT	1
$16 \times 16 + 64 = 64$	SMLALBB, SMLALBT, SMLALTB, SMLALTT	1
$16 \times 32 = 32$	SMULWB, SMULWT	1
$(16 \times 32) + 32 = 32$	SMLAWB, SMLAWT	1
$(16 \times 16) \pm (16 \times 16) = 32$	SMUAD, SMUADX, SMUSD, SMUSDX	1
$(16 \times 16) \pm (16 \times 16) + 32 = 32$	SMLAD, SMLADX, SMLSD, SMLSDX	1
$(16 \times 16) \pm (16 \times 16) + 64 = 64$	SMLALD, SMLALDX, SMLSLD, SMLSLDX	1
$32 \times 32 = 32$	MUL	1
$32 \pm (32 \times 32) = 32$	MLA, MLS	1
$32 \times 32 = 64$	SMULL, UMULL	1
$(32 \times 32) + 64 = 64$	SMLAL, UMLAL	1
$(32 \times 32) + 32 + 32 = 64$	UMAAL	1
$2 \pm (32 \times 32) = 32(上)$	SMMLA, SMMLAR, SMMLS, SMMLSR	1
$(32 \times 32) = 32(上)$	SMMUL, SMMULR	1

2. Cortex-M4 的 SIMD 扩展

与具有单独可编程 DSP 或加速器的体系结构相比,SIMD 扩展可通过提供一个工具链环境和处理设备来简化应用软件的开发过程。该工具链环境可缩短上市时间,因为软件在产品开发过程中扮演着越来越重要的角色。

Cortex-M4 支持 SIMD 指令集,这在上一代的 Cortex-M 系列是不可用的。表

11-3 中的指令,有的属于 SIMD 指令。与硬件乘法器(MAC)一起工作,使所有这些指令都能在单个周期内执行。受益于 SIMD 指令的支持,Cortex-M4 处理器能在单周期完成高达 $32 \times 32 + 64 \rightarrow 64$ 的运算,为其他任务释放处理器的带宽,而不是被乘法和加法消耗运算资源。

3. Cortex-M4 DSP 库

数字信号处理(Digital Signal Processing,DSP)中会使用大量的数学运算。Cortex-M4,配置了一些强大的部件,以提高 DSP 能力。同时 CMSIS 提供了一个 DSP 库,提供了许多数学函数的高效实现。

CMSIS DSP 软件库是一套常见的信号处理函数库,用于 Cortex-M 处理器,DSP 软件库包括多个特定功能的函数库,这些函数的源代码在 ASF 安装包 thirdparty\CMSIS\DSP_Lib\Source 目录下,这些函数处理可操作 8 位整数、16 位整数、32 位整数和 32 位浮点数。在 arm_math.h 中,已经对各个函数的功能、参数意义等做了详细的说明。

(1) 基本数学函数

基本数学函数包括向量绝对值、向量加法、向量点积、向量乘法、向量取反、矢量偏移、矢量比例、矢量移位、向量减法等。

(2) 快速数学函数

这组函数提供了一种快速的近似正弦、余弦和平方根,比大部分 CMSIS 数学库的数学函数要快很多。使用单个的值,而不是阵列。对于 Q15、Q3 和浮点数据,有独立的功能。

(3) 复杂的数学函数

复杂的数学函数包括复共轭、复杂的点积、复杂幅度、复杂的幅度平方、复杂的复数乘法、复杂的实数乘法等。此功能集提供一套复杂的数据载体功能,在复杂阵列中的数据以交错的方式存储。

(4) 滤波函数

滤波函数包括无限脉冲响应数字滤波器(IIR)、卷积、有限长脉冲响应滤波器(FIR)、最小均方滤波器(LMS)等。

(5) 矩阵函数

矩阵函数包括矩阵加法、矩阵求反、矩阵乘法、矩阵减法和矩阵转置等。此函数集提供基本的矩阵数学运算及操作矩阵数据结构函数。

(6) 变换函数

转换函数包括复数 FFT 函数、DCT 函数及实数 FFT 函数等。

(7) 电机控制函数

控制器函数包括正弦、余弦、PID 电机控制、矢量克拉克(CLARKE)变换、矢量克拉克(CLARKE)逆变换、帕克(PARK)变换和帕克(PARK)逆变换等。

ARM Cortex-M4 微控制器原理与应用——基于 Atmel SAM4 系列

(8) 统计函数

统计函数包括最大、平均、最小、均方根、标准偏差和方差等函数。

(9) 转换函数

转换函数包括转换 16 位整型值、转换 32 位整型值、转换 32 位浮点值、转换 8 位整型值、矢量复制等。

(10) 插值函数

插值函数包括线性插值和双线性插值两种。这些函数执行 1、2 维数据插值,线性插值用于一维数据,双线性插值用于二维数据。

这些 DSP 函数都在 arm_math.h 中定义,已经对各个函数的功能、参数意义等做了详细的说明,因此应用程序应包括头文件 arm_math.h。

11.2.3 SAM4 DSP 应用实例

1. 实现两个向量数量积的实例

利用 CMSIS 提供的 DSP 库实现 2 个向量的数量积来说明如何在 SAM4E 芯片上实现 DSP 运算过程。

在 CMSIS\Include 文件夹中,头文件 arm_math.h 声明了这些函数。在 CMSIS\Lib\GCC 中,有针对各平台编译好的静态库文件。在 CMSIS\DSP_Lib\Source 中,有 DSP 的实现源码。在使用 arm_math.h 文件的过程中,需要根据目标平台预定义宏 ARM_MATH_CM4 ,ARM_MATH_CM3 或 ARM_MATH_CM0 。若需要使用 FPU,则需要在设备头文件(如 sam4e16e.h)中将宏__FPU_PRESENT 的值定义为 1。

(1) 调用 DSP 库环境配置说明

Atmel Studio 6 开发平台默认已经添加了 DSP 的支持,可以直接使用。但若需要手工添加 DSP 库支持时,需要做如下的步骤:

① 进入工程属性的 toolchain 选项卡,可以在 ARM/GNU C Complier 的 Directories 中选择编译时搜索头文件的路径。Atmel Studio 6 在建立工程时,将一些需要的头文件拷贝到工程目录下,同时做好路径设置。比如 Atmel Studio 6 已经把 arm_math.h 复制到图 11-2 所示方框指出的路径了。

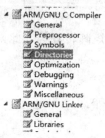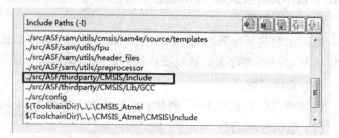

图 11-2 添加头文件路径

② 在 ARM/GNU Linker 的 Libraries 选项中,可以选择链接时使用的库及库的路径。同样,Atmel Studio 6 已经把静态库文件拷贝到了工程目录下且设置好文件,如图 11-3 所示。

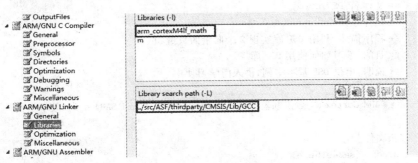

图 11-3　添加库及库路径

③ 在 ARM/GNU C Complier 的 Symbols 选项中,可设置预定义的宏,可在这里声明说明 DSP 的目标平台的宏 ARM_MATH_CM4,如图 11-4 所示。

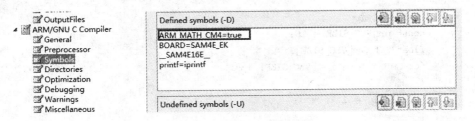

图 11-4　设置预定义的宏

④ 在设备头文件中声明 __FPU_PRESENT 的值。如果有 FPU,则将该宏定义为 1,否则定义为 0。CMSIS 已经做好了定义:

```
//File：…src\ASF\sam\utils\cmsis\sam4e\include\sam4e16e.h
//Line：266     / * * < SAM4E16E does provide a FPU * /
#define __FPU_PRESENT           1
```

另外,如果不使用 Atmel Studio 6 提供的 startup 文件,或者需要在自己的代码中使用 FPU,则还需要做额外的设置。相关内容在 FPU 的示例中做了说明。

(2) 具体实例程序

DSP 库里有计算向量数量积的函数。DSP 库的函数支持多种类型的定点数,若配备了 FPU 的部件,也支持浮点数,所以只需要调用 arm_dot_prod_f32() 函数即可。查看 arm_dot_prod_f32() 的实现,发现其已经为提高效率进行了循环展开。查看另外一些有关定点数的运算,可以发现其实现已经使用了 SIMD 等特殊指令,有些甚至针对内存访问的延迟进行了优化。不难看出,这个库的实现对具体计算过程进行了优化。

实例编号:11 - 02　　内容:DSP 应用实例　　路径:\Example\ Ex11_02

```
/*-------------------------------------------------- *
 * 文件名:DSP.cproj                                   *
 * 硬件连接:                                          *
 * 程序描述:利用 DSP 库实现 2 个向量的数量积            *
 * 目的:学习如何使用 DSP 库                            *
 * 说明:提供 DSP 基本实例,供入门学习使用               *
 *                                                   *
 *《ARM Cortex-M4 微控制器原理与应用——基于 Atmel SAM4 系列》教学实例 * /

/*[头文件]*/
# include <sam4e16e. h>
# include <arm_math. h>


/*[主程序]*/
int main (void)
{
    /*定义向量*/
    const int VEC_SIZE = 16;
    float32_t vec[VEC_SIZE];
    for (int i = 0; i < VEC_SIZE; ++ i)
    {
        vec[i] = 1.1f * i;
    }
    /*计算向量与自身的数量积,调用 DSP 库函数*/
    float32_t result = 0;
    arm_dot_prod_f32(vec, vec, VEC_SIZE, &result);
    while(1)
    {
        result = result;
    }
}
```

2. Atmel Studio 6 提供的有关 DSP 应用实例说明

在 Atmel Studio 6 ASF 实例中包括一些 DSP 应用实例,其中包括如图 11 - 5 所示实例。

Atmel Studio 6 针对 SAM4 芯片提供 11 个相应的例子:

① Class Marks Example(数值统计实例):展示了静态初始化的使用,以及如何使用最大、最小、平均、标准差、方差和矩阵函数来获取一组值中的统计值。

② Convolution Example(卷积实例):展示如何使用复数 FFT、复数乘法的卷积定理及其支持函数。

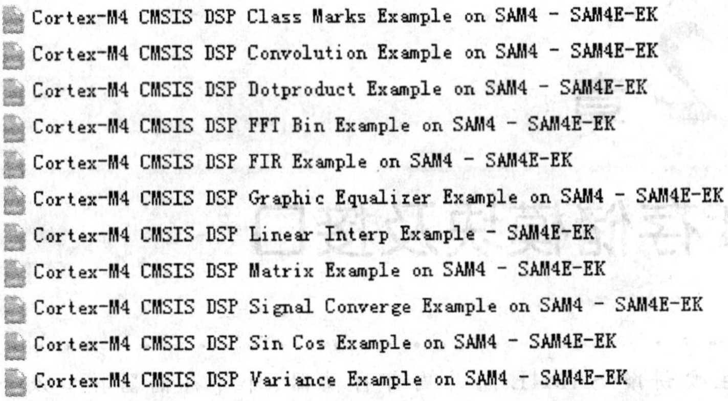

Cortex-M4 CMSIS DSP Class Marks Example on SAM4 - SAM4E-EK

Cortex-M4 CMSIS DSP Convolution Example on SAM4 - SAM4E-EK

Cortex-M4 CMSIS DSP Dotproduct Example on SAM4 - SAM4E-EK

Cortex-M4 CMSIS DSP FFT Bin Example on SAM4 - SAM4E-EK

Cortex-M4 CMSIS DSP FIR Example on SAM4 - SAM4E-EK

Cortex-M4 CMSIS DSP Graphic Equalizer Example on SAM4 - SAM4E-EK

Cortex-M4 CMSIS DSP Linear Interp Example - SAM4E-EK

Cortex-M4 CMSIS DSP Matrix Example on SAM4 - SAM4E-EK

Cortex-M4 CMSIS DSP Signal Converge Example on SAM4 - SAM4E-EK

Cortex-M4 CMSIS DSP Sin Cos Example on SAM4 - SAM4E-EK

Cortex-M4 CMSIS DSP Variance Example on SAM4 - SAM4E-EK

图 11-5　Atmel Studio 6 DSP 应用实例

③ Dot Product Example(内积实例)：展示如何使用乘法和加法函数来实行内积运算。两个向量的内积就是对应的元素相乘再相加得到的。

④ FIR Exmple(低通滤波器实例)：展示如何配置 FIR 滤波器，并使用它在逐块操作中将数据中的高频信号去除。

⑤ FFT Bin Example(快速傅里叶实例)：展示输入信号在频域最大能量计算，在此过程中用到了复数 FFT、复杂度和最大值函数。

⑥ Graphic Equalizer Example(音频图像均衡器实例)：展示如何使用双二阶级联函数构建一个 5 频带的图像均衡器。图像均衡器可在音频应用中使用，来改变音质。

⑦ Linear Interpolate Example(线性插值例子)：展示线性差值模块和快速数学模块的使用。方法 1 使用快速数学 sine 函数来计算 sine 值，该函数使用三次插值法。方法 2 使用线性插值法，并将结果与相关输出比较。结果显示，相对于快速数学 sine 计算，线性插值法可提供更高精度的结果。

⑧ Matrix Example(矩阵实例)：展示如何使用矩阵转置、矩阵乘法和矩阵求逆进行输入数据的最小二乘拟合。最小二乘拟合法是用来求最佳拟合的曲线，其与所给数据的误差的平方最小。

⑨ Signal Convergence Example(信号会聚例子)：展示使用标准 LMS 滤波器、有限冲击响应(FIR)滤波器和基本数学函数的自适应滤波器学习 FIR 低通滤波器的传输功能的例子。

⑩ SineCosine Example(SineCosine 实例)：展示 Pythagorean 三角恒等式，及使用余弦、正弦、向量乘法和向量加法函数。

⑪ Variance Example(方差例子)：展示如何使用基本数学和支持函数计算一组 N 大小输入样例的方差值。此列中，均匀分布白噪声为输入样例。

第 12 章

SAM4 存储模块及接口

本章主要讲解 SAM4E 芯片内部存储器、外部存储器接口及 SAM BA Bootloader。其中内部存储器包括：RAM、ROM、FLASH 和缓存；外部存储器接口包括：静态存储器控制器接口、快速 FLASH 编程接口和高速多媒体存储卡接口（HSMCI）。

12.1　SAM4 内嵌存储器及控制器

12.1.1　SAM4 内嵌存储器概述

SAM4 内嵌存储器主要包括内部 SRAM、内部 ROM、内嵌 FLASH 及缓存。

(1) 内部 SRAM

SAM4E 芯片（1024 KB 内部 FLASH）共嵌入 128 KB 的高速 SRAM。SRAM 可以访问系统 Cortex-M4 总线上的 0x2000 0000 地址。SRAM 在地址范围为：0x2000 0000~0x23FF FFFF，其中 0x2200 0000~0x23FF FFFF 是 SRAM 位段别名区域。

(2) 内部 ROM

SAM4E 设备嵌入一个内部 ROM，包含 SAM 引导模块（SAM－BA），在应用中编程（IAP）程序和快速 FLASH 编程接口（FFPI）程序。在任何时候，ROM 都被映射在地址 0x0080 0000 上。

12.1.2　内嵌 FLASH 及控制器

1. 内嵌 FLASH

FLASH 存储器是按扇区组织的，每个扇区的大小为 64 KB。第一个扇区的 64 KB 被划分成 3 个较小的扇区，由 2 个 8 KB 的扇区和 1 个 48 KB 扇区组成，如图 12－1 所示。

每个扇区都是由 512 B 的页面组成。

扇区 0：

较小的扇区 0 有 16 页，每页 512 B，总计 8 KB。

较小的扇区 1 有 16 页，每页 512 B，总计 8 KB。

较大的扇区有 96 页，每页 512 B，总计 48 KB。

扇区 1~n：

由 64 KB 大小的扇区组成，每个扇区 128 页，每页为 512 B。

FLASH 大小因产品而异，SAM4E 设备的闪存大小是 1 024 KB。

如下操作可在如下范围擦除 FLASH 存储器：①在一个 8 KB 扇区内的一个 512 B 的页上；②在一个 8 KB/48 KB/64 KB 扇区内的一个 4 KB 的块上；③在一个 8 KB/48 KB/64 KB 的扇区上；④在芯片上。

图 12 - 1　FLASH 组织结构

存储器中有一个额外的可重新编程的页面，可用于用户页面签名。通过特定模式可进行擦除、写和读操作，擦除引脚不会删除用户签名页。

擦除 FLASH 页只可能在 8 KB 扇区上，EWP 和 EWPL 指令只能用于 8 KB 扇区，FLASH 写指令频率不能低于 330 kHz。

(1) FLASH 速度

用户需要根据所使用的频率设置等待状态数量，FLASH 速度在 0 等待状态的目标是 24 MHz。

(2) 锁定区域

锁定位用来保护锁定区域的写和擦除操作，一个锁定区域有几个连续页面，并且每个锁定区域都有其相应的锁定位。针对 SAM4E，锁定位数量为 128 个，锁定区域为 8 KB 大小。当对一个锁定区域发出擦除或编程指令，该指令会被终止，并且控制器 EEFC 会触发一个中断。通过 EEFC 用户接口可以对锁定位编程，"Set Lock Bit"指令可允许保护；"Clear Lock Bit"指令给锁定区域解锁。当 ERASE 引脚有效时将清除所有锁定位，解锁整个 FLASH 区域。

(3) 安全位功能

SAM4E 有一个安全位，是 GPNVM(General Purpose NVM)的第 0 位。安全位允许时，禁止任何对 FLASH 的访问，不论是通过 ICE 接口还是通过快速 FLASH 编程接口，可确保 FLASH 中代码的保密性。

安全位只能通过 EEFC 用户接口的"Set General Purpose NVM Bit 0"指令来允

许。只有在整块 FLASH 被擦除后,将 ERASE 引脚置 1 时才能禁止该安全位。当该安全位无效时,所有对 FLASH 的访问都是允许的。需要注意的是:ERASE 引脚有效信号的持续时间全少应大于 200 ms。由于 ERASE 引脚集成了一个固定的下拉电阻,在正常操作时可悬空。不过,在最终应用中将该引脚直接接地会更安全。

(4) 校准位

NVM 位被用来校准欠压检测器和电压调节器。其由厂家配置,用户不能修改。ERASE 引脚有效对校准位无效。

(5) 唯一标识符

每个器件都集成 128 位唯一标识符,由厂家配置,用户不能修改。ERASE 引脚有效对唯一标识符无效。

(6) 用户签名

每部分包含一个 512 B 用户签名,可用于存储用户信息,例如键值等。用户不希望通过 ERASE 引脚或 ERASE 指令擦除、读和写这个区域。

2. 增强内嵌 FLASH 控制器(EEFC)

增强内嵌 FLASH 控制器(EEFC)提供 FLASH 块与 32 位内部总线的接口。EEFC 的 128 位或 64 位存储器接口可提高存取性能,通过一套完整的指令集可管理 FLASH 的编程、擦除、锁定和解锁。其中有一个指令可返回内嵌 FLASH 的描述和定义,用于获取系统 FLASH 的组织结构。

EEFC 特性:32 位内部总线 FLASH 块接口;通过 128 或 64 位的存储器接口使 Thumb2 性能提升至 120 MHz;128 个锁定位,每个都用于保护一个锁定区域;代码循环优化;GPNVMx 多用途 GPNVM 位;逐个锁定位编程;关键字指令保护;支持整体闪存擦除;支持按磁面擦除;支持按扇区擦除;支持按页擦除;可编程前擦除;支持锁定和解锁操作;支持连续编程和锁定操作;可以读取校准位。

EEFC 需要使用连续时钟,功耗管理控制器(PMC)对 EEFC 没有影响。EEFC 中断号为 6,EEFC 中断信号只在 FLASH 状态寄存器(EEFC_FSR)的 FRDY 位为 1 时产生。

EEFC 寄存器说明如表 12-1 所列。

表 12-1　EEFC 寄存器

偏移量	名　称	寄存器	权　限	复位值
0x00	模式寄存器	EEFC_FMR	读/写	0x04000000
0x04	指令寄存器	EEFC_FCR	只写	
0x08	状态寄存器	EEFC_FSR	只读	0x00000001
0x0C	结果寄存器	EEFC_FRR	只读	0x0

（1）EEFC 组织结构

FLASH 与 32 位内部总线直接连接，内嵌 FLASH 的组成结构如图 12-2 所示，包括：

一些相同大小的页面构成的存储面（memory plane）。

2 个 128 位或 64 位的读缓冲区，用于代码读取优化。

1 个 128 位或 64 位的读缓冲区，用于数据读取优化。

一个只写缓冲区用于管理页面，其与页大小相同，可在 1 MB 地址空间里进行访问，因此每个字都可以写到其最后地址。

锁定位用来保护锁定区域的写和擦除操作。锁定区域由存储面内几个连续的页组成，每个锁定区域具有自己的锁定位。

多用途的 NVM（GPNVM）位，通过 EEFC 控制器接口可对其置位和清零。

内嵌 FLASH 的大小、页大小、锁定区域和 GPNVM 位的定义，将在后面相关内容中描述。发出一个"获取描述符"指令之后，EEFC 将返回一个 FLASH 控制器的描述符。

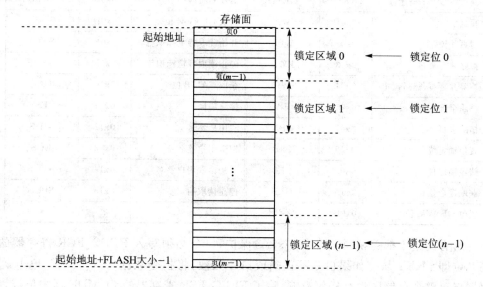

图 12-2　嵌入式 FLASH 内部组织

（2）读操作

FLASH 的读由一个优化控制器管理，以提高处理器在 Thumb2 模式下 128 位或 64 位宽存储器接口的性能。

FLASH 存储器的访问通过 8、16、32 位的读操作。由于 FLASH 块比系统预留的片上存储区地址空间要小，因此访问这个系统预留的片上存储空间时 FLASH 会重复出现。

读操作过程中可以有等待状态，也可以无等待状态。对 FLASH 模式寄存器

(EEFC_FMR)的 FWS(FLASH 读等待状态)位编程可设置等待状态,FWS 为 0 表示对片上内嵌 FLASH 进行单周期访问。

(3) FLASH 指令

EEFC 提供一系列指令,如:FLASH 编程、锁定和解锁区域、连续编程、锁定和完全擦除等。

要执行 FLASH 某个指令,就对 EEFC 闪存指令寄存器(EEFC_FCR)的低 8 位 FCMD 域写入该指令的编号,具体的指令编号如表 12-2 所列。一旦 EEFC_FCR 寄存器被写入,EEFC_FRR 寄存器中的 FRDY 标志和 FVALUE 位域被自动清除。当前指令完成后,FRDY 标志被自动置位。置位 EEFC_FMR 寄存器中的 FRDY 位使能中断时,相应的 NVIC 中断被激活。

注意:除了 STUI 之外的所有指令都如此,当实现 STUI 指令时 FRDY 标志不置位。

表 12-2　指令集

指　令	值	助记符	指　令	值	助记符
获取 FLASH 描述符	0x00	GETD	清零 GPNVM 位	0x0C	CGPB
写页	0x01	WP	获取 GPNVM 位	0x0D	GGPB
写页并锁定	0x02	WPL	开始读取特定标识符	0x0E	STUI
擦除并写页	0x03	EWP	停止读取特定标识符	0x0F	SPUI
擦除并写页,然后锁定	0x04	EWPL	获取 CALIB 位	0x10	GCALB
擦除全部	0x05	EA	擦除扇区	0x11	ES
擦除多页	0x07	EPA	写用户签名	0x12	WUS
置位锁定位	0x08	SLB	擦除用户签名	0x13	EUS
清零锁定位	0x09	CLB	开始读取用户签名	0x14	STUS
获取锁定位	0x0A	GLB	停止读取用户签名	0x15	SPUS
置位 GPNVM 位	0x0B	SGPB			

所有的指令都受相同的口令(0x5A)保护,口令必须写入 EEFC_FCR 寄存器的高 8 位即 FKEY 域。如果口令不正确或口令无效,将指令数据写入 EEFC_FCR 寄存器将对整个存储区没有任何影响,除了 EEFC_FSR 寄存器的 FCMDE 标志位被置位外。读取 EEFC_FSR 寄存器即可将此标志位清零。

当前指令写入或擦除保护区域的某一页,不会对整个存储区产生任何影响,除了 EEFC_FSR 寄存器的 FLOCK 标志被置位之外。读取 EEFC_FSR 寄存器即可将此标志位清零。

① 获取内嵌 FLASH 描述符

FLASH 描述符定义如表 12-3 所列。GETD 指令允许系统获取 FLASH 组织结构,系统可充分利用这个信息提高软件的适应性,例如,当前处理器被具有更大容量 FLASH 的处理器替代时,软件能够很容易适应新的配置。

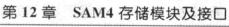

应用程序在 EEFC_FCR 寄存器中写入 GETD 指令可获得内嵌 FLASH 的描述符。应用程序在 EEFC_SR 寄存器的 FRDY 标志位变为高时读 EEFC_FRR 寄存器,可获取描述符的第一个字。紧接着应用程序可从 EEFC_FRR 寄存器读取描述符后续的字。读取完描述符的最后一个字之后,如果继续对 EEFC_FRR 寄存器进行读操作,返回值一直是 0,直到下一个有效指令的到来。

表 12-3　FLASH 描述符定义

符　号	字索引	描　述
FL_ID	0	FLASH 接口描述
FL_SIZE	1	FLASH 大小(字节为单位)
FL_PAGE_SIZE	2	Page 大小(字节为单位)
FL_NB_PLANE	3	FLASH 平面(Plane)数
FL_PLANE(0)	4	第一个 FLASH 平面的大小(字节为单位)
…	…	…
FL_PLANE[FL_NB_PLANE−1]	4+FL_NB_PLANE−1	最后一个 FLASH 平面的大小(字节为单位)
FL_NB_LOCK	4+FL_NB_PLANE	锁定位的数目,一个位与一个锁定区域相对应,锁定位用于防止对锁定区域的写或清除操作。
FL_LOCK[0]	4+FL_NB_PLANE+1	第一个锁定区域的大小(字节为单位)
…	…	…

② 写指令

FLASH 技术要求在写 FLASH 之前必须先擦除。可同时擦除整个存储区,或者同时擦除几个页面。也可以使用 EWP 或 EWPL 写指令,在写入之前自动擦除页面。

写 FLASH 之后,能对页(整个锁定区域)上锁以防止其他写或擦除序列。在使用 WPL 或 EWPL 编程指令之后,锁定位将自动设定。

写入的数据存储于一个内部锁存缓冲器中,锁存缓冲器的大小由页的大小决定。锁存缓冲器在内部存储器区域地址空间中环绕重复的次数,等于地址空间中页的数目。

注意:不允许写 8 位或 16 位数据,因为可能会引起数据错误。

执行写操作的等待状态数目与读操作执行的等待状态数目相同。在编程指令被写入 FLASH 指令寄存器(EEFC_FCR)之前,应先将数据写入锁存缓冲器。写指令执行操作如下:

- 在内部存储器地址空间的任何页地址处写完整的页。
- 一旦页码和写指令被写入 FLASH 指令寄存器,写启动。FLASH 编程状态寄存器(EEFC_FSR)的 FRDY 位被自动清除。
- 当编程结束,FLASH 编程状态寄存器(EEFC_FSR)的 FRDY 位变为高;若之前通过设置 EEFC_FMR 寄存器中的 FRDY 位允许相应的中断,则相应 NVIC 中断被激活。

写操作完成之后,EEFC_FSR 寄存器能检测到三类错误:

- 指令错误:向 EEFC_FCR 寄存器中写入错误的关键字。
- 锁定错误:被编程页属于锁定区域,在运行指令之前须将相应区域解锁。
- FLASH 错误:在编程结尾处测试 FLASH 失败。

③ FLASH 擦除指令

擦除指令仅仅允许使用在未锁定区域。有几个指令可以用来擦除 FLASH:

擦除所有存储区(EA):所有存储区被擦除,处理器将不能从 FLASH 中获取代码。

擦除页面(EPA):4、8、16 或 32 个页面被擦除。第一个要被擦除的页面在 MC_FCR 寄存器的 FARG[15:2]位域指定。根据页号做同一时间的擦除动作,第一页的编号必须能以 4、8、16 或 32 为模。擦除后处理器将不能从 FLASH 中获取代码。

擦除扇区(ES):一个完整的内存扇区被擦除。扇区的大小取决于存储器。其中 FARG[15:2]位域必须用要被擦除的扇区内的页号来设置。擦除后处理器将不能从 FLASH 中获取代码。

④ 锁定位保护

每个锁定位与内嵌 FLASH 存储区的几个页相关。锁定位用来设置内嵌 FLASH 存储器的锁定区域,以防止写/擦除保护页。

锁定操作过程为:

- 将锁定位指令(SLB)和要保护的页号码写入 FLASH 指令寄存器(EEFC_FCR)中。
- 当锁定完成,FLASH 状态寄存器(EEFC_FSR)的 FRDY 位为 1,若之前设置 EEFC_FMR 寄存器中的 FRDY 位允许相应的中断,则相应 NVIC 中断激活。
- 如果锁定位的数目比锁定位的总数还大,那么该指令无效。运行 GLB(Get Lock Bit,获取锁定位)指令,可以检查 SLB 指令的结果。

执行锁定操作后,EEFC_FSR 寄存器能检测到以下几类错误:

- 指令错误:向 EEFC_FCR 寄存器中写入错误的指令。
- FLASH 错误:在编程结尾处测试 FLASH 失败。

可清除先前设定的锁定位,只有这样才能对锁定的区域进行擦除或编程。

解锁操作过程为:

- 将清除锁定位指令(CLB)和不再受保护的页码写入 FLASH 指令寄存器中。
- 当解锁完成后,FLASH 编程状态寄存器(EEFC_FSR)的 FRDY 位上升,若之前通过设置 EEFC_FMR 寄存器中的 FRDY 位允许相应的中断,则相应 NVIC 中断激活。

如果锁定位的数目比锁定位的总数还大,那么该解锁指令无效。

解锁指令序列之后,EEFC_FSR 寄存器能检测到如下类型错误:

- 指令错误:向 EEFC_FCR 寄存器中写入错误的指令。
- FLASH 错误:在编程结尾处测试 FLASH 失败。

通过访问增强型内嵌 FLASH 控制器(EEFC)可以得到锁定位的状态。

获得锁定位状态的操作过程是:

- 将获得锁定位指令(GLB)写入 FLASH 指令寄存器(EEFC_FCR)中,FARG 域无意义。
- 应用程序读取结果寄存器(EEFC_FRR),获得锁定位的状态。应用程序读取的第一个字对应于最先的 32 个锁定位,若后续的字有意义,则可继续按 32 位读取后续的锁定位。对于 EEFC_FRR 寄存器的额外读取,将返回 0。

例如,如果读取的 EEFC_FRR 的第一个字的第三位是 1,那么第三个锁定区被锁定了。

获取锁定位操作序列之后,EEFC_FSR 寄存器能检测到如下类型错误:

- 指令错误:向 EEFC_FCR 寄存器中写入错误的指令。
- FLASH 错误:在编程结尾处测试 FLASH 失败。

⑤ GPNVM 位

GPNVM 位不会干扰嵌入式 FLASH。

设置 GPNVM 位的顺序:

- 用 SGPB 指令和要置位的 GPNVM 位的数值写入 FLASH 指令寄存器中,就可以开始置位 GPNVM 位指令(SGPB)。
- 当 GPNVM 位被设置,FLASH 状态寄存器(EEFC_FSR)的 FRDY 位为 1。如果通过置位寄存器 EEFC_FMR 的 FRDY 位启用中断,NVIC 相应的中断就会激活。
- SGPB 指令的结果可以用 GGPB(获取 GPNVM 位)指令来检查。

清除 GPNVM 位的顺序:

- 用 CGPB 和要清除的 GPNVM 位的数值写入 FLASH 指令寄存器可开始清除 GPNVM 位指令(CGPB)。
- 清除完成之后,FLASH 状态寄存器(EEFC_FSR)的 FRDY 位会为 1。如果置位 EEFC_FMR 寄存器的 FRDY 位启用中断,NVIC 相应的中断就会激活。
- GPNVM 位的状态可通过增强嵌入式闪存控制器(EEFC)返回。

获取 GPNVM 状态的顺序:

- 用 GGPB 指令写闪存指令寄存器开始获取 GPNVM 指令,FARG 域没有意义。
- 应用程序可在 EEFC_FRR 寄存器中读取 GPNVM 位。第一个字读出对应的 32 个 GPNVM 位,只要有意义,下一次读操作就会读出下一个 32 位的 GPNVM 位。对 EEFC_FRR 的额外读取将返回 0。

⑥ 校准位(CALIB)

修改校准位是不可能的,但校准位的状态可通过增强嵌入式闪存控制器(EEFC)返回,获取校准位状态顺序:

用 GCALB 写入 FLASH 指令寄存器产生获取 CALIB 位指令,FARG 域无意义。应用程序可在 EEFC_FRR 寄存器中读取校准位。第一个字读出对应的 32 个校准位,只要有意义,下一次读操作就会读出一个 32 位的校准位。对 EEFC_FRR 的额外读取将返回 0。

⑦ 安全位保护

安全保护启用时,通过 JTAG/SWD 接口或者快速 FLASH 编程接口访问 FLASH 是被禁止的。这确保了 FLASH 中编程代码的保密性。安全位是 GPNVM0 位,只能通过设置 ERASE 引脚为 1,并且在一个全 FLASH 擦除之后禁用安全位。当安全位被设置为无效,所有对 FLASH 的访问都是允许的。

⑧ 唯一标识符

每个部分都用一个 128 位的唯一标识符来编制,可用来产生密钥,例如,对于 SAM3SD8,唯一的 ID 可以在整个存储器中访问。

读唯一的标识符顺序是:

通过用 STUI 指令写 FLASH 指令寄存器发送开始读唯一标识符指令(STUI)。

当唯一标识符准备好被读取时,闪存编程状态寄存器(EEFC_FSR)的 FRDY 位为 0。

唯一标识符位于 FLASH 映射的第一个 128 位,地址为:0x0040 0000 ~ 0x0040 03FF。

要停止唯一标识符模式,用户需要用 SPUI 指令(Stop read Unique Identifier command)写 FLASH 指令寄存器来发送停止读唯一标识符指令(SPUI)。

在执行 SPUI 指令后,FLASH 状态寄存器(EEFC_FSR)的 FRDY 位为 1,置位 EEFC_FMR 的 FRDY 位启用中断,NVIC 相应的中断就会激活。

⑨ 用户签名

每个部分包含一个 512B 的用户签名。这个区域用户可以进行读取、写入和擦除的操作。

读取用户签名顺序:

用 STUS 指令写入 FLASH 指令寄存器可以开始读用户签名指令(STUS)。

当唯一标识符准备好被读取时,FLASH 状态寄存器(EEFC_FSR)的 FRDY 位为 0。

用户签名位于 FLASH 映射的第一个 512B 当中,因此,地址为 0x0040 0000 ~ 0x0040 01FF。

用户把 SPUS 指令写入 FLASH 指令寄存器并发送停止用户签名读取指令(SPU)可停用用户签名模式。

当停止读取用户签名指令(SPUI)执行之后,FLASH 状态寄存器(EEFC_FSR)的 FRDY 位为 1。置位 EEFC_FMR 的 FRDY 位启用中断,NVIC 相应的中断就会激活。

写用户签名顺序：

在存储器区域地址空间内的任何页地址中写完整的页面。

用 WUS 指令写入 FLASH 指令寄存器可以发送写用户签名指令（WUS）。

写操作完成后，FLASH 状态寄存器（EEFC_FSR）的 FRDY 位为 1。置位 EEFC _FMR 的 FRDY 位启用中断，NVIC 相应的中断就会激活。

擦除用户签名顺序：

用 EUS 指令写入 FLASH 指令寄存器可以发送擦除用户签名指令（EUS）。

擦除完成后，FLASH 状态寄存器（EEFC_FSR）的 FRDY 位为 1。置位 EEFC_ FMR 寄存器的 FRDY 位启用中断，NVIC 相应的中断就会激活。

在一个编程顺序之后，在 EEFC_FSR 寄存器上能检测到 2 个错误：

指令错误：将错误的密码写入了 EEFC_FCR 寄存器。

FLASH 错误：在编程结束后，FLASH EraseVerify 测试失败。

12.1.3　快速 FLASH 编程接口

快速 FLASH 编程接口（FFPI）提供使用标准量产编程器（gang programmer）进行的大容量编程的解决方案。该并行接口采用全握手方式，将处理器视为标准 EE-PROM。此外，并行协议还对所有内嵌 FLASH 提供优化的访问方式。

快速 FLASH 编程模式是专门针对大容量编程的，不是为在线编程（in - situ programming ）设计的。

快速 FLASH 接口特性：

* 使用标准量产编程器的大容量编程模式。
    - 提供对闪存片的读/写方法。
    - 允许对锁定位和通用的 NVM 位进行控制。
    - 允许激活安全位。
    - 一旦安全位被设定，则不能使用此模式。
* 提供两种接口。
    - 并行 FLASH 编程接口。
    - 提供一个 16 位并行接口对嵌入式闪存进行编程。
    - 联网协议（full handshake protocol）。

快速 FLASH 编程接口允许使用串行 JTAG 接口或多工全握手并行接口对内部 FLASH 进行编程。该接口允许使用符合市场标准的工业编程器进行批量编程。

FFPI 支持读、页编程、页擦除、全擦除、锁定、解锁和保护指令。当 TST、PA0 和 PA1 为低电平时，快速闪存编程接口是可用的，并且进入快速编程模式。

在快速 FLASH 编程模式下，处理器处在专门的测试模式下。只有特定的引脚有意义，其他引脚处于非连接状态。具体连接图如图 12 - 3 所示。

引脚信号描述如表 12 - 4 所列。

ARM Cortex-M4 微控制器原理与应用——基于 Atmel SAM4 系列

414

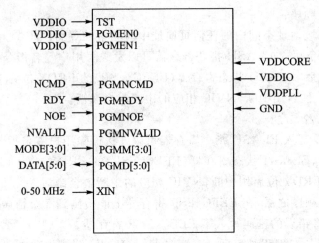

图 12 - 3　并行编程接口

表 12 - 4　信号描述表

信号名称	功　能	类　型	活动级别	注　解
电　源				
VDDIO	提供 I/O 线电源	电源		
VDDCORE	提供内核电源	电源		
VDDPLL	提供 PLL 电源	电源		
GND	接地	接地		
时　钟				
XIN	主时钟输入。输入连接到地时设备使用内部 RC 振荡器	输入		32 kHz~50 MHz
测　试				
TST	测试模式选择	输入	高	必须被连接到 VDDIO
PGMEN0	测试模式选择	输入	高	必须被连接到 VDDIO
PGMEN1	测试模式选择	输入	高	必须被连接到 VDDIO
PGMEN2	测试模式选择	输入		必须被连接到 GND
PIO				
PGMNCMD	可用合法指令	输入	低	重置时上拉输入
PGMRDY	0:设备忙。1:设备等待新指令	输出	高	重置时上拉输入
PGMNOE	输出使能(活动级别高)	输入	低	重置时上拉输入
PGMNVALID	0:数据[15:0]为输入模式。1:数据[15:0]为输出模式	输出	低	重置时上拉输入
PGMM[3:0]	特定数据类型	输入		重置时上拉输入
PGMM[15:0]	双向数据总线	输入/输出		重置时上拉输入

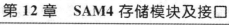

当模式为 CMDE 时,一条指令将通过数据线 DATA[15:0]被存于指令寄存器,
具体对应关系如表 12-5 所列。

表 12-5　模式编码

模式[3:0]	标　志	数　据
0000	CMDE	指令寄存器
0001	ADDR0	地址寄存器低位
0010	ADDR1	地址寄存器高位
0011	DATA	数据寄存器
其他	IDLE	无寄存器

对应 DATA 指令说明如表 12-6 所列。

表 12-6　指令编码

数据[15:0]	标　志	执行指令
0x0011	READ	读 FLASH
0x0012	WP	写页 FLASH
0x0022	WPL	写页和锁时钟
0x0032	EWP	擦除页和写页
0x0042	EWPL	擦除页和写时钟页
0x0013	EA	擦除所有
0x0014	SLB	设置时钟位
0x0024	CLB	清除时钟位
0x0015	GLB	取时钟位
0x0034	SGPB	设置通用 NVM 位
0x0044	CGPB	设置通用 NVM 位
0x0025	GGPB	设置通用 NVM 位
0x0054	SSE	设置安全位
0x0035	GSE	设置安全位
0x001F	WRAM	写内存
0x001E	GVE	取版本号

(1) 指令编码

具体编程过程按照以下步骤进入快速 FLASH 编程模式:①申请表 12-4 所描
述的资源;②如果外部时钟信号可用,结合 T_{por_reset} 申请 XIN 产生时钟源;③等待
T_{por_reset};④开始一个读或写握手。

提示: 在复位之后,此设备将被内部 RC 振荡器锁住。在清空 RDY 信号前,如果

一个外部时钟(＞32 kHz)连接到 XIN,则此设备将开通外部时钟,否则 XIN 输入不起作用。更高频率的 XIN 会加速程序握手。

(2) 通信握手过程

一种为读或写操作而定义的握手规则:当设备准备进行一个新的操作(RDY 信号置位),程序员通过清空 NCMD 信号开始握手。当 NCMD 信号为高电平,并且 RDY 也为高电平时,此次握手完成,在此过程中包括写握手和读握手过程。

(3) FLASH 读/写指令说明

关于 FLASH 的指令如表 12-6 所列。当程序通过并行接口进行读或写握手过程时,下列指令被执行:FLASH 读指令、FLASH 写指令、FLASH 擦除指令、FLASH 锁指令、FLASH 通用 NVM 指令、FLASH 安全位指令。

12.1.4　SAM4 启动与引导装载程序

1. SAM4 启动模式

系统通常是从 0x0 地址处开始启动,SAM4E 有 2 个 GPNVM 位可设置芯片的启动模式,增强嵌入式闪存控制器(EEFC)"清除 GPNVM 位"和"设置 GPNVM 位"指令可分别清零和置位这 2 个 GPNVM 位。可以选择从 ROM(默认情况下)或是 FLASH 启动,将 GPNVM 的第 1 位置位则选择从 FLASH 启动,SAM-BA Boot 将被映射到 FLASH 的 0x0;将 GPNVM 位清 0 则选择从 ROM 启动。当 ERASE 引脚信号有效时会清除 GPNVM 的第 1 位,即选择从默认的 ROM 区启动。存储器地址分配如图 12-4 所示。

GPNVM 的第 0 位为安全位,当安全位置位允许时,将禁止任何对 FLASH 的访问,不管是通过 ICE 接口还是通过快速 FLASH 编程接口,可确保 FLASH 中代码的保密性。通过 EEFC 的"Set General Purpose NVM Bit 0"指令可允许安全位,在整块 FLASH 被擦除后,并将 ERASE 引脚信号置 1 才能禁止该安全位。当安全位无效时,所有对 FLASH 的访问都是允许的。需要注意的是:ERASE 引脚有效信号

地址	区域
0x00000000	引导存储器
0x00400000	内部FLASH
0x00800000	内部ROM
0x00000000	保留
0x1FFFFFFF	

图 12-4　存储器地址分配

的持续时间至少应大于 200 ms。ERASE 引脚集成了一个固定的下拉电阻,在正常操作时可将其悬空。不过,在应用中将该引脚直接接地会更安全。

2. SAM-BA 引导

SAM-BA 是 Atmel 的简易编程工具软件,是一个公开的免费工具,用户可以在 ATMEL 的官方网站 http://archive.is/OwK8p 下载。SAM-BA 启动程序集中有多种不同的程序,使用 SAM-BA 可以将这些程序下载到各种不同的存储器中,也可

以从存储器中读取程序。

SAM4 系列产品带有默认引导程序,具有如下特性:

- 带有图形用户接口。
- SAM - BA 引导。
- 支持多种通信模式。
  - UART0 端口通信。
  - USB 设备端口通信,速度可达 1 MB/s。
  - USB 要求以下频率的外部晶振时钟:11.289 MHz、12.000 MHz、16.000 MHz、18.432 MHz。

SAM - BA 将第一个 2 048B 大小的 SRAM 用于变量和栈,剩余的可用空间可被用于用户的编码。

(1) SAM - BA 引导程序流程

SAM - BA 启动程序首先检测时钟源,判断其是来自内部的主振荡器,还是 XIN 引脚从外部输入的 12 MHz 信号。

其次启动程序将检查以确认时钟源频率是否为 12 MHz。如果频率是 12 MHz,USB 端口激活;否则(没有时钟或频率不是 12 MHz)内部 12 MHz RC 振荡器时钟被用于主时钟,同时由于 12 MHz RC 振荡器的频率漂移特性,USB 端口时钟将被禁止。

实现启动的过程如图 12 - 5 所示。

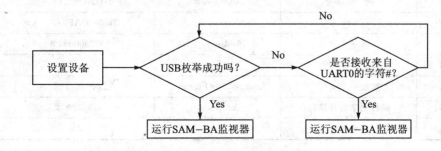

图 12 - 5　引导程序算法流程图

(2) 设备初始化

按照如下描述的步骤进行初始化:

- 设置堆栈。
- 设置嵌入式 FLASH 控制器。
- 外部时钟检测(晶振或从 XIN 输入的外部时钟)。
- 如果晶体振荡器或外部时钟输入是被支持的频率,允许 USB 端口激活。
- 否则,不允许 USB 端口激活,并用内部 RC 时钟 12 MHz 作主时钟。
- 如果没有外部时钟检测,则检测主振荡器频率。

- 将主时钟切换为主振荡时钟。
- C 语言变量初始化。
- PLLA 设置：初始化 PLLA，并产生一个 48 MHz 时钟。
- 禁止看门狗。
- UART 初始化（波特率 115 200 bps，8 位数据位，无校验，1 个停止位）。
- USB 设备端口的初始化（如果 USB 端口激活）。
- 等待以下事件之一：
    - 检查 USB 设备的枚举事件是否已经发生。
    - 检查 UART0 中是否已经收到字符。
- 跳转到 SAM‐BA 监视器。

(3) SAM‐BA 监控器

SAM‐BA 启动原理：一旦通信接口被识别，应用程序将处于一个运行无限循环等待指令的状态，这些指令如表 12‐7 所列。

表 12‐7　SAM‐BA 启动可用的指令

指　令	功　能	参　数	示　例
O	写一个字节	Address,Value#	O200001,CA#
o	读一个字节	Address,#	O200001,#
H	写一个半字	Address,value#	H200002,CAFé#
h	读一个半字	Address,#	H200002,#
W	写一个字	Address,value#	W20000,CAFEDECA#
w	读一个字	Address,#	W200000,#
S	发送一个文件	Address,#	S200000,#
R	接收一个文件	Address,NbOfBytes#	R200000,1234#
G	跳转到某处并执行	Address#	G200200#
V	显示版本	No argument	V#

- 写指令：写一个字节（O）、一个半字（H）或一个字（W）到目标。
    - Address：十六进制地址。
    - Value：字节，半字或字，用十六进制写。
    - Output：'>'。
- 读指令：从目标读一个字节（o）、一个半字（h）或一个字（w）。
    - Address：十六进制地址。
    - Output：以十六进制读字节、半字或字，其后紧跟'>'。
- 发送一个文件（S）：发送一个文件到指定地址。
    - Address：十六进制地址
    - Output：'>'。

注意：当在指令执行结束之前产生'>'提示，表示此指令产生超时。

- 接收一个文件(R)：从一个指定地址接收数据到一个文件。
  - Address：十六进制地址。
  - NbOfBytes：用十六进制接收的字节数。
  - Output：'>'。
- Go (G)：跳到一个特定的地址并执行代码
  - Address：十六进制地址跳转
  - Output：'>'
- 获得版本(V)：返回 SAM-BA 启动版本
  - Output：'>'

(4) UART0 端口

将 UART0 初始化为波特率 115 200 bps，8 位数据位，无校验位，1 个停止位的串行端口来实现通信。

发送和接收文件指令均采用 Xmodem 协议通信。任何执行此协议的终端都可被用于发送应用程序文件到目标。发送二进制文件的大小依赖于设备的 SRAM 的大小。在任何的情形下，二进制文件的大小必须比 SRAM 的容量小，这是因为 Xmodem 协议需要一些 SRAM 空间才能工作。

这里所使用 Xmodem 协议以 128 字节的块形式传输数据。此协议用一个双字符 CRC-16 进行错误检测。

带 CRC 的 Xmodem 协议要求精确提供发送器和接收器之间传送成功报告。每个传送块如：

```
<SOH><blk #><255-blk #><--128 data bytes-->＜checksum＞ 其中：
- <SOH> = 01 hex
- <blk #> = 二进制数，从 01 开始，每次增加 1，当增加到 0FFH 时回到 00H（不是 01）
- <255-blk #> = blk#的 1 补码.
- <checksum> = 2 个字节的 CRC16
```

Xmodem 传送举例如图 12-6 所示。

(5) USB 设备端口

USB 设备使用 USB 通信设备类(CDC)驱动程序，利用已安装的 PC RS-232 程序跟 USB 进行通信。从 Windows98SE 到 Windows XP，所有版本的 Windows 都可实现 CDC 类。CDC 文档可在 www.usb.org 下载，文档说明了一个实现设备的方法，如 ISDN modems 和 virtual COM ports。

运营商 ID(VID)为 Atmel 的 ID 0x03EB。产品 ID(PID)为 0x6124。这些信息被主操作系统用来选择正确的驱动程序。在 Windows 系统中，INF 文件包含了运营商 ID 和产品 ID 间的对应。

① 枚举过程

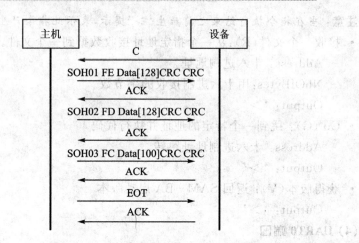

图 12 - 6　Xmodem 传送举例

USB 协议是一个主/从协议。主机通过控制端点开始枚举发送请求到设备。设备处理在 USB 规范中定义的标准请求，如表 12 - 8 所列。

表 12 - 8　标准请求的处理

请　求	定　义
GET_DESCRIPTOR	返回当前设备配置值
SET_ADDRESS	为所有未来设备访问设置设备地址
SET_CONFIGURTION	设置设备配置
GET_CONFIGURATION	返回当前设备配置值
GET_STATUS	返回指定接收者状态
SET_FEATURE	设置或允许一个指定功能
CLEAR_FEATURE	清零或禁止一个指定功能

设备还处理一些在 CDC 类中定义的类请求，如表 12 - 9 所列。

表 12 - 9　类请求的处理

请　求	定　义
SET_LINE_CODING	配置 DTE 速率、停止位、奇偶校验位和字符位数
GET_LINE_CODING	请求得到当前 DTE 速率、停止位、奇偶校验位和字符位数
SET_CONTROL_LINE_STATE	RS - 232 信号用于告知 DCE 设备，DTE 设备现在存在

② 通信端点

设备的端点 0 被用作枚举，除此之外还有 2 个通信端点；端点 1 是一个 64 B 批量输出（Bulk OUT）端点，端点 2 是一个 64 B 批量输入（Bulk IN）端点。SAM - BA 启动指令由主机通过端点 1 发送。如果需要，信息可被主机通过主机驱动分为若干有效负载。

如果指令需要一个响应,主机可以发出 IN 事务去获得响应。

3. IAP 技术应用

IAP(In Appplication Program),即在应用编程。顾名思义,就是在系统运行的过程中动态编程,这种编程是对程序执行代码的动态修改,而且毋须借助于任何外部力量,也毋须进行任何机械操作。

IAP 作为一个函数被调用。调用时,该函数会发送所要求的 FLASH 指令到 EEFC,并等待 FLASH 准备好(当 MC_FSR 寄存器中的 FRDY 位未置位时,循环等待)。由于这个函数是在 ROM 中执行,通过代码运行在 FLASH 中,允许对 FLASH 编程。IAP 函数进入点可通过读取 ROM 中的 NMI VECTOR(0x0080 0008)获取。这个函数的一个参数被送到 EEFC,函数将返回 MC_FSR 寄存器的值。

```
(unsigned int) ( * IAP_Function)(unsigned long);
void main (void){
    unsigned long FLASHSectorNum = 200; //
    unsigned long flash_cmd = 0;
    unsigned long flash_status = 0;
    unsigned long EFCIndex = 0;// 0:EEFC0, 1: EEFC1
    /* 初始化函数指针(从 NMI 向量获取函数地址)*/
    IAP_Function = ((unsigned long) ( * )(unsigned long))0x00800008;
    /* 建立指令并发送给 EEFC */
    flash_cmd = (0x5A << 24) | (FLASHSectorNum << 8) |AT91C_MC_FCMD_EWP;
    /* 用合适的指令调用 IAP 函数 */
    flash_status = IAP_Function (EFCIndex, flash_cmd);
}
```

12.2　Cortex - M 缓存控制器

SAM4E 设备设有一个缓存控制器(CMCC),当代码用完代码段(内存从 0x0 到 0x2000 0000)时,可用于提高代码执行效率。

SAM4E 缓存控制器是一个 4 通路相联缓存控制器,包括一个控制器、一个目录标签、数据存储器、metedata 数据存储器和一个配置接口。

SAM4E 内置特性:物理地址和标签;L1 数据高速缓存设定为 2 KB;L1 高速缓存行大小设定为 16 B;L1 缓存整合了 32 位总线控制接口;直接相联映射缓存结构;4 通路相联缓存结构;采取写缓存操作读分配;轮询调度策略;事件监控器和 1 个可编程的 32 位计数器;可通过 Cortex-M 外部总线访问的配置寄存器;缓存接口包括缓存维护操作寄存器。

ARM Cortex-M4 微控制器原理与应用——基于 Atmel SAM4 系列

Cortex-M 缓存控制（CMCC）寄存器说明如表 12-10 所列。

表 12-10　CMCC 寄存器

偏移量	名　称	寄存器	权　限	复位值
0x00	Cache 控制器类型寄存器	CMCC_TYPE	只读	—
0x04	Cache 配置寄存器	CMCC_CFG	读/写	0x0000 0000
0x08	Cache 控制寄存器	CMCC_CTRL	只写	0x0000 0000
0x0C	Cache 状态寄存器	CMCC_SR	只读	0x0000 0000
0x20	Cache 维护寄存器 0	CMCC_MAINT0	只写	—
0x24	Cache 维护寄存器 1	CMCC_MAINT1	只写	—
0x28	Cache 监控器配置寄存器	CMCC_MCFG	读/写	0x0000 0000
0x2C	Cache 监控器启用寄存器	CMCC_MEN	读/写	0x0000 0000
0x30	Cache 监控器控制寄存器	CMCC_MCTRL	只写	—
0x34	Cache 监控器状态寄存器	CMCC_MSR	只读	0x0000 0000

1. 缓存（Cache）操作

在复位时，Cache 控制器数据条目全部无效，并且 Cache 不可用。Cache 对进程操作透明，使用 Cache 控制器的配置寄存器可使其处于激活状态。

通过以下步骤可使 Cache 控制器可用：

① 读取 Cache 状态寄存器（CMCC_SR）中 CSTS（Cache 状态）域的值，判断 Cache 控制器是否可用。

② 将 1 写入 Cache 控制寄存器（CMCC_CTRL）的 CEN（Cache 有效 enable）域，使 Cache 控制器可用。

2. 缓存（Cache）维护

当 Cache 所反映的内存内容改变时，使用者必须使对应的 Cache 条目变为无效。可以一条一条地设置，也可以同时对所有的 Cache 条目设置。

（1）逐行操作使 Cache 无效

当使用行命令使 Cache 无效时，Cache 控制器重置 Cache 行编码中的有效位，行不再有效，替换计数器将指向该行。

以下步骤可使一个 Cache 行无效：

① 将 0 值写入 CMCC_CTRL 寄存器的 CEN 域，此时 Cache 控制器无法工作。

② 检查 CMCC_SR 寄存器的 CSTS 域，确保 Cache 不能工作。

③ 将位组{index, way}写入 Cache 维护寄存器 1（CMCC_MAINT1），使一个 Cache 行无效。

④ 将 1 写入 CMCC_CTRL 寄存器的 CEN 域，使能 Cache 控制器。

（2）让整个 Cache 无效操作

写 1 到 Cache 维护寄存器 0（CMCC_MAINT0）的 INVALL 域可使所有 Cache

条目无效。

3. 缓存(Cache)执行监控

Cortex-M Cache 控制器包括一个 32 位可编程监控计数器。配置这个监控计数器可计算时钟循环的数目、Cache 命中的次数或指令的数量。

按照以下步骤可激活可编程监控计数器：

① 写 Cache 监控器配置寄存器(CMCC_CFG)的 MODE 域，配置此监控寄存器。

② 将 1 写入 Cache 监控器启用寄存器(CMCC_MEN)的 MENABLE 域，使计数器可以工作。

③ 如果需要，将 1 写入 CMCC_MCTRL 寄存器的 SWRST 域，重置该计数器。

④ 读取 CMCC_SR 寄存器中 ENENT_CNT 域的值，以检查监控计数器的值。

4. CMCC 应用实例

Atmel Studio 6.1 平台提供了基于 ASF 库函数实现的 CMCC Example – SAM4E – EK，可参考此实例。实例程序中启用了 CMCC 模块，并通过递归计算斐波那契数(Fibonacci)展示 cache 的命中。编译烧写程序后，连接开发板的 DEBUG 口和 PC 的 com1，设置波特率为 115 200 bps，8 位数据位，奇偶校验 None，停止位 1，无流控，在 PC 串口终端中可以看到缓存被命中的次数。

12.3　静态存储控制器

12.3.1　静态存储控制器 SMC 概述

外部总线接口的作用是确保外部设备与处理器之间能顺利进行数据传输，SAM4E 系列处理器的外部总线接口由静态存储控制器(Static Memory Controller, SMC)构成。

SMC 可以处理多种类型的外部存储器和并行设备，例如 SRAM、PSRAM、PROM、EPROM、EEPROM、LCD 模块、NOR FLASH 和 NAND FLASH。

静态存储控制器(SMC)用于产生访问外部存储设备或并行外围设备的信号，有 4 个片选和一个 24 位的地址总线(16M 地址空间)，16 位的数据总线可配置为与 8 位或 16 位的外部设备相连。分离的读/写控制信号允许直接访问存储器和外围设备。读/写信号的波形可完全通过参数设置。

SMC 能够管理来自外设的等待请求，以扩展当前的访问。SMC 提供了一个自动的慢时钟模式。在这种慢时钟模式下，可在读/写信号到达时从用户可编程的波形切换到慢速率的特殊的波形。SMC 支持页面大小 4～32 B 的页面模式访问下的异步突发读取。

SMC 由 PMC 提供工作时钟,因此必须首先配置 PMC,使 SMC 时钟可用。

外部数据总线可以使用用户提供的密钥方法进行加密编码/解码。

SMC 寄存器描述如表 12-11 所列,其中 SMC 设置寄存器、SMC 脉冲寄存器、SMC 周期寄存器和 SMC 模式寄存器有 CS0～CS3 四组寄存器。

表 12-11　SMC 寄存器

偏移量	名　称	寄存器	权　限	复位值
0x10×CS_number + 0x00	SMC 设置寄存器	SMC_SETUP	读/写	0x01010101
0x10×CS_number + 0x04	SMC 脉冲寄存器	SMC_PULSE	读/写	0x01010101
0x10×CS_number + 0x08	SMC 周期寄存器	SMC_CYCLE	读/写	0x00030003
0x10×CS_number + 0x0C	SMC 模式寄存器	SMC_MODE	读/写	0x10000003
0x80	SMC OCMS 模式寄存器	SMC_OCMS	读/写	0x00000000
0x84	SMC OCMS KEY1 寄存器	SMC_KEY1	写一次	0x00000000
0x88	SMC OCMS KEY2 寄存器	SMC_KEY2	写一次	0x00000000
0xE4	SMC 写保护模式寄存器	SMC_WPMR	只写	0x00000000
0xE8	SMC 写保护状态寄存器	SMC_WPSR	只读	0x00000000

1. I/O 连接

连接 SMC 的引脚可复用为 PIO 线。必须首先对 PIO 控制器编程,分配 SMC 引脚给其外设功能。若程序中未使用 SMC 的 I/O 线,则其可被 PIO 控制器用于其他用途。

I/O 口连接说明如表 12-12 所列。

表 12-12　I/O 口说明

名　称	描　述	类　型	活动级别
NCS[3:0]	静态内存控制器芯片选择线	输出	低
NRD	读信号	输出	低
NEW	写使能信号	输出	低
A[23:0]	地址总线	输出	
D[7:0]	数据总线	I/O	
NWAIT	外部等待信号	输入	低
NANDCS	NAND FLASH 芯片选择	输出	低
NANDOE	NAND FLASH 输出使能	输出	低
NANDOW	NAND FLASH 写使能	输出	低

2. 外部存储器映射

SMC 提供了多达 24 位地址线,使每个片选线可对 16 MB 的存储空间编址。若连接到片选的物理存储器空间小于页空间,则在页内循环重复调度。SMC 存储器连接图如图 12-7 所示。

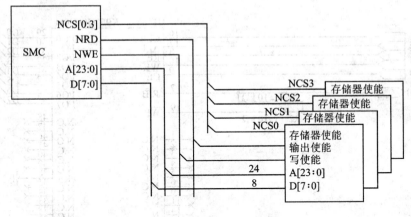

图 12-7　外部设备存储器连接图

12.3.2　SMC 存储器连接

1. 8 位静态 RAM 连接

数据总线宽度为 8 位。图 12-8 所示为 NCS0 上如何连接一个 512 K×8 位的存储器。

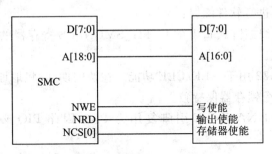

图 12-8　8 位数据总线存储器连接

2. NAND FLASH 连接

SMC 整合了用来连接 NAND FLASH 的接口电路。NAND FLASH 逻辑器是否启用,可通过总线矩阵用户接口上的 CCFG_SMCNFCS 寄存器的 SMC_NFCSx 域编程而定。此寄存器的细节,请参考 5.4 节。对外部 NAND FLASH 设备的访问通过保留的片选编程地址空间实现。

用户通过独立的片选线可连接 4 个 NAND FLASH 设备。当 NCSx 编程激活时,NAND FLASH 逻辑器用 SMC 的读/写指令信号激活 NANDOE 和 NANDWE 信号。如果传输地址不在 NCSx 编程空间,则 NANDOE 和 NANDWE 不可用。

一个 8 位 NAND FLASH 连接如图 12 - 9 所示。

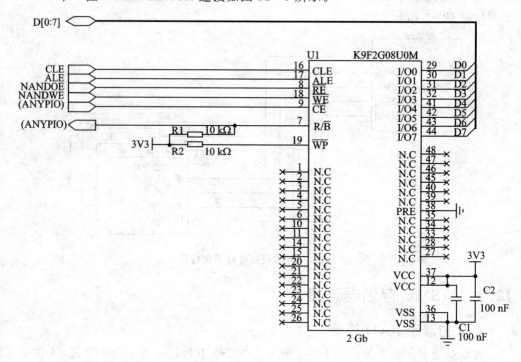

图 12 - 9　NAND FLASH 连接图

按照以下步骤,进行软件配置:

① 设定用户总线矩阵接口上的 CCFG_SMCNFCS 寄存器的 SMC_NFCSx(例如 SMC_NFCS3)域。

② 保留 A21/A22 用于 ALE/CLE 功能。在访问期间,将地址线 A21 和 A22 设置为 1,则地址和指令锁存器保持独立。

③ NANDOE 和 NANDWE 引脚复用为 PIO,因此 PIO 必须相应设为外设模式。

④ 将一个 PIO 配置成输入端,以管理准备/忙信号。

⑤ 根据 NAND FLASH 的时序、数据总线宽度和系统总线频率配置 SMC CS3 设置寄存器、脉冲寄存器、周期寄存器和模式寄存器。

在此实例中,NAND FLASH 不是任意片选模式。若将其设置为任意片选,需将 NCS3(如果 SMC_NFCS3 被选择)连接到 NAND FLASH CE。

3. NOR FLASH 连接

硬件连接图如图 12 - 10 所示。

软件配置:根据 NOR FLASH 的时序、数据总线宽度和系统总线频率配置 SMC CS0 设置寄存器、脉冲寄存器、周期寄存器和模式寄存器。

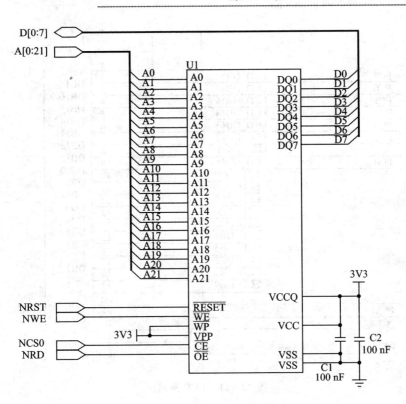

图 12-10　NOR FLASH 硬件连接图

427

12.3.3　SMC 控制 LCD 实例

SAME4E 开发板使用的 LCD 控制器是 ILI93xx 系列的。ASF 提供的模块为 Display - ILI93xx LCD Controller。conf_board.h 中,相应的宏声明为 CONF_ BOARD_ILI93XX。board_init() 中初始化了工作配置 GPIO 引脚,但还需要对 SMC 配置。

下面(3)的 SMC 配置程序使用 ASF 提供的 API 在屏幕上打印出"Hello World!"字样。

SAME4E 开发板 LCD 接线如图 12-11 所示,这些连线均按照 SMC 相应引脚的功能连接,可利用 SMC 控制 LCD。

有两个引脚需要注意:

PD18 引脚的外设 A 是 NCS1,即让 LCD 连接至 SMC 的片选设备 1 中。

RS 线表示"寄存器选择",根据该引脚的不同电平,选择访问不同的寄存器。PC19 引脚的外设 A 是地址线 A1,这样连接的影响在(2)SMC 控制 LCD 地址中说明。

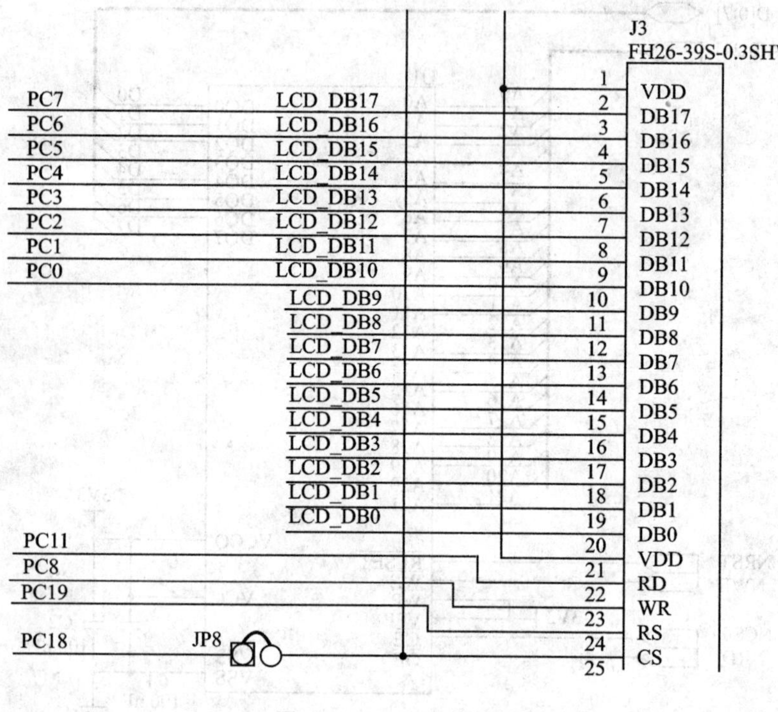

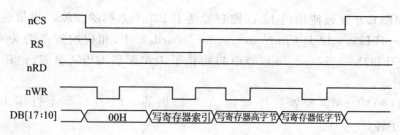

图 12 – 11　LCD 接线图

（1）SMC 控制时序

根据 ILI93xx 系列 LCD 用户手册，SMC 写入 LCD 控制寄存器的时序如图 12－12所示。

图 12 – 12　SMC 写时序

引脚间电平改变的时间差有一定的约束，如图 12－13所示。需要根据这些约束条件对时间参数进行配置。

（2）SMC 控制 LCD 地址

SAM4 芯片可对一段地址进行映射，访问相应区间的地址时，可由 SMC 完成实际的访问工作。具体地址映射如图 12－14所示。

由于 LCD 控制器连接 SMC 的片选设备 1，所以访问地址在区间 [0x6100 0000，0x61FF FFFF] 时，会实际访问到 LCD 控制器。RS 连接数据线 A1，所以根据访问地

标准写模式（IOVCC=1.65~3.3V）

项 目		符 号	最小值	典型值	最大值	测试条件
总线周期时间/ns	写	t_{CYCW}	100	-	-	-
	读	t_{CYCR}	300	-	-	-
写低电平脉冲宽度/ns		PW_{LW}	50	-	-	-
写高电平脉冲宽度/ns		PW_{HW}	50	-	-	-
读低电平脉冲宽度/ns		PW_{LR}	150	-	-	-
读高电平脉冲宽度/ns		PW_{HR}	150	-	-	-
读/写 上升/下降沿时间/ns		t_{WRx}/t_{WRf}	-	-	25	-
设置时间/ns	写（RS to nCS,E/nWR）	t_{AS}	10	-	-	-
	读（RS to nCS,RW/nRD）		5	-	-	-
地址保持时间/ns		t_{AH}	5	-	-	-
写数据设置时间/ns		t_{DSW}	10	-	-	-
写数据保持时间/ns		t_H	15	-	-	-
读数据延迟时间/ns		t_{ODR}	-	-	100	-
读数据保持时间/ns		t_{OHR}	5	-	-	-

图 12－13　SMC 写模式时间约束

址的第 1 位（从 0 数起）的不同，会影响 RS 引脚电平的高低。如在访问地址 0x6100 0000 时 RS 为低电平，而访问 0x6100 0002 时其为高电平。

(3) SMC 配置程序

MCK 为 96 MHz 时，配置如下：

```
#define ILI93XX_LCD_CS 1
#define SMC_CS SMC-> SMC_CS_NUMBER[ILI93XX_LCD
_CS]
```

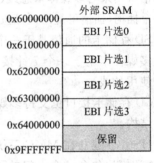

图 12－14　SMC 控制地址映射图

```
/*如果使用 ASF 的 PMC 模块,调用这个即可使能外设的时钟*/
    pmc_enable_periph_clk(ID_SMC);
    SMC_CS.SMC_SETUP = SMC_SETUP_NWE_SETUP(1)
                | SMC_SETUP_NCS_WR_SETUP(1)
                | SMC_SETUP_NRD_SETUP(1)
                | SMC_SETUP_NCS_RD_SETUP(1);
    SMC_CS.SMC_PULSE = SMC_PULSE_NWE_PULSE(5)
                | SMC_PULSE_NCS_WR_PULSE(5)
                | SMC_PULSE_NRD_PULSE(15)
                | SMC_PULSE_NCS_RD_PULSE(15);
    SMC_CS.SMC_CYCLE = SMC_CYCLE_NWE_CYCLE(10)
                | SMC_CYCLE_NRD_CYCLE(300);
/*由 NRD 或 NWE 信号控制读/写*/
    SMC_CS.SMC_MODE = SMC_MODE_READ_MODE
                | SMC_MODE_WRITE_MODE;
```

12.4 高速多媒体存储卡接口

12.4.1 高速多媒体存储卡接口 HSMCI 概述

高速多媒体存储卡接口（MCI）支持多媒体卡（MMC）规范 V4.3、SD 存储卡规范 V2.0、SDIO 规范 V2.0 及 CE - ATA V1.1。

HSMCI 包括命令寄存器、响应寄存器、数据寄存器、超时计数器及错误检测逻辑，可在需要时自动处理命令发送，只需要有限的处理器开销就能接收相关响应及数据。

HSMCI 支持流、块与多块的数据读/写，并与 DMA 控制器通道兼容，可减少大容量传输过程中处理器的负载。

HSMCI 的最高工作频率可达主控时钟 MCK 的 2 分频，并提供 1 个插槽接口。每个插槽可用来与多媒体卡总线（最大可连接 30 个卡）或 SD 存储卡连接，但每次只能选择一个插槽（插槽可复用）。通过 SD 卡寄存器中的某一位来进行这个选择操作。

SD 存储卡的通信基于一个 9 针接口（时钟线、命令线、四根数据与三根电源线）；高速多媒体卡基于一个 7 针接口（时钟、命令、一根数据线、三根电源线及一根预留的将来使用的线）。

SD 存储卡接口也支持多媒体卡操作。二者的主要不同在于初始化过程及总线拓扑结构。

HSMCI 建立在 MMC 系统规范 V4.0 之上，完全支持 CE - ATA 修订版 1.1。HSMCI 模块包含一个专门的硬件，用来产生结束信号命令和捕获主机命令结束信号禁止。其结构框图如图 12 - 15 所示。其引脚信号说明如表 12 - 13 所列。

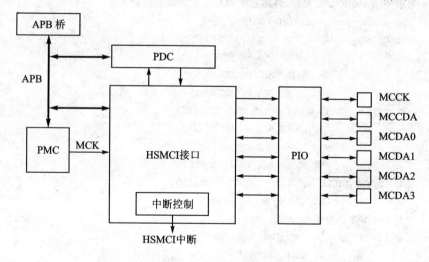

图 12 - 15　结构框图

表 12 - 13　引脚信号说明

引脚名称	引脚描述	类　型	注　解
MCCDA	命令/响应	I/O/PP/OD	MMC 或者 SD 卡/SDIO 的命令
MCCK	时钟	I/O	MMC 或者 SD 卡/SDIO 的时钟
MCDA0~MCDA3	Slot A 0~3 的数据	I/O/PP	MMC 0~3 的数据 SD 卡/SDIO 0~3 的数据

注:I 表示输入,O 表示输出,PP 表示推挽模式,OD 表示开漏。

(1) I/O 引脚

用来连接高速多媒体卡或 SD 卡的引脚与 PIO 引脚复用。因此使用 HSMCI 之前,必须先对 PIO 控制器编程将外设功能分配到 HSMCI 引脚上,表 12 - 14 所列为具体说明。

表 12 - 14　I/O 引脚说明

实　例	信　号	I/O 口	设　备
HSMCI	MCCDA	PA28	C
HSMCI	MCCK	PA29	C
HSMCI	MCDA0	PA30	C
HSMCI	MCDA1	PA31	C
HSMCI	MCDA2	PA26	C
HSMCI	MCDA3	PA27	C

(2) 电源管理

HSMCI 由功耗管理控制器(PMC)模块提供时钟,因此使用 HSMCI 之前必须先配置 PMC 以允许 HSMCI 时钟。

(3) 中　断

HSMCI 接口有一条与嵌套向量中断控制器(NVIC)连接的中断线。因此要能处理 HSMCI 中断请求,必须在配置 HSMCI 前对 NVIC 进行编程设置。中断号是 16。

(4) 总线拓扑

① 高速多媒体存储卡总线

高速多媒体存储卡拓扑结构如图 12 - 16 所示,其总线连接如图 12 - 17 所示。总线拓扑如表 12 - 15 所列。

高速多媒体卡的通信是基于 13 脚串行总线接口,有 3 条通信线和 4 条供电线。

图 12 - 16　高速多媒体存储卡总线拓扑结构

432

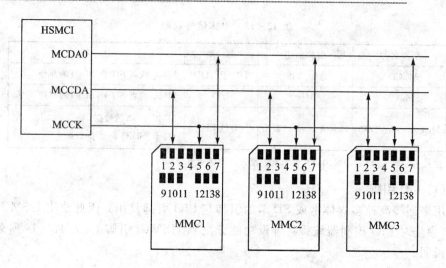

图 12 - 17　MMC 总线连接(单个插槽)

表 12 - 15　总线拓扑

引脚编号	名　称	类　型	描　述	HSMCI 引脚名称(Slot z)
1	DAT[3]	I/O/PP	数据	MCDz3
2	CMD	I/O/PP/OD	命令/响应	MCCDz
3	VSS1	S	电源地	VSS
4	VDD	S	电源电压	VDD
5	CLK	I/O	时钟	MCCK
6	VSS2	S	电源地	VSS
7	DAT[0]	I/O/PP	数据位 0	MCDz0
8	DAT[1]	I/O/PP	数据位 1	MCDz1
9	DAT[2]	I/O/PP	数据位 2	MCDz2
10	DAT[4]	I/O/PP	数据位 4	MCDz4
11	DAT[5]	I/O/PP	数据位 5	MCDz5
12	DAT[6]	I/O/PP	数据位 6	MCDz6
13	DAT[7]	I/O/PP	数据位 7	MCDz7

② SD 存储卡

SD 存储卡总线拓扑如图 12 - 18 所示,总线连接如图 12 - 19 所示,总线信号说明如表 12 - 16 所列。

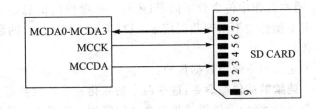

图 12-18　SD 存储卡总线拓扑　　　　　图 12-19　SD 卡总线连接(单插槽)

表 12-16　SD 卡总线信号说明

引脚编号	名　　称	类　型	描　　述	HSMCI 引脚名称(Slot z)
1	CD/DAT[3]	I/O/PP	卡检测/数据位 3	MCDz3
2	CMD	PP	命令/响应	MCCDz
3	VSS1	S	电源地	VSS
4	VDD	S	电源电压	VDD
5	CLK	I/O	时钟	MCCK
6	VSS2	S	电源地	VSS
7	DAT[0]	I/O/PP	数据位 0	MCDz0
8	DAT[1]	I/O/PP	数据位 1 或中断	MCDz1
9	DAT[2]	I/O/PP	数据位 2	MCDz2

当 HSMCI 配置为 SD 存储卡操作时,数据总线宽度通过 SD/SDIO 卡寄存器(HSMCI_SDCR)选择,对该寄存器的 SDCBUS 位清零表示宽度为 1 位;若对该位置位则表示宽度为 4 位。对于多媒体卡操作,只可使用数据线 0,其他数据线可作为独立 PIO 使用。

12.4.2　HSMCI 功能描述

上电复位后,一个专用的基于高速多媒体卡总线协议的信息将卡初始化,每条信息由以下信令之一表示:

命令:命令用来启动操作,命令可由主机发送到单个卡上(寻址命令)或所有连接的卡上(广播命令),命令通过 CMD 线上串行传输。

响应:响应由确定地址的卡或从所有连接的卡上(同步地)向主机发出,是对前面收到的命令的回答,响应通过 CMD 线上串行传输。

数据:数据在卡与主机间传输,数据通过数据线传输。

在初始化阶段由总线控制器对当前连接的卡进行地址分配,实现卡定址,每个卡都有一个唯一的 CID 序号,命令、响应及数据块的数据结构可参见高速多媒体卡系统规范,高速多媒体卡数据传输由这些命令、响应及数据块组成。

高速多媒体卡有不同类型的操作,定址操作通常包括一条命令及一个响应;另外,有些操作中包含数据信令;还有一些操作的信息则直接放在命令或响应中,这种情况下操作中不出现数据信令。DAT 和 CMD 线上的数据位以 HSMCI 的时钟来同步传输。

定义以下两类数据传输:

连续数据传输命令:这些命令初始化一个连续数据流,只有当 CMD 线上出现停止命令时才终止,该模式将命令开销降到一个最小的范围。

块数据传输命令:这些命令连续发送带 CRC 校验的数据块,读、写操作均允许单或多块数据传输;与序列读类似,当 CMD 线上出现停止命令时或者达到多块传输预先定义好的块计数值时终止多块传输。

HSMCI 提供一组寄存器来执行所有的多媒体卡操作。

1. HSMCI 寄存器

HSMCI 寄存器说明如表 12 - 17 所列。

表 12 - 17　HSMCI 寄存器

偏移量	名　称	寄存器	权　限	复位值
0x0000	控制寄存器	HSMCI_CR	只写	–
0x0004	模式寄存器	HSMCI_MR	读/写	0x0
0x0008	数据超时寄存器	HSMCI_DTOR	读/写	0x0
0x000C	SD/SDIO 卡寄存器	HSMCI_SDCR	读/写	0x0
0x0010	参数寄存器	HSMCI_ARGR	读/写	0x0
0x0014	命令寄存器	HSMCI_CMDR	只写	–
0x0018	块寄存器	HSMCI_BLKR	读/写	0x0
0x001C	完成信号超时寄存器	HSMCI_CSTOR	读/写	0x0
0x0020	响应寄存器	HSMCI_RSPR	只读	0x0
0x0024	响应寄存器	HSMCI_RSPR	只读	0x0
0x0028	响应寄存器	HSMCI_RSPR	只读	0x0
0x002C	响应寄存器	HSMCI_RSPR	只读	0x0
0x0030	接收数据寄存器	HSMCI_RDR	只读	0x0
0x0034	传输数据寄存器	HSMCI_TDR	只写	–
0x0040	状态寄存器	HSMCI_SR	只读	0xC0E5
0x0044	中断允许寄存器	HSMCI_IER	只写	–
0x0048	中断禁止寄存器	HSMCI_IDR	只写	–
0x004C	中断屏蔽寄存器	HSMCI_IMR	只读	0x0
0x0054	配置寄存器	HSMCI_CFG	读/写	0x00
0x00E4	写保护模式寄存器	HSMCI_WPMR	读/写	–
0x00E8	写保护状态寄存器	HSMCI_WPSR	只读	–
0x0200	FIFO 内存掩码口 0	HSMCI_FIFO0	读/写	0x0
0x05FC	FIFO 内存掩码口 255	HSMCI_FIFO255	读/写	0x0

2. 命令-响应操作

复位后 HSMCI 被禁用,只有当控制寄存器(HSMCI_CR)的 MCIEN 位置位后才重新有效。

当总线空闲时,置位 HSMCI_CR 寄存器 PWSEN 位可将 HSMCI 时钟进行 $(2^{\text{PWSDIV}}+1)$ 次幂分频,以降低功耗。

在内部 FIFO 满的情况下,在读或写的过程中允许通过 HSMCI 模式寄存器 (HSMCI_MR)的 RDPROOF 位和 WRPROOF 位允许停止 HSMCI 时钟。这将保证数据的完整性而非带宽。

高速多媒体卡的所有时序均在高速多媒体卡系统规范中定义,有两种总线模式 (开漏与推挽模式)来处理 HSMCI 命令寄存器中定义的所有操作。

通过写命令寄存器允许 HSMCI_CMDR 执行命令。

例如,执行 ALL_SEND_CID 命令:

表 12-18 和表 12-19 所列为命令 ALL_SEND_CID 及 HSMCI_CMDR 控制寄存器的域及值。

表 12-18　ALL_SEND_CID 命令描述

CMD 索引	类　型	参　数	回　应	简　称	命令说明
CMD2	Bcr	[31:0] stuff bits	R2	ALL_SEND_CID	让所有卡在 CMD 线上发送它们的 CID 数值

注:Bcr 的全称是 Broadcast command with response。

435

表 12-19　HSMCI_CMDR 命令寄存器的域与值

域	值
CMDNB(命令序号)	2(CMD2)
RSPTYP(响应类型)	2(R2:136 位响应)
SPCMD(专用命令)	0(不是专用命令)
OPCMD(开漏命令)	1
MAXLAT(命令到响应的最大时间)	0(NID 周期==>5 周期)
TRCMD(传输命令)	0(无传输)
TRDIR(传输方向)	X(只在传输命令中有效)
TRTYP(传输类型)	X(只在传输命令中有效)
IOSPCMD(SDIO 专用命令)	0(不是专用命令)

参数寄存器 HSMCI_ARGR 包含了命令的参数域,发送一条命令,必须执行下列步骤:

① 将命令参数填入参数寄存器(HSMCI_ARGR)。

② 设置命令寄存器(HSMCI_CMDR)。

在写命令寄存器后,命令立即被发送,状态寄存器(HSMCI_SR)的状态位

CMDRDY 被清零。命令被响应之后该位被释放。

若命令需要有一个响应,可在 HSMCI 响应寄存器(HSMCI_RSPR)中读取。根据命令不同,响应的大小可从 48~136 位,HSMCI 内置一个错误检测模块以防止传输过程中对数据的破坏。

流程图 12－20 所示为如何向卡发送命令,以及在需要时读取响应。本例中,是对状态寄存器位进行轮询,也可以设置中断允许寄存器(HSMCI_IER)中相应的位以允许使用中断方式。

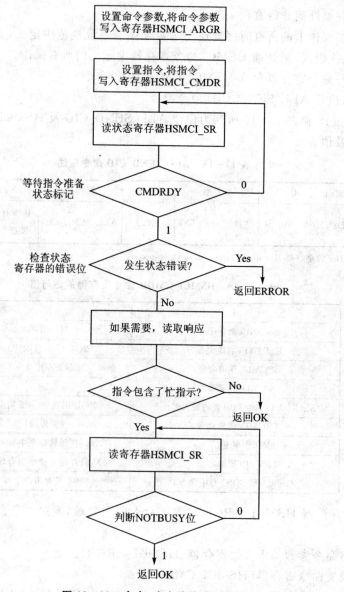

图 12－20　命令-响应功能流程图

3. 数据传输操作

高速多媒体卡允许多种读/写操作(单块、多块、流等),通过设置 HSMCI 命令寄存器(HSMCI_CMDR)的传输类型域(TRTYP)选择这些传输方式。

这些操作可以用外设 DMA 控制器(PDC)的功能来完成,如果模式寄存器(HSMCI_MR)的 PDCMODE 位被置 1,之后所有的读取和写入都会使用 PDC。

所有的情况下,都必须在模式寄存器(HSMCI_MR)或块寄存器(HSMCI_BLKR)中定义块的长度(BLKLEN 域,这个域决定数据块的大小)。

根据 MMC 规范 3.1,定义了两种多块读(或写)的操作(主机可以使用其中任意一种):

① 不限大小/无限的多块读(或写):多块操作的读(或写)块数目没有定义,多媒体卡将持续地传输(或编程)数据块直到接收到一个传输停止命令。

② 预先定义块数目的多块读(或写)操作(V3.1 及更高版本):多媒体卡将在传输(或编程)完规定数目的数据块后结束传输。这种多块读(或写)的模式不需要停止命令,除非是一个错误结束了传输。为了在开始多块读(或写)操作时有一个预先定义好的块数值,主机必须正确配置 HSMCI 块寄存器(HSMCI_BLKR)。否则多媒体卡将会开始一个不限大小的多块读操作。块寄存器中的 BCNT 域用于定义将要传输块的数目(1~65535 块),BCNT=0 对应着无限块的传输。

4. 读操作

图 12-21 所示流程图为使用或不使用 PDC 时对单块进行读取的操作。本例中,使用轮询方式等待读结束。另一种方便的方法,用户可配置中断允许寄存器(HSMCI_IER),在读结束之后触发中断。

5. 写操作

写操作中,HSMCI 模式寄存器(HSMCI_MR)用来定义写非多块时的填充值,若 PDCPADV 位为 0,填充值为 0x00,否则填充值为 0xFF。

设置 HSMCI_MR 寄存器 PDCMODE 位将允许 PDC 传输,图 12-22 所示流程图为使用或不使用 PDC 方式对单块进行写入的过程。根据中断屏蔽寄存器(HSMCI_IMR)的内容,可使用轮询或中断方式来等待写结束。

图 12-23 所示流程图为如何通过 PDC 管理多个写传输块。根据中断屏蔽寄存器(HSMCI_IMR)的内容,轮询或中断的方法可以用来等待写结束。

6. SD/SDIO 卡操作

高速多媒体卡接口能执行 SD 存储卡(安全数字存储卡)和 SDIO(SD 输入输出)卡命令。SD/SDIO 卡基于多媒体卡(MMC)格式,尺寸稍大一些并且数据传输性能高一些,旁边的一个锁开关可以防止卡被意外覆写和其他安全功能。在物理参数方面,引脚分配及数据传输协议与多媒体卡基本相同,只是增加了一些内容。SD 卡插槽实际上不只用于 FLASH 存储卡,支持 SDIO 的设备都可以使用基于 SD 结构的小型设备设计,

438

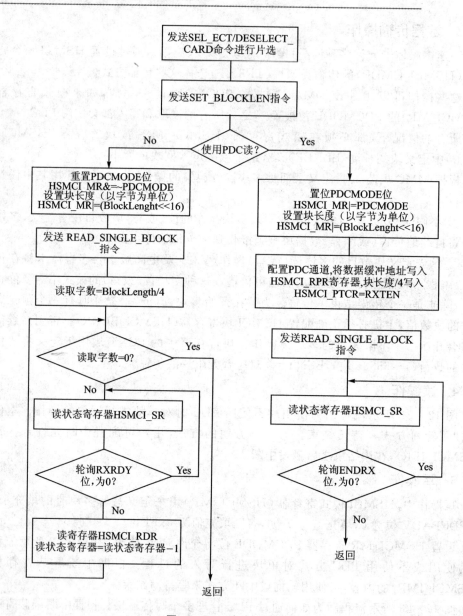

图 12-21　读功能流程图

例如：GPS 接收器、WiFi 或蓝牙适配器、调制解调器、条形码阅读器、IrDA 适配器、调频收音机芯片、RFID 阅读器、数码相机等。SD/SDIO 受众多专利和商标的保护，许可证只能通过安全数码卡协会（Secure Digital Card Association）获得。

　　SD/SDIO 存储卡通信基于 9 个引脚的接口（时钟、命令、4 根数据线及 3 根电源线），规范中定义了通信协议，SD/SDIO 存储卡与多媒体卡的最大不同在于初始化过程。

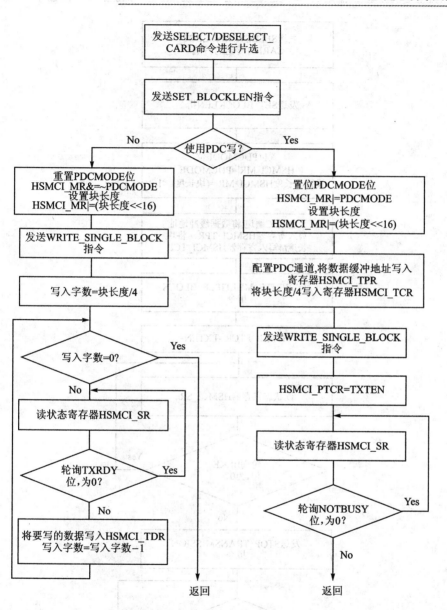

图 12 - 22　写功能流程图

设置 SD/SDIO 卡控制寄存器（HSMCI_SDCR）可选择卡插槽及数据宽度，SD/SDIO 卡总线允许动态配置数据线的条数。上电后，默认状况下 SD 存储卡只使用 DAT0 作为数据传输，初始化后，主机可改变总线宽度（活动的数据线数）。

（1）SDIO 卡传输类型

SDIO 卡可以使用多字节（1～512 字节）或一个可选的块格式（1～511 块）传输数据，SD 存储卡只能使用块传输模式。设置 HSMCI 命令寄存器（HSMCI_CMDR）

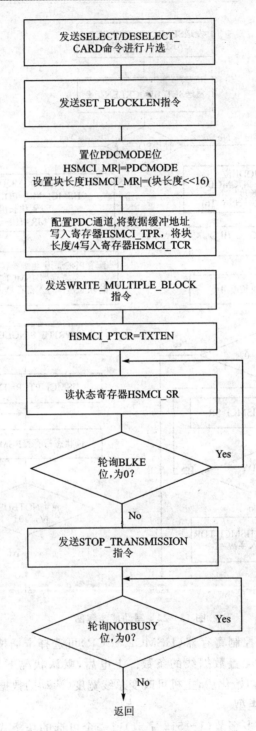

图 12 - 23　多块的写操作

的 TRTYP 域,可选择允许 SDIO 字节方式或 SDIO 块传输方式。

设置 HSMCI 块寄存器(HSMCI_BLKR)的 BCNT 域可选择传输的字节/块的数目,在 SDIO 块传输模式下,BLKLEN 域必须设置成数据块的大小;在 SDIO 字节传输模式中没有用到此位。

一个 SDIO 卡可以和存储器复用 I/O 或联合 I/O(叫做组合卡),在一个多功能 SDIO 卡或一个组合卡上,有很多设备(I/O 和存储器)分享对 SD 总线的访问权。为了允许众多设备分享对主控器的访问权,SDIO 卡和组合卡可以使用可选的挂起/恢复操作(可参考 SDIO 说明书获得更多的详细信息)。为了发出一个挂起或恢复命令,主控器必须在 HSMCI_CMDR 寄存器中设置 SDIO 特殊命令域(IOSPCMD)。

(2) SDIO 中断

SDIO 卡或组合卡的每个功能都可产生中断(参考 SDIO 说明书获得更多的详细信息)。为了允许 SDIO 卡中断主机,DAT[1]线上增加了一个中断功能,将 SDIO 的中断信号送给主机。每个插槽上的 SDIO 中断都可以通过 HSMCI 中断允许寄存器(HSMCI_IER)来允许,不管当前选择的是哪个插槽,SDIO 中断都会被采样。

7. CE-ATA 操作

CE-ATA 将精简的 ATA 命令映射为对 MMC 接口的设置上,ATA 任务文件被映射到 MMC 寄存器空间上。CE-ATA 有 5 个 MMC 命令:

① GO_IDLE_STATE (CMD0):用于硬复位。

② STOP_TRANSMISSION (CMD12):导致正在执行的 ATA 命令被中止。

③ FAST_IO (CMD39):用作单个寄存器访问 ATA 任务文件寄存器,只有 8 位的访问宽度。

④ RW_MULTIPLE_REGISTERS (CMD60):用来发出一个 ATA 命令或访问控制/状态寄存器。

⑤ RW_MULTIPLE_BLOCK (CMD61):为 ATA 命令传输数据。

CE-ATA 利用与传统 MMC 设备相同的 MMC 命令序列进行初始化。

(1) 执行一个 ATA 查询命令

① 利用 RW_MULTIPLE_REGISTER (CMD60)发出一个 READ_DMA_EXT 命令读取 8 KB 数据。

② 读 ATA 状态寄存器直到 DRQ 被置位。

③ 发送一个 RW_MULTIPLE_BLOCK (CMD61)命令来传输数据。

④ 读 ATA 状态寄存器直到 DRQ && BSY 被置为 0。

(2) 执行一个 ATA 中断命令

① 利用 RW_MULTIPLE_REGISTER (CMD60)发出一个 READ_DMA_EXT 命令读取 8KB 数据,并将 nIEN 域设置为 0 以允许结束信号命令。

② 发出一个 RW_MULT IPLE_BLOCK (CMD61)命令来传输数据。

③ 等待接收到结束信号中断。

ARM Cortex-M4 微控制器原理与应用——基于 Atmel SAM4 系列

(3) 中止一个 ATA 命令

如果主机想在结束信号前中止一个 ATA 命令,必须发送一个专用命令以避免命令线上的潜在冲突,通过将 HSMCI_CMDR 的 SPCMD 位域设置为 3 发出一个 CE-ATA 禁止结束信号命令。

(4) CE-ATA 错误校正

有几种情况 ATA 命令可能失败,包括:

- 一个 MMC 命令没有响应,例如 RW_MULTIPLE_REGISTER (CMD60)。
- CRC 对于一个 MMC 命令或响应是无效的。
- CRC16 对一个 MMC 数据包是无效的。
- ATA 状态寄存器通过将 ERR 位置置为 1 来反应一个错误。
- 结束信号命令在主机定义的超时周期内没有出现。

为了减少错误条件频繁发生,可对每种错误事件使用一种强壮的错误校正机制,推荐在超时之后使用如下的错误校正序列:

- 如果 nIEN 被清零并且已经收到 RW_MULTIPLE_BLO CK (CMD61)响应,则发出一个禁止结束信号命令。
- 发出 STOP_TRANSMISSION (CMD12)命令并且成功接收 R1 响应。
- 发出 FAST_IO (CMD39)命令产生一个软件复位,复位 CE-ATA 设备。

如果 STOP_TRANMISSION (CMD12)命令执行成功,设备就会重新准备好执行 ATA 的命令。但是,如果错误校正序列不像期望的那样工作或出现了另外一个超时,下一步就需要发出一个 GO_IDLE_STATE (CMD0)命令给设备,GO_IDLE_STATE (CMD0)将会产生设备的硬件复位,完全复位所有的外设状态。

注意:在发出 GO_IDLE_STATE (CMD0)命令之后,所有的外设都必须重新初始化。如果 CEATA 设备能正确执行所有的 MMC 命令但不能执行 ATA 命令,且 ATA 状态寄存器中的 ERR 位被置1,此时将不会有错误校正动作产生。ATA 自身的命令执行失败暗示着设备不能完成被请求的动作,但不存在通信或协议上的错误。在设备将 ATA 状态寄存器中的 ERR 位置1来标示一个错误后,主机可以尝试重试这个命令。

8. HSMCI 启动操作模式

在引导操作模式中,处理器可在上电之后发出 CMD1 命令之前,通过拉低命令线从设备(MMC 设备)中读取引导配置数据。根据寄存器的设置,可从引导区或用户区读出数据。这种快速启动方式只有 MMC 卡有,SD 卡没有这个特性,所以,需要在内部的 FLASH 中作最初始的启动代码。

处理器模式的启动过程:

① 通过设置 HSMCI_SDCR 寄存器的 SDCBUS 位域配置 HSMCI 数据总线的宽度,位于设备外扩 CSD 寄存器中的 BOOT_BUS_WIDTH 域也必须设置为相应的值。

② 将字节计数值设置为 512 B,并将块计数值设置为期望的块数目,写 HSMCI_BLKR 寄存器的 BLKLEN 和 BCNT 位域。

③ 将 HSMCI_CMDR 寄存器的 SPCMD 域设置为 BOOTREQ,TRDIR 域设置为读并且 TRCMD 域设置为"start data transfer"发出一个引导操作请求命令。

④ 如果位于外扩 CSD 寄存器的 MMC 设备的 BOOT_ACK 域被设为 1,则 HSMCI_CMDR 寄存器中的 BOOT_ACK 域必须设置为 1。

⑤ 一旦 RXRDY 标志有效之后,主机处理器就能开始复制引导配置数据了。

⑥ 当数据传输完成以后,主机处理器应在 HSMCI_CMDR 寄存器的 SPCMD 域写 BOOTEND 结束启动过程。

9. HSMCI 传输完成时序

HSMCI_SR 寄存器的 XFRDONE 位可以精确地指出读或写操作何时完成。

(1) 读访问

在一个读访问过程中,XFRDONE 位的行为如图 12 - 24 所示。

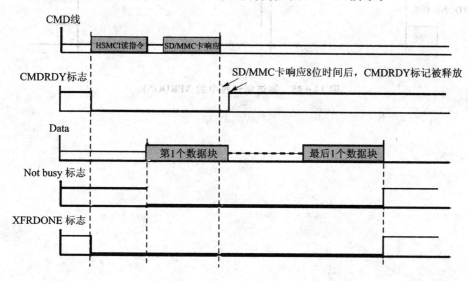

图 12 - 24　读访问过程中的 XFRDONE

(2) 写访问

在一个写访问过程中,XFRDONE 位的行为如图 12 - 25 所示。

10. HSMCI 应用实例说明

Atmel Studio 6.1 平台提供了基于 ASF 库函数实现的 SD/MMC/SDIO Card FatFs 实例,该实例使用 Fatfs 挂载 SD/MMC 卡并且创建一个文件。Fatfs 是一个开源的 FAT 文件系统,适合于小的嵌入式系统。编译烧写程序后,连接开发板的 DEBUG 口和 PC 的 com1,设置波特率为 115 200 bps,数据位 8 位,奇偶校验 None,停止位 1,无流控,便可看到文件测试成功信息。拔下 SD 卡,用读卡器可以看到,SD

内已创建了测试的文件。

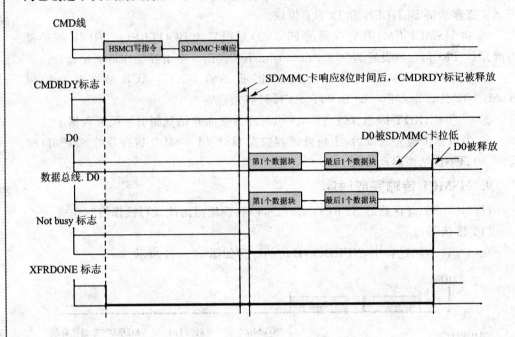

图 12 - 25　写访问过程中的 XFRDONE

第13章

SAM4 RESET 及其他模块

本章主要讲解 RESET 相关的模块,包括 RESET 控制器、看门狗和增强看门狗;并对 SAM4 的其他模块如加密解密模块和芯片标识符进行讲解。

13.1 RESET 控制器

基于上电复位单元的复位控制器(RSTC),不需要任何外部元件即可处理系统的所有复位,还能给出上一次复位源的信息。复位控制器可以独立或同时驱动外部设备、外设及处理器复位。

RESET 控制器管理所有系统的复位:通过 NRST 引脚控制外部设备复位;处理器复位和外设复位。

RESET 状态:获取最后复位状态,支持软件复位,用户复位及看门狗复位。

复位控制器框图,如图 13-1 所示。

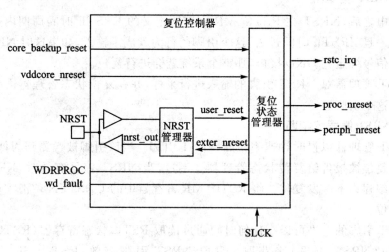

图 13-1　复位控制器框图

1. 复位控制器概述

复位控制器由一个 NRST 管理器和一个复位状态管理器(Reset State Manager)组成,运行在慢时钟下,可产生以下复位信号:

proc_nreset:处理器复位线,同时也复位看门狗定时器。

periph_nreset:影响所有的片上外设。

nrst_out:驱动 NRST 引脚。

无论是外部事件还是软件作用,这些复位信号均由复位控制器发出。复位状态管理器控制复位信号的发生;当需要 NRST 引脚信号时,提供一个给 NRST 管理器的信号。NRST 管理器在一个长度可编程的时间里形成 NRST 引脚上的有效信号,以此方式控制外部设备的复位。

复位控制器的模式寄存器(RSTC_MR)可以配置复位控制器。复位控制器由 VDDIO 供电,因此只要 VDDIO 有效,复位控制器的配置就保存着,不用再配置。

2. RESET 寄存器

RESET 控制器寄存器如表 13-1 所列。

表 13-1　复位控制寄存器

偏移量	名　称	寄存器	权　限	复位值
0x00	控制寄存器	RSTC_CR	只写	—
0x04	状态寄存器	RSTC_SR	只读	0x0000 0000
0x08	模式寄存器	RSTC_MR	读/写	0x0000 0001

3. NRST 管理器

在加电之后,NRST 在 RSTC_MR 寄存器定义的 ERSTL 时间周期内是一个输出部件。一旦 ERSTL 时间过去,这个引脚的行为就成了输入,如果这时 NRST 通过一个外部信号绑定到 GND 接口,那整个系统就会进行复位。

NRST 管理器对 NRST 引脚的输入进行采样,并在复位状态管理器需要时用低电平驱动这个引脚。

(1) NRST 信号或中断

NRST 管理器以慢时钟速率检测 NRST 引脚。当该引脚被检测到为低电平时,一个用户复位被报告给复位状态管理器。不过,当 NRST 信号有效时,NRST 管理器可以被编程为不触发复位。将 RSTC_MR 寄存器中的 URSTEN 位清零可禁止用户触发复位。

NRST 引脚的电平可以在任何时间通过读取 RSTC 状态寄存器(RSTC_SR)的 NRSTL 位(NRST 电平)来获取。只要 NRST 引脚有效,RSTC_SR 寄存器的 URSTS 位就会被置位,此位仅在 RSTC_SR 寄存器被读时清零。

复位控制器还可以被编程为产生一个中断而不是产生一个复位。这样做的话,

RSTC_MR 寄存器中的 URSTIEN 位必须被写为 1。

（2）NRST 外部复位控制

复位状态管理器通过发出 ext_nreset 信号使 NRST 引脚有效,这时,在一段 RSTC_SR 寄存器中 ERSTL 域所设置的时间内,"nrst_out"信号被 NRST 管理器驱动为低。此有效持续时间,被称为 EXTERNAL_RESET_LENGTH,持续 $2^{(ERSTL+1)}$ 个慢时钟周期,大约在 60 μs 到 2 s 之间。

注意：ERSTL 设置为 0 表示 NRST 脉冲持续 2 个周期的时间。

该功能特性使复位控制器能设置 NRST 引脚电平,因此能保证 NRST 引脚被驱动为低电平,使得各种连接在系统复位信号上的外部设备都有足够的复位时间。

RSTC_MR 寄存器的 ERSTL 域用于需要比慢时钟振荡器长的启动时间的设备,使用此域可以形成系统上电复位。

4. 复位状态

复位状态管理器处理不同的复位源并产生内部复位信号,并报告在 RSTC 状态寄存器（RSTC_SR）的 RSTTYP 域中的复位状态;在处理器复位释放时,将执行 RSTTYP 域的更新。

（1）通用复位

当检测到上电复位或异步主设备复位（NRSTB 引脚）,或供电控制器检测到电压过低或电压调节器丢失时,会发生通用复位。当产生通用复位信号时,供电控制器发出 vddcore_nreset 信号。

所有的复位信号都被释放并且 RSTC_SR 寄存器中的 RSTTYP 域报告一个通用复位。当 RSTC_MR 寄存器被复位,ERSTL 的默认值为 0x0,在 vddcore_nreset 信号后 NRST 线信号 2 个周期后会上升。

（2）备份复位

备份复位发生在处理器从备份模式返回时,当备份复位发生时,供电控制器使 core_backup_reset 信号有效。RSTC_SR 寄存器的 RSTTYP 域将更新,报告发生了一个备份复位。

（3）用户复位

当 NRST 引脚上检测到一个低电平,且 RSTC_MR 寄存器的 URSTEN 位是 1 时,就会进入用户复位。NRST 输入信号和慢时钟 SLCK 重新同步,以确保正确的系统行为。

只要在 NRST 上检测到一个低电平,就会进入用户复位,此时处理器复位信号和外设复位信号均有效。在经历三个周期的处理器启动时间和两个周期的重新同步时间之后,当 NRST 上升时离开用户复位状态,NRST 为高电平时处理器时钟重新使能。

当处理器复位信号被释放时,状态寄存器（RSTC_SR）的 RSTTYP 域将写入 0x4,表示发生过一个用户复位。

対 ERSTL 域编程时,NRST 管理器保证 NRST 线对 EXTERNAL_RESET_LENGTH 慢时钟周期有效。不过,如果由于外部驱动使得 NRST 在 EXTERNAL_RESET_LENGTH 后仍为低,内部复位信号将保持有效直到 NRST 确实发生了上升。

(4) 软件复位

复位控制器提供一些命令用于发出不同的复位信号,通过将控制寄存器(RSTC_CR)的如下位置 1 来执行这些命令:

PROCRST:将 PROCRST 置 1,可复位处理器和看门狗定时器。

PERRST:将 PERRST 位置 1,可复位所有的嵌入式外设,包括存储器系统,特别还包括重映射命令。这个外设复位通常在调试中使用。

EXTRST:将 EXTRST 位置 1,可以把 NRST 引脚拉低,拉低的持续时间由模式寄存器(RSTC_MR)的 ERSTL 域定义。

这些位中只要有一个被软件置位,就会进入软件复位状态。所有这些命令可以独立或同时执行。软件复位将持续 3 个慢时钟周期。

一旦命令写入寄存器,内部复位信号就立即有效。这可以通过主控时钟(MCK)进行检测。当离开软件复位后,内部复位信号将被释放,即与慢时钟 SLCK 同步。

如果 EXTRST 置位,nrstx_out 信号是否有效还要看 ERSTL 域的配置情况。在 NRST 的下降沿,并不会导致一个用户复位。

当且仅当 PROCRST 位被置位时,复位控制器才会在状态寄存器(RSTC_SR)的 RSTTYP 域中报告软件状态,其他复位不会报告到 RSTTYP 中。

一旦一个软件复位操作被检测到,状态寄存器(RSTC_SR)的 SRCMP 位(软件复位命令正在进行)就会被置位。当离开软件复位时,SRCMP 就被清零。在 SRCMP 置位期间,任何其他软件复位都不能被执行,并且向 RSTC_CR 寄存器写任何值都是无效的。

(5) 看门狗复位

当发生看门狗报警时,就会进入看门狗复位。此状态持续 3 个慢时钟周期。

当发生看门狗复位时,WDT 模式寄存器(WDT_MR)的 WDRPROC 位将决定哪个复位信号有效:

如果 WDRPROC=0,将会产生处理器复位和外设复位有效。NRST 线也有效,不过是否产生复位取决于 ERSTL 域的配置情况,但 NRST 上的低电平并不导致一个用户复位状态。

如果 WDRPROC=1,仅处理器复位有效。

看门狗定时器被 proc_nreset 信号复位。因为如果 WDRSTEN 被置位,看门狗报警总会引发一个处理器复位,所以通常看门狗定时器在看门狗复位之后被复位。复位后,默认状况下看门狗被允许,并且看门狗定时器周期被设置为最大。

当 WDT_MR 寄存器中的 WDRSTEN 位被清零时,看门狗报警对复位控制器无影响。

5. 复位状态优先级

复位状态管理器管理不同的复位源的优先级,按降序排列优先级为:通用复位、备份复位、看门狗复位、软复位、用户复位。

特殊情况如下:

当发生用户复位时:看门狗事件不可能发生,因为看门狗定时器正被 proc_nreset 信号复位;软件复位不可能发生,因为处理器复位;

当发生软件复位时:看门狗事件比当前状态优先级高;NRST 无效。

当发生看门狗复位时:处理器复位被激活,因此不可能产生软件复位;不可能进入用户复位。

6. 复位控制器状态寄存器

复位控制器状态寄存器(RSTC_SR)提供以下若干状态域:

RSTTYP 域:此域给出最后发生复位的类型。

SRCMP 位,此位表示正在执行一个软件复位命令,在当前命令处理完之前不能执行其他的软件复位命令。此位在当前软件复位结束时自动清零。

NRSTL 位:状态寄存器的 NRSTL 位给出在每个主控时钟 MCK 的上升沿检测到的 NRST 引脚的电平。

URSTS 位:NRST 引脚上一个从高到低的跳变,将会对 RSTC_SR 寄存器的 URSTS 位置位。在主控时钟 MCK 的上升沿同样也检测到这个跳变。如果用户复位被禁止(URSTEN＝0)并且通过 RSTC_MR 寄存器中的 URSTIEN 位允许了中断,则 URSTS 位将触发一个中断。读状态寄存器 RSTC_SR,将复位 URSTS 位并清除中断。

13.2 看门狗定时器

看门狗定时器(WDT)可用来防止由于软件陷于死锁而导致的系统死锁。WDT有一个 12 位的递减计数器,使得看门狗周期可以达到 16 s(慢速时钟 32.768 kHz)。WDT 可以产生通用的复位,或仅仅是处理器复位。此外,当处理器处于调试模式或空闲模式时看门狗可以被禁止。

看门狗(WDT)寄存器说明如表 13-2 所列。

表 13-2 WDT 寄存器

偏移量	名 称	寄存器	权 限	复位值
0x00	控制寄存器	WDT_CR	只写	—
0x04	模式寄存器	WDT_MR	读/写	0x3FFF_2FFF
0x08	状态寄存器	WDT_SR	只读	0x0000_0000

看门狗定时器电源是 VDDCORE。处理器复位后，看门狗从初始值重新开始启动。

看门狗基于一个 12 位的递减计数器，其加载值通过模式寄存器（WDT_MR）中的 WDV 域来定义。使用将慢速时钟 128 分频的信号驱动看门狗定时器，这样看门狗周期最大值可达 16 s（慢速时钟的典型值为 32.768 kHz）。

处理器复位之后，WDV 的值为 0xFFF，对应于计数器的最大值，并且允许外部复位（备份复位时 WDRSTEN 为 1）。也就是说，默认情况下，复位之后看门狗就开始运行，例如上电后。如果用户程序没有使用看门狗，则必须禁止它（对 WDT_MR 寄存器中的 WDDIS 位置位）；否则必须定期"喂狗"，以满足看门狗要求。

WDT_MR 寄存器只能写一次，只有处理器复位才可以复位它。对 WDT_MR 执行写操作，会将最新的编程模式参数重新加载到定时器中。

在普通的操作中，用户需要通过对控制寄存器（WDT_CR）中 WDRSTT 位置 1 定期重载看门狗计数器，以防止定时器向下溢出。置位 WDRSTT 位后，计数器的值将立即从 WDT_MR 寄存器中重新加载，并重新启动；慢速时钟 128 分频器也被复位及重新启动。WDT_CR 寄存器是写保护的，如果预设值不正确，对 WDT_CR 的写操作没有作用。如果发生了计数器向下溢出，且 WDT_MR 寄存器的 WDRSTEN 为 1，则连接到复位控制器的"wdt_fault"信号生效，看门狗状态寄存器（WDT_SR）的位 WDUNF 也被设置为 1。

为了防止软件死锁时持续不断地触发看门狗，必须在 0 和 WDD 定义的时间窗口内重新加载看门狗。WDD 在 WDT_MR 寄存器中定义。

如果试图在 WDV 到 WDD 之间重新启动看门狗定时器，将会导致看门狗错误，即使此时看门狗是禁止的。这将导致 WDT_SR 的 WDERR 位被修改，连接到复位控制器的"wdt_fault"信号生效。

注意：编程使 WDD 等于或大于 WDV，将禁止重启看门狗定时器时产生错误。这样的配置允许在 0:WDV 的整个区间都可以重新启动看门狗定时器，而不产生错误。芯片复位时默认的配置为 WDD 与 WDV 相等。

若 WDT_MR 寄存器的 WDFIEN 位为 1，WDT_SR 寄存器 WDUNF（看门狗溢出）和 WDERR（看门狗错误）置位将触发中断。如果 WDT_MR 寄存器的 WDRSTEN 位同时也为 1，则连接到复位控制器的"wdt_fault"信号将引起看门狗复位。在这种情况下，处理器和看门狗定时器复位，WDERR 及 WDUNF 标志被清零。

如果复位已经产生，或是读访问了 WDT_SR 寄存器，则状态位被复位，中断被清除，送到复位控制器的"wdt_fault"信号不再有效。

执行对 WDT_MR 寄存器的写操作将重新加载向下计数器，并使其重新启动。

当处理器处于调试状态或空闲模式时，根据 WDT_MR 寄存器的 WDIDLEHLT 和 WDDBGHLT 的设置，计数器可以被停止。

看门狗默认是开启的，如从不"喂狗"，从而导致系统重置。因此常需禁用看门狗：

```
WDT -> WDT_MR = WDT_MR_WDDIS;
```

Atmel Studio6.1平台提供了 ASF 库函数实现 WDT Example - SAM4E - EK
实例程序，可参考此实例。

13.3　增强安全的看门狗定时器

当两个看门狗定时器在一个设备上实现时，第二个就作为增强安全型看门狗定
时器(RSWDT)与看门狗定时器(WDT)并行工作去增强看门狗操作的安全性。

增强安全型的看门狗定时器(RSWDT)能被用来增强看门狗定时器(WDT)所
提供的安全级别，以保护系统检测软件是否陷入死锁。RSWDT 工作在完全操作模
式，独立于看门狗定时器。其时钟源自动地选择为慢 RC 振荡器时钟，这个均衡时钟
由慢 RC 振荡器时钟或者主 RC 振荡器时钟分频得到。如果看门狗定时器时钟源
(比如 32 kHz 水晶振荡器)失败，系统锁定，不再由 WDT 来监视；而由第二个看门狗
定时器 RSWDT 来执行监视。

这样，在不考虑外部操作的情况下，就不会缺乏安全。增强安全型看门狗定时器
保留了看门狗定时器的特性(例如，一个 12 位递减计数器允许看门狗的时期达到在
慢时钟 32.768 kHz 下的 16 s)。它仅能够产生普通复位或者处理器复位。另外，当
处理器在调试模式或空闲模式的情况下计数器能够被中止。

RSWDT 寄存器说明如表 13 - 3 所列。

表 13 - 3　RSWDT 寄存器

偏移量	名　称	寄存器	权　限	复位值
0x00	控制寄存器	RSWDT_CR	只写	—
0x04	模式寄存器	RSWDT_MR	读/写	0x3FFF_AFFF
0x08	状态寄存器	TSWDT_SR	只读	0x0000_0000

增强安全型看门狗定时器(RSWDT)能够防止如果软件陷入死锁而导致系统锁
定，通过 VDDCORE 供电。RSWDT 在处理器复位或者一次顺序上电之后被初始化
为默认值，并且在这种情况下是禁用的(默认模式)。

增强安全型看门狗定时器工作在一个完全独立的模式，这是与看门狗定时器
(WDT)不同的。其时钟源自动地选择为平均的慢 RC 振荡器时钟，这个均衡时钟由
慢 RC 振荡器时钟或者主 RC 振荡器时钟分频来得到。如果看门狗定时器(WDT)时
钟源(比如 32 kHz 水晶振荡器)失败，系统锁定，不再由 WDT 来监视；而是由第二个
看门狗定时器，RSWDT 来执行监视。而且，忽略外部操作的条件下，从而保证安全
的持续性。

451

增强安全型看门狗定时器时钟源的选择包含了一个由主 RC 振荡器(CKGR_MOR 寄存器的 MOSCRCEN 域)、看门狗定时器(WDT_MR 寄存器的 WDDIS 域)及慢时钟选择(SUPC_MR 寄存器的 XTALSEL 域)的状态的结合过程。如果主 RC 振荡器还没准备好,或者已选择的慢时钟是 32kHz 的石英晶体振荡器已禁用,亦或者看门狗定时器(WDT)是在禁用状态;那么增强安全型看门狗定时器是由慢 RC 振荡器取得的。相应地,慢或者主 RC 振荡器将自动启用。

RSWDT 内建了一个 12 位的递减计数器,加载一个慢时钟值而不是看门狗定时器中的慢时钟,这个时钟定义在模式寄存器(RSWDT_MR)的 WDV 域。RSWDT 利用慢时钟除以 128 使得看门狗周期达到 16 s(利用一个典型的 32.768 kHz 慢时钟周期)。

在一个处理器复位之后,WDV 的值是 0xFFF,对应了在外部复位启用的情况下计数器的最大值(在备份复位之后 WDRSTEN 位为 1)。这表明了看门狗默认工作在复位的情况下,比如,在加电的时候。

RSWDT_MR 寄存器只能写 1 次。仅仅处理器复位可以重置它。向 RSWDT_MR 寄存器写入将会重新用新的编程好的模式参数加载定时器。

在正常的操作下,用户在定时器溢出发生之前以规则的间隔重新加载看门狗,这只需要向控制寄存器(RSWDT_CR)的 WDRSTT 位写 1。看门狗定时器将会立即重新从 RSWDT_MR 加载然后重新启动,并且慢时钟 128 分频也会重新设置并重启。RSWDT_CR 寄存器是写保护的,如果没有正确的硬编码密码而向 RSWDT_CR 写数据是无效的。如果产生了溢出,而且模式寄存器(RSWDT_MR)的 WDRSTEN 置位,那么将会产生发往复位控制器的"wdt_fault"信号。而且,状态寄存器(RSWDT_SR)的 WDUNF 位也会置位。

为了防止软件死锁不停地触发 RSWDT,RSWDT 的重新加载必须在看门狗定时器的值处于 0~WDD 的窗口范围内的时候,WDD 定义在 RSWDT_MR 寄存器中。

当看门狗定时器的值在 WDV 和 WDD 之间时重启看门狗的任何尝试都会导致看门狗错误的发生,即使 RSWDT 被禁用,RSWDT_SR 的 WDERR 位会更新,"wdt_fault"信号会发送到复位控制器。

注意:这个特性可以通过编程使得 WDD 值大于或者等于 WDV 来禁止。在这种配置情况下,重启增强安全型看门狗定时器是在整个 0~WDV 范围内允许的,并且不会产生错误。WDD 和 WDV 的值相同是复位后的默认配置。

RSWDT_SR 寄存器的 WDUNF(Watchdog Underflow)和 WDERR(Watchdog Error)触发一个中断,引起 RSWDT_MR 寄存器的 WDFIEN 位置位。如果 WDRSTEN 位置位,那么到复位控制器的"wdt_fault"信号会导致看门狗复位,处理器和看门狗定时器就会复位,WDERR 和 WDUNF 也会被复位。

如果复位已经产生,或者已经读取 RSWDT_SR 寄存器,状态位会置位,中断会清除,到复位控制器"wdt_fault"信号会被解除。

写 RSWDT_MR 寄存器会重载和重启递减计数器。RSWDT 会在任何的顺序上电之后被禁用。

当处理器在调试模式或空闲模式,计数器可能会根据被编程在 RSWDT_MR 上的 WDIDLEHLT 和 WDDBGHLT 位的值而终止。

13.4 高级加密标准

13.4.1 AES 概述

高级加密标准(AES)是美国联邦政府采用的一种区块加密标准。这个标准用来替代原先的 DES,已经被多方分析且在全世界广为使用。高级加密标准由美国国家标准与技术研究院(NIST)于 2001 年 11 月 26 日发布于 FIPS PUB 197,并在 2002 年 5 月 26 日成为有效的标准。2006 年,高级加密标准已然成为对称密钥加密中最流行的算法之一。

AES 用于保密性的 5 种工作模式,分别是 ECB、CBC、CFB、OFB 和 CTR,在 NIST Special Publication 800-38A Recommendation 有详细说明。AES 模块兼容所有这些模式,并且在缓冲区传输过程中可通过 DMA 控制器通道最大限度地减少处理器干预。

128 位/192 位/256 位密匙被存储在 4/6/8 个 32 位只写寄存器 AES_KEY-WRx。128 位输入数据和初始化向量被存储在 4 个 32 位只写寄存器 AES_IDA-TARx 和 AES_IVRx 中。

一旦初始化向量,输入数据和密匙被配置,这个加密/解密过程开始。加密/解密数据通过 4 个 32 位输出数据寄存器(AES_ODATARx)或通过 DMA 通道获得。

(1) AES 特性

兼容 FIPS Publication 197,高级加密标准(AES)。

128 位/192 位/256 位密匙。

12/14/16 时钟周期加密/解密过程时间和 128 位/192 位/256 位密匙。

运行时优化双输入缓冲。

支持 5 种工作模式:ECB、CBC、CFB、OFB 和 CTR,在 NIST Special Publication 800-38A Recommendation 有详细说明。

在 CFB 模式 8 位、16 位、32 位、64 位和 128 位可能的数据大小。

最后输出数据模式允许优化信息认证码(MAC)产生。

针对所有操作模式连接 DMA 优化数据变换。

(2) 电源管理

通过功耗管理控制器 PMC 使能 AES 时钟,所以编程者必须首先配置 PMC 使能 AES 时钟。

(3) 中　断

AES 中断线连接中断控制器。在配置 AES 之前,处理 AES 中断需要编程中断控制器。AES 中断号是 39 号。

13.4.2　AES 功能描述

高级加密标准(AES)指定一个 FIPS-approved 密码算法可用于电子数据保护。AES 算法是一个对称的分组密码,可以加密和解密信息。

加密过程把数据转换为密文,解密过程是把密文转换为初始的明文。在 AES 模式寄存器(AES_MR)的 CIPHER 位选择是加密还是解密过程。

AES 可以用 128/192/256 位密匙来加密和解密以 128 位为一组的数据。128 位/192 位/256 位密匙被定义在密匙寄存器(AES_KEYWRx)中。

CBC、CFB 和 OFB 模式的加密过程包括:输入明文,是一个称为初始向量(IV)的 128 位数据块,被设置在初始化向量寄存器(AES_IVRX)中。初始化向量被用于加密信息以及相应的解密信息的开始步骤。初始向量寄存器也被用于 CTR 模式设定计数值。

1. AES 寄存器

AES 寄存器说明,如表 13-4 所列。

表 13-4　AES 寄存器映射

偏移量	名　　称	寄存器	权　限	复位置
0x0000	控制寄存器	AES_CR	只写	—
0x0004	模式寄存器	AES_MR	只读	0x0000 0000
0x0010	中断允许寄存器	AES_IER	只写	—
0x0014	中断禁止寄存器	AES_IDR	只写	—
0x0018	中断屏蔽寄存器	AES_IMR	只读	0x0000 0000
0x001C	中断状态寄存器	AES_ISR	只读	0x0000 0000
0x0020～0x003C	密匙寄存器 0～7	AES_KEYWRx	只写	—
0x0040～0x004C	输入数据寄存器 0～3	AES_IDATARx	只写	—
0x0050～0x005C	输出数据寄存器 0～3	AES_ODATARx	只读	0x0000_0000
0x0060～0x006C	初始化向量寄存器 0～3	AES_IVRx	只写	—

2. 操作模式

AES 支持以下的操作模式:

ECB(Electronic Code Book)、CBC(Cipher Block Chaining)、OFB(Output Feedback)、CFB(Cipher Feedback,其中包括 CFB8、CFB16、CFB32、CFB64 和 CFB128)及 CTR(Counter)。

数据预处理、后处理和有关模式的数据链接会自动执行。参考 NIST Special

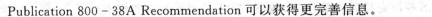

Publication 800 - 38A Recommendation 可以获得更完善信息。

设定 AES 模式寄存器（AES_MR）的 OPMOD 位域可以选择这些模式。其中在 CFB 模式,5 种数据大小（8,16,32,64 或 128 位）可以通过设置 AES_MR 寄存器的 CF-BS 位域选择。在 CTR 模式,块计数器大小是 16 位。因此,在处理 1 MB 数据后有一次翻转。如果处理的文件大于 1 MB,这个文件必须分割为 1 MB 大小的片段。在装载第一个片段数据到 AES_IDATARx 寄存器之前,AES_IVRx 寄存器必须被清除。针对任何片段,当转换完成后会优先处理下一个片段,AES_IVR0 寄存器用来设置片段号（0 表示第 1 个片段,1 表示第 2 个片段等）并被写在 AES_IVR0 寄存器的高 16 位中。

3. 双输入缓冲

输入数据寄存器具有双缓冲特性从而减少大文件的运行时间。

若启用双缓冲输入模式,可以在处理之前的信息块的同时,将新的信息写入新的信息块。启用双缓冲输入模式必须使用 DMA 访问模式（SMOD=0x2）。

AES_MR 寄存器的 DUALBUFF 域必须被设置为 1 来实现双缓冲区。

4. 启动模式

AES 模式寄存器（AES_MR）的 SMOD 域用于选择加密（或解密）启动模式。

(1) 手动方式

序列顺序如下:

写模式寄存器（AES_MR）所有必需的域,包括但不限于 SMOD 和 OPMOD 域。

写 128 位/192 位/256 位密钥到密钥寄存器（AES_KEYWRx）。

写初始向量（或计数器）到初始化向量寄存器中（AES_IVRx）。

注意:初始化向量寄存器与所有模式有关除了 ECB 模式。

根据是否在处理结束时需要中断,设置 AES 中断允许寄存器（AES_IER）的 DATRDY 位。

写加密/解密数据到授权的输入数据寄存器中（见表 13-5）。

表 13-5　授权的输入数据寄存器

操作模式	要写入的输入数据寄存器
ECB	所有
CBC	所有
OFB	所有
128 位 CFB	所有
64 位 CFB	AES_IDATAR0 和 AES_IDATAR1,
32 位 CFB	AES_IDATAR0
16 位 CFB	AES_IDATAR0
8 位 CFB	AES_IDATAR0
CTR	所有

455

设置 AES 控制寄存器(AES_CR)的 START 位开始加密和解密过程。

当处理过程结束,AES 中断状态寄存器(AES_ISR)的 DATRDY 位上升为高电平。如果通过置位 AES_IER 寄存器的 DATRDY 位使能中断,AES 中断被激活。

当软件读取其中的输出数据寄存器(AES_ODATARx)时,DATRDY 位被自动清零。

(2) 自动模式

自动模式和手动模式类似,在这种模式下,一旦正确的数据被写入输入数据寄存器,这个过程会自动开始而不需要控制寄存器的任何操作。

5. DMA 模式

使用 DMA 控制器,可以在 AES 进行加密/解密缓冲区的数据时无需处理器的干预。AES_MR 寄存器中的 SMOD 域被设置为 0x02,并且 DMA 被设置为非增量地址,做任何解密操作的起始地址被设置在 AES_IDATAR0 寄存器中。DMA 块大小配置根据 AES 模式不同而不同,如表 13-6 所列。

当通过第一个 DMA 通道写数据到 AES,数据开始从一个存储缓冲区中取出(源数据)。即使对 CFB 模式推荐源数据配置大小为"字"。相反,目的数据大小依赖于操作模式。当通过第二个 DMA 通道从 AES 读数据,源数据从 AES 读取而且数据目的地是存储缓冲区。此时,源数据大小依赖于 AES 操作模式,具体对应关系如表 13-6 所列。

表 13-6　在不同操作模式下 DMA 传送数据类型

操作模式	块大小	目的/源数据转换类型
ECB	4	字
CBC	4	字
OFB	4	字
CFB 128 位	4	字
CFB 64 位	1	字
CFB 32 位	1	字
CFB 16 位	1	半字
CFB 8 位	1	字节
CTR	4	字

6. 最后输出数据模式

最后输出数据模式(Last Output Data Mode)被用于产生数据的密码校验和通过密码块链接加密算法(例如 CBC-MAC 算法)。在结束加密/解密后,输出数据被用于手动或自动模式下的输出数据寄存器或 DMA 模式下接收缓冲指针指向的地址。

AES_MR 寄存器的 LOD(Last Output Data)位只允许检索加密/解密过程的最后一个数据。因此不需要定义 DMA 模式的读缓冲，这个数据仅在输出数据寄存器(AES_ODATARx)中。

7. 安全特性

非特定的寄存器访问检测

当一个非特定的寄存器访问发生，中断状态寄存器(AES_ISR)的 URAD 位被置位。其源信息被报告在 URAT 域中，仅最后一个非特定寄存器访问可通过 URAT 域获得。

可能发生的一些类型的非特定寄存器访问如下：

当 SMOD=IDATAR0_START，在数据处理过程中输入数据寄存器被写入。

在数据处理过程中输出数据寄存器读操作。

在数据处理过程中模式寄存器写操作。

在子密匙产生过程中输出数据寄存器读操作。

在子密匙产生过程中模式数据寄存器写操作。

只写寄存器读操作。

URAD 位和 URAT 域仅能通过 AES_CR 控制寄存器的 SWRST 位进行重设。

8. AES 实例说明

Atmel Studio6.1 平台提供了 ASF 库函数实现 AES Example-SAM4E-EK 实例程序，可参考此实例。此实例主要是用于演示如何使用 Advanced Encryption Standard (AES)模块，包含 ECB、BCB、CFB、OFB、CTR 及 DMA 模式下的 ECB 等 6 种加密解密模式。

13.5　芯片标识符

通过芯片标识符(CHIPID)寄存器可以识别设备及其版本号，这些寄存器提供了片上存储器的大小和类型及内嵌外设的信息。

内嵌的芯片标识符寄存器有两个：CHIPID_CIDR(芯片 ID 寄存器)和 CHIPID_EXID(扩展 ID 寄存器)。两个寄存器都包含有一个硬连接(hard-wired)值，该值为只读。

第一个寄存器包含如下域：

EXT——指示扩展标识符寄存器是否使用；

NVPTYP 和 NVPSIZ——识别内嵌的非易失型存储器的类型和大小；

ARCH——嵌入式外设集合标识；

SRAMSIZ——指示内嵌 SRAM 的大小；

EPROC——指示嵌入式 ARM 处理器版本—芯片的版本号；

　　第二个寄存器是独立于设备的,如果第一个寄存器的 EXT 位为 0,则读取第二个寄存器的返回值为 0。

　　表 13-7 所列为 SAM4E 芯片对应的标识符寄存器。

表 13-7　SAM4E 芯片标识符寄存器

芯片型号	CHIPID_CIDR	CHIPID_EXID
SAM4E16E	0xA3CC_0CE0	0x0012_0200
SAM4E8E	0xA3CC_0CE0	0x0012_0208
SAM4E16C	0xA3CC_0CE0	0x0012_0201
SAM4E8C	0xA3CC_0CE0	0x0012_0209

　　Atmel Studio 6.1 平台提供了 ASF 库函数实现 CHIPID Example - SAM4E - EK 实例程序,可参考此实例。

第 **14** 章

SAM4 综合应用实例

本章介绍如何使用 Atmel SAM4E 开发板完成一个跑酷游戏开发,项目使用了 FreeRTOS 和 ASF(Atmel Software Framework)。

14.1 综合实例介绍

本章介绍如何使用 Atmel SAM4E 开发板完成一个游戏开发。项目使用了 FreeRTOS 和 ASF(Atmel Software Framework)。FreeRTOS 是一个迷你操作系统内核的小型嵌入式系统。作为一个轻量级的操作系统,功能包括:任务管理、时间管理、信号量、消息队列、内存管理、记录功能等,可基本满足较小系统的需要。ASF 则是 Atmel 的一个软件系统框架,该框架提供了 Atmel 产品模块的 API 函数,可以通过该框架向项目快速添加对硬件设备的支持,实现快速开发。

本文实现的小游戏为一个跑酷游戏。游戏使用触摸屏控制,通过触按屏幕,控制游戏角色跳跃避开前进路上的障碍,并拾获金币和道具。拾取到金币和鲜花将增加得分,同时,拾取到鲜花将获得一个约 5 s 的附加状态,角色跳跃的垂直初始速度和重力加速度会得到改变,增加腾空时间。游戏中角色的奔跑速度将随分数增加而变大,即游戏的难度加大。最终,当角色碰撞到道路障碍或是掉落道路上的地面缺口时,游戏结束。图 14-1 所示为游戏过程中的画面截图。

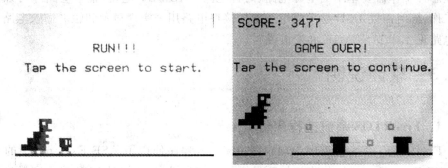

图 14-1　游戏画面截图

该项目工程可分为以下几部分：①FreeRTOS 系统主程序；②图形输出；③游戏逻辑；④数学和物理计算模型。其架构大致如图 14-2 所示。

图 14-2　项目架构

项目中使用的 ASF 模块如图 14-3 所示。

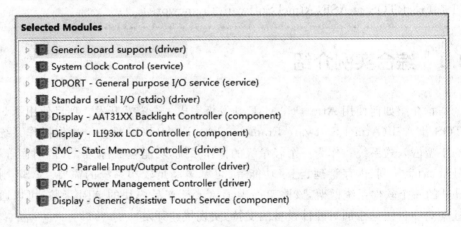

图 14-3　实例中使用的 ASF 模块

14.2　硬件说明

在此游戏中主要用到的硬件部分包括主芯片工作基本电路和显示触摸电路。其中主芯片工作需要基本的电源电路、时钟电路及 RESET 电路，整个电路才可以正常的工作，同时需要 LCD 显示模组及触摸接口电路用来实现显示和触屏输入电路。具体电路见 2.2 节 SAM4E 开发板说明。

14.3　软件说明

1. FreeRTOS 系统主程序

FreeRTOS 系统主程序为项目的 main.c，程序使用了 ASF Example 中的 FreeRTOS Basic Example 作为初始项目模板。在项目中，添加对 LCD 显示和触摸屏的支持,实现函数 LCD_init()和 Touchscreen_init(),在硬件初始化时调用。

函数实现如下:

```
void LCD_init()
{    // 使能外设时钟
pmc_enable_periph_clk(ID_SMC);
    // 针对 Lcd 设置 SMC 接口
smc_set_setup_timing(SMC, ILI93XX_LCD_CS, SMC_SETUP_NWE_SETUP(2)
    | SMC_SETUP_NCS_WR_SETUP(2)| SMC_SETUP_NRD_SETUP(2)| SMC_SETUP_NCS_RD_SETUP
(2));
smc_set_pulse_timing(SMC, ILI93XX_LCD_CS, SMC_PULSE_NWE_PULSE(4)
    | SMC_PULSE_NCS_WR_PULSE(4)| SMC_PULSE_NRD_PULSE(10)|SMC_PULSE_NCS_RD_PULSE
(10));
smc_set_cycle_timing(SMC, ILI93XX_LCD_CS, SMC_CYCLE_NWE_CYCLE(10)
    | SMC_CYCLE_NRD_CYCLE(22));
smc_set_mode(SMC, ILI93XX_LCD_CS, SMC_MODE_READ_MODE| SMC_MODE_WRITE_MODE);
//初始化显示参数
    g_ili93xx_display_opt.ul_width = ILI93XX_LCD_WIDTH;
    g_ili93xx_display_opt.ul_height = ILI93XX_LCD_HEIGHT;
    g_ili93xx_display_opt.foreground_color = COLOR_BLACK;
    g_ili93xx_display_opt.background_color = Color_BackGround;

//关背光
    aat31xx_disable_backlight();
//初始化 Lcd
    ili93xx_init(&g_ili93xx_display_opt);
    aat31xx_set_backlight(AAT31XX_AVG_BACKLIGHT_LEVEL);
    ili93xx_set_foreground_color(Color_BackGround);
    ili93xx_draw_filled_rectangle(0, 0, ILI93XX_LCD_WIDTH,ILI93XX_LCD_HEIGHT);
    ili93xx_display_on();
    ili93xx_set_cursor_position(0, 0);
    ili93xx_set_display_direction(0,0,0);
}
void  Touchscreen_init()
{
    pmc_enable_periph_clk(ID_PIOA);
    pmc_enable_periph_clk(ID_PIOB);
    pmc_enable_periph_clk(ID_PIOC);
/* Initializes the PIO interrupt management for touchscreen driver */
    pio_handler_set_priority(PIOA, PIOA_IRQn, IRQ_PRIOR_PIO);
    pio_handler_set_priority(PIOB, PIOB_IRQn, IRQ_PRIOR_PIO);
    pio_handler_set_priority(PIOC, PIOC_IRQn, IRQ_PRIOR_PIO);
```

```
    rtouch_init(ILI93XX_LCD_WIDTH, ILI93XX_LCD_HEIGHT);
    rtouch_enable();
    rtouch_set_event_handler(event_handler);
    while (1);
}
```

在使用触摸屏时,还需要在 SysTick_Handler 中添加触摸屏处理语句,每 10 ms 执行一次 rtouch_process()用以响应触摸屏触发事件。

```
SysTick_Handler(void)
{
    g_ul_tick_count++;
    xPortSysTickHandler();
    //调用 TSD_TimerHandler 每 10ms
    if ((g_ul_tick_count % 10) == 0) {
    rtouch_process();
    }
}
```

同时,在 FreeRTOS 主程序中添加游戏任务 task_Game,并开始任务调度。

```
if(xTaskCreate(task_Game,"Game", TASK_LED_STACK_SIZE, NULL,
    TASK_LED_STACK_PRIORITY, NULL)! = pdPASS) {
    printf("Failed to create Game task\r\n"); }
    //开始任务
    vTaskStartScheduler();
```

游戏任务 task_Game 实现了一个简单的状态机,判断游戏状态 GameState 是 Gaming、GameOver 或是 GameStart,并执行状态对应的函数。状态对应的函数将完成游戏过程的计算及对应游戏动画的刷新。其中每次循环调用了 vTaskDelay(25),即间隔 25 ms,即每帧动画刷新间隔约为 25 ms。

task_Game 实现具体如下:

```
static void task_Game(void * pvParameters)
{
    UNUSED(pvParameters);
    while (1)
    {
      switch(GameState){
        case Gaming:
            Play();
            break;
        case GameOver:
            Over();
```

```
        break;
    case GameStart:
        Start();
        break;  }
    FrameCountInc();
    vTaskDelay(25);
    }
}
```

2. 图形输出

作为一个小游戏,图像动画亦是很重要的一部分,由于 SAM4E-EK 的内存过小,在图像处理上无法缓存多帧位图动画。在游戏图形设计上,使用了像素风格的设计,将角色和道具使用简单的方块组成,同时将这些组成图形的方块使用数组描述。

下面数组定义游戏角色小人的图像外形。其中,以"-1"数据开头的行定义了随后绘制所需的方块的颜色,如,第一行"-1,COLOR_BLACK,-1,-1,",定义了由此开始使用黑色绘制下列方块。而,以"-2"作为绘制结束的标记,程序读取到"-2"时,则结束当前物件的绘制。其他数据每一行定义了一个需要绘制的方块,如第二行,"0,0,3,3,"定义由相对位置(0,0)到相对位置(3,3)之间的一个方块。

```
uint32_t Charater_m1[] = {
    -1,COLOR_BLACK,-1,-1,
    0,0,3,3,
    16,0,19,3,
    4,4,15,9,
    1,10,20,24,
    -1,Color_BackGround,-1,-1,
    11,14,13,21,
    17,15,18,20,
    -2,
};
```

使用多帧图像可以组成游戏动画,以游戏角色小人为例,数组 Charater 存储了游戏角色小人在跑动过程中的动画。在具有动画的角色中,使用数组的第一个元素定义角色跳跃时在空中的图像,而后续元素则定义了在跑动过程中的各帧动画。

```
uint32_t * Charater[] = {
    //在控制
    Charater_m2,
    //
    Charater_m1,
    Charater_m2,
    0
};
```

同样的图像定义有 Barrier、Hole、Flower 和 Coin,而动画定义有 Charater、CharaterF、Monster 和 HugeMonster。

```
extern uint32_t Barrier[];
extern uint32_t Hole[];
extern uint32_t Flower[];
extern uint32_t Coin[];
extern uint32_t * Charater[];
extern uint32_t * CharaterF[];
extern uint32_t * Monster[];
extern uint32_t * HugeMonster[];
```

在 Display.c 中,主要使用两个 ASF API 用于设置画笔颜色和在屏幕上填充方块。

```
ili93xx_set_foreground_color(uint32_t COLOR);
ili93xx_draw_filled_rectangle(uint32_t x1,uint32_t y1,uint32_t x2,uint32_t y2);
```

实现了如下接口:

```
void DrawThings(int X, int Y,uint32_t * Thing);
void CleanThings(int X,int Y,uint32_t * Thing);
void DrawGround(uint32_t GroundLine);
void DrawString(uint32_t X,uint32_t Y,const char * Str);
void CleanAndDrawString(uint32_t X,uint32_t Y,const char * Str);
void CleanSreen();
```

DrawThings 用于在屏幕绝对坐标(X,Y)上绘制物体图像 Thing;CleanThings 为清除物体的函数。DrawGround 实现在屏幕上绘制游戏中的地面,参数 GroundLine 表示地面所在的 Y 坐标。DrawString 函数用于在屏幕绝对坐标(X,Y)上绘制文本 Str。CleanAndDrawString 函数在绘制文本前,附带清理文本所在区域。CleanSreen 函数用以清除整个屏幕。

3. 游戏逻辑

在 GameCtrl 中,定义并实现了游戏的基本逻辑。游戏的设定为,一个角色小人被一头怪兽追逐,角色小人不断奔跑跳跃并避开道路上的障碍,拾取道路上的金币及鲜花。拾取到金币和鲜花将增加得分,同时,拾取到鲜花将获得一个约 5 s 的附加状态,角色跳跃的垂直初始速度和重力加速度会得到改变,增加腾空时间。游戏中角色的奔跑速度将随分数增加而变大,即游戏的难度加大。最终,当角色碰撞到道路障碍或是掉落道路上的地面缺口时,游戏结束。

GameCtrl.h 中定义一系列数据用于描述整个游戏中的过程状态。在游戏中,出现的角色有小人和怪兽,而道路上的物体有障碍、地面缺口、鲜花和金币。定义了结构 ObjectStruct 用于描述障碍、地面缺口、鲜花和金币等。其中,X、Y 定义了物体所

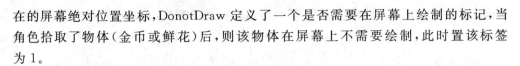

在的屏幕绝对位置坐标，DonotDraw 定义了一个是否需要在屏幕上绘制的标记，当角色拾取了物体（金币或鲜花）后，则该物体在屏幕上不需要绘制，此时置该标签为 1。

```
typedef struct ObjectStruct
{
    int X;
    int Y;
    int DonotDraw;
}Object;
```

使用该结构，定义了 4 个循环数组用于存放游戏中出现的 4 种物体，障碍、地面缺口、鲜花和金币。定义如下，每个循环数组最多可存 50 个元素，由 ItemsCount 定义。同时，使用两个变量定义数组存放数据的起始位置和结束位置，例如 CoinsList 中，第一个元素的下标为 CoinsListS，最后一个为 CoinsListE－1，当 CoinsListS 与 CoinsListE 相等时，则列表为空。当数组下标到达 50 时，则继续从 0 开始循环存放，由于屏幕上出现物的规则使得列表上存放数据不可能超过 50 个，所以列表在循环存放时，不会出现容量不足。

```
#define ItemsCount 50
extern Object CoinsList[];
extern Object BarriersList[];
extern Object HolesList[];
extern Object FlowersList[];
extern uint32_t CoinsListS;
extern uint32_t CoinsListE;
extern uint32_t BarriersListS;
extern uint32_t BarriersListE;
extern uint32_t HolesListS;
extern uint32_t HolesListE;
extern uint32_t FlowersListS;
extern uint32_t FlowersListE;
```

游戏过程中，需要定义的状态还包括游戏中角色小人和怪兽的状态，主要有以下：CharaterY、CharaterV 分别描述游戏小人的 Y 坐标和在 Y 轴上的速度 V，Monster 同理描述了怪兽状态。同时，还保存了上一帧的状态 CharaterLastY、MonsterLastY 用来清理上一帧绘制的残留图像。InTheAir 标签定义了小人是否还在空中未落到地面，当小人状态为在空中时，将不能进行再次跳跃，即游戏控制不再响应屏幕触按。Pressed 标签定义了是否还有未处理的屏幕触按事件，即小人是否需要在下一帧中响应事件，进行跳跃。FrameCount 记录了从开机到目前的刷新帧数，主要用于初始化函数中，作为随机数函数的随机种子，以产生更加随机的游戏环境。

ARM Cortex-M4 微控制器原理与应用——基于 Atmel SAM4 系列

Speed 定义了游戏小人的奔跑速度,即画面横向移动的速度,该速度将随分数增加而增加。

```
extern int CharaterY;
extern int CharaterV;
extern int MonsterY;
extern int MonsterV;

extern int CharaterLastY;
extern int MonsterLastY;

extern uint32_t InTheAir;
extern uint32_t Pressed;

extern uint32_t FrameCount;
extern uint32_t Speed;
```

GameState 定义了游戏的状态,即游戏开始前、游戏进行中、游戏结束 3 个状态,其对应的处理函数为 Start、Play 和 Over。PressScreen 为回调函数,当屏幕被触按时被执行。而 FrameCountInc 用于在每帧绘制时,记录当前绘制的帧数。

```
extern int GameState;

#define Gaming 0
#define GameOver 1
#define GameStart -1

void PressScreen();
void FrameCountInc();
void Play();
void Over();
void Start();
```

各主要逻辑函数在 GameCtrl. c 中实现。

当游戏状态位于 GameStart 状态时,游戏处于开始画面,对应处理函数为 Start, Start 函数负责在屏幕上绘制"RUN!!! Tap the screen to start."字符串,同时绘制游戏中的地面及游戏角色小人、怪兽的行走动画。当屏幕被触按时,游戏状态转为 Gaming,进行一次清屏操作,并初始化游戏,同时复位 Pressed 标识。

```
void Start()
{
    DrawString(130,50,"RUN!!!");
    DrawString(20,80,"Tap the screen to start.");
```

466

第 14 章 SAM4 综合应用实例

ARM Cortex-M4 微控制器原理与应用——基于 Atmel SAM 4 系列

```
    DrawGround(GroundLine);
    DrawCharater();
    DrawMonster();
    if(Pressed)
    {
        GameState = Gaming;
        CleanSreen();
        initial();
        Pressed = 0;
    }
}
```

当游戏状态位于 GameOver 状态时,游戏处于开始画面,对应处理函数为 Over, Over 函数负责在屏幕上绘制"GAME OVER! Tap the screen to continue."文本。当屏幕被触按时,状态转为 GameStart,重置若干状态,并进行清屏和重置 Pressed 标识。

```
void Over()
{
    DrawString(100,50,"GAME OVER!");
    DrawString(3,80,"Tap the screen to continue.");
    if(Pressed)
    {
        GameState = GameStart;
        CharaterY = 0;
        MonsterY = 0;
        CharaterLastY = 0;
        MonsterLastY = 0;
        CleanSreen();
        Pressed = 0;  }
    return;
}
```

游戏状态 Gaming 对应的处理函数为 Play,即游戏过程的处理逻辑。在每帧开始时,Play 函数调用 DrawEnvironment 绘制游戏过程的环境,即绘制游戏中的地面和道路上出现的 4 种物体:障碍、地面缺口、金币和鲜花。随后调用 GenerateThings 函数,该函数用于随机产生出现在游戏画面中的新物体。随后绘制游戏角色小人和怪兽的动画。调用物理过程函数 PhysicsProcess 计算游戏过程中如跳跃,碰撞等物理过程,根据函数返回改变游戏状态。当该函数返回 1 时,角色拾取到鲜花,此时获得额外的分数 100 分,同时角色的外形会相应改变,跳跃状态亦有所变化(重力加速度由 AoG1 改变为 AoG2,Y 轴上跳跃初始速度由 JV1 变为 JV2,跳跃腾空时间小幅增加),置 flower 计数器为 200,即该状态可持续 200 帧,约为 5 秒;当该函数返回 2

时,角色拾取到金币,此时获得额外的分数 20 分;返回为 3 时,游戏结束,即小人掉落地面缺口或撞到障碍。flower 计数器每帧递减 1,当 flower 为 0 时,角色小人的状态变为原始状态。Score 记录了分数,游戏分数为角色小人在横轴前进的像素距离加上拾取的道具加分。同时,游戏难度,即游戏速度 Speed 随分数增加而变大。当分数大于 3 000 时,游戏速度为分数/1 000。最后,该函数计算当前得分并在屏幕左上角绘制出来。

```c
void Play(){
    DrawEnvironment();
    GenerateThings();
    DrawCharater();
    DrawMonster();
    switch(PhysicsProcess())
    {
        case 1:
        score + = 100;
        Charater2Draw = CharaterF;
        flower = 200;
        AoG = AoG2;
        JV = JV2;
        break;
        case 2:
        score + = 20;
        break;
        case 3:
        GameState = GameOver;
        InTheAir = 0;
        break;
        default:
        break;
    }
    if( -- flower == 0)
    {
        Charater2Draw = Charater;
        AoG = AoG1;
        JV = JV1;
    }
    score + = Speed;
    if(Speed! = 0&&Speed < score /1000)
    Speed = score /1000;
    static char scr[10];
```

```
static char str[30];
itoa(score,scr);
sprintf(str,"SCORE: % s",scr);
CleanAndDrawString(10,10,str);
```

4. 数学和物理计算模型

在 Math 和 Physics 中,定义了一组用于辅助的简单数学和物理函数。

在 Physics.h 中,定义了如下外部接口用于交互,其中 AoG 为角色跳跃时的重力加速度,JV 为跳跃时向上初始速度,AoG1 和 JV1 定义了角色在普通状态下的这两个物理量,而 AoG2 和 JV2 定义了角色在拾取到鲜花时的物理量(拾取到鲜花时物理量的改变将延长跳跃时在空中的腾空时间)。PhysicsProcess 函数用于计算游戏过程中的物理进程,其返回值 0~3,分别表示 0 为正常无物理碰撞,1 为拾取到鲜花,2 为拾取到金币,3 表示游戏结束,即撞到障碍或落入地面缺口。

```
extern uint32_t AoG;        //gravity
extern uint32_t JV;

#define AoG1 2              //gravity
#define JV1 18

#define AoG2 1              //gravity
#define JV2 12

int PhysicsProcess();
```

在 Physics.c 中,实现了以下函数,其中 CollisionDetection 用于实现角色小人的碰撞检测,CharaterGrounded 和 MonsterGrounded 实现了角色和怪兽是否落到地面的判断。

```
int CollisionDetection()
int CharaterGrounded()
int MonsterGrounded()
```

在 Math.h 中,实现了三个简单的数学辅助函数,其中,Rand 为随机数函数用于返回一个随机数,Srand 用以设置随机数的随机种子。itoa 实现了整型到字符串的转换函数,用于将游戏得分转换为字符串,并在屏幕上显示。

```
int Rand(void);
void Srand(unsigned seed);
char * itoa(int n,char * str);
```

参考文献

［1］ARM 公司. ARM 处理器. ［OL］. http://www. arm. com/zh/products/processors/index. php 2013 - 2014.

［2］ARM 公司. Classic 处理器. ［OL］. http://www. arm. com/zh/products/processors/classic/index. php 2013 - 2014.

［3］ARM 公司. Cortex-M 系列［OL］. http://www. arm. com/zh/products/processors/Cortex-M/index. php 2013 - 2014.

［4］ARM 公司. Cortex-A 系列［OL］. http://www. arm. com/zh/products/processors/Cortex-A/index. php 2013 - 2014.

［5］ARM 公司. Cortex-R 系列［OL］. http://www. arm. com/zh/products/processors/Cortex-R/index. php 2013 - 2014.

［6］ARM 公司. 技术［OL］. http://www. arm. com/zh/products/processors/technologies/index. php 2013 - 2014.

［7］ARM 公司. ARM 处理器架构［OL］. http://www. arm. com/zh/products/processors/instruction - set - architectures/index. php 2013 - 2014.

［8］ARM 公司. ARMv8 架构［OL］. http://www. arm. com/zh/products/processors/instruction - set - architectures/armv8 - architecture. php 2013 - 2014.

［9］ARM 公司. SecurCore 处理器［OL］. http://www. arm. com/zh/products/processors/securcore/index. php 2013 - 2014.

［10］Atmel 公司. SAM4S ARM Cortex-M4 微控制器［OL］. http://www. atmel. com/zh/cn/products/microcontrollers/arm/sam4s. aspx 2013 - 2014.

［11］Atmel 公司. SAM4L ARM Cortex-M4 微控制器［OL］. http://www. atmel. com/zh/cn/products/microcontrollers/arm/sam4l. aspx 2013 - 2014.

［12］Atmel 公司. SAM4E ARM Cortex-M4 微控制器［OL］. http://www. atmel. com/zh/cn/products/microcontrollers/arm/sam4e. aspx 2013 - 2014.

［13］Atmel 公司. Atmel Studio［OL］. http://www. atmel. com/zh/cn/tools/ATMELSTUDIO. aspx 2013 - 2014.

［14］Atmel 公司. Atmel Software Framework［OL］. 2013 - 2014［OL］. http://www. atmel. com/tools/avrsoftwareframework. aspx 2013 - 2014.

［15］ARM 公司. CMSIS - Cortex 微控制器软件接口标准［OL］. http://www. arm.

com/zh/products/processors/Cortex-M/Cortex-Microcontroller – software – interface – standard. php 2013 – 2014.

[16] Atmel Corporation. SAM4E16E SAM4E8E SAM4E16C SAM4E8C DATASHEET. 2013.

[17] Atmel Corporation. SAM4E16E SAM4E8E SAM4E16C SAM4E8C SUMMARY DATASHEET. 2013.

[18] Atmel Corporation. SAM4E – EK Evaluation Kit. 2013.

[19] Atmel Corporation. SAM4S SeriesSUMMARY DATASHEET. 2013.

[20] Atmel Corporation. SAM4S SeriesSUMMARY DATASHEET. 2013.

[21] Atmel Corporation. Release ASF – 3. 7. 2013.

[22] Atmel Corporation. Atmel AT03157：SAM4E FPU and CMSIS DSP Library. 2013

[23] 廖义奎. ARM Cortex-M4 嵌入式实战开发精解：基于 STM32F4[M]. 北京航空航天大学出版社. 2013.